U0378942

数 据 资 产 丛 书

DATA PRODUCT DEVELOPMENT AND MANAGEMENT

# 数据产品开发与经营

## 从数据资源到数据资本


钱勇 项灵刚 林建兴 于冰冰 王巧净
魏战松 简伟光 祁鲁 孙少忆 邱国良
著

机械工业出版社
CHINA MACHINE PRESS

**图书在版编目（CIP）数据**

数据产品开发与经营：从数据资源到数据资本 / 钱勇等著. -- 北京：机械工业出版社，2025. 1. --（数据资产丛书）. -- ISBN 978-7-111-77503-4

Ⅰ. TP274

中国国家版本馆 CIP 数据核字第 2025JG3078 号

机械工业出版社（北京市百万庄大街 22 号　邮政编码 100037）

策划编辑：杨福川　　责任编辑：杨福川　罗词亮

责任校对：李　霞　马荣华　景　飞　　责任印制：张　博

北京联兴盛业印刷股份有限公司印刷

2025 年 3 月第 1 版第 1 次印刷

170mm × 230mm · 34.5 印张 · 3 插页 · 539 千字

标准书号：ISBN　978-7-111-77503-4

定价：129.00 元

电话服务

客服电话：010-88361066

010-88379833

010-68326294

网络服务

机　工　官　网：www.cmpbook.com

机　工　官　博：weibo.com/cmp1952

金　书　网：www.golden-book.com

机工教育服务网：www.cmpedu.com

# 作者简介

钱勇

资深数据领域专家，数据要素实践和数据资产管理领域的布道者，星光数智 CEO 兼惟客数据（WakeData）CTO，某综合金融集团前首席数据官。拥有20余年技术研发和企业管理经验，在数据战略和数据治理咨询、数据产品开发、数字化转型、云服务、人工智能等领域有深厚的积累。

毕业于哈尔滨工业大学，美国得克萨斯大学阿灵顿商学院工商管理硕士。国际数据管理协会（DAMA 国际）认证首席数据官，工业和信息化部认证首席数据官、首席数据资产运营官、数据资产评估计价咨询师（高级）和数据资产入表保荐师（高级），中国信息协会数据要素专业委员会专家，腾讯云最具价值技术专家（TVP）。多次担任国内顶级数据、产品、技术峰会的联席主席、出品人或演讲嘉宾。

项灵刚

资深数据领域专家，数据要素实践和数据资产管理领域的布道者，海亮教育集团 CIO，负责企业的整体数字化转型、数据治理和数据资产建设工作。致力于数据要素在教育行业的广泛应用，主导推动了教育行业首个数据资本化的案例实践，在数据治理、数据资产建设、数据产品知识产权、数字化转型等方面具有深厚的积累。

杭州电子科技大学学士，浙江大学工商管理硕士。工业和信息化部认证首席数据官和首席数据资产运营官，中国信通院认证高级数据资产管理师和高级数据分析师，全球数据资产理事会（DAC）专家。

林建兴

全球数据资产理事会（DAC）总干事，开放数据空间联盟（ODSA）执行理事长兼秘书长，厦门市云大物智数据研究院理事长，高颂数科（厦门）智能技术有限公司董事长，“数据资产丛书”总策划、《数据空间知识体系指南》作者。

持续聚焦数据资产运营、数据治理、数字化转型服务，专注以数据为中心的人工智能应用研究，系工信部人工智能领军人才、工信部人才评审专家、福建省区块链产业智库特邀专家。获得以下专业认证资格：工信部认证数据资产评估计价咨询师（高级）、数据交易合规师（高级）、首席数据官（CDGE-CDO）、DGBOK工信部数据治理职业培训师、数据治理专家（CDGP）、数据治理工程师（CDGA）、注册信息安全专业人员（CISP）等。

于冰冰

布鲁塞尔自由大学硕士，多年数据管理相关工作经验，先后担任数据治理高级经理（Senior Manager DG）、首席信息安全官（CISO）、数据安全官（DSO）和数据保护官（DPO）等职位。在信息科技、资产管理、消费金融、汽车金融和教育等行业从事数据管理工作，对数据治理、信息安全、数据安全和个人信息保护等数据管理领域具有深厚的、系统化的理论知识，对于国内法律法规、国家标准和行业标准有较深入的了解，拥有丰富的项目落地和数据管理实践经验，并对人工智能治理合规方向有深入研究。取得多种数据领域认证证书和荣誉，在国内外刊物上发表过多篇论文。

王巧净

科技信息管理学学士、管理学硕士。曾就职于多家全球500强企业，从事过HR、采购、EHS（环境、健康与安全）管理、IT、企划、全面质量管理等工作。现为海纳汇工业数字化服务商同盟会专家委员会主任、全球数据资产理事会（DAC）专家、全国数字化人才培育联盟导师、DGBOK数据治理职业培训师，以及多家企业的数字化管理顾问。专注于企业数字化人才的培养，通过提升全员的数字化思维与能力，强化组织的数字化能力，减少企业在数字化转型中的沟通成本与试错成本。参与《人力资源数字化管理专业人员能力要求》团体标准的制定与相关认证课程的制作。

魏战松

惟客数据（WakeData）数据资产运营总监、首席数据架构师，持有数据保护官（DPO）、数据治理工程师（CDGA）、首席数据官（CDO）等证书。拥有10年以上数据产品设计、数据中台建设与实施经验，聚焦泛地产、零售、汽车等行业，主导实施了多个集团级数据项目，包括数据研发与建模、数据治理、数据产品设计与运营等。

简伟光

暨南大学政务大数据开放与社会创新创业研究中心特聘研究员，广东德生科技股份有限公司大数据研究院院长，广州市人力资源和社会保障信息中心前主任。专注于电子政务信息化研发和民生服务领域的数据产品研发，在数据交易和应用方面拥有丰富的实践经验。在国家核心期刊上发表过多篇高质量论文，包括《数据整合与数据挖掘技术在医疗保险信息系统的研究与应用》《“互联网+人社”：把民之所望　做改革所向》等，主持编制和发布人力资源大数据团体标准。

祁鲁

厦门市云大物智数据研究院院长，高颂数科（厦门）智能技术有限公司CEO，全球数据资产理事会（DAC）秘书长，厦门市元宇宙产业人才基地发起人。专注于数据要素资产化和数据资产运营研究，面向政府、企业提供城市级和企业级数据资产运营全案服务，致力于构建数据流通全链路服务生态。持有首席数据官（CDGE-CDO）、注册信息安全工程师（CISE）和数据治理工程师（CDGA）等多项证书，拥有丰富的数据理论知识和实践经验。

孙少忆（守正）

拥有超过25年的企业信息化和数字化转型规划与咨询、解决方案与交付落地、产品与运营实战经验，拥有 MBCI、CISSP-ISSMP、CGEIT、COBIT5、ITILExpert、P3O 等国际专业资质证书。曾任职华为 ICT 规划咨询部 8 年，面向企业、政府提供“以数据为核心，聚焦业务场景和价值”的华为流程信息化与数字化转型最佳实践服务。数澜科技前战略副总裁，《数据中台：让数据用起来》合著者，阿里认证数据中台产品专家、业务中台交付专家。现专注于新一代工业软件数据模型驱动的平台解决方案。

邱国良

高颂数科（厦门）智能技术有限公司副总经理兼首席数据官，致力于数据要素市场化的基础设施搭建，服务于政府和企事业单位的数据资产运营、数据要素资产化，在数据资产、大数据、区块链、数字化与人工智能方面有丰富的从业经验并持有相关资质证书，现专注于城市级数据资产运营与数据空间的建设。

# 赞誉

（按评论者的姓氏拼音排序）

这本书精准捕捉到数据在企业数字化转型中的核心作用，详述了如何通过数据分析提升市场洞察力和客户分析能力，进而优化产品和服务，增强客户黏性。通过明确的数据分析路径，企业不仅能够实现业务转型和员工体验提升，还能在客户服务和产品改良方面迈出坚实的步伐。这本书为企业探索第二曲线增长提供了切实可行的指引，展示了数据驱动下的全新商业模式。

——陈军伟　海亮集团董事

这本书深入剖析了对数据资源进行价值挖掘，结合实际业务场景打造数据产品并进行配套运营管理以实现数据价值化、资本化的方法和步骤，为企业管理层以及数据从业者提供了全方位的理论与实践指南，能够帮助企业有效利用数据资源提升数字化核心竞争力，是企业在数字化转型浪潮中实现业务增长的宝贵参考。这些方法和步骤与毕马威在企业数据资产化领域的发展路径和思路是不谋而合的。

——陈立节　毕马威合伙人

作者们在数据产品开发与管理领域的丰富实践经验、对行业发展的敏锐洞察以及对数据资产领域的独特见解，令这本书极具权威性与实操性。对于任何在数据领域寻求创新与突破的从业者来说，这本书无疑是一个重要的指南针。通过阅读它，读者不仅能掌握数据资产化的核心理论，还能获得实际的操作建议，助力企业的数字化转型与价值提升。

——陈少瑜　普华永道中国资深合伙人

这本书提供了对数据资产化领域的深刻见解，系统阐述了数据从资源到产品的转化路径，以及如何进一步通过资产化和资本化实现价值释放。这种思路与我多年来在数据资产管理中的实践经验高度契合。对于企业而言，通过有效的分析与治理将数据资源转化为可衡量的资产，不仅是推动数字化转型的基础，更是创新商业模式的核心驱动力。这本书为行业提供了宝贵的实践指南和理论支持，是当前数据资产化领域的关键参考。

——何铮　德勤中国数据资产服务合伙人

这本书系统探讨了数据资源在推动科技创新和产业创新过程中的重要性，特别是在数字经济背景下，数据资产化已经成为产业高质量发展的核心驱动力。书中所提供的分析框架和治理方法，为数字经济环境下更高效地挖掘并运用数据、促进科技成果转化和产业转型升级提供了宝贵借鉴。这本书将帮助企业更好地理解和利用数据价值，助力企业走向数字化未来。

——李飞　浙江大学中国科教战略研究院副研究员、博士生导师/
浙江省产业高质量发展新型智库常务副主任

这本书全方位解析了数据产品开发、管理与资本化等方面的内容，符合当前数字经济时代的行业发展需求。作为国内领先的电信运营商，中国联通在推动大数据应用和数字化转型方面积累了丰富的经验和成果，通过数据赋能实现了跨行业的创新与融合。这本书为数据管理者、技术专家和企业领导者提供了系统的理论与实践指导，帮助他们掌握数据产品从开发到运营的核心方法，是助力企业实现数字化升级和业务增长的必备工具。

——廉士国　中国联通人工智能创新中心首席AI科学家兼技术总监

数据产品是释放数据要素价值的核心载体，但一直以来由于数据要素所具有的虚拟性、非竞争性、非消耗性等特性，难以对其进行体系化的梳理和剖析。这本书从概念、设计、方法、运营等方面对数据产品进行了系统梳理，并从实战和经营两方面为有志于开展数据要素业务的企业提供了指引，具有较强的理论参考和实践指导价值。广州数据集团作为按照数据、算力、算法AI三要素布局的数字基础设施企业，秉承中立、专业、透明的立场，期待更多的企业共同参与到数据要素的事业中来。

——刘国庆　广州数据集团副总工

这本书深入探讨了数据资源从开发、运营到资本化的全生命周期。中国电信近些年在大数据应用、云服务和数字化转型方面取得了显著成果，通过数据技术创新赋能多个行业的发展。这本书为数据领域的从业者、企业管理者和技术专家提供了详尽的实操指南，能够帮助他们理解和掌握数据产品开发的全流程，是推动企业数字化转型和商业创新的核心参考书。

——刘奇　中国电信首席安全专家

这本书系统阐述了数据产品从设计、开发到运营的完整流程，能够帮助读者掌握数据产品全生命周期的关键环节。金蝶集团在云服务与企业数字化解决方案领域处于行业领先地位，凭借金蝶云·星空的创新应用，助力众多企业通过数据赋能实现高效管理与业务增长。企业管理者、技术专家和数据从业者可以从这本书中获得详尽的数据产品理论与实践指导，进而更好地理解数据产品开发与经营的核心要点。这本书可作为企业迈向数字化和智能化的重要参考书。

——刘仲文　金蝶集团副总裁/金蝶云·星空联席总裁

这本书为企业如何通过数据产品实现业务创新、市场扩展以及商业价值增值提供了战略性参考。它为企业管理者、数据从业者和技术专家提供了全方位的理论与实践指导，通过创新的数据管理与应用，助力他们通过数据产品的有效开发与经营实现企业的长足发展。这是企业在进行数字化转型时不可或缺的参考书。

——罗小江　用友网络副总裁

这本书通过系统的分析与实战案例，揭示了数据如何从资源转化为资本，推动企业实现数字化变革。安永在全球范围内帮助企业优化数据管理、提升数据治理能力，并通过创新技术赋能业务增长。这本书为企业管理者和数据从业者提供了从数据产品开发到经营的全面指南，涵盖了数据战略、价值实现和合规运营等关键领域，能帮助企业在数据驱动的时代抢占先机、提升竞争力，是推动企业数字化转型的重要参考书。

——王志远　安永大中华区数字化与新兴科技主管合伙人

在数实融合的背景下，这本书深刻探讨了数据资源如何通过系统化管理与分析转化为资产，从而推动企业的数字化转型和创新发展。它不仅为企业管理者提供了清晰的理论框架，还通过丰富的案例展示了数据资产化如何助力产业升级。对于当前正在追求数智化转型的企业而言，这本书提供了宝贵的经验与指导。

——谢小云　浙江大学管理学院教授、博士生导师

“价值创造始于场景，成于数据，赢在认知的全面提升。”这本书阐述的场景驱动策略与此理念高度契合，书中详细阐述了如何从具体业务场景出发，对数据进行聚类分析，将其应用于业务活动中并持续优化，以实现商业价值的全面释放。通过匹配场景需求并进行价值设计，企业能够在认知与业务模式上不断进化，为市场竞争提供持久动力。

——詹睿　普华永道合伙人

数据产品是数据价值的核心载体，只有开发出好产品，才能发挥出高价值。这本书立足于数据经济发展的前沿视角，详细阐述了数据资源从开发到资本化的完整路径，符合当今数据要素化和产业价值重构的趋势。它为政府机构、企业管理者和数据从业者提供了系统的实践指导，涵盖数据产品设计、开发与合规运营的全流程，能够帮助读者更好地理解数据如何赋能业务与社会，并为数字经济的高质量发展提供重要参考。

——朱晨君　人民数据教育咨询服务中心主任

# 前言

在当今这个数据驱动的时代，数据已成为企业极为宝贵的资产之一。如何有效地管理和利用数据，将其转化为有价值的信息、知识、产品、资本，是每个企业都需要面对的挑战。本书旨在为那些希望深耕数据领域的专业人士提供一套全面的方法论。

## 为何写作本书

自2015年提出“数字中国”概念以来，我国政府高度重视数字经济的发展，将其作为推动经济高质量发展的新动能。2023年，《数字中国建设整体布局规划》的印发，进一步明确了到2025年和2035年的目标与任务，以及“2522”的整体框架，即夯实数字基础设施和数据资源体系“两大基础”，推进数字技术与经济、政治、文化、社会、生态文明建设“五位一体”深度融合，强化数字技术创新体系和数字安全屏障“两大能力”，优化数字化发展国内国际“两个环境”。数字中国战略的提出标志着我国对数字化转型的全面推进。

党的十九届四中全会审议通过的《中共中央关于坚持和完善中国特色社会主义制度　推进国家治理体系和治理能力现代化若干重大问题的决定》，明确将数据列为生产要素。数据被列为与土地、劳动力、资本、技术并列的五大生产要素之一。数据要素的特殊属性要求加强数据资源的开放共享，推动数据资源向数据资本转化，以数据驱动生产、分配、流通、消费和社会服务管理等各环节的变革。数据要素市场化配置改革的推进，旨在激活数据要素潜能，推动数据资源的有效配置和利用。

从企业的视角来看，尽管企业通过数字化转型已经拥有大量数据，但如何将这些数据转化为有价值的资产是企业面临的痛点。数据价值化的一个重要途径即开发数据产品，这涉及数据的采集、存储、分析、管理、应用等多个环节。企业需要通过数据产品开发，将数据资源转化为数据资产，进而实现数据的资本化。数据产品的开发和经营不仅能够释放数据价值，还能帮助企业在竞争激烈的市场中占据先机。

在这一背景下，本书应运而生。当前市场上关于数据产品开发的系统性指导书籍较为稀缺，而企业和组织迫切需要一套完整的理论和实践指导。因此，本书基于作者多年的行业经验，结合最新的行业趋势，系统地探讨了数据产品开发与经营主题，以帮助企业在数字化转型中更好地利用数据资源，推进数据产品开发，通过数据产品化路径充分释放数据价值。

本书旨在为企业提供一套系统的数据产品开发和经营策略，帮助企业解决数据价值化的问题。通过深入分析数据产品开发的各个环节，本书将指导企业从数据采集、存储、分析、管理到应用等方面，全面提升数据的利用效率和价值。中国信息通信研究院发布的《中国数字经济发展研究报告（2024）》显示，2023 年我国数字经济规模达到 53.9 万亿元，占 GDP 比重为 42.8%。

本书还旨在促进我国数字经济发展，助力数字中国战略的成功。通过深入探讨数据产品从开发到经营的全生命周期策略，本书将为企业和个人提供数据产品开发的理论和实践指导，帮助企业更好地利用数据资源，推动数据产品的创新和应用。

数据产品通过提供工具和服务，支持数据的标准化、资产化、市场化，促进数据资源的有效配置和利用。例如，通过数据交易平台，数据产品可以促进数据的买卖双方进行交易，实现数据价值的发现和流通。同时，数据产品还可以帮助企业提高数据管理能力，优化数据治理，确保数据质量和安全，从而提升数据要素的市场竞争力。数据产品作为数字经济的核心商品，发挥着创新驱动、产业升级的重要作用，是连接数据资源和数字经济的桥梁。当前，数字经济已成为我国经济增长的新动能。根据中国信息通信研究院的数据，2023 年我国数字经济对 GDP 增长的贡献率达到 67.8%。

总之，通过本书，读者将系统地了解数据产品从开发到经营的全生命周期策略，掌握如何在数字经济时代进行数据产品的资产化运作，从而帮助企业全面释放数据的财务价值、业务价值、用户价值和社会价值。

## 本书创作过程

2024年初，全球数据资产理事会（DAC）总干事林建兴与机械工业出版社计算机图书事业部的负责人杨福川达成战略合作，拟共同策划并出版一系列数据资产方面的图书。本书是这个系列的第一本，林建兴作为组织者，邀请来自各领域的多位数据专家参与写作，由钱勇领衔。

在本书的写作过程中，出版社与作者团队每2周都会召开一次线上沟通会。此外，钱勇、项灵刚、林建兴等几位核心作者先后在长沙、厦门等地组织了3次闭门审稿会，对书稿的内容、结构、逻辑、方法论和案例等进行反复推敲和打磨，很多内容经过了多次重大调整甚至重写，目的是尽可能为读者呈现更好的作品。

整个创作过程中，作者们不仅是合作伙伴，也互为良师益友。我们将各自领域的专业知识提炼为方法论，以书稿形式传递给读者。本书不仅是数据产品开发的指南，更是一场思想与智慧的盛宴。

本书的写作分工如表0-1所示。

表 0-1　本书的写作分工

| 章节 | 分工 |
| --- | --- |
| 第1章 | 钱勇、项灵刚 |
| 第2章 | 于冰冰、邱国良、王巧净 |
| 第3章 | 项灵刚、王巧净 |
| 第4章 | 钱勇、项灵刚、孙少忆、于冰冰 |
| 第5章 | 项灵刚 |
| 第6章 | 钱勇、魏战松 |
| 第7章 | 钱勇 |
| 第8章 | 钱勇 |
| 第9章 | 项灵刚、林建兴、邱国良 |
| 第10章 | 钱勇、简伟光 |

（续）

| 章节 | 分工 |
| --- | --- |
| 第 11 章 | 林建兴 |
| 第 12 章 | 林建兴、祁鲁 |
| 第 13 章 | 林建兴、祁鲁 |

本书的统稿工作主要由钱勇、项灵刚和林建兴共同完成，于冰冰和简伟光参与了部分内容的统稿。

## 本书读者对象

本书主要面向以下几类读者：

- 政府及公共组织相关人员、数据领域主管领导和工作人员、数字政府领域负责人。
- 数字化转型中的传统企业管理人员、财务人员、IT 人员，特别适合 CEO、CFO、CIO、CDO、CTO、IT 总监、财务经理、数据负责人等阅读。
- 数据产业从业者，包括但不限于数据产品经理、数据分析师、数据科学家和数据开发人员。
- 对数据产品、数据资产化感兴趣的学者和研究人员。

## 本书内容特色

本书共 13 章，分为数据产品基础、数据产品开发、数据产品实践、数据产品经营四篇，全面介绍了数据产品开发与经营相关的理论和实践，涵盖了从数据资源、数据资产到数据资本的完整知识体系，从方法论到最佳实践，呈现了数据产品开发与经营的全貌。

本书具有五大特色：

- 系统性：本书从数据资产政策、数据资源治理、数据产品的设计与开发，到数据产品经营、数据资本创新，形成了一套完整的知识体系。这种系统性的布局使读者能够清晰地理解数据产品的各个环节，掌握从理论到实践的全流程。

- 专业性：本书对数据产品开发进行了深入分析，总结提炼出大量的方法论，并对数据产品开发提供了专业的见解，方便读者在实际工作中更好地实践。
- 实用性：无论是数据产品设计方法还是运营策略，书中都提供了可操作的步骤，读者可以直接将其应用于自己的工作中。
- 原创性：本书创新性地提出了数据产品高速动车组模型、数据产品的FBUS价值模型、数据产品设计五步法，并给出了在数据产品运营、数据投行、数据资产通证化和资产证券化等方面的创新实践。
- 前瞻性：本书对未来的数据产业发展提供了前瞻性的洞察和趋势分析，尤其对数据产品交易、数据资产运营、数据资本创新领域进行了深刻阐述，相信能够给读者带来更多的启发。

读者可以按照本书的章节顺序，从了解基本概念开始，逐步深入学习数据产品开发与经营的方法论，之后再学习数据资产化实践。读者也可以根据自己的兴趣，直接阅读自己感兴趣的章节。

## 资源和勘误

鉴于我们水平有限，加之数据产品开发和经营领域知识更新迅速，本书难免存在疏漏或不够准确之处，对此我们深表歉意，并恳请广大读者不吝赐教，指正书中的错误或不足，以便我们不断完善和提升。

## 致谢

感谢所有在本书写作过程中提供帮助和支持的同事、朋友、家人。特别感谢那些在数据产品领域做出杰出贡献的前辈和同行，正是他们的智慧和努力，为本书的编写提供了宝贵的参考和启示。

感谢全球数据资产理事会组织、发起本书的编写并为本书的完成提供了坚实的生态支撑。

感谢我们自己——本书作者的不懈努力，从2024年五一深夜到中秋凌晨，我们经历了无数个不眠之夜，齐心协力完成了这部作品。在长沙、厦门的 3 次线下闭门统稿，以及多次线上交流研讨中，我们不断碰撞出思想火花，反复推敲每一个细节，力求精益求精。可以说，书中的每一段文字都凝聚着团队的心血与智慧。

感谢所有支持和关注本书的人，他们的期待是我们前行的动力。期待在未来我们一起携手创造数据产业更美好的明天。

# 目录

## 第二篇 数据产品开发

### |第 4 章| 数据产品开发策略

## 第 6 章 数据产品开发方法

## 第10章 数商型企业数据产品实践



# 第四篇 数据产品经营

## 第11章 数据产品交易

| 第一篇 |

# 数据产品基础

在数字经济迅速发展的背景下，数据已成为推动经济创新和转型的关键因素。无论是提升业务效率、优化决策，还是促进营收增长、提升用户体验、推动社会创新，数据的核心作用都越发明显。在国家和地方政策的推动下，数据要素被正式确立为现代经济中的关键生产要素，而企业能否高效管理和利用数据资源已经成为决定其未来发展的关键。本篇从数据价值的全链条出发，带领读者深入探索数据资产化的战略与实践路径。

本篇主要分为三部分内容：首先，系统介绍国家和地方层面对数据资产的政策支持，构建数据资产运营的整体框架；然后，聚焦于企业如何通过数据治理提升数据质量和资源利用效率；最后，全面阐述数据产品的类型、形态及其在企业运营中的应用价值。通过学习这一篇，读者将获得对于数据产品开发与管理的全面认识，掌握将数据资源转化为企业竞争优势的基本方法。这些基础知识将为后续章节的深入探讨提供必要的背景，帮助读者在数据驱动的时代更好地把握数据资产的管理与运营。

1

第 1 章 CHAPTER

# 数据资产政策及运营框架

数字时代，随着大数据、人工智能等新一代数字技术的快速发展以及新质生产力概念的提出，数据的重要性日益凸显。

本章将从国家和地方政府两个角度概述数据资产相关的政策，说明数据作为生产要素，得到了国家和地方政府的高度重视和支持。同时，说明在落实相关政策的过程中对数据价值的释放是关键，提炼出“原始数据—数据资源—数据产品—数据资产—数据资本”的数据价值实现路径，并基于这条路径创新性地提出数据资产运营框架。数据资产运营框架包括数据战略、核心运营、基础支持 3 个模块，本章将着重阐述核心运营模块的数据资源化、数据产品化、数据资产化 3 个部分，为本书聚焦数据产品化做总体铺垫。

## 1.1 数据资产相关政策概览

### 1.1.1 国家出台的政策

为了更好地管理和利用数据资产，国家出台了一系列政策，如图 1-1 所示。

这些政策旨在为数据资产的管理、使用和流通提供指导，促进数据要素的高效配置，推动数字经济的健康发展。

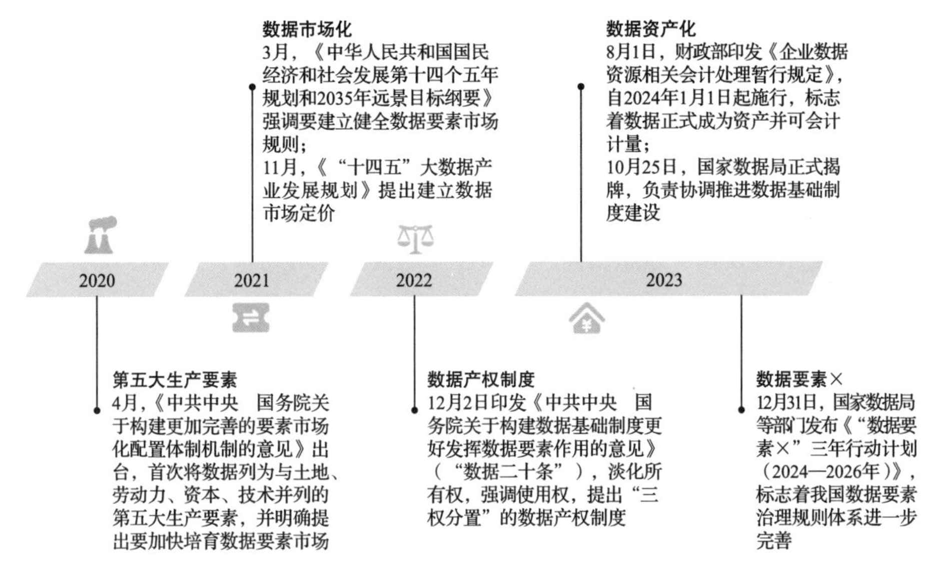


图 1-1　近年来国家出台的与数据资产相关的政策概览

2020 年 4 月，《中共中央　国务院关于构建更加完善的要素市场化配置体制机制的意见》首次将数据正式确认为继土地、劳动力、资本、技术之后的第五大生产要素。这一举措不仅重新定义了生产要素的范畴，也预示着数据在现代经济中的根本性角色。

2022 年 1 月，国务院办公厅发布的《要素市场化配置综合改革试点总体方案》进一步强化了数据的战略地位，提出优先考虑选择改革需求迫切、工作基础较好、发展潜力较大的城市群、都市圈或中心城市等进行试点改革。

2022 年，为加速推动数据市场的整合与发展，中共中央、国务院先后印发《中共中央　国务院关于加快建设全国统一大市场的意见》和《中共中央　国务院关于构建数据基础制度更好发挥数据要素作用的意见》(简称“数据二十条”)，提出了创新的数据产权观念，即“三权分置”的数据产权制度。这种新观念淡化了所有权，强调了持有权、加工使用权和经营权，为数据的商业化利用提供了法律框架和政策支持，也为数据产品化打开了商业格局。

2023 年 8 月，财政部《企业数据资源相关会计处理暂行规定》(简称《暂行规定》）的发布标志着数据要素的正式资产化，各类企业开始将数据要素按照治理、确权和审计后的评估价值计入财务报表，加快了数据资产化的步伐。

2023 年 10 月 25 日，国家数据局挂牌成立，负责协调推进数据基础制度建设，统筹数据资源整合共享和开发利用。同年 12 月 31 日，国家数据局等 17 部门联合印发《“数据要素 ×”三年行动计划（2024—2026 年）》，进一步明确了数据要素在经济社会发展中的重要作用，提出了推动数据要素市场化配置、促进数据要素与其他要素融合发展等具体措施。该计划提出，到 2026 年底，打造 300 个以上示范性强、显示度高、带动性广的典型应用场景，数据产业年均增速超过 20%。该计划的实施将为企业提供更多的政策支持，促进数据资源的合理流动和有效利用。

2024 年 1 月 11 日，财政部印发《关于加强数据资产管理的指导意见》，明确提出要加强数据资产的全生命周期管理，强调数据的价值评估、数据安全和隐私保护等方面。这一政策为企业进行数据资产管理提供了明确的方向，鼓励企业建立健全数据资产管理体系，提升数据资产的使用效率。

2024 年 2 月，财政部印发《关于加强行政事业单位数据资产管理的通知》，要求各级行政事业单位建立健全数据资产管理制度，加强数据资产的统一管理和开放共享。这一政策的实施将有利于提升政府数据资产的利用价值，为企业提供更多的公共数据资源。

2024 年 4 月，人力资源和社会保障部等部门联合印发《加快数字人才培育支撑数字经济发展行动方案（2024—2026 年）》，旨在贯彻落实中共中央、国务院关于发展数字经济的决策部署，发挥数字人才在数字经济中的基础性作用，并提出培养数字经济急需人才的具体措施。该行动方案的主要目标是通过 3 年时间，紧贴数字产业化和产业数字化的发展需求，扎实开展数字技术工程师培育项目、数字技能提升行动、数字人才国际交流活动、数字人才创新创业行动、数字人才赋能产业发展行动以及数字职业技术技能竞赛活动等 6 个重点项目。

2024 年 5 月，中央网信办等三部门联合印发《信息化标准建设行动计划（2024—2027 年）》，明确了未来几年信息化标准化工作的重点任务，通过标准化工作促进数据资产的管理、价值实现和安全保护，从而支持数字经济的发展。

这一计划的实施将为数据产品的开发和应用提供标准化支撑，促进数据资产的互联互通和价值释放。

表 1-1 汇总了 2020 年 4 月—2024 年 9 月国家发布的数据要素相关政策文件，这些政策不仅为数据资产管理奠定了坚实基础，也通过强化数据资产的合规管理和高效流通使用进一步推动了数据要素改革，为数字经济的发展提供了重要支撑。

表 1-1　2020 年 4 月—2024 年 9 月国家发布的数据要素相关政策文件

| 发布时间 | 机构 | 政策名称 | 内容要点 |
|---|---|---|---|
| 2020-04-09 | 中共中央、国务院 | 《中共中央　国务院关于构建更加完善的要素市场化配置体制机制的意见》 | 首次将数据列为与土地、劳动力、资本、技术并列的第五大生产要素 |
| 2021-03-13 | 国家发展改革委 | 《中华人民共和国国民经济和社会发展第十四个五年规划和 2035 年远景目标纲要》 | 提出建立健全数据要素市场规则 |
| 2021-11-30 | 工业和信息化部 | 《“十四五”大数据产业发展规划》 | 推动建立市场定价、政府监管的数据要素机制 |
| 2022-01-06 | 国务院办公厅 | 《要素市场化配置综合改革试点总体方案》 | 要求探索建立数据要素流通规则，开展要素市场化配置综合改革试点 |
| 2022-01-12 | 国务院 | 《“十四五”数字经济发展规划》 | 鼓励市场主体探索数据资产定价机制 |
| 2022-03-25 | 中共中央、国务院 | 《中共中央　国务院关于加快建设全国统一大市场的意见》 | 要求加快培育统一的技术和数据市场 |
| 2022-12-19 | 中共中央、国务院 | 《中共中央　国务院关于构建数据基础制度更好发挥数据要素作用的意见》 | 淡化所有权，强调使用权，提出“三权分置”的数据产权制度，即持有权、加工使用权和经营权 |
| 2023-01-03 | 工业和信息化部等 16 部门 | 《关于促进数据安全产业发展的指导意见》 | 聚焦数据安全保护及相关数据资源开发利用需求 |
| 2023-08-01 | 财政部 | 《企业数据资源相关会计处理暂行规定》 | 标志着数据正式成为资产并可会计计量 |
| 2023-09-08 | 中国资产评估协会 | 《数据资产评估指导意见》 | 确定数据资产价值的评估方法，包括收益法、成本法和市场法三种基本方法及其衍生方法 |

（续）

| 发布时间 | 机构 | 政策名称 | 内容要点 |
| --- | --- | --- | --- |
| 2023-12-31 | 财政部 | 《关于加强数据资产管理的指导意见》 | 建立数据资产管理制度，促进数据资产合规高效流通使用 |
| 2024-12-31 | 国家数据局等 17 部门 | 《“数据要素 ×”三年行动计划（2024—2026 年）》 | 提出到 2026 年底，打造 300 个以上示范性强、显示度高、带动性广的典型应用场景，数据产业年均增速超过 20% |
| 2024-02-05 | 财政部 | 《关于加强行政事业单位数据资产管理的通知》 | 因地制宜探索数据资产管理模式，充分实现数据要素价值 |
| 2024-02-19 | 国家数据局等 4 部门 | 《关于开展全国数据资源调查的通知》 | 摸清数据资源底数，调研各单位数据资源生产存储、流通交易、开发利用、安全等情况 |
| 2024-04-02 | 人力资源和社会保障部等 9 部门 | 《加快数字人才培育支撑数字经济发展行动方案（2024—2026 年）》 | 旨在提升数字人才培养质量和数量 |
| 2024-05-21 | 国家数据局 | 《数字中国建设 2024 年工作要点清单》 | 对 2024 年数字中国建设工作做出部署 |
| 2024-05-29 | 中央网信办等 3 部门 | 《信息化标准建设行动计划（2024—2027 年）》 | 旨在加强统筹协调和系统推进，健全国家信息化标准体系，提升信息化发展综合能力 |
| 2024-09-25 | 国家发展改革委等 6 部门 | 《国家数据标准体系建设指南》 | 明确了到 2026 年基本建成国家数据标准体系的目标 |
| 2024-09-30 | 国务院 | 《网络数据安全管理条例》 | 旨在规范网络数据处理活动，保障数据安全，促进数据依法合理利用 |

### 1.1.2 地方政府出台的政策

除了国家层面大力推动数据要素市场化进程以外，地方政府的政策和措施也发挥了重要的作用。自 2019 年以来，各地方政府相继出台了一系列政策，旨在促进数据要素的市场化配置，提升数据资产管理能力，推动数字经济的发展。

根据全球数据资产理事会（DAC）2024 年 8 月 2 日发布的《2024 数据资产政策宝典》，全国有 29 个省（自治区、直辖市、特别行政区）制定了数据资产

（资源）管理相关制度文件，共计超过 109 个，这些政策文件涵盖了数据资产管理、数据安全、数字经济发展等多个领域。例如，北京市重点建设数据基础制度先行区，上海市则提出打造国家级数据交易所，浙江省发布首个针对数据资产确认制定的省级地方性标准。

这些地方政策在多个方面体现了共同的特点：

- 重视数据安全：各地政策普遍强调数据安全管理，要求企业建立数据安全管理体系，确保数据在使用过程中的安全性和合规性。
- 鼓励数据共享：地方政策普遍鼓励公共数据的开放与共享，推动政府部门、企业和社会组织之间的数据流通。
- 推动市场化配置：许多地方政策提出了数据要素市场化配置的具体措施，旨在促进数据资源的合理流动和高效利用。
- 支持数字经济发展：地方政策普遍关注数字经济的发展，强调数据资产在推动经济转型中的重要作用，鼓励企业在数字经济领域的创新与应用。
- 明确管理责任：各地政策通常明确了政府、企业和社会组织在数据资产管理中的责任，推动各方协同合作。

在这些政策的强力推动下，我国数据要素市场的规模正在迅速扩大。数据商和第三方专业服务机构不断涌现，数据产品的形态和交付形式也日益丰富。这一系列发展动向表明，市场对数据资产的重视程度在不断提升。根据《数字中国发展报告（2023 年）》的数据，2023 年我国数字经济保持稳健增长，数字经济核心产业增加值占 GDP 的比重已达到 10%。这一增长的背后，是数据作为关键生产要素的价值逐步显现。数据显示，2023 年我国的数据生产总量达到了 32.85ZB（1ZB 等于十万亿亿字节），同比增长 22.44%。与此同时，数字基础设施也在不断扩容提速，算力总规模达到 230EFLOPS（EFLOPS 是指每秒百亿亿次浮点运算），稳居全球第二位。

## 1.2　数据价值实现路径

数据要素市场的加速发展引发了对数据价值释放的广泛讨论。实现数据价值的路径可以归纳为一条从原始数据到数据资本的倍增路径。如图 1-2 所示，这条路径包括以下几个关键步骤：原始数据的收集与存储、数据资源的加工与提炼、数据产品的设计与开发、数据资产的积累与管理，以及数据资本的创新。

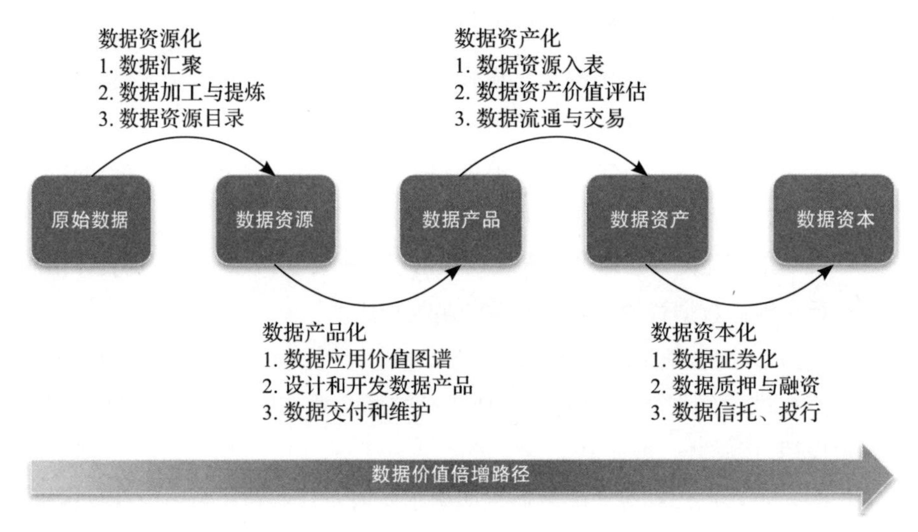


图 1-2 数据价值倍增路径

数据资产的正式入表是其走向价值化的关键一步，这一过程不仅推动了数据生成、开发、流通和利用的全周期活动，还预示着数据资产将成为未来推动经济发展的重要动力。有预测认为，未来数据资产将与实物资产、金融资产共同成为经济发展的重要动力源泉。例如，仅在 2024 年第一季度，就有 23 家上市公司在其财务报表中报告了价值总计 14.95 亿元人民币的数据资源，这标志着数据资产化在我国的全面启动。

数据资产化的过程不仅是将数据转化为可计量的资产，更是推动企业和社会向更高层次发展的重要动力。通过数据资源的收集整合、数据产品的创新开发以及数据资产的正式资本化，企业能够更好地利用数据提升竞争力，实现可持续发展。

在这一背景下，数据资产运营框架的建立显得尤为重要。它不仅为企业提供了系统化的管理和运营思路，也为数据的价值释放提供了清晰的路径。数据资产运营框架的核心在于通过有效的数据管理和分析提升数据的利用效率，进而推动企业的数字化转型和经济增长。

综上所述，数字经济的快速发展为数据资产的运营和管理提供了良好的环境和基础。随着政策的不断完善和市场的逐步成熟，数据要素的市场化进程将进一步加速，数据的价值释放将成为推动经济发展的重要力量。接下来，将深入探讨数据资产运营框架，为数据资产的管理和运营提供更为具体的指导。

## 1.3　数据资产运营框架

正如前文所述，数字经济正在迅速发展，数据已成为推动经济发展的关键要素之一。政府和企业都越来越认识到数据资产的价值，并积极投入到数据资产运营工作中。数据资产运营的制度体系、法律体系、标准体系在逐步成熟，数据资产运营的实践和方法论体系也将得到进一步发展。

数据资产运营框架是一个涉及多领域协同的复杂框架体系，它不仅要求企业在战略层面有清晰的规划，还需要在执行层面实现各个组成部分的有效协同。我们认为数据资产运营框架由数据战略模块、核心运营模块、基础支持模块三部分组成，如图 1-3 所示。

- 数据战略模块的重点是数据战略的执行和运营，它体现了数据战略作为企业战略的核心组成部分，在数据确权和合规体系的支撑下，为整个数据资产运营的核心运营模块提供指导。
- 核心运营模块包括数据资源化、数据产品化、数据资产化 3 个功能组的运营。
- 基础支持模块的重点是企业数据素养，包括数据人才、数据技术、数据平台和数据安全 4 个功能组的运营。

### 1.3.1　数据战略模块

数据战略处于数据资产运营框架的顶层位置，它一方面承接和转化企业业务战略对数据的诉求，另一方面指导着整个数据资产运营体系的执行。

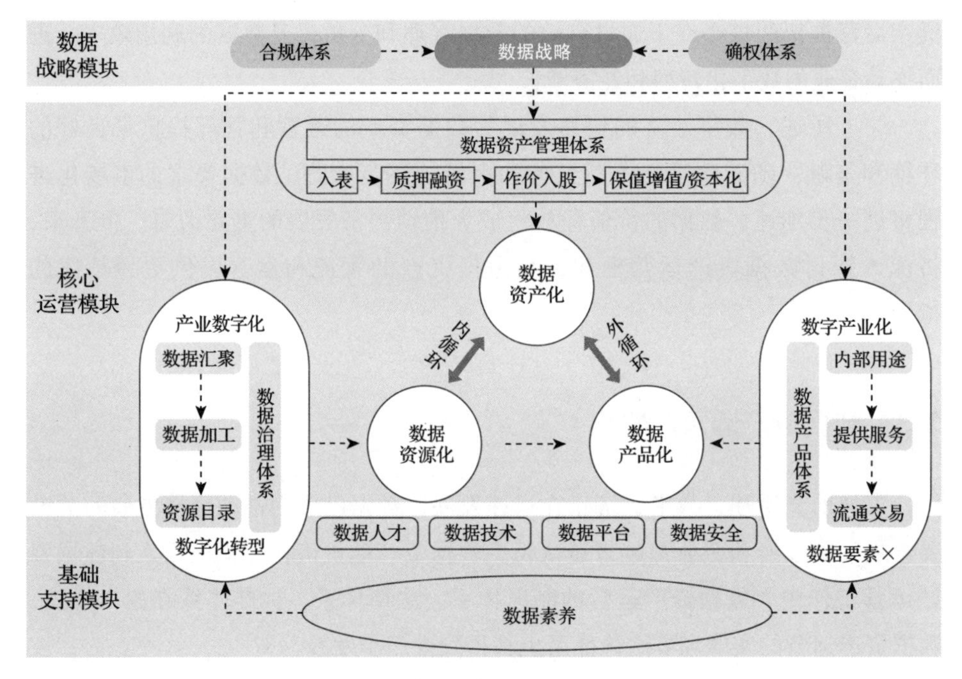


图 1-3　数据资产运营框架

数据战略不只关注数据资产运营的短期目标，更重要的是指导着数据资产运营的全局性、长远性的关键决策。在数字时代，数据资产管理水平往往决定着一家企业的核心竞争力。实现数据价值的最大化，不仅能够驱动企业业务增长、优化企业经营，更是提升企业洞察力和决策能力的基础。因此，制定一个明确的数据战略是非常重要的，它决定了企业在数据资产领域的技术投资方向和资源布局，决定了企业数据治理体系和数据产品体系的具体行动策略，决定了建立数据驱动文化和提高企业数据素养的方式。

我们需要为数据战略设定一个具体和可衡量的目标，例如通过数据汇聚不断提升企业的数据资源规模，通过数据治理体系不断提升企业的数据质量，通过数据产品不断赋能内部业务经营和外部流通交易，通过数据管理体系让企业数据资产更合规、更安全，通过培训和实践体系不断提升数据人才能力和组织数据素养。

DAMA（国际数据管理协会）的知识体系曾经提到制定数据战略的七要素，即数据愿景、数据文化、业务场景、数据能力、数据底座、数据组织、实施路线图。而在数据资产化趋势下，数据战略还要在 DAMA 之前的思考范围中增加一个重要使命——指导数据资产运营的方向。当然，这与 DAMA 提出的数据战略实施“Y 型路径”并不矛盾，只是在业务需求侧，除了内部业务需求之外，还增加了数据资产化和数据产品化方向的业务需求，这将极大丰富数据的业务需求内涵，提升企业数据资产运营的能力。

数据战略的实施更为关键，这需要我们制定详细的路线图，明确实现数据愿景和目标的步骤、时间表和关键里程碑，明确实现数据目标所需的资源（包括资金、技术和人力），指定责任人，建立监测机制并定期评估数据战略的实施效果，以确保目标的实现。

### 1.3.2　核心运营模块

#### 1. 数据资源化

数据资源化是数据资产运营的基础，它主要是通过标准化、结构化的方式处理原始数据，整合出高质量、有潜力的数据。这一过程使得无序、混乱的数据转变为有序的“数据集合”，并为后续的数据资产化运营奠定基础。数据资源化有助于数据的可采、可见、可信、标准、互通，从而实现数据的有效管理、存储和共享。只有经过治理的高质量数据资源，才能够激发数据驱动的业务洞察和创新，促进优化运营效率，开发出有价值的数据产品。

企业数字化转型的过程即产业数字化的过程，产业数字化不仅是技术层面的更新，更是对传统产业进行全方位、全角度、全链路的变革，释放数据对实体产业的发展放大、叠加、倍增的作用和价值。产业数字化是当前经济发展的核心趋势之一，如何通过云计算、大数据、人工智能等新一代数字技术实现降本增效创收，是全球企业都在探索和实践的课题。推动产业数字化是数据资源化的前提，产业数字化过程为企业提供了源源不断的数据资源，这也是企业数据资源逐步积累形成的过程。

数据资源化运营过程有以下几个关键步骤。

**（1）数据汇聚**

企业要特别重视在合法合规的前提下，汇聚来自不同源头的数据，包括来自内部系统、外部合作伙伴、公共数据集的数据，以及从数据交易场所或第三方数据服务商购买的数据等。这些数据包括结构化数据、半结构化数据和非结构化数据。

数据汇聚的常见方法如下：

- 批量汇聚：定期将数据从各种源系统复制到一个中央数据仓库中，通常通过批量处理作业的方式完成。
- 实时汇聚：通过实时或近实时的方式，不断将数据源的变化同步到中央系统。
- 基于事件的汇聚：通过特定事件触发数据的汇聚动作，如交易完成时同步数据。
- 数据联邦：数据留在源系统中，通过查询跨多个系统汇聚数据，提供一个统一的数据视图。
- ETL 汇聚：这是一种经典的数据汇聚方式，从源系统提取数据、转换数据格式和清洗数据，然后加载到目标数据仓库中。

（2）数据加工

数据加工是一个复杂的数据处理过程，包括数据清洗、数据转换、数据整合、数据建模和分析等环节。

- 数据清洗：首先要检查数据的准确性和完整性，然后填补缺失的数据，删除错误和不一致的数据，去除数据噪声，识别和删除重复的数据，确保数据遵循业务规则和数据模型的设计原则。
- 数据转换：数据的标准化、归一化、离散化处理，将数据转换成统一的格式，甚至基于现有特征创建新的特征。
- 数据整合：构建数据仓库来存储从不同来源汇聚来的数据，建立数据湖来支持非结构化和半结构化数据的存储与分析。
- 数据建模和分析：包括描述性分析、诊断性分析、预测性分析、指导性分析等。

（3）资源目录

资源目录是以数据湖仓或者数据平台为基础，以元数据为核心，建立起来的组织内外部数据资源的索引和描述。它有助于我们对数据资产进行更加透明的管理和利用，提高数据的可发现性、可访问性和可用性。资源目录一般包括以下内容：

- 数据元信息：描述数据的基本信息，如数据的名称、来源、类型、大小、创建时间、更新频率等。
- 数据质量信息：包含数据的准确性、完整性、一致性、可靠性等质量指标。
- 数据所有者和责任人：记录数据的所有者、责任人和联系方式，确保数据的管理和使用有明确的责任归属。
- 数据访问和使用规则：包括数据的访问权限、共享政策、使用限制和合规要求等。
- 数据血缘：描述数据的来源、流经路径及被转换和使用的过程。

**（4）数据治理体系**

数据治理体系是一套确保数据质量、合规性和有效利用的管理机制。我们认为，卓越的数据治理体系应具备三个特点：其一，确保与业务体系的一致性；其二，做好了变革和协作的准备；其三，可以基于数据管理成熟度进行规范和度量。实施数据治理至少应包括以下三个方面：

- 数据治理组织体系；
- 数据治理流程和制度体系；
- 数据治理执行体系。

很多企业做了数据治理的咨询项目或者启动了数据治理工程，但最终成效甚微，主要原因是执行体系不到位。

1）数据治理组织体系：数据治理组织扮演着制定数据治理策略和监督实施的角色，有效的组织体系能够确保数据治理活动的执行。例如：设置数据治理委员会，由其负责制定数据治理的高层策略和指导原则；设置数据管理办公室（Data Management Office，DMO），由其负责日常数据治理的执行和协调，DMO 通常由首席数据官来领导。当然在这个组织体系中，也要设立数据管理员（Data Steward）、数据所有者（Data Owner）等岗位和成员。

2）数据治理流程和制度体系：数据治理流程和制度体系是数据治理体系的重要组成部分，是组织内部为了确保数据质量、安全性、合规性以及有效利用而建立的一系列规范和程序，其建立和维护是一个动态的过程，需要组织内部不同部门的协作。这些流程和体系通常包含以下几个关键组成部分：

- 明确数据治理策略。在明确数据治理组织的基础上，定义组织的数据治理目标、原则和范围，确定数据治理的角色和责任。
- 明确数据标准和数据质量。阐述数据格式、命名规则、编码标准等数据标准，以及确保数据的准确性、完整性和一致性等数据质量的控制流程。
- 明确数据生命周期的治理要求。说明从数据的创建、存储、使用、共享、归档到销毁等不同阶段的治理要求。
- 明确安全合规要求。制定数据安全政策，保护数据免受未授权访问、泄露或破坏；遵守数据相关的法律、法规、标准，确保数据的合法收集和使用。
- 明确数据访问权限。制定数据访问策略，根据用户的角色和需求分配数据访问权限；实施权限控制机制，确保数据的安全访问。
- 明确数据治理流程。制定数据治理的具体流程，包括数据问题解决、数据质量改进、数据审计等，确保数据治理活动有序进行。
- 明确数据治理绩效和评估。定期评估数据治理的效果，包括数据质量、数据使用效率等，并根据评估结果调整和持续改进数据治理策略。

3）数据治理执行体系：数据治理执行体系是数据治理过程中决定成败的部分。它包括对数据治理相关人才的培养，提供先进的数据治理工具和技术，推动数据质量改进、数据分类、数据清理和数据维护等日常数据治理活动的有序进行。定期检查数据治理活动的效果、报告数据治理的进展也是很有必要的。

### 2. 数据产品化

数据产品化主要是指将数据资源转化为可供内部或外部客户使用的数据产品的过程，是数据资源创造价值中最为重要的环节。数据产品化是本书论述的核心，本书第二篇将系统介绍数据产品的开发策略、设计方法、开发方法、运营方法，第三篇将从数据产品、数据要素型企业、数商型企业多个视角深度阐述数据产品开发的实践案例。

数据产品化是数字产业化的重要抓手，无论是在企业内部实现数据驱动，还是对外提供数据服务、实现数据的流通交易，核心载体都是数据产品。数字产业化也是促进数据产品化的重要技术支撑和市场基础，有助于构建企业完整的数据产品体系，推进数据要素 × 应用场景的落地。

### （1）数据产品的分类维度

1）从数据转化过程的角度划分：从数据转化过程的角度，依据 DIKW 模型可以将数据产品分为数据类、信息类、知识类、智慧类 4 种类型，如表 1-2 所示。

**表 1-2　按 DIKW 模型对数据产品进行分类**

| 数据产品类型 | 概述 |
| --- | --- |
| 数据类数据产品 | 数据类数据产品是数据产品的基础形态，包含原始数据或经过初步处理的数据集合。这些数据通常是未经加工的，比如数据库中的原始记录、日志文件或传感器收集的数据。在这个层级，数据还没有经过太多的处理，意义不是很明确，需要通过进一步的分析和处理来发掘其价值 |
| 信息类数据产品 | 信息类数据产品是指对数据进行加工、整理和分析后形成的有意义的内容。这一步通常涉及数据清洗、分类、汇总和转换等处理，目的是从原始数据中提取出有用的信息。信息类数据产品为用户提供了易于理解和使用的格式，例如报表、图表、指标和数据仪表板，帮助用户理解数据背后的趋势和模式 |
| 知识类数据产品 | 知识类数据产品进一步深化了数据的含义，它不仅展示信息，还提供了对信息的解释和理解。在这个层级，数据产品通过分析、比较和推理等手段，将信息转化为知识，形成有洞察力的结论和推荐。知识类数据产品可以帮助决策者做出更明智的决策，例如依据数据挖掘得到的预测模型、趋势分析和行为分析做决策 |
| 智慧类数据产品 | 智慧类数据产品代表了数据产品的最高层级，涉及将知识应用于具体的决策和行动中，以实现最佳结果。智慧类数据产品不仅包含数据、信息和知识，还融入了经验、直觉和价值判断。在这个层级，数据产品通过高级分析和认知技术，比如人工智能和机器学习，提供高度个性化和优化的解决方案，能够指导复杂问题的解决和策略的制定 |

2）从用户获取数据产品服务方式的角度划分：从用户获取数据产品服务方式的角度，可以将数据产品分为资源型、服务型、工具型 3 种类型，如表 1-3 所示。每种类型的数据产品为用户提供不同层次的价值，并要求用户有不同程度的参与和操作。资源型数据产品适用于那些希望获得数据并自行分析的用户；工具型数据产品适用于那些希望参与数据处理过程但不希望编写代码的用户；服务型数据产品则适用于那些期望直接获得答案或见解，不愿意或无须了解背

后数据处理细节的用户。这样的分类有助于提供更有针对性的解决方案，更好地满足不同客户的需求。

表 1-3　按用户获取数据产品服务的方式对数据产品进行分类

| 数据产品类型 | 概述 |
| --- | --- |
| 资源型数据产品 | 资源型数据产品主要提供原始数据或经过初步加工的数据资源。这种类型的产品通常不包括复杂的交互界面或深度的数据分析功能，而以数据集、数据库或 API 的形式存在。用户使用资源型数据产品主要是为了获取数据本身，然后根据自己的需求进行分析和应用。例如，政府公开共享的公共数据集、科研机构分享的研究数据、企业出售的数据 API 都属于资源型数据产品。用户需要具备一定的数据处理能力来自行提取和利用这些数据 |
| 服务型数据产品 | 服务型数据产品把数据处理和分析的复杂性隐藏在背后，将数据和分析能力封装为一种服务，直接为用户提供即时可用的信息、洞察或预测。这种类型的数据产品通常基于云计算、大数据和人工智能等技术，通过数据即服务（DaaS）、模型即服务（MaaS）、人工智能即服务（AIaaS）等方式交付，用户不需要直接处理数据，而是通过简单的界面获取所需的结果。服务型数据产品涵盖从定制化报告到实时数据分析和机器学习模型的应用，例如在线市场分析服务、个性化推荐引擎或商业智能（BI）系统等，大模型服务也属于这种数据产品类型 |
| 工具型数据产品 | 工具型数据产品为用户提供了操作与分析数据的工具和平台。这类产品通常具备丰富的交互功能，允许用户直接在产品中完成数据的导入、处理、分析和可视化等操作。工具型数据产品的目标是让用户能够更加高效地从数据中提取信息和洞察，不需要专业的编程技能。例如，电子表格软件、统计分析工具、数据可视化软件等都是典型的工具型数据产品。工具型数据产品的关键在于其功能性和用户操作的便捷性 |

3）从应用场景的角度划分：从应用场景的角度，可以将数据产品分为企业级、行业级、领域级 3 种类型，如表 1-4 所示。不同应用场景的考虑因素、功能需求、用户群体可能有很大差别。

表 1-4　按应用场景对数据产品进行分类

| 数据产品类型 | 概述 |
| --- | --- |
| 企业级数据产品 | 企业级数据产品是为满足企业内部管理和运营需求而设计的数据解决方案，通常需要集成到企业的信息系统中，并与其他业务流程和管理系统无缝对接。其特点是高度定制化，安全性强，可扩展性好，可集成性强。例如，与企业资源规划（ERP）系统、客户关系管理（CRM）系统等集成的数据产品，以及商业智能（BI）平台等都是这类产品。这些产品帮助企业从大量的业务数据中提取有价值的信息，进而优化决策和提高效率 |

（续）

| 数据产品类型 | 概述 |
| --- | --- |
| 行业级数据产品 | 行业级数据产品是专为特定行业设计的，能够解决该行业普遍存在的问题和需求。这类数据产品深入理解行业特有的业务流程和规范，提供符合行业标准的数据分析、管理和报告功能。例如在金融、医疗、教育、零售等特定行业，都有应用很广泛的行业级数据产品和成熟应用。行业级数据产品往往要求有专业知识背景的用户操作，并且需要遵循行业的合规性和数据保护要求 |
| 领域级数据产品 | 领域级数据产品是为某些特定业务领域设计的数据产品。这类数据产品专注于解决特定领域的问题或需求，提供有针对性的数据服务和解决方案。领域级数据产品覆盖更广泛的应用范围，可以跨多个行业，但往往会涉及领域专业知识和技术，例如健康医疗领域的医疗数据分析工具、物流领域的供应链管理系统、能源领域的智能能源监控系统等 |

（2）数据产品化的关键要素

数据产品化是指将数据转化为产品或服务，以满足用户需求并创造商业价值。第 8 章将以一家金融科技企业为例，阐述其在数据产品开发领域的最佳实践。我们认为，在数据产品化的过程中，有 5 个关键要素需要着重考虑和实施，以确保数据产品的成功和可持续发展。

1）数据产品原料：在数据产品化的过程中，首先要确保数据产品原料的质量，高质量的数据产品原料应具备准确性、完整性、一致性、及时性和可信度等特征；其次必须确保数据产品原料遵守相关的数据保护法规和隐私政策，这包括数据来源、数据内容、数据处理及数据管理的合规等多个方面。数据产品原料是数据资源化的成果，第 2 章将对数据资源治理进行详细描述。

2）数据产品策略：采取卓有成效的数据产品策略是数据产品化的基础。第 4 章将基于高速动车组模型深入阐述价值牵引、场景驱动、合规支撑三大策略。价值牵引是动车组的“操控手柄”，代表数据产品开发以价值为导向；场景驱动是动车组的“动力引擎”，代表数据产品开发的动力来源于特定用户在特定场景的特定需求；合规支撑是动车组的“无砟轨道”，代表数据产品开发必须在合法合规的基础上进行。例如找到能够释放数据价值的实际应用场景是数据产品化的关键要素之一，应用场景要切换到合适的颗粒度，场景越聚焦越有助于定义问题和痛点，也越有利于提升用户体验。

3）数据产品设计：数据产品设计是数据产品化的核心。第 5 章创新性地提出“场景设计、价值设计、构件设计、交付与运营、安全合规设计”的数据产品设计五步法。这一方法论以用户为中心，强调场景驱动和价值导向，力求在每一个设计环节中都能体现数据产品化的应用价值。

4）数据产品开发：数据产品开发既是一个数据产品化价值形成的过程，也是一个持续迭代和优化的过程。第6章将从数据产品开发全景图出发，描述关键技术、数据平台、开发策略等数据产品开发基础，说明分别基于数据仓库、数据平台、DataOps的3种数据开发方式，重点阐述资源型、服务型、智能化等不同类型数据产品的开发方法。

5）数据产品运营：数据产品运营将在第7章中阐述。在这个阶段，数据产品的发布和推广、用户反馈的收集、产品功能迭代和维护、产品的定价和收益分析、对应的培训等看似基础性的工作，却是决定着数据产品化成功与否的关键环节。数据产品既强调场景驱动，也强调运营驱动，我们认为构建增长飞轮和客户成功体系至关重要。

此外，聚焦数据产品的价值释放和变现，围绕数据产品的商品化、资本化，本书第四篇将展开对数据产品经营的介绍，与上述数据产品化关键要素一起，共同诠释数据产品全生命周期的价值增长和变现路线。

**（3）数据产品体系**

构建数据产品体系，可以从两个维度来思考，侧重点有所不同。

第一，数据要素型企业的数据产品体系。

数据要素型企业是指以数据作为关键生产要素，通过对企业生产经营过程中产生的数据进行开发利用，提升企业自身的生产经营能力、实现数据要素价值充分释放的主体。数据要素型企业往往持有大量有价值的数据资源，其数据产品通常包括两部分：首先，聚焦于数据资源的收集、处理、存储、安全以及外部数据资源的购买，通过数据产品对数据资源的开发利用，赋能主营业务的经营决策和降本增效；其次，通过数据资产化实现数据资产的保值增值，例如开发可以对外流通交易的数据产品。第9章将以两个数据要素型企业为例，全面讲述其数据产品体系的实践。

第二，数据服务商（也称为数商型企业）的数据产品体系。

数据服务商是指以助力实现数据要素价值释放作为核心能力，提供各类数据产品服务、数据技术服务和其他第三方专业服务的经济主体。数据服务商一般专注于数据资产运营相关的服务，例如进行数据处理、提供数据开发工具、提供数据服务等。数据服务商既可以面向数据要素型企业提供服务，也可以合法采购并利用数据资源开发出各种数据产品和服务，以实现商业化目标。数据服务商的数据产品体系需要建立更为严格的数据安全和隐私保护机制，以确保客户数据的安全，建立数据产品服务的长期稳定的信任关系。第 10 章将以两个数据服务商为例，讲述数据服务商在数据产品体系上的探索和实践。

如表 1-5 所示，数据产品体系设计可以从 6 个方面展开：

1）产品定位：数据产品体系首先要对数据产品进行定位。对于数据要素型企业来说，数据产品主要服务于内部业务需求，同时也可能对外进行数据流通和交易。而数据服务商与数据要素型企业不同，它主要专注于对外提供数据产品和相关服务。产品定位上的差异，会影响两者采取不同的产品开发策略和产品管理方式。

2）产品组合：数据要素型企业的数据产品往往是资源型和服务型产品，更侧重于数据产品与其他内部系统的集成能力。数据服务商的数据产品则包含资源型、服务型和工具型 3 种类型，且更需要数据产品具有完整闭环能力和集成能力，同时更注重技术的通用性和适应性，以便为不同客户提供服务。

3）产品服务：数据要素型企业的数据产品要与企业的主营业务深度融合，所以更倾向于私有化部署和支持定制化。而数据服务商则更倾向于提供标准化的产品服务，并通过公有云的方式实现低成本的快速交付，对于数据产品的安全性、灵活性、快速响应能力有更高的要求。

4）产品运营：数据要素型企业的数据产品运营更多聚焦于内部用户的产品服务闭环，确保产品在组织内部形成有效的使用和反馈机制。数据服务商要建立数据产品的核心竞争力，就必须建立起数据产品的客户成功体系，确保客户能够有效使用数据产品并持续实现价值。

5）产品创新迭代：任何数据产品都需要保持对数据智能相关技术的持续跟踪和创新，保持新技术的快速升级，以适应市场变化和用户需求。数据产品团队要保持对数据技术的研究，跟踪最新的数据科学、人工智能和机器学习算法，探索它们在数据产品中的应用潜力，并通过技术创新的机制和文化来驱动数据产品创新，也可以通过跨界合作、联合创新等方式实现数据产品的迭代。但需要保持一定的风险意识，提高技术创新的价值，降低技术创新的成本。

6）产品合规遵从：数据要素型企业一般比较注重数据质量、安全合规和伦理标准，确保数据处理和使用的合法性和道德性。而数据服务商往往会处理来自不同客户的数据，因而需要更加关注数据安全和隐私保护的风险，这需要其投入更多的资源来构建数据产品的隐私和安全防护措施。

表 1-5　数据要素型企业和数据服务商的数据产品体系对比

| 对比项 | 数据要素型企业 | 数据服务商 |
| --- | --- | --- |
| 产品定位 | 价值主张以内部服务为主，以外部流通交易为辅 | 价值主张以对外提供数据产品服务为主 |
| 产品组合 | 以资源型和服务型为主强调数据产品与其他系统的集成能力 | 资源型、工具型和服务型强调数据产品的完整闭环能力和集成能力 |
| 产品服务 | 以定制化和私有化部署为主 | 以标准化和公有云服务为主 |
| 产品运营 | 内部用户的产品服务闭环 | 数据产品的客户成功体系 |
| 产品创新迭代 | 持续的技术跟踪和创新机制 | 持续的技术跟踪和创新机制 |
| 产品合规遵从 | 注重数据质量、安全合规、伦理标准 | 更为注重安全合规和隐私保护 |

### 3. 数据资产化

数据资产化是数据资产运营的核心，它通过将数据与劳动力、资本、技术等其他生产要素结合，实现数据的商业价值和社会价值。数据资产化使得数据成为一种可以量化、可以变现的资产，为企业带来直接的经济利益，并在财务报表中体现其价值。第 12 章将对数据资产运营展开详细论述。

数据资产化是一个多维度、跨学科的领域，涉及法律、经济、技术等多个方面。截至目前，数据资产化的方法体系包括数据产品流通交易、数据资源入表、数据资产价值评估、数据资产融资授信、数据资产作价入股，以及数据资本创新等。

#### （1）数据产品流通交易

数据产品流通交易是数据要素市场化配置的关键环节，涉及将数据作为商品或服务在市场参与者之间进行交换，也是数据资产化的过程。数据产品流通交易的前提是对数据产品拥有相应的权利并确保其合法合规性。数据产品的流通交易是一个生态体系，包括数据交易场所、数据服务商、第三方专业服务机构等。

数据交易场所作为第三方，通过提供新型交易技术和固定数据交易证据等方式增进买卖双方的信任，减少争议，从而最大限度地发现数据的公允价值。同时，数据交易场所便于追溯和监管，具有场外交易不可比拟的优势。

数据服务商作为数据要素价值的发现者和赋能者，为数据交易双方提供数据产品开发、发布、承销，以及数据资产的合规化、标准化、增值化服务。

第三方专业服务机构为数据产品交易提供评估认证、安全保障等服务，包括数据经纪、合规认证、安全审计、数据公证、数据保险、数据托管、资产评估、争议仲裁、风险评估、人才培训等。

在数据产品流通交易的过程中，还需要构建起全国互联互通的数据市场和数据基础设施，以支撑数据、算法、算力等核心资源的一体化流通，为场内集中交易和场外分散交易提供低成本、高效率、可信赖的流通环境。第 11 章将从数据交易市场、数据产品交易模式、数据产品交易技术以及数据产品交易平台 4 个方面进行详细描述。

**（2）数据资源入表**

财政部印发《企业数据资源相关会计处理暂行规定》，为数据资源作为企业的资产在财务报表中体现提供了重要指引。企业数据资源入表也是数据资产化的过程，这个过程通常包括以下几个步骤：

1）数据资源盘点：数据资源盘点即数据资源的识别与分类。首先确定哪些数据资源可以作为资产入表，这将基于会计准则中对资产的定义进行确认；再根据数据资源的特性和用途，将其分类为无形资产、存货或其他适合的会计科目。

2）合规性与确权：企业需要明确数据资源的所有权和使用权，确保其对数据资源拥有合法的控制权，以及确保数据资源在收集、存储、处理和使用过程中符合相关法律法规，特别是数据隐私保护等法规。

3）数据资源的评估与计量：对数据资源的评估可以分成两个部分，一个是质量评估，另一个是价值评估，但评估一般并不作为数据资源入表的必要环节。数据资源成本的可靠计量是入表的必要环节，目前主要通过成本法来确定数据资源在财务报表中的账面价值。

4）数据资源的会计处理：根据企业会计准则，对满足资产确认条件的数据资源进行初始确认，对已确认的数据资源进行摊销、减值测试等后续计量。

5）数据资源的披露：企业应根据会计准则和监管要求，在财务报表中披露数据资源的相关信息。除了满足披露要求外，企业还可以根据实际情况自愿披露更多关于数据资源的信息，以增强企业数据资源的透明度和投资者信心。

**（3）数据资产价值评估**

数据资产价值评估是对数据资产的经济价值进行量化分析的过程，是数据资产化过程中的一个重要环节。根据中国资产评估协会发布的《数据资产评估指导意见》，目前主要的数据资产价值评估方法包括成本法、收益法、市场法以及相关的衍生评估方法。

1）成本法：成本法是一种基于数据资产的生命周期成本来估算其价值的方法。它考虑了从数据采集、存储、处理、分析到维护等各个阶段的成本，通常适用于数据资产的初始价值评估，尤其是在数据资产没有明显市场价值或者收益模式不明确的情况下。

2）收益法：收益法是一种基于对数据资产未来收益的预测来估算其价值的方法。它假设数据资产的价值取决于其未来能够为所有者带来的经济利益，通常适用于那些能够直接或间接产生经济收益的数据资产，如数据驱动的产品和服务、数据支持的决策优化等。

3）市场法：市场法是一种基于市场上类似数据资产的交易价格来估算目标数据资产价值的方法。它假设在自由市场条件下类似资产的交易价格可以作为评估参考，通常适用于那些在市场上有明确交易记录和可比性的数据资产。

**（4）数据资产融资授信**

数据资产融资授信是指使用数据资产作为担保或信用基础来获取融资的过程。数据资产融资授信属于一种新兴的金融服务模式，与传统的以实物资产或信用为基础的融资方式不同，数据资产融资更侧重于数据的潜在经济价值。一些以数据为驱动的数据服务商（例如大数据服务企业、互联网平台企业等），以及数据要素型企业（例如金融、医疗、电信等行业企业）本身业务经营过程中就会产生大量高价值数据，更有可能进行数据资产融资授信。

从操作流程上来看，一般先由专业的资产评估机构来对数据资产的价值进行评估，可能采用成本法、收益法或市场法等，然后对数据资产的潜在风险进行评估。基于数据资产评估和风险评估的结果，金融机构决定是否授信以及授信额度。截至目前，已有大量通过数据资产获得融资的案例，其授信额度一般在 500 万～1000 万元人民币。

**（5）数据资产作价入股**

数据资产作价入股指股东将合法拥有的数据资产经过评估后作价，以此作为出资，投入到企业中作为股份的一种方式。这种方式体现了数据资产的经济价值，并允许其作为企业资本的一部分。

数据资产作为非货币财产出资入股，需要满足会计准则中对资产的定义。能够作价入股的数据资产应是企业合法拥有或控制的，预期能带来经济利益的数据资源，并且数据资产价值要能够通过某种方法进行货币化评估，数据资产的全生命周期合法合规，权属清晰。据新浪财经报道，在“2023 智能要素流通论坛暨第三届 DataX 大会”上，青岛华通智能科技研究院有限公司、青岛北岸数字科技集团有限公司、翼方健数（山东）信息科技有限公司三方举行了数据资产作价投资入股签约仪式，约定青岛华通智能科技研究院有限公司把基于医疗数据开发的数据保险箱（医疗）产品，以作价 100 万元入股的方式，与青岛北岸数字科技集团有限公司、翼方健数（山东）信息科技有限公司组建成立新公司。

**（6）数据资本创新**

数据不仅仅是信息载体，它已经逐渐具备资产属性，并蜕变为一种资本。数据资本的核心在于通过金融创新和技术手段，有效利用数据资产，将其转化为具有实际经济价值的资本，并在资本市场上实现保值、增值与流通。在数据资本化的过程中，数据不再只是资源或产品，还成为可以交易、投资、增值的重要经济要素。数据资本的核心在于实现数据的可量化和可货币化，使其具备经济价值并推动企业业务增长。

第 13 章将从数据资本的概念开始，全面剖析数据资本化的过程，探讨数据资本估值、数据资产并购、市值管理、数据投行、数据资产通证化和证券化等前沿话题。

### 1.3.3 基础支持模块

数据素养是企业数据资产运营的基础支持，这里指的是企业在数据领域所拥有的4项核心能力，包括数据人才、数据技术、数据平台和数据安全。只有建立健全的数据素养体系，不断提升企业在数据领域的基础能力，才能更好地实现数据资产运营的价值最大化，推动企业持续发展和创新。

#### 1. 数据人才能力

在数据资产运营过程中，企业需要拥有具备数据素养和专业技能的数据人才团队。通过培养和招聘具备数据分析、数据挖掘、数据科学等专业技能的人才，企业可以更好地挖掘和利用数据，推动数据驱动的业务发展，实现企业的数字化转型和创新发展。

#### 2. 数据技术能力

在数据资产运营过程中，企业需要具备先进的数据技术能力，并通过掌握最新的数据技术工具和方法，更高效地管理和利用数据，实现数据驱动的业务决策和创新。例如：数据采集技术，能有效、准确地收集不同来源和格式的数据；数据存储技术，采用合适的数据库和存储解决方案，确保数据的可访问性和持久性，以及具有一定的成本优势；数据处理技术，进行数据清洗、转换、整合等操作，以提高数据质量；数据挖掘技术，运用统计学、机器学习等方法对数据进行深入分析，挖掘数据的潜在价值；数据可视化技术，将复杂数据转换为直观的图表和报告，帮助理解数据和做出决策。

#### 3. 数据平台能力

在数据资产运营过程中，企业需要一个强大的数据平台，包括数据仓库、数据湖、数据集市和数据可视化等组件。通过建设统一的数据平台，企业可以实现数据的集中管理和共享，提升数据的可访问性和可用性，支持企业各部门的数据需求和业务应用。同时，一个强大的数据平台还应具备良好的可扩展性，支持多种数据格式和协议，具备异构数据资源集成能力、易于用户使用的数据民主化能力等，有的数据平台还具有 DataOps 能力。

### 4. 数据安全能力

企业在数据资产运营过程中，需要特别重视数据安全，在数据收集、存储、传输和使用过程中确保数据的机密性、完整性和可靠性。建立健全数据安全策略和控制措施，做到有效防范数据的未授权访问、泄露、篡改或丢失，并形成数据备份和恢复、数据监控和安全审计等能力，可以有效提升企业在数据资产安全方面的风险防范水平。

数据素养的提升是一个持续的过程，需要企业在战略层面给予重视，并在组织文化、技术工具、培训资源等多方面进行投入和支持。通过提升自身数据素养，企业可以更好地开展数据资产运营工作。

第2章 CHAPTER

# 数据资源治理

数据资源是企业获取竞争优势的关键，它们来源于企业运营、公共领域和现代技术手段，具有多样性和重要性。对这些资源的采集、清洗、整合和分析不仅需要企业有明确的目标和策略，还要求企业建立严格的数据治理框架，确保数据的质量和相关性，从而实现数据资源化，提升其价值。

本章将对数据资源进行详解，不仅涵盖数据资源的起源，还细致探讨数据的存储、管理，以及如何通过提升数据管理能力来进行数据资源化从而提升数据价值的过程。数据资源化是一个系统工程，从数据的采集开始，经过清洗、整合、分析等多个环节，最终实现数据的转化和应用。

## 2.1 原始数据

### 2.1.1 什么是原始数据

原始数据是指未经任何加工、处理或分析的初始数据。它直接来源于数据产生的场景，保留了所有的细节和信息，具有真实性和完整性。原始数据是数据产品开发的基石，也是数据价值链的起点。

原始数据可以被视为现实世界的数字化映射。每一条原始数据都记录了某个特定时刻的事实或状态。例如，在电子商务平台中，用户的每一次点击、每一次搜索，甚至停留在某个页面的时间，都会被记录下来成为原始数据。原始数据的价值在于它的真实性和完整性。它没有经过任何筛选或处理，保留了所有的细节和信息。这些细节可能在后续的分析中发挥重要作用。比如，用户在某个商品页面的停留时间看似无关紧要，但它可能反映了用户对这个商品的感兴趣程度。这些细微的信息都可能成为优化产品、提升用户体验的关键线索。

### 2.1.2　原始数据的来源

原始数据可以说是无处不在。在日益数字化的世界里，几乎每一个行为都可能产生数据。以下是一些常见的原始数据来源。

- 用户行为数据：这包括用户在网站、App 上的点击、浏览、购买等行为数据。例如，短视频平台会记录用户观看的视频类型、观看时长、点赞评论等信息，并利用这类数据来优化其推荐系统，提高用户满意度。
- 传感器数据：物联网设备产生的数据。比如，智能家居系统中的温度传感器会持续记录室内温度变化。电动汽车就依赖于大量的传感器数据来实现智能驾驶和电池管理。
- 交易数据：各种商业交易产生的数据。如银行的转账记录、超市的销售数据等。
- 社交媒体数据：用户在社交平台上的发帖、评论、点赞等行为产生的数据。社交平台利用这些数据来个性化用户体验并提供精准广告投放。
- 地理位置数据：通过 GPS 或手机信号塔收集的位置信息。出行软件就利用这类数据来优化其打车服务，实现供需匹配。
- 调查问卷数据：通过问卷收集的用户反馈和意见。市场研究公司经常使用这种方式收集消费者洞察。
- 公开数据：政府、研究机构等公开发布的数据集。比如气象局发布的气象数据被广泛用于天气预报和气候研究。

### 2.1.3 原始数据的形式

原始数据可以以多种形式存在，了解这些形式对于数据产品的开发至关重要。常见的原始数据形式如下：

- 结构化数据：这是最容易处理的数据形式，通常存储在关系数据库中。例如，一张包含姓名、年龄、地址等字段的客户信息表。银行的账户信息、电商的订单数据通常都属于这类。
- 半结构化数据：这种数据有一定的结构，但不如结构化数据那么严格。XML 和 JSON 文件是典型的半结构化数据，许多 Web API 返回的数据就是这种形式。
- 非结构化数据：这类数据没有预定义的数据模型，如文本文档、图片、视频等。微博上的帖子、客户服务中心的通话记录都属于这类。
- 时间序列数据：按时间顺序记录的数据，如股票价格、气象数据等。证券交易所的交易数据、智能家居设备的传感器读数通常都是时间序列数据。
- 空间数据：包含地理位置信息的数据，如地图数据、GPS 轨迹等。

这些不同形式的数据共同构成了平台的数据生态系统，为个性化推荐、用户行为分析等数据产品提供了丰富的素材。

### 2.1.4 原始数据的特点

原始数据具有以下特点：

- 真实性：原始数据直接来源于用户行为或设备记录，反映了真实的情况，但这也意味着数据中可能包含噪声和错误。
- 大量性：在数字时代，数据的产生速度和规模都是惊人的。一个大型电商平台每天可能产生数十亿条原始数据记录。
- 多样性：原始数据来源广泛，形式多样，这为全面分析提供了可能，但也增加了数据处理的复杂度。
- 时效性：许多原始数据具有强烈的时效性，特别是在实时系统中。
- 不完整性：原始数据往往是片段化的，需要进行进一步处理和整合才能发挥价值。

- 隐私敏感：原始数据可能包含用户隐私信息，需要谨慎处理，遵守相关法规。

原始数据是数据价值链的起点，是数据产品开发的基础。它们决定了如何收集、存储、处理和分析数据，也影响了最终数据产品的设计和功能。只有深入理解原始数据的本质、来源、形式和特点，才能设计出真正有价值、能够解决实际问题的数据产品。在数据价值倍增路径中，下一步就是将这些原始数据转化为更有组织、更易使用的数据资源，为后续的数据产品开发奠定基础。

## 2.2　数据资源

### 2.2.1　什么是数据资源

数据资源是指经过系统化处理和组织的数据集合，具有特定的结构和意义。与原始数据相比，数据资源更加规范化、标准化，更容易被理解和使用。数据资源是数据产品开发的直接材料，也是企业数据资产的重要组成部分。

### 2.2.2　数据资源的主要类型

根据数据资源主体的不同，数据资源可以有不同的分类，本书将数据资源划分为公共数据、企业数据和个人数据。表 2-1 是数据资源类型总览，给出了数据资源的主要类型、特点以及具体分类。

**表 2-1　数据资源类型总览**

| 数据类型 | 数据特点 | 数据分类 | | |
|---|---|---|---|---|
| | | 按来源分类 | 按内容分类 | 按应用领域分类 |
| 公共数据 | 开放性<br>透明性<br>广泛性<br>按频率更新<br>多样性 | 政府数据<br>学术数据<br>非营利组织数据 | 人口数据<br>经济数据<br>环境数据<br>气象数据<br>地理信息数据<br>社会服务数据 | 政务数据<br>科研数据<br>商业数据<br>社会数据 |

（续）

| 数据类型 | 数据特点 | 数据分类 | | |
|---|---|---|---|---|
| | | 按来源分类 | 按内容分类 | 按应用领域分类 |
| 企业数据 | 业务相关性<br>实时性<br>精准性<br>保密性<br>多样性<br>复杂性<br>数据量大<br>数据生命周期长 | 内部数据<br>外部数据 | 销售数据<br>客户数据<br>财务数据<br>生产数据 | 营销数据<br>运营数据<br>人力资源数据<br>供应链数据<br>风险数据 |
| 个人数据 | 隐私性<br>个性化<br>多样性<br>实时性<br>碎片化<br>授权性<br>跨界性<br>安全性 | 在线数据<br>离线数据 | 健康数据<br>社交数据<br>金融数据<br>位置数据 | 个人健康数据<br>社交媒体数据<br>金融支付数据<br>生物识别数据 |

### 1. 公共数据

公共数据是指由国家机关和法律、行政法规授权的具有管理公共事务职能或者提供公共服务的组织，在履行公共管理职责或者提供公共服务过程中收集、产生的涉及公共利益的各类数据资源。公共数据是数据资源的重要组成部分，涉及国民经济发展中生产生活的各方面，蕴藏着巨大的经济和社会价值。

#### （1）公共数据的特点

- 开放性：公共数据通常是公开可用的，任何人都可以免费或付费获取并使用。这种开放性促进了数据的共享和交流，提高了数据的可访问性和可利用性。
- 透明性：公共数据的来源和采集方法通常是透明的，用户可以了解数据的采集过程和质量控制措施，提高了数据的可信度和可靠性。
- 广泛性：公共数据涵盖各个领域和行业的基础信息和统计数据，包括人口统计数据、地理信息数据、气象数据、经济数据、环境数据等。这些数据涉及的范围广泛，可以满足不同用户的需求和应用场景。

- 按频率更新：公共数据通常具有一定的更新频率，可以是实时更新或定期更新。这种更新频率保证了数据的时效性，使用户可以获取到最新的数据信息。
- 多样性：公共数据包含多种类型和格式的数据，包括结构化数据、非结构化数据、文本数据、图像数据等。这种多样性能够满足不同用户的数据需求和分析要求。

**（2）公共数据的分类**

公共数据根据其来源、内容和应用领域的不同，可以进行多种分类。比如可以按数据来源、数据内容、应用领域、业务属性、开放共享的目的、安全等级等方式分类。以下是一些常见的公共数据分类方式。

1）按来源分类如下：

- 政府数据：由政府机构收集、管理和发布的数据，包括国家统计局、环保局、气象局等机构发布的统计数据和监测数据。
- 学术数据：由学术机构、研究机构或学术期刊发布的研究数据，包括科研项目数据、科研成果数据等。
- 非营利组织数据：由非政府组织或慈善机构发布的数据，如世界银行、联合国等机构发布的社会经济数据。

2）按内容分类如下：

- 人口数据：包括人口数量、人口结构、人口迁移、人口密度等方面的数据。
- 经济数据：包括国民经济总量、GDP、就业率、物价指数、贸易数据等方面的数据。
- 环境数据：包括大气污染物浓度、水质指标、土壤污染情况、生物多样性等方面的数据。
- 气象数据：包括气温、降水量、风速、湿度等方面的气象观测数据。
- 地理信息数据：包括地图数据、卫星影像数据、地形地貌数据等。
- 社会服务数据：包括教育资源、医疗资源、社会保障、文化体育等方面的数据。

3）按应用领域分类如下：

- 政务数据：用于政府管理和决策的数据，如人口统计数据、经济数据、环境数据等。

- 科研数据：用于科学研究和学术探索的数据，如科研项目数据、科研成果数据等。
- 商业数据：用于商业分析和市场研究的数据，如销售数据、客户数据、市场调查数据等。
- 社会数据：用于社会分析和社会研究的数据，如社会调查数据、民意调查数据等。

### 2. 企业数据

#### （1）企业数据的特点

企业数据是由企业或组织自身产生、收集和管理的数据，具有一定的特点，这些特点对企业的运营、管理和决策具有重要意义。以下是企业数据的主要特点：

- 业务相关性：企业数据与企业的业务活动密切相关，反映了企业在运营过程中产生的各种信息。这些数据涵盖了企业的销售、客户、财务、生产、供应链、人力资源等方面的信息。
- 实时性：企业数据具有一定的实时性，反映了企业在当前时间段内的业务状况和运营情况。例如，销售数据可以随时更新，反映最新的销售情况。
- 精准性：企业数据通常经过严格的采集、处理和管理，具有较高的精准性和可信度。这些数据是企业决策的重要依据，需要确保数据的准确性和完整性。
- 保密性：企业数据涉及企业的商业机密和敏感信息，具有一定的保密性和隐私性。企业需要采取相应的措施保护数据安全，防止数据泄露和滥用。
- 多样性：企业数据具有多种类型和格式，包括结构化数据、半结构化数据和非结构化数据。这些数据涵盖了文本数据、数字数据、图像数据、音频数据等多种形式。
- 复杂性：企业数据往往具有一定的复杂性，涉及多个业务流程和部门之间的关联关系。例如，客户数据可能涉及销售、营销、客户服务等多个方面的信息。

- 数据量大：由于企业日常业务活动的复杂性和规模，企业数据往往具有较大的数据量。这些数据可能包括海量的交易记录、客户信息、产品信息等。
- 数据生命周期长：企业数据的生命周期通常较长，从数据的采集、存储、处理到分析和应用，可能涉及多个阶段和环节。企业需要对数据进行有效管理和利用，确保数据的长期价值。

（2）企业数据的分类

企业数据可以根据其来源、数据内容和应用领域、数据的业务功能、数据的开放共享维度、数据的敏感程度、数据的格式和数据的流动性等不同维度进行分类。以下是一些常见的企业数据分类方式：

1）按照数据来源分类如下：

- 内部数据：由企业内部产生和收集的数据，包括销售数据、客户数据、财务数据、生产数据、人力资源数据等。
- 外部数据：从外部来源获取的数据，如市场调查数据、行业报告、竞争对手数据、社交媒体数据等。

2）按照数据内容分类如下：

- 销售数据：包括销售额、销售量、销售渠道、销售地区等方面的数据。
- 客户数据：包括客户信息、客户行为、客户需求、客户满意度等方面的数据。
- 财务数据：包括资产负债表、利润表、现金流量表、财务比率等方面的数据。
- 生产数据：包括生产成本、生产效率、产品质量、生产线运行情况等方面的数据。

3）按照应用领域分类如下：

- 营销数据：用于市场营销活动和客户关系管理的数据，如市场调研数据、广告效果数据等。
- 运营数据：用于企业业务运营和管理的数据，如销售数据、财务数据、生产数据等。

- 人力资源数据：用于员工管理和人力资源开发的数据，如员工信息、薪资福利数据等。
- 供应链数据：用于供应链管理和物流运作的数据，如供应商信息、采购数据、库存数据等。
- 风险数据：用于风险管理和业务决策的数据，如市场风险、信用风险、操作风险等数据。

3. 个人数据

**（1）个人数据的特点**

个人数据是与个人身份相关联的数据，包括个人健康数据、社交媒体数据、移动设备数据等，具有一定的特点。以下是个人数据的主要特点：

- 隐私性：个人数据涉及个人隐私和个人权利，具有较高的隐私性。这些数据包括个人身份信息、健康状况、财务情况、社交关系等敏感信息，需要受到严格的保护和管控。
- 个性化：个人数据反映了个人的特定需求、偏好和行为习惯，具有个性化的特点。例如，个人健康数据包括个人体征、疾病史、用药记录等，反映了个体的健康状况和生活习惯。
- 多样性：个人数据涵盖了多种类型和格式，包括文本数据、图像数据、音频数据、视频数据等。这些数据来源于不同的渠道和平台，具有多样性。
- 实时性：随着移动互联网和智能设备的普及，个人数据具有一定的实时性，反映了个人在不同时间和地点的活动与状态。例如，社交媒体数据实时记录了个人的社交互动和在线行为。
- 碎片化：个人数据通常是碎片化的，分散存储在不同的设备、应用和平台上，需要对其进行整合和管理才能得到完整的个人画像。
- 授权性：个人数据通常需要经过个人授权才能获取和使用，具有授权性。个人对自己的数据拥有控制权，可以自主选择是否分享和使用自己的数据。
- 跨界性：个人数据可能涉及多个领域和行业，具有跨界性。例如，个人健康数据可能涉及医疗保健、生物科技、健康管理等多个领域。

- 安全性：个人数据涉及个人隐私和个人权益，具有较高的安全性要求。个人数据的收集、存储、传输和处理需要符合相关的隐私政策和数据安全标准。

（2）个人数据的分类

个人数据根据其来源、内容和应用领域的不同，可以进行多种分类。以下是一些常见的个人数据分类方式：

1）按照数据来源分类如下：

- 在线数据：个人在互联网上的各种活动产生的数据，如社交媒体数据、浏览记录、搜索记录等。
- 离线数据：个人在现实生活中产生的数据，如生物识别数据、购物行为数据、运动健康数据等。

2）按照数据内容分类如下：

- 健康数据：包括个人的生理指标、健康状况、疾病史、医疗记录等。
- 社交数据：包括个人在社交媒体上的社交互动、关注者列表、帖子内容等。
- 金融数据：包括个人的财务状况、收入支出、银行交易记录、投资情况等。
- 位置数据：包括个人移动设备的定位信息、轨迹记录、地理位置标签等。

3）按照应用领域分类如下：

- 个人健康数据：用于健康管理、医疗诊断、生活方式分析等领域。
- 社交媒体数据：用于社交网络分析、用户行为研究、个性化推荐等领域。
- 金融支付数据：用于金融风险评估、信用评级、消费分析等领域。
- 生物识别数据：用于身份验证、安全监控、生物特征识别等领域。

4）按照数据所有权分类如下：

- 自有数据：个人拥有和掌控的数据，如个人设备上的数据、个人账户数据等。
- 第三方数据：由第三方服务提供商，如社交媒体平台、健康应用程序等收集和管理的个人数据。

### 2.2.3 数据资源的特点

数据资源具有以下几个主要特点：

- 结构化：数据资源通常具有明确的结构和组织方式，便于存储和查询。
- 标准化：数据资源遵循统一的标准和规范，确保数据的一致性和可比性。
- 可管理性：数据资源可以被有效地管理和维护，包括数据的更新、备份和访问控制。
- 可复用性：数据资源可以被多个应用或系统共享和重复使用。
- 价值密度高：相比原始数据，数据资源经过了加工和整合，信息密度更高，更容易产生价值。

## 2.3 数据资源化

### 2.3.1 数据资源和原始数据的关系

数据资源是原始数据经过处理和加工形成的。这个过程包括数据清洗、整合、转换和结构化等步骤。数据资源和原始数据的关系可以类比精炼过的石油和原油的关系。

以外卖平台为例，其配送系统的原始数据包括骑手位置、订单信息、路况数据等。这些原始数据经过处理后，形成了包括配送效率、骑手绩效、热点区域等在内的数据资源。这些数据资源为外卖平台优化配送路径、提高配送效率提供了直接可用的信息。

通过对数据的采集、清洗、存储、转换、集成和管理，原始数据被转化为更有价值、更易使用的数据资源。

数据资源是连接原始数据和数据产品的关键环节。通过数据资源化，企业可以将分散、杂乱的原始数据转化为结构化、标准化的数据资源，为后续的数据产品开发和价值创造奠定基础。

### 2.3.2 数据资源化的过程

数据资产管理的过程包含数据资源化和数据资产化两个部分，通过数据资源化，组织可以构建全面有效、切合实际的数据资产管理体系，提升数据质量，保障数据安全；通过数据资产化，丰富数据资产应用场景，组织可以建立数据资产生态，持续运营数据资产，凸显数据资产的业务价值、经济价值和社会价值。数据资源是由原始数据经过加工和管理形成的。图 2-1 说明了数据从原始数据到数据资源的过程。原始数据经过数据质量管理、数据标准管理、主数据管理、数据模型管理、元数据管理、数据开发管理、数据安全管理等一系列的管理，被赋予了潜在的价值，形成数据资源。

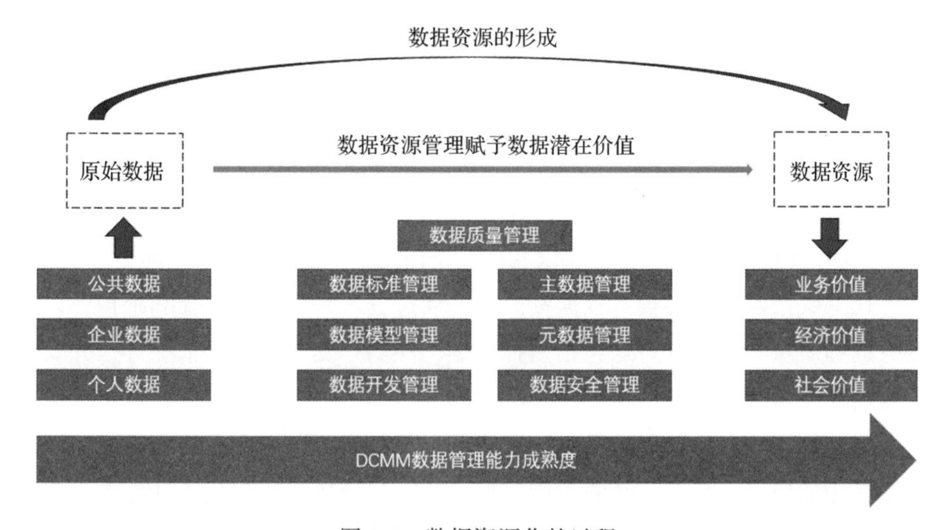


图 2-1　数据资源化的过程

数据资源化的具体过程如下：

1）数据产生：数据的产生是数据资源形成的第一步，它指的是原始数据的创建或捕获。数据可以通过多种方式产生，例如用户在使用服务时产生（日志信息），或者通过传感器从自然环境中采集

2）数据采集：数据可以从多个来源收集而来。这些来源包括传感器、设备、应用程序、网站、社交媒体、交易系统、日志文件等。可以实时、定期或者按需采集数据。如滴滴出行通过 App 采集用户的位置、订单等数据。

3）数据存储：需要将采集到的数据进行存储，以便后续的访问和处理。存储方式可以是关系数据库、NoSQL 数据库、数据仓库、数据湖等。不同的存储方式适用于不同类型和规模的数据。

4）数据清洗：采集到的原始数据可能存在噪声、错误、缺失值等问题，需要进行清洗和预处理。清洗过程包括去除重复数据、填补缺失值、修复错误值等操作，以确保数据的质量和准确性。

5）数据转换：将数据转换为标准格式。如中国银行可能需要将从不同渠道收集的客户信息转换为统一格式。

6）数据集成：数据资源可能来自不同的数据源，有不同的格式，需要进行整合和加工，以便进行分析和应用。这包括数据的转换、归一化、标准化等操作，以统一数据的格式和结构。

7）数据结构化：将非结构化或半结构化数据转换为结构化形式。如百度将网页内容转换为结构化的索引数据。

8）元数据管理：创建和维护描述数据资源的元数据。

9）数据安全和隐私保护：数据资源可能包含敏感信息，需要进行安全和隐私保护。这包括数据的加密、权限管理、访问控制、隐私政策等措施。

10）数据监控和维护：数据资源在使用过程中需要进行监控和维护，以确保数据的质量和可用性。这包括监控数据的更新、变化、异常情况等，并及时进行处理和调整。

11）数据分析和挖掘：经过整合和加工的数据可以进行分析和挖掘，以发现数据中的模式、趋势、关联规则等信息。数据分析方法包括统计分析、机器学习、数据挖掘、人工智能等。

12）数据呈现和应用：数据分析的结果通过报告、图表或仪表板等形式呈现给最终用户，从而数据得以转化为实际的商业智能和决策支持。数据分析的结果可以应用于各种场景和领域，包括商业决策、市场营销、风险管理、个性化推荐、智能化服务等。数据应用可以通过报表、可视化工具、应用程序接口（API）等形式呈现和传递。

数据资源化是一个复杂的管理过程，涉及数据采集、存储、清洗、转换、整合加工、分析挖掘、应用、监控维护、安全保护等多个环节，需要跨多个领域的专业知识和技能。

同时，为了更好地释放数据价值，在整个数据资源化的过程中，组织不断地提升数据管理能力的成熟度，从而完成数据梳理，形成数据资源，丰富数据应用，获得更多的数据洞察力，进而挖掘出隐藏在资源中的业务价值、经济价值和社会价值。

## 2.4　数据资源来源

数据资源来源多样，可以分为内部系统产生数据、互联网采集数据、物联网设备采集数据和外部流通交易数据。表 2-2 展示了数据资源的来源、采集方式及分类。

表 2-2　数据资源的来源、采集方式及分类

| 来源 | 采集方式 | 分类 |
| --- | --- | --- |
| 内部系统产生 | 业务系统记录<br>数据仓库和数据库<br>日志记录和审计跟踪<br>实时数据流<br>API<br>定时批量处理 | 业务数据<br>实时监控数据<br>定时报表和统计数据<br>交易数据和历史数据<br>实时流数据 |
| 互联网采集 | 网络爬虫<br>数据抓取工具<br>网络监测与分析工具<br>社交媒体 API<br>开放数据 API<br>爬虫池和代理服务 | 社交媒体数据<br>电子商务数据<br>搜索引擎数据<br>应用程序数据 |
| 物联网设备采集 | 传感器数据采集<br>通信模块数据采集<br>本地存储和处理<br>边缘计算<br>数据采集协议和格式 | 数据类型：环境数据、设备状态数据、位置数据、用户行为数据等<br>传感器类型：温度传感器、湿度传感器、光照传感器等<br>应用领域：工业制造、智能家居、智慧城市、农业领域、医疗健康等 |
| 外部流通交易 | 交易活动数据：交易记录、订单信息、交易行为、支付记录<br>交易平台数据：电子商务平台、金融交易平台、数字货币交易平台、在线支付平台 | 数据类型：交易记录数据、订单信息数据、交易行为数据、支付记录数据<br>行业领域：电子商务行业、金融行业、数字货币行业、在线支付行业 |

### 2.4.1 内部系统产生

内部系统产生的数据资源是企业内部各种业务系统和信息系统产生的包括销售、客户关系、财务、生产、供应链和人力资源等方面的数据。

#### 1. 内部系统产生数据资源的方式

内部系统主要是指企业内部的各种业务系统和信息系统，这些系统记录了企业的各种业务活动和运营情况，为企业提供了重要的数据支持和管理基础。以下是一些常见的内部系统产生数据资源的方式。

（1）业务系统记录

- 销售系统：记录了客户订单、销售合同、销售报价等销售业务相关的信息。
- 客户关系管理（CRM）系统：记录了客户的基本信息、交流记录、投诉反馈等客户关系信息。
- 财务系统：记录了企业的财务交易、凭证信息、财务报表等财务数据。
- 生产制造系统：记录了生产计划、生产工艺、生产过程监测数据等生产制造业务相关的信息。
- 供应链管理系统：记录了供应商信息、采购订单、库存数据等供应链管理业务相关的信息。
- 人力资源管理（HRM）系统：记录了员工信息、考勤数据、绩效评价等人力资源管理业务相关的信息。

（2）数据仓库和数据库

企业会将内部系统产生的数据集中存储在数据仓库或数据库中，以便进行数据管理和数据分析。数据仓库可以存储历史数据和大量数据，支持企业的数据分析和决策支持。数据库通常用于存储实时数据和交易数据，支持企业的业务运营和实时监控。

（3）日志记录和审计跟踪

企业内部系统通常会记录操作日志和审计跟踪信息，记录系统的操作记录、用户访问记录、异常事件等信息，用于系统监控和安全审计。

（4）实时数据流

一些内部系统产生的数据资源是以实时数据流的形式产生的，例如传感器数据、监控数据等。这些数据通常以流的形式进行处理和分析，用于实时监测和控制。

（5）API

一些内部系统可能提供 API，允许其他系统或应用程序通过 API 访问和获取数据资源。企业内部不同系统之间可以通过 API 进行数据交换和共享，实现系统集成和数据流通。

（6）定时批量处理

一些内部系统产生的数据资源是通过定时批量处理的方式生成的，例如每日报表、每月结算数据等。这些数据通常需要经过一定的数据处理和加工才能生成最终的数据报表或数据文件。

### 2. 内部系统产生数据资源的分类

内部系统产生的数据资源可以根据其来源、内容和用途进行分类，以下是一些常见的分类方式。

（1）业务数据

- 销售数据：包括销售订单、销售合同、销售报价等销售业务相关的数据。
- 客户数据：包括客户基本信息、交流记录、投诉反馈等客户关系管理数据。
- 财务数据：包括财务交易、凭证信息、财务报表等财务管理数据。
- 生产数据：包括生产计划、生产工艺、生产过程监测数据等生产制造业务相关的数据。
- 供应链数据：包括供应商信息、采购订单、库存数据等供应链管理业务相关的数据。
- 人力资源数据：包括员工信息、考勤数据、绩效评价等人力资源管理数据。

（2）实时监控数据

- 传感器数据：记录了环境数据、设备状态数据等实时监控数据。
- 监控摄像头数据：记录了监控摄像头捕捉到的实时视频数据。

（3）定时报表和统计数据

- 每日报表：记录了每日的业务活动情况和业务指标数据。

- 每月统计数据：记录了每月的业务指标统计数据和财务报表数据。

（4）交易数据和历史数据

- 交易数据：记录了交易过程中的数据和交易记录，如销售订单、采购订单、付款记录等。
- 历史数据：记录了历史业务活动和操作记录，用于业务分析和历史数据回溯。

（5）实时流数据

数据流：以流的形式产生的实时数据，如传感器数据流、网络数据流等。

### 2.4.2 互联网采集

互联网采集的数据资源包括用户生成内容、网络交易信息、搜索引擎数据、社交媒体信息、传感器数据等多种来源的数据。

#### 1. 互联网采集数据资源的方式

互联网采集数据的方式多种多样，根据采集目的、数据类型和数据来源的不同，可以采用不同的采集方法和技术。以下是一些常见的互联网采集数据的方式。

（1）网络爬虫

- 基于规则的爬虫：根据预先定义的规则和模板，从网页中提取结构化数据，如使用 XPath、CSS 选择器等技术定位和提取目标数据。
- 基于模拟浏览器的爬虫：使用自动化工具（如 Selenium）模拟用户浏览器行为，执行 JavaScript 代码，获取动态生成的网页内容。
- 基于 API 的爬虫：利用网站提供的 API 直接获取数据，而不是从网页中提取数据，通常速度更快，稳定性更高。

（2）数据抓取工具

- 专业数据抓取工具：如 Octoparse、ParseHub 等，提供可视化操作界面，通过拖曳配置和设置规则，快速抓取网页数据。
- 通用数据提取工具：如 Craw4AI、Octoparse 和 Bright Data 等，提供灵活的编程接口，支持定制化的网页数据抓取和处理。

（3）网络监测与分析工具

- 网络流量监测工具：如 Wireshark、Tcpdump 等，用于捕获和分析网络数据包，获取网络流量数据和用户行为信息。
- 网络分析工具：如 Google Analytics、百度统计等，用于分析网站流量、用户访问行为、转化率等数据。

（4）社交媒体 API

利用社交媒体平台提供的 API，如 X API、Facebook Graph API 等，获取用户生成内容、社交关系、趋势话题等数据。

（5）开放数据 API

利用各种在线服务提供的开放数据 API，如天气数据 API、地图数据 API、金融数据 API 等，获取实时数据和服务。

（6）爬虫池和代理服务

利用爬虫池和代理服务，通过分布式爬虫和多 IP 代理轮换等技术，提高数据采集效率和稳定性，避免被目标网站封禁。

2. 互联网采集数据资源的分类

互联网采集的数据资源可以根据来源分为以下几类：

- 社交媒体数据：包括用户在 Facebook、X、Instagram 等社交网络平台上发布的文字、图片、视频等内容。
- 电子商务数据：包括用户在 Amazon、Alibaba、eBay 等电子商务网站上的购物行为、订单信息、支付记录等。
- 搜索引擎数据：包括用户在 Google、百度、必应等搜索引擎上输入的搜索关键词、搜索结果点击记录等。
- 应用程序数据：包括用户在社交媒体应用、游戏应用、工具类应用等移动应用和网站上的使用行为、应用访问记录、用户交互数据等。

### 2.4.3　物联网设备采集

物联网设备采集的数据资源是通过各种传感器和智能设备实时采集的环境数据、设备状态数据和行为数据等。

### 1. 物联网设备采集数据资源的方式

物联网设备采集数据资源的方式多样，主要取决于物联网设备的类型、传感器的种类和数据采集的需求。以下是一些常见的物联网设备采集数据资源的方式。

#### （1）传感器数据采集

- 环境传感器：包括温度传感器、湿度传感器、气压传感器等，用于监测环境参数。
- 运动传感器：包括加速度传感器、陀螺仪传感器、磁力计传感器等，用于监测设备的运动状态和姿态。
- 位置传感器：包括 GPS 模块、惯性导航系统（INS）等，用于获取设备的位置信息和运动轨迹。
- 光学传感器：包括光电传感器、摄像头等，用于监测光线强度、颜色、图像等。
- 声音传感器：用于监测声音的强度、频率、声音波形等。

#### （2）通信模块数据采集

物联网设备通常具有通信模块（如 Wi-Fi、蓝牙、LoRa、NB-IoT 等），可以通过无线网络或有线网络上传传感器数据。

通过与云平台或服务器进行通信，通信模块将采集的数据上传到云端存储和处理。

#### （3）本地存储和处理

部分物联网设备具有本地存储和处理能力，可以将采集的数据存储在设备本地存储器中，并进行初步的数据处理和分析。

本地存储和处理可以降低数据传输成本和延迟，提高数据安全性和隐私保护。

#### （4）边缘计算

一些物联网设备具有边缘计算能力，可以在设备端进行数据处理和分析，从而减少数据传输到云端的数据量和延迟。

边缘计算适用于对实时性要求较高的应用场景，如工业控制、智能交通等。

#### （5）数据采集协议和格式

物联网设备采集的数据通常以特定的数据格式和通信协议进行传输，如

JSON、XML、MQTT（消息队列遥测传输）、CoAP（受限制的应用协议）等。

数据采集协议和格式的选择取决于设备和应用场景的要求，可以根据需要进行定制和优化。

### 2. 物联网设备采集数据资源的分类

物联网设备采集的数据资源可以根据数据类型、传感器类型、应用领域等多个维度进行分类。以下是一些常见的物联网设备采集数据资源的分类方式。

**（1）数据类型分类**

- 环境数据：包括温度、湿度、气压、光照强度等环境参数数据。
- 设备状态数据：包括设备的运行状态、故障信息、能耗数据等。
- 位置数据：包括设备的地理位置、运动轨迹、空间坐标等。
- 用户行为数据：包括用户与物联网设备的交互行为、操作记录、偏好信息等。

**（2）传感器类型分类**

- 温度传感器：用于测量环境温度，常见于气象站、农业温室等环境。
- 湿度传感器：用于测量环境湿度，常见于农业温室、生产车间等环境。
- 气压传感器：用于测量大气压力，常见于气象观测、气象预报等领域。
- 加速度传感器：用于测量物体的加速度，常见于智能手机、运动监测器等。
- 光照传感器：用于测量光照强度，常见于智能路灯、光控器等。
- GPS 模块：用于获取设备的地理位置和运动轨迹，常见于车载导航、物流跟踪等。
- 摄像头：用于拍摄图像和视频，常见于监控摄像头、智能门铃等。
- 声音传感器：用于检测环境中的声音信号，常见于智能家居、声音识别等。

**（3）应用领域分类**

- 工业制造：包括设备监测、生产过程控制、质量检测等。
- 智能家居：包括家庭安防、智能家电、环境监测等。
- 智慧城市：包括交通管理、环境监测、公共安全等。
- 农业领域：包括农业物联网、精准农业、温室监测等。

- 医疗健康：包括健康监测、医疗设备远程监控、智能康复等。

### 2.4.4 外部流通交易

外部流通交易产生的数据资源是企业与外部合作伙伴之间进行交易和业务往来所产生的各种交易数据、合同数据、支付数据等。

#### 1. 外部流通交易产生数据资源的方式

外部流通交易主要通过交易活动和交易平台产生数据资源。以下是一些外部流通交易产生数据资源的方式。

**（1）交易活动数据**

- 交易记录：包括交易时间、交易金额、交易双方身份信息、交易商品信息等。
- 订单信息：包括订单编号、订单状态、订单商品信息、支付方式等。
- 交易行为：包括浏览商品、加入购物车、下单、支付、评价等交易行为记录。
- 支付记录：包括支付方式、支付金额、支付时间等支付相关信息。

**（2）交易平台数据**

- 电子商务平台：如淘宝、京东、亚马逊等电商平台产生的交易数据，包括在线购物、支付、评价等信息。
- 金融交易平台：如股票交易所、外汇交易平台等金融交易平台产生的交易数据，包括股票交易、外汇交易、期货交易等信息。
- 数字货币交易平台：如比特币交易所、以太坊交易平台等数字货币交易平台产生的交易数据，包括数字货币交易行为、交易价格、交易量等信息。
- 在线支付平台：如支付宝、微信支付、银联等在线支付平台产生的支付数据，包括用户支付行为、支付金额、支付时间等信息。

#### 2. 外部流通交易产生数据资源的分类

外部流通交易产生的数据资源可以根据不同的维度进行分类。以下是一些常见的分类方式。

（1）数据类型分类

- 交易记录数据：包括交易时间、交易金额、交易双方身份信息、交易商品信息等。
- 订单信息数据：包括订单编号、订单状态、订单商品信息、支付方式等。
- 交易行为数据：包括用户浏览商品、加入购物车、下单、支付、评价等交易行为记录。
- 支付记录数据：包括支付方式、支付金额、支付时间等支付相关信息。

（2）行业领域分类

- 电子商务行业：包括在线零售、在线旅游、在线票务等。
- 金融行业：包括股票交易、外汇交易、债券交易等。
- 数字货币行业：包括比特币、以太坊、莱特币等数字货币的交易。
- 在线支付行业：包括第三方支付、移动支付、线上支付等。

## 2.5　数据资源存储

随着数据量的爆炸性增长，需要探索如何有效地存储数据资源。数据仓库、数据湖、数据湖仓、云存储等技术的发展，为数据资源的存储提供了强大的支持。在当今数据驱动的商业环境中，数据资源的来源呈现出多样化的特点。企业内部系统生成的业务数据、互联网采集的用户行为信息、物联网设备收集的实时状态数据，以及通过外部流通交易获得的数据资产，这些多元化的数据来源共同构成了企业宝贵的数据资产。为了充分发挥这些数据资源的潜力，选择合适的载体显得尤为关键。

数据存储是指将数字信息保存在某种媒介上以供当前或未来使用的过程。这个过程涉及数据的记录、维护、检索和管理。企业必须根据具体的业务需求与应用场景，精心挑选合适的数据资源载体。无论是数据仓库、数据湖、数据中台、数据交易平台，还是数据存储解决方案，每一种载体都旨在满足特定的数据管理和分析需求。通过精准匹配数据载体与需求，企业不仅能够确保数据的安全性、可访问性和强大的分析能力，还能实现数据资源的高效管理和应用，从而在数字经济时代获得显著的竞争优势。

### 2.5.1 数据仓库

#### 1. 基础概念

数据仓库（Data Warehouse），通常缩写为 DW 或 DWH，本质上是一个大规模的数据存储系统，旨在为企业的分析报告和决策制定提供支持。它通过筛选和整合来自不同业务系统的数据，为商业智能（BI）应用提供数据基础，帮助组织提高决策的质量，优化业务流程，降低运营成本，并提高整体的竞争力。

数据仓库的关键功能包括对分散在多个不同类型数据库中的异构数据进行统一管理和净化，提高数据质量，并将数据转换成适合分析的格式和结构。这一过程通常涉及数据清洗、转换和建模，确保数据的一致性和可用性，以支持高效的前端数据分析和可视化。典型的数据仓库架构如图 2-2 所示。

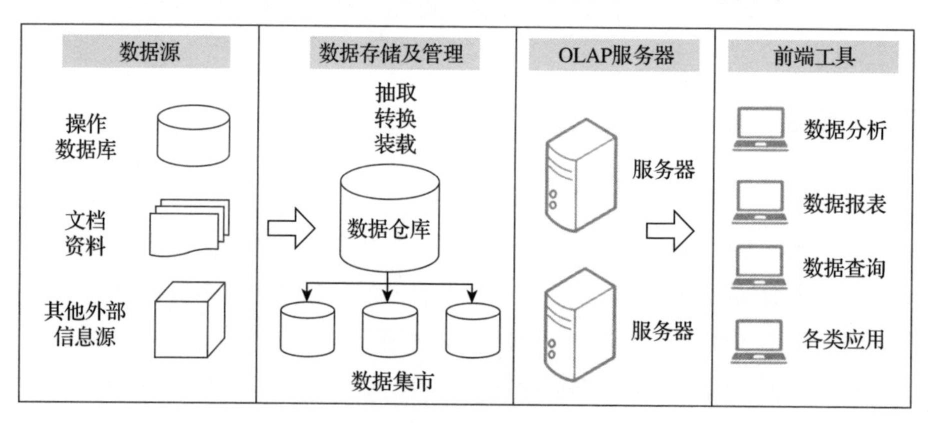


图 2-2 典型的数据仓库架构

数据仓库的数据输入来源多样，包括组织内部的各种业务数据库、外部数据源等。经过处理和组织后，这些数据被转换为可用于执行数据分析、挖掘潜在商业价值、生成报告和支持决策制定的格式。简而言之，数据仓库是组织数据管理和分析的核心，为组织提供了深入洞察业务性能和市场趋势的能力。

#### 2. 主要特点

##### （1）面向主题

数据仓库中的数据是依照主题域进行组织的。主题域是一个高层次的、抽象的概念，代表了用户在进行决策分析时关注的核心内容或业务点。数据仓库通过将多个操作型信息系统的相关信息汇总到一个主题域下，为决策者提供一个集中且一致的数据视图，从而实现跨越不同业务系统的综合分析。

（2）集成的

数据仓库对不同源的数据进行提取、清洗、转换和加载等一系列系统化处理，形成一个统一的、反映组织整体状况的数据集合，从而保证数据的一致性和准确性，提供一个关于组织全局的一致性视角，以支持决策制定。

（3）相对稳定的

数据仓库旨在支持组织的决策制定和分析活动，因此其核心功能是提供数据查询服务。数据进入数据仓库后，通常将被长期保留，也就是说数据仓库主要承载大量的查询操作，修改和删除操作很少，一般只需要进行周期性的加载与刷新以确保信息的时效性和准确性。

（4）反映历史变换

数据仓库往往集成了组织自数据仓库启用之初直至当前各个时期的信息，形成了一个跨越时间序列的全面数据集合。利用这些历史数据，可以对组织的过去成长历程进行量化分析，并据此预测其未来走向和发展趋势。

## 2.5.2 数据湖

### 1. 基础概念

数据湖（Data Lake）是一个集中式存储库或系统，用于存储组织内所有结构化和非结构化数据。数据湖保留数据的原始形式，并且可以支持广泛的数据分析活动，如大数据处理、实时分析和机器学习等。典型的数据湖架构如图 2-3 所示。

数据湖和数据仓库在数据存储和管理方面有着根本的不同。数据湖以原始形式存储所有数据，包括结构化、半结构化和非结构化数据，其架构通常在数据存储之后定义，这种方式减少了初始工作量并提供了更大的灵活性。数据湖非常适合存储那些适合进行深入分析的非结构化数据，数据科学家可以利用数据湖进行预测建模和统计分析等高级分析工作。

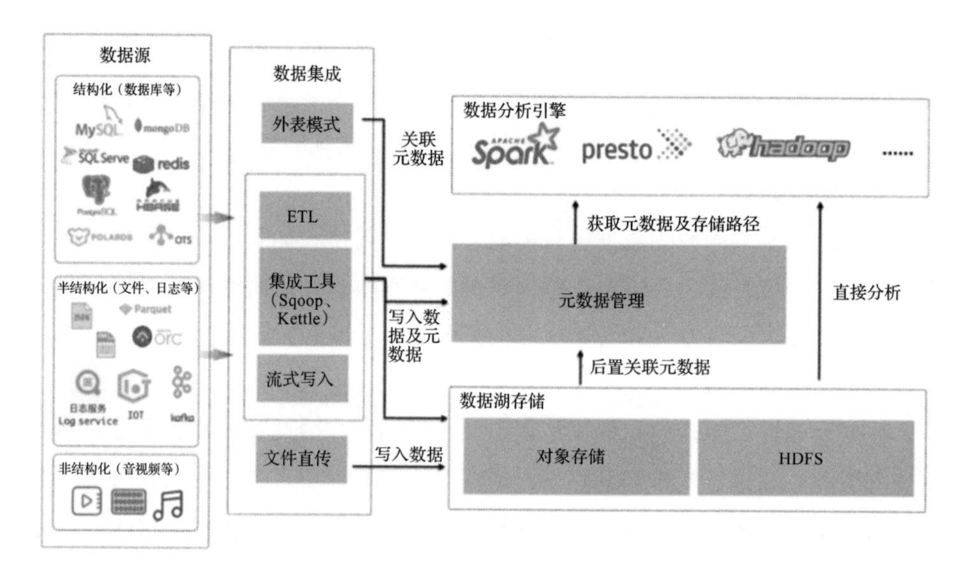


图 2-3　典型的数据湖架构

相比之下，数据仓库主要用于存储从业务系统中提取并经过清洗和转换的结构化数据，这些数据在加载到数据仓库之前会按照特定的模型进行组织。数据仓库非常适合生成数据指标、报表和报告等分析用途，因为它提供了高度结构化的数据环境。在数据仓库中，架构的定义是在存储数据之前就完成的，这样可以确保数据的一致性和优化查询性能。

总的来说，数据湖为处理大规模多样化数据提供了灵活性和深度分析的能力，而数据仓库则为需要结构化和快速访问的数据提供了优化的存储和管理方案。

### 2. 主要特点

#### （1）更灵活

数据湖可同时采集结构化、半结构化和非结构化数据集，这使其成为高级分析和机器学习项目的理想之选。

#### （2）成本低

数据湖保持数据的原始形态，允许数据在没有预定义模式的情况下存储，也不需要事先进行清洗或转换，这可以减少在人力资源上的投入。此外，与数据仓库等其他存储库相比，数据湖的实际存储成本更低。这使公司能够更有效地优化数据管理计划的预算和资源。

（3）数据集成

数据湖作为组织内所有数据的单一存储点，简化了数据集成和访问，消除了数据孤岛。

（4）可扩展性

数据湖设计为可水平扩展的系统，能够随着数据量的增长而扩展存储和计算资源。许多数据湖解决方案提供了与云服务的集成，可以利用云的弹性和可扩展性优势。

（5）更好的数据分析

在数据湖中，数据得以以最原始的形态被保留，未经任何预先处理或转换。这种存储策略不仅保留了数据的完整性，还为深入分析提供了更加丰富和细致的洞察力。由于数据未经预处理，数据湖能够捕捉到数据的每一个细节，为分析者提供一个全面而详尽的数据视图。这使数据科学家和数据分析师能够利用机器学习算法和统计模型，从原始数据中挖掘出更深层次的模式和关联，从而构建更为精准的预测模型。

另外，数据库之父 Bill Inmon 还提出了数据湖仓（Data Lakehouse）的概念，这个概念结合了数据湖和数据仓库的特点。数据湖通常用于存储大量非结构化或半结构化的数据，而数据仓库则用于存储结构化数据，并且通常用于复杂的查询和分析。数据湖仓的目标是提供一个统一的存储解决方案，既可以处理结构化数据，也可以处理非结构化数据，同时支持快速的查询和分析。数据湖仓通常具备以下特点：

- 统一存储：能够存储各种格式的数据，包括文本、图片、视频等。
- 可扩展性：可以轻松扩展存储容量，以适应数据量的增长。
- 高性能：提供高性能的数据处理能力，支持复杂的分析和查询。
- 数据治理：提供数据治理功能，确保数据的质量和安全性。
- 多租户支持：支持多租户环境，允许多个团队或组织共享资源。

数据湖仓的实现通常依赖于现代的数据存储技术，如分布式文件系统、列式存储以及云服务等。随着大数据技术的发展，数据湖仓的概念也在不断演进，以满足企业对数据管理和分析的需求。

## 2.6 数据资源质量

在数据产品开发中，数据资源的质量至关重要，它直接影响产品的决策准确性、用户信任度、性能效率和市场竞争力。高质量的数据可以降低错误和风险，减少维护成本，同时促进产品创新和用户体验的提升。此外，它还有助于确保法律合规性，支持数据的可共享性和互操作性，为自动化和智能化功能提供坚实基础，从而推动数据产品的可持续发展和长期成功。

### 2.6.1 数据资源质量问题的来源

数据资源质量问题的来源多种多样，主要来源于数据录入时的疏漏、数据在不同系统间传输时的不一致性、缺乏统一的数据定义和格式标准，以及数据的安全性和隐私保护措施不足。这些问题可能独立存在，也可能相互交织，共同影响数据的准确性、完整性和可靠性等，进而对组织的决策制定和业务流程产生负面影响。因此，识别并解决这些质量问题对于确保数据资源的有效利用至关重要。

数据资源质量问题的来源可以从多个角度进行分析，以下是一些常见的问题来源：

- 人为错误：数据录入时的疏忽、误解或缺乏培训都可能导致数据资源质量问题。
- 系统设计缺陷：未执行参照完整性、唯一性约束，数据模型不准确，数据映射或格式不正确，主数据管理薄弱等都可能引起数据资源质量问题。
- 数据处理错误：引用的数据源错误或变更、系统文档不完整或过时、业务规则过时、数据结构变更等，均可能导致数据处理错误。
- 数据输入缺乏标准：缺乏数据质量管控导致输入数据不一致和混乱，业务流程规则变更、业务流程执行混乱等导致数据错误。
- 数据过时：数据未能及时更新，导致数据老化，失去时效性。
- 数据不一致性：数据在不同系统或数据库中存在差异，可能是由于缺乏统一的数据模型或同步机制不完善。
- 缺乏数据素养：由于缺乏数据素养，员工可能存储错误的信息，不理解数据属性的含义，或不了解数据更新的影响。

- 技术问题：如数据存储问题、数据迁移错误、数据安全措施执行不力等，都可能导致数据资源质量问题。
- 管理问题：领导层对数据管理不重视，企业缺乏数据管理层面的资源投入，未建立企业级数据质量管理闭环。
- 数据质量问题的识别不足：缺乏有效的数据质量监控和反馈机制，导致问题不能被及时发现和解决。

### 2.6.2　数据资源质量的关键要素

数据资源质量的关键要素集中在构建一个综合性的管理框架，这个框架涵盖人员、度量、流程、技术和框架五个核心部分。人员要素强调专业团队在数据质量管理中的作用，度量要素关注数据质量的评估标准和指标，流程要素确保数据从采集到维护的每个环节都有明确的操作步骤，技术要素则依赖于先进的工具和系统来支持数据管理，而框架要素提供了组织内部遵循的策略和方法。这些要素共同构成了数据资源质量管理的核心，它们相互依赖并协同工作，以确保数据在整个组织中被高效、有效地管理，满足特定的业务需求和合规要求。

（1）人员

涉及数据质量管理的专业团队，包括首席数据官、数据分析师、数据管理员、数据治理专家以及其他人员，任命不同资历和级别的数据专业人员，以确保对数据质量计划的投资得到回报。

（2）度量

指用于评估数据质量的指标和标准，如准确性、完整性、一致性、及时性等，这些指标和标准帮助组织了解数据的当前状态并确定改进方向。

（3）流程

包括数据质量管理中涉及的一系列活动和步骤，从数据的采集、存储、清洗、分析到维护，确保数据在整个生命周期中的质量和合规性。

（4）技术

涉及用于支持数据质量管理的工具和技术，包括数据质量监测工具、数据清洗和处理软件、数据仓库和数据库管理系统等。

（5）框架

指的是组织内部实施的系统化方法和政策，用于指导数据质量管理的实践，包括数据治理政策、数据质量标准和数据使用指南。

### 2.6.3 数据资源质量评估

数据资源质量评估是一个动态的、用户驱动的过程，它允许用户根据自己的需求和标准来定义和实施数据质量检查计划。这些计划针对不同的数据资源，执行定期或实时的数据质量检验任务。通过这种方式，可以生成全面的数据质量监控报告，该报告不仅提供了整个组织的数据资源质量概览，还深入展示了各个维度的详细质量情况。

1. 数据资源质量评估维度

大体上，组织可以通过准确性、完整性、一致性、唯一性和时效性五个维度构建数据质量指标体系，实现对数据质量的量化评估。通过这些维度的评估，组织可以更好地理解自己的数据资源并提升其质量，从而提高数据的可靠性和有效性，支持更准确的业务决策。

（1）准确性（Accuracy）

定义：准确性是指数据值与确定的正确信息源的一致程度。

数据应正确反映其代表的实体或事件，避免错误或偏差。例如，一个员工的姓名在人事系统中应该是准确无误的，没有错误或近似值。

（2）完整性（Completeness）

定义：完整性用于度量哪些数据丢失了或者哪些数据不可用。

数据应包含所有必要的信息，没有遗漏关键字段或记录。例如，客户数据库中每个客户的联系电话和电子邮件地址都应被记录，没有空白字段。

（3）一致性（Consistency）

定义：一致性用于度量哪些数据的值在信息含义上是冲突的。

数据在不同来源和系统中应保持一致的格式和定义。例如，如果公司内部所有数据库都使用相同的国家代码格式（如 ISO 3166-1 alpha-2），则可以保证数据的一致性。

（4）唯一性（Uniqueness）

定义：唯一性用于度量哪些数据是重复数据或者数据的哪些属性是重复的。

确保数据集不包含重复记录，每条数据在数据集中都是独一无二的。例如，在学生信息系统中，每个学生的身份证号应该是独一无二的，以避免混淆或错误地累计信息。

（5）时效性（Timeliness）

定义：时效性指信息相对于真实实体而言的新鲜程度。

数据应及时更新，以反映最新的信息状态。例如，库存管理系统需要实时更新，以反映最新的产品销售和补给情况。

2. 数据资源质量评估步骤

数据资源质量评估的实操步骤是将理论维度落实为具体行动计划的关键，能够更系统地审视和量化数据质量，而且能够确保数据在整个生命周期中满足业务需求和合规标准。以下是数据资源质量评估的步骤。

（1）需求分析

明确评估的目的和业务需求，了解数据将如何被使用以及业务对数据质量的具体要求。

（2）确定评价对象及范围

明确将要评估的数据集的范围和边界，包括数据集在属性、数量、时间等维度的具体界限。

（3）选取质量评估维度及评价指标

根据业务需求选择适当的质量评估维度（如准确性、完整性、一致性、唯一性和时效性）和评价指标。

（4）确定质量测量方法和工具

为每个评价指标确定合适的测量方法和工具，可以是定性的或定量的，或者是两者的结合。

（5）实施质量评估

根据前面步骤确定的评估方案，对数据集进行实际的评估，收集数据并进行分析。

（6）结果分析并报告

对评估结果进行分析，确定数据集是否满足预定的质量标准，并编写评估报告，报告中应包括评估结果、分析以及改进建议。

（7）制订数据质量改进计划

根据评估结果制订数据质量改进计划，包括技术改进、流程优化和人员培训等。

### 2.6.4 数据资源质量评分

数据资源质量评分是一个系统化且细致的过程，旨在通过评估数据的多个关键维度来确定其整体质量。不同组织、行业或应用需求可能会采用不同的评分方法和标准。以下是一种广泛推荐的数据资源质量评分方法。

首先，通过加权平均的方式，对数据的父级对象（如库对表、表对字段）进行评分。在单个规则对象（如库、表、字段）的评分中，依据5个核心质量维度进行划分，每个维度的权重可能会根据不同的应用场景进行调整。

数据资源质量评分的计算公式为：∑维度权重 × 维度分数 / 维度总数（加权取平均值）。

在评分的初级阶段，可以采取正向加分机制，即当规则运行通过时，对应维度即获得加分。而在后期阶段，可以转换为负向减分机制，即规则未通过时，对应维度将被减分。最终的得分可以通过softmax算法进行归一化处理，得到一个介于0到1之间的小数，随后根据用户设定的满分进行放大，以适应不同的评分标准。

以数据库A为例，假设它包含两张表，每张表有两个字段，且对数据库A执行了完整性扫描。如果在扫描中发现每张表各有一个字段为空，那么：在正向加分机制下，空字段的完整性得分为0，非空字段的得分为1；在负向减分机制下，空字段的完整性得分为1减去1，即0，非空字段保持得分为1。据此，可以计算出单张表的完整性得分为 $(0 + 1)/2 = 0.5$。进一步地，数据库A的库完整性得分为两张表得分的平均值，即0.5。

若其他维度尚未进行评分，则暂时假定它们的得分为满分。最终，结合每个维度的得分和相应的权重，可以计算出数据资源的综合质量评分。

## 2.7 数据资源管理

数据资源管理指的是合理运用各种手段，对组织内的数据进行系统化和战略性的管理，对数据资源进行组织控制、加工与规划，来确保数据的质量和可用性，以支持组织的业务目标，从而实现组织内外各类数据资源的充分共享和有效利用，帮助组织实现战略目标并创造持续价值的行为。其核心组成包括数据分析、数据建模、数据可视化、数据采集与清洗、数据增值、数据价值挖掘、数据资产评估与管理、数据长期保存等。数据资源管理顺应了国家重点战略和科技创新发展的总体需要，也是在主动适应数字化转型时代的现实需求。

数据资源管理的对象是数据管理系统中各种类型的数据。这些数据对数据资源管理的主体来说具有潜在的利用价值。数据资源管理通过建立数据资源的标准与规范，对数据资源进行生产、存储、运维、共享、使用、传输、归档、安全和监督等方面的管理以及相关规章制度的建设。数据资源管理是一个复杂的过程，涉及数据的收集、存储、处理、分析和保护等多个方面。

数据资源管理是一个持续的过程，需要组织内各个部门的协作和参与。通过有效的数据资源管理，组织可以提高数据的质量和可用性，从而更好地支持决策制定和业务发展。

数据资源管理通常包括以下内容：

- 规划：确定数据资源管理的目标、范围和策略，并识别组织内所有类型的数据资源和数据源。
- 分类：根据类型、用途和重要性对数据进行分类。
- 采集：收集所需的数据，可能包括内部生成的数据和外部获取的数据。
- 存储：安全地存储数据，并确保数据的可访问性和完整性。
- 清洗：清洗数据以提高数据质量，包括去除重复数据、纠正错误数据和填补缺失值。
- 整合：将来自不同来源的数据整合在一起，形成统一的数据视图。
- 保护：实施安全措施保护数据，防止未授权访问和数据泄露。
- 分析：利用数据分析工具和技术从数据中提取有价值的信息和洞察。
- 共享与分发：根据需要将数据共享给内部用户或外部合作伙伴。

- 维护：定期更新和维护数据，确保数据的时效性和准确性。
- 合规性检查：确保数据管理遵守相关的法律法规和行业标准。
- 评估与优化：定期评估数据资源管理的效果，并根据反馈进行优化。

### 2.7.1 数据资源加工

通过有效的数据资源加工，组织可以将原始数据转换成有价值的信息，从而支持更好的决策制定和业务成果。数据资源加工是一个涉及多个步骤的过程，需要数据科学家、数据工程师和业务分析师的紧密合作。这个过程包括将原始数据加工为数据资源、数据资源汇聚及数据资源标注。

#### 1. 将原始数据加工为数据资源

原始数据（数据原材料）通常来源于各种渠道，如业务系统、传感器、在线活动等。这些数据在采集之后需要经过清洗、验证和转换，以确保它们的质量和一致性，从而成为可用的数据资源。将原始数据加工为数据资源是一个复杂的过程，涉及数据的收集和处理。

（1）数据收集

组织在进行数据收集时，首先要识别数据需求，确定自己需要哪些类型的数据来支持决策和运营。因为组织的数据来源广泛，可能包括内部数据（如交易记录、客户反馈）和外部数据（如市场研究、公共数据集）。收集数据是为数据加工提供原始素材，支持后续的数据分析和决策制定。

数据收集是将数据原材料转化为数据资源的第一步，涉及从各种来源获取数据的过程。以下是数据收集的详细步骤和考虑因素：

1）在收集数据之前，要明确收集数据的目的，了解业务目标和需求，从而确定需要收集哪些类型的数据，例如定量数据或定性数据、结构化数据或非结构化数据。

2）识别数据来源，因为数据的来源包括内部数据源和外部数据源。内部数据源指的是来自组织内部的数据，如客户数据库、销售记录、员工信息等；外部数据源是来自组织外部的数据，如市场研究、社交媒体、公共数据集、第三方数据提供商等。

3）要选择合适的数据收集方法，比如是直接收集还是间接收集。直接收集指的是通过问卷调查、访谈、观察等方式直接从数据主体获取数据，间接收集可以通过 API 调用、网络爬虫、传感器等技术手段间接获取数据。

4）实施数据收集。数据收集是将来自不同数据源的数据合并成一个整体的过程。收集多种数据源的信息，并将它们放入统一的数据目录中。数据收集方式很多，可以通过数据采集工具（如 ETL）从不同数据源抽取数据，也可以利用自动化工具来提高数据收集的效率和准确性。

另外，在数据收集的过程中需要验证数据的准确性和完整性。将具有相同特征的数据统一格式化，确保不同数据源中共有数据项在数据汇集后不会重复，避免数据源之间的重复性和冲突问题。

数据收集是一个动态的过程，需要不断地评估和调整以适应不断变化的业务需求和技术环境。有效的数据收集不仅能够为组织提供有价值的信息，还能够支持数据驱动的决策和创新。

**（2）数据处理**

通过数据处理，收集到的原始数据转变成数据资源。过程如下：

1）在数据收集之后，为了保证应用，有可能需要对数据进行转换，将数据从一种数据格式转换为另一种数据格式。先确定特定的数据格式，通过大规模数据处理引擎进行数据转换，然后根据需要转换的数据进行筛选，以保留特定的数据信息。通过数据映射，将不同数据源中的数据项映射到统一的数据模型中。或者进一步丰富数据，添加额外的数据字段或属性以提供更多的上下文信息。

2）在数据处理过程中，为了确保数据质量，要进行数据验证和清洗来保障数据质量。在收集完数据之后进行数据清洗和预处理，去除错误和不一致的数据。对数据进行审核、纠正、更新或删除，以保证数据质量。修复缺失的数据、记录间的误差和错误信息。删除不正确的数据、重复的数据、噪声数据和不相关的数据，处理数据集内不一致的信息和重复数据。

3）在数据处理过程中，还需要确保数据安全合规。要遵守法律法规，做好隐私保护，并且遵循相关的行业标准和法律法规。另外还要注重数据安全，比如在传输和存储过程中对数据进行加密，并且加强访问控制，比如限制对敏感数据的访问，确保只有授权人员才能访问。

### 2. 数据资源的汇聚

数据资源的汇聚是指将来自不同来源和不同格式的数据集中起来，形成一个统一的、易于管理和分析的数据集合，然后将已转换的数据存储到目标数据仓库中，以便进行进一步的处理和分析。数据资源汇聚的具体步骤如下。

#### （1）数据整合规划

在进行数据资源的汇聚之前，要定义数据模型，设计一个能够整合不同数据源的数据模型，同时确定数据整合策略，比如决定是实时整合还是批量整合，以及整合的频率。

#### （2）数据加载

数据加载是将清洗和转换后的数据从一个系统或存储介质传输到另一个系统或存储介质的过程。在数据管理和数据分析领域，数据加载通常指的是将数据从源系统（如数据库、文件系统或应用程序）传输到目标系统（如数据仓库、数据湖或分析平台）的过程。

数据加载是数据资源汇聚过程的一部分，它确保数据能够按照预定的格式和结构被正确地传输和存储。数据加载不仅涉及数据的物理移动，还包括数据的转换、清洗和优化，以确保数据的质量和一致性。数据加载的步骤如下：

1）确定数据加载的目的和需求。了解目标系统的数据模型和结构。

2）对数据源进行识别，确定数据来源和数据类型，评估数据源的可访问性和可用性。

3）制定数据加载策略，如增量加载、全量加载或实时加载，规划数据加载的时间和频率，并且在数据加载前后进行数据备份，准备数据恢复计划，以应对可能的数据丢失或损坏。策略还应包括如何记录数据加载的详细过程和结果，如何进行数据加载的审计，确保合规性。

4）实施数据汇聚。将数据转换为目标系统所需的格式和结构，应用必要的数据映射和数据类型转换。使用 ETL 工具或自定义脚本将数据加载到目标系统。监控数据加载过程，确保数据正确加载。将转换后的数据与目标系统中的现有数据进行汇聚。处理数据冲突和重复数据。

5）验证数据加载的结果，对加载数据进行清洗，确保数据的完整性和一致性，检查数据是否符合目标系统的数据质量要求。并且不断进行性能优化，分析数据加载过程中的性能瓶颈，识别和处理数据加载过程中出现的错误，为后续分析和改进提供参考，以便优化数据加载过程，提高效率。

数据加载是数据管理和分析的关键环节，它直接影响到数据的可用性和分析结果的质量。通过精心规划和执行数据加载过程，组织可以确保数据的准确性、一致性和时效性等，从而支持有效的决策和业务运营。

数据资源的汇聚是一个持续的过程，需要不断地评估、优化和维护。通过有效的数据汇聚，组织能够实现数据的最大化利用，提高决策的质量和效率。

### 3. 数据资源的标注

数据资源的标注是指对收集到的、未处理的原始数据或初级数据，包括语音、图片、文本、视频等类型的数据进行加工处理，包括分类、标记或注释等，并转换为机器可识别信息，以便数据被机器学习模型或其他分析工具更有效地使用的过程。

数据资源的标注将原始数据转化为有用信息，通常用于增强数据的可解释性，提高数据的可用性，特别是在机器学习和人工智能领域。对数据进行分类、标记和注释，以便于机器学习算法的训练和数据的检索。数据标注是数据科学和人工智能领域的一个重要步骤，准确的数据标注对于训练出高质量的模型至关重要。以下是数据标注的步骤：

1）标注需求分析，定义数据标注的目标，明确数据标注的目的，比如为了训练机器学习模型、进行内容分类、情感分析等。并且确定需要标注的数据集，包括图像、文本、音频或视频数据。

2）确定标注规则和指南或工具。设计详细的标注规则和指南，确保标注的一致性和准确性，所有标注者遵循相同的规则。通过提供示例标注，帮助标注者理解标注规则。根据数据类型选择合适的标注工具，如果现有标注工具不能满足需求，可能需要开发自定义的标注工具。

3）执行标注任务。标注者根据规则对数据进行分类、标记或注释。数据标注可以手动标注，也可以自动标注。手动标注就是通过人工的方式，对数据进行观察分析，根据数据标注规则对数据进行标注。手动标注虽然可以处理复杂的数据标注，并且准确率高，但是需要的人工和时间成本较高。自动标注是指使用计算机算法根据一定的规则和模型对数据进行自动标注。自动标注效率高，速度快，处理的数据量大，但是准确性相对较低，并且有可能受到数据噪声和模型偏差影响。居于手动标注和自动标注中间的，是半自动标注，它利用机器学习和自然语言处理技术，辅助人工进行数据标注。

4）对数据标注的结果进行存储。数据标注的结果应当以适当的格式（如 CSV、JSON 或 XML）存储，以便于机器学习模型读取。

5）对标注结果进行校验，确保没有遗漏或错误。对数据标注进行验证，使用自动化脚本或工具来验证标注数据的准确性和完整性，解决标注者之间的不一致问题。根据验证结果和用户反馈不断迭代和改进标注过程。并且定期评估标注结果对模型性能的影响，确保标注活动的有效性。

数据资源的标注是一个迭代和持续的过程，需要跨学科的合作和专业知识。高质量的标注对于提高机器学习模型的性能至关重要，尤其是在需要高精度和高可靠性的应用场景中。

通过以上活动，数据原材料被转化为有价值的数据资源，可以为组织提供洞察力，支持决策制定，并推动业务创新。

### 2.7.2 数据资源管理过程

数据能产生价值，但是数据价值不是凭空产生的，数据价值实现不仅需要有目标、规划、协作和保障，也需要管理和领导力。而对企业中的数据进行有效的管理，包括对数据进行有效的维护、分析和利用的过程是确保数据产生价值的重要手段。

#### 1. 数据资源管理范围

数据资源管理旨在确保数据的完整性、准确性和一致性，同时提高数据的利用价值和效益。组织的数据资源管理工作包括以下几个方面：

- 确保数据的质量：数据资源管理可以帮助组织对数据进行有效维护和管理，确保数据的完整性、准确性和一致性，提高数据的质量和可信度。

- 保护数据的安全和隐私：数据资源管理可以防止数据和信息被未经授权或不当访问、操作及使用，帮助组织保护数据的安全和隐私，确保数据不被非法获取、篡改或泄露，保障企业和客户的权益和利益。
- 支持业务流程的优化和创新：数据资源管理可以为组织提供更好的数据支持和分析能力，帮助组织优化业务流程，创新业务模式，提升竞争力和市场份额。
- 提高数据的价值：数据资源管理可以帮助组织更好地利用数据，发现数据中的价值，通过对数据的分析和挖掘获取更多的业务洞见和机会，做出更好的决策。

### 2. 数据资源管理步骤

数据资源管理总体遵循“统筹规划、统一标准、一数一源、共建共享、依法使用、安全可控”的原则。数据资源的生产管理遵循“谁主管，谁负责”“谁生产，谁负责”“谁提供，谁负责”的原则，数据资源的存储和运维管理遵循“谁主管，谁负责”“谁维护，谁负责”的原则，数据资源的传输、共享和使用管理遵循“谁经手，谁负责”“谁使用，谁负责”的原则。为了更好地进行数据资源管理，组织可以基于以下步骤开展数据资源管理工作：

- 评估现状：了解当前数据管理的现状，包括存在的问题和改进的机会。
- 制订战略：基于评估结果，制订数据资源管理的战略和计划。
- 建立框架：建立数据资源管理的框架，包括政策、流程和标准。
- 实施技术：选择合适的技术和工具来支持数据资源管理的各个方面。
- 培训人员：对相关人员进行培训，确保他们了解数据资源管理的重要性和操作方法。
- 执行与监控：执行数据资源管理计划并定期监控其效果。
- 持续改进：根据监控结果和业务需求不断改进数据资源管理的实践。

### 3. 数据资源管理的最佳实践

数据资源管理的最佳实践如下：

- 建立数据治理框架：确保有一个清晰的数据治理框架，包括数据治理委员会、数据所有者、数据管理员等角色及其职责。

- 实施数据质量控制：定期进行数据质量检查，确保数据的准确性和可靠性。
- 数据标准化：制定统一的数据标准和格式，简化数据汇聚和分析。
- 数据安全：采用加密、访问控制和数据备份等措施，确保数据不受未授权访问，且在数据丢失时能够进行恢复。
- 数据隐私保护：遵守数据隐私法规，保护个人数据的隐私。
- 数据生命周期管理：管理数据从创建到归档或删除的整个生命周期。
- 数据价值实现：通过数据分析和业务智能，实现数据资产的商业价值。
- 敏捷化管理：采用敏捷方法，快速响应业务需求变化，持续优化数据资产管理流程。
- 技术集成：利用云计算、人工智能和机器学习等技术，提高数据资产管理的自动化和智能化水平。
- 持续教育与培训：提升员工的数据意识和数据管理技能，建立数据驱动的文化。
- 建立反馈机制：通过用户反馈和业务成果，不断改进数据资产管理的策略和流程。
- 数据资产目录：创建和维护一个数据资产目录，使数据资产对内部和外部用户可见、可访问。

通过这些最佳实践，组织可以更有效地管理其数据资源，从而提高运营效率，增强决策能力，并创造新的商业机会。

### 2.7.3 数据资源管理成熟度

为了更好地发挥数据价值，需要进行良好的数据管理，那么组织的数据资源管理能力如何？是否处在一个成熟的阶段？如何判断？

虽然现在还没有一个专门针对数据资源管理的成熟度评估模型，但是对于数据的管理能力判断，可以参考《数据管理能力成熟度评估模型》来进行评估。《数据管理能力成熟度评估模型》，即 DCMM（Data Management Capability Maturity Assessment Model），是我国在数据管理领域首个正式发布的国家标准，编号为 GB/T 36073—2018，其目的是帮助企业利用先进的数据管理理念和方法，建立和评价自身数据管理能力，持续完善数据管理组织、程序和制度，充分发挥数据在促进企业向信息化、数字化、智能化发展方面的价值。DCMM 是一个评估组织数据管理能力成熟度的框架，通常包括几个层次，从基础的数据管理到高级的数据治理和优化。DCMM 可以帮助组织识别它们在数据管理方面的强项和弱点，并提供改进的路径。

### 1. DCMM 能力域

DCMM 将组织内部数据能力划分为以下 8 个重要组成部分，并描述了每个组成部分的定义、功能、目标和标准。

- 数据战略：涉及数据战略规划、实施和评估。
- 数据治理：包括数据治理组织、数据制度建设和沟通。
- 数据架构：涉及数据模型、数据分布、集成与共享、元数据管理。
- 数据应用：包括数据分析、数据开放共享和服务。
- 数据安全：涵盖数据安全策略、管理和审计。
- 数据质量：包括数据质量需求、检查、分析和提升。
- 数据标准：业务术语、参考数据和主数据、数据元、指标数据。
- 数据生存周期：从数据需求到数据设计和开发、运维和退役。

### 2. 数据管理能力成熟度评估等级

DCMM 将组织的数据管理能力成熟度评估等级划分为以下 5 个等级：

- 初始级：数据管理主要在项目级别体现，没有统一的管理流程，主要是被动式管理。
- 受管理级：组织已制定管理流程，指定了具体人员进行初步管理。
- 稳健级：数据被视为重要资产，在组织层面有标准化管理流程。
- 量化管理级：数据管理效率可以量化分析和监控，数据是战略资产。
- 优化级：数据管理流程能实时优化，组织在行业内分享最佳实践。

### 3. 实施 DCMM 的意义

组织实施 DCMM 具有以下意义：

- 更好地管理数据资产，增强数据管理和应用能力。
- 确定数据管理的优先顺序、范围和内容。

- 建立与组织发展战略相匹配的数据管理体系。
- 培养数字化人才，推动数据思维和数据意识的建立。

DCMM 为组织提供了一个全面的数据管理能力评估框架，帮助组织识别和改进数据管理的成熟度水平，从而提升整个组织的数据处理能力，支持组织的数字化转型和长期发展。

|第3章| CHAPTER

# 数据产品概述

在数字经济时代，数据已成为推动创新和发展的核心要素。为了充分发挥数据的价值，数据必须实现资产化与资本化，而这一转变的关键在于数据产品化。通过将数据封装成产品，不仅能够让更多的数据“活”起来，还能确保数据的安全性和有效性，从而打破数据孤岛，实现数据的流通与共享，发挥要素作用，推动业务创新和社会价值的提升。

本章将对数据产品进行全面探讨，介绍其定义、特征，并在此基础上重点分析不同类型、形态的数据产品及其多维度的价值，以帮助读者构建完整的数据产品知识体系，为未来的数据产品开发和经营奠定基础。

## 3.1 数据产品核心概念

数据已成为与土地、劳动力、资本和技术并列的新型生产要素，对经济社会发展的推动作用日益凸显。数据的流动性、可获取性和可塑性使其成为创新的源泉和经济增长的新引擎。然而，要使数据在这一过程中充分发挥其价值，一个关键的前提是将数据转化为可供流通的“数据商品”，而这一转化的核心便是数据产品化。

但是在探索数据产品的定义时，我们发现了一个奇怪的现象：竟然没有一个官方的、普遍认可的数据产品定义！在百度百科上，如图 3-1 所示，数据产品定义的公布时间还停留在 2012 年，而且仅仅是作为地理信息系统的一个分支。这确实让人感到有些意外。

图 3-1　百度百科上数据产品的定义

尽管“数据产品”这一术语被广泛使用，但人们对其含义的理解却莫衷一是。根据美国白宫首席数据科学家 DJ Patil 的定义，数据产品是“使用数据去促进一个最终的目标的产品”。中国人民大学朝乐门教授在《数据科学》一书中将数据产品定义为“能够通过数据来帮助用户实现其某一个（些）目标的产品”。

上海数据交易所在报告《数据资产入表及估值实践与操作指南》中提出，数据产品是指以数据集、数据信息服务、数据应用等为可辨认形态的产品类型。中国数谷发布的《2024 企业数据资源入表实践白皮书》将数据产品定义为“基于数据的加工和分析而创建的，旨在满足特定用户需求的产品或服务。它们可以是信息洞察、数据驱动的工具、应用程序或平台，为最终用户提供价值，使用户能够基于数据做出更好的决策、提高效率或获得新的洞察”。2024 年 10 月，国家数据局发布公告就《数据领域名词解释》向社会公开征求意见，公告将数据产品定义为“基于数据加工形成的，可满足特定需求的数据加工品和数据服务”。

成功的数据产品不是技术的堆砌或者数据的简单呈现，而涉及对数据的深入洞察、创新思维和战略规划。它要求我们将原始数据通过清洗、整合、分析等步骤，转化为能够解决实际问题、满足市场需求的产品和服务。这一过程不仅能够为企业带来直接的经济效益，还能够推动商业模式的创新，加速技术的迭代升级。

同时，数据产品化也是数据作为生产要素流通和价值实现的前提，对数据资源进行实质性的劳动投入和创造，转化为具有明确应用场景的产品或服务的过程。它使数据可以作为一种商品在市场中自由流通，被不同的企业和组织所利用，从而实现数据价值的最大化。这不仅能够促进数据的共享与合作，还能够推动整个社会的数据资本化进程。

可以说，数据产品已经成为企业竞争力的重要组成部分。数据产品不仅是技术的产物，更是业务需求和数据能力的结合体。

### 3.1.1　什么是数据产品

数据产品是利用数据来解决特定问题或满足特定需求的产品。它们通过数据的收集、处理、分析和展示，帮助用户做出更好的决策或采取行动。同时，数据产品作为数据资产的重要形态，也可能是获取经济来源的重要载体，甚至是资本化的金融工具。

实践中，对数据产品可以有狭义和广义两种理解。

#### 1. 狭义上的数据产品定义

狭义上的数据产品更侧重于在数据资产化过程中，将数据资源转换成具有实际应用价值的数据资产。企业或组织将业务数据通过技术手段转化为能直接支持业务决策的格式和工具。这涉及业务数据化和数据业务化的双向过程，通过数字化转型实现数据资产的价值化。

在这个定义里，数据产品是以数据资源为原料、以数据要素价值化为目标，利用数据分析、数据挖掘等数据科学技术，设计和开发的功能或服务。它可以是一个数据集或者数据报告，也可以是一个算法模型、一个软件系统、一个应用程序，甚至是一个完整的解决方案。数据产品的核心价值在于将复杂的数据转化为易于理解和使用的信息，帮助用户更好地理解现状、预测未来或优化决策。

国家数据局发布的第二批典型案例“海量消费数据赋能传统零售业转型升

级”中，山西全球蛙电子商务有限公司有效整合零售行业采购、供应、销售、服务等全链路数据，通过分析顾客年龄分布、购物频次、偏好品牌、热门时段、历史销售等数据，构建消费偏好图谱，为超市商户开发市场洞察、供应链优化、智能补货等数据产品和服务，这些数据产品不仅提升了传统零售企业的运营效率，还能助力其转型升级。通过这样的案例可以看出，成功的数据产品不仅要运用技术，还要将对市场需求的深刻洞察与创新思维相结合。

### 2. 广义上的数据产品定义

广义上，数据产品不仅包括单一的应用程序或服务，还包含数据生命周期的全过程。这涵盖了从数据采集、预处理、存储和管理，到数据挖掘和分析，再到数据展现的完整价值链。

因此，广义上的数据产品指以数据为主要内容和服务的产品，除了狭义上的数据产品范围，也包括从数据采集、预处理、存储和管理、挖掘和分析到展现的全域价值链上的，即数据加工过程中的所有与数据相关的技术平台和工具服务。广义上的数据产品具体可以分为两类：

- 软件产品：如海量数据存储和管理软件，数据仓库、数据湖等数据中台，大数据分析和挖掘软件，数据可视化软件等。这些软件帮助用户处理和解析大量数据，以挖掘背后的商业价值。
- 硬件产品：如海量数据存储设备和大数据一体机，为数据处理提供必要的物理基础设施。

例如，滴滴出行在 2019 年宣布成功构建数据中台。这个数据中台不仅包括数据存储和处理平台，还包括在这个平台上开发的很多数据应用，这些数据应用能够支持公司各项业务的数据解决方案。通过数据中台，滴滴出行可以高效地整合和分析海量的出行数据，支持业务决策和创新。

从广义的定义来看，这个数据中台也是一个数据产品。

特别要强调的是，本书讨论的主要是狭义上的数据产品。

## 3.1.2 数据产品的特征

相比于传统的软件产品，数据产品有 5 个明显的特征：数据驱动、个性化、数据聚类、安全隐私、数据生态（见图 3-2）。这些特征共同构成了数据产品的核心内涵，为数据产品的开发和应用提供了重要指引。

图 3-2　数据产品的 5 个明显特征

### 1. 数据驱动

数据驱动是数据产品的核心特征之一。数据产品的价值在于数据本身的质量和价值，而不仅仅是功能和用户体验。数据产品以数据为中心，通过对数据的收集、处理、分析和可视化，为用户提供决策支持和业务洞察。这种产品强调数据的准确性、完整性和时效性，数据的高质量直接影响到产品的价值输出。

例如，某制造企业开发了一款基于工业大数据的设备预测性维护系统。该系统实时监测设备运行状态，通过机器学习算法预测设备故障，并提供维护建议。这种数据驱动的预测性维护，不仅大幅降低了设备故障率，还优化了维护计划，提升了生产效率。数据的高质量和及时性是该系统能够发挥价值的关键所在。

### 2. 个性化

个性化是数据产品的一个重要特征，指的是数据产品能够根据用户的具体需求和偏好进行定制。与传统软件产品的标准化不同，数据产品能满足不同用户在不同场景下的需求。这种高度定制化的特性使数据产品能够精准地解决特定业务问题。

以某垂直服装电商平台的推荐系统为例，该系统通过分析用户的浏览记录、收藏夹、购买历史等数据，为每个用户提供个性化的商品推荐，并且会根据用户的喜好和尺码信息，推荐符合其品位和身材的服装。这种个性化推荐不仅提高了用户的购买转化率，还增强了用户的黏性。

### 3. 数据聚类

数据聚类是数据产品的一个独有特征。数据产品通常需要整合来自多个来源的数据，进行深度分析和挖掘，从而为用户提供全面的洞察和决策支持。

这种数据聚合分析的能力，使数据产品能够发挥出传统软件产品难以企及的价值。

某金融机构开发了一款面向中小企业的信用风控系统。该系统整合了企业工商、税务、银行等多方面的数据，通过机器学习算法对企业信用状况进行全面评估。这种基于多源数据的信用评估，不仅提高了风控的准确性，还大幅缩短了审批时间。数据聚合分析的能力，使该系统能够为中小企业提供高效便捷的信贷服务。

4. 安全隐私

安全隐私是数据产品必须重视的一个关键特征。在数据驱动的时代，数据泄露和滥用问题备受关注。数据产品在设计和实现过程中，需要严格遵守相关法律法规，采取有效的安全措施，确保数据的存储、传输和使用过程中的安全性。这与传统软件产品主要关注功能性和易用性的特点有所不同。

某医疗机构开发了一款基于区块链技术的电子病历系统。该系统采用分布式存储和加密技术，确保了患者隐私数据的安全性。同时，系统还设置了多级权限控制，确保只有经授权的医生和患者才能访问相关数据。这种以数据安全和隐私为先的设计理念，使该系统能够在保护患者隐私的同时提高医疗服务效率。

5. 数据生态

数据生态是数据产品得以成功的基础。数据产品的价值实现依赖于数据生态系统的构建。这包括高质量的原始数据、完善的数据采集和处理工具、先进的数据分析技术，以及健全的数据治理体系。只有建立在良好的数据生态之上，数据产品才能发挥应有的价值。

国家数据局发布的“数据要素 × 典型案例”中，许多企业通过构建数据生态，推动了数据产品的创新与应用。例如，某制造企业建立了工业互联网平台，整合了上下游企业的生产数据，为参与企业提供智能制造、供应链优化等数据服务。这种基于数据生态的数据产品，不仅提升了企业自身的数字化水平，还带动了整个行业的数字化转型。

总之，数据驱动、个性化、数据聚类、安全隐私、数据生态这五个特征共同构成了数据产品的核心内涵。这些特征使得数据产品在实现商业价值和业务创新方面具有独特的优势。只有深入理解和把握这些特征，企业才能更好地利用数据产品驱动业务发展，提升竞争力。

### 3.1.3　数据产品与数据资源的关系

数据产品（狭义上的数据产品）是在数据资源的基础上，通过一系列的加工处理（例如清洗、整合和分析）转化而来的。数据产品的设计和开发是为了满足特定的业务需求或市场需求，即为用户解决实际问题，提供具体价值。

原始数据经过清洗、整合、标准化等处理，成为高质量的数据资源，这些数据资源再经过进一步的分析、处理和展示，转化为对用户有价值的信息或服务，这时候就是数据产品了。

可以通过几个简单实例来具体看看数据产品是如何从数据资源转化过来的：

- 消费预测模型：零售企业可能利用过去的销售数据（数据资源）来开发一个预测未来销售趋势的模型（数据产品）。这个模型可以帮助企业优化库存管理和定价策略。
- 学生流失分析：某中学可以分析学生的心理健康数据、成绩数据，以及家庭情况、家访记录等（数据资源），以识别每个学生流失的概率（数据产品），并根据设置的阈值及时进行预警和干预。
- 健康监测系统：医疗机构使用患者的历史健康记录和实时监测数据（数据资源），开发出能够预测患者健康风险的系统（数据产品），从而提早介入治疗。

通过上述分析和实例，可以看到数据产品与数据资源之间的密切关系。数据产品是数据资源经过适当处理后的高级形态，它们直接服务于具体的业务需求和市场需求，实现数据的商业价值和社会价值。

## 3.2　数据产品类型

数据产品的世界依据自身的功能和应用需求展现出丰富多样的类型和形态。无论是资源型、服务型还是工具型数据产品，每一种都有其特定的功能和适用场景，并呈现出不同的产品形态，如图 3-2 所示。这些产品不仅能够驱动业务发展，还能促进数据的流通和交易，从而在现代经济体系中发挥着至关重要的多维作用。

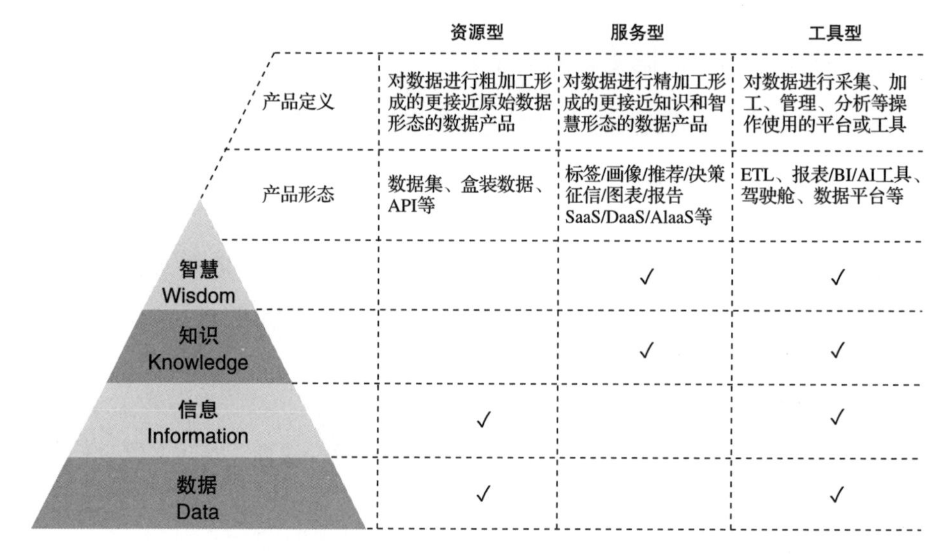

图 3-3　数据产品类型和产品形态

价值创造是数据产品的核心驱动力。无论是哪种类型或形态的数据产品，只有能够创造实际价值，才能在市场中立足并获得持续发展。这种认识将为后续的数据产品开发和经营奠定坚实的理论基础。

不同类型的数据产品为企业在多个维度上创造了巨大的价值，这三类产品的特点、分类和应用场景如表 3-1 所示。

表 3-1　数据产品的特点、分类和应用场景

| 产品类型 | 特点 | 分类 | 应用场景 |
|---|---|---|---|
| 资源型 | 以数据为核心<br>多样性<br>可信度高<br>可定制性 | 按数据结构：结构化、非结构化、半结构化<br>按数据来源：公共数据、企业数据、用户数据、物联网数据<br>按更新频率：静态、定期更新、实时流 | 市场研究和竞争情报<br>金融和投资决策<br>政府治理和公共服务<br>智慧城市和物联网应用 |

（续）

| 产品类型 | 特点 | 分类 | 应用场景 |
|---|---|---|---|
| 工具型 | 多样化的功能模块<br>可定制的操作流程<br>强大的数据处理和分析能力<br>良好的交互体验<br>支持团队协作 | 按功能：处理工具、分析工具、可视化工具、数据挖掘工具<br>按部署方式：本地部署、云端部署、混合部署<br>按技术复杂度：低代码 / 无代码、专业分析、开发者 | 数据处理和分析<br>数据可视化<br>机器学习与人工智能<br>商业智能和决策支持<br>数据安全与隐私保护<br>自动化和流程优化 |
| 服务型 | 数据驱动的服务<br>定制化服务<br>数据可视化<br>持续性和实时性<br>数据安全和隐私保护 | 按技术特征：机器学习、大数据分析、物联网、自然语言处理<br>按服务模式：SaaS、PaaS、BaaS、DaaS | 金融行业<br>医疗健康行业<br>零售行业<br>制造业<br>科研领域<br>政府和公共服务<br>教育培训领域 |

### 3.2.1　资源型数据产品

#### 1. 资源型数据产品的定义

资源型数据产品主要是对数据进行粗加工形成的更接近原始数据形态的数据产品。这类产品通常作为基础数据资源供用户下载或直接在线访问。用户可以利用这些数据进行分析、研究或其他目的。

以阿里云的数据集市场为例，它提供了大量的行业数据、公共数据和企业数据，用户可以根据自己的需求购买和下载这些数据资源。这些数据涵盖了金融、电商、医疗、教育等多个领域，为企业和研究机构提供了有力的数据支持。

#### 2. 资源型数据产品的特点

资源型数据产品的特点主要体现在以下几个方面：

- 以数据为核心：资源型数据产品的核心是数据本身。产品的主要价值在于提供高质量、有用的数据资源，帮助用户解决问题、做出决策或实现目标。这种产品通常由数据提供者提供，其主要任务是收集、整理、加工和管理数据，确保数据的准确性、完整性和可信度。
- 多样性：资源型数据产品可以包括各种形式和类型的数据。这些数据可以是结构化数据，如数据库中的表格数据；也可以是非结构化数据，如文本、图像、音频、视频等；还可以是半结构化数据，如 XML、JSON 格式的数据。不同类型的数据可以满足用户不同的需求，适用于不同的应用场景。

- 可信度高：资源型数据产品通常由权威机构、专业团队或可靠的数据提供者提供。这些数据来源可靠，具有较高的可信度和权威性。用户可以信任这些数据，并基于其进行决策分析、研究探索或其他形式的应用。
- 可定制性：资源型数据产品通常具有一定的可定制性。数据提供者可以根据用户的需求提供定制化的数据服务。例如，用户可以要求定制特定行业、特定地区或特定时间范围的数据，以满足其特定的信息需求。

### 3. 资源型数据产品的分类

资源型数据产品可以从多个维度进行分类。

#### （1）按数据结构分类

- 结构化数据：如关系数据库中的表格数据。例如，国家统计局提供的各类经济指标数据就是典型的结构化数据。
- 半结构化数据：如 JSON、XML 格式的数据。许多 API 返回的数据就属于这一类型。
- 非结构化数据：如文本、图像、音频、视频等。例如，百度的自动驾驶数据集 Apollo 中包含大量的道路场景图像和视频数据。

#### （2）按数据来源分类

- 公共数据：如政府开放数据、公共机构发布的数据。例如，中国气象局提供的气象数据。
- 企业数据：企业在经营过程中产生和收集的数据。如阿里巴巴的电商交易数据。
- 用户数据：来自个人用户的各类行为和属性数据。如腾讯的社交网络数据。
- 物联网数据：由各类传感器和智能设备产生的数据。如华为的智慧城市解决方案中收集的各类城市运行数据。

（3）按更新频率分类

- 静态数据：固定不变的历史数据。如某些历史统计数据。
- 定期更新数据：按固定周期更新的数据。如每月发布的 CPI 数据。
- 实时流数据：持续产生和更新的数据流。如股市实时交易数据。

4. 资源型数据产品的应用场景

资源型数据产品是当前企业最主要的数据产品类型，在公共数据平台、产业数据流通场景、数据交易平台中广泛存在，其价值主要体现在为用户提供数据资源以支持决策分析、业务应用和研究探索。以下是资源型数据产品的一些常见应用场景。

（1）市场研究和竞争情报

- 提供市场数据、消费者行为数据、竞争对手数据等，帮助企业了解市场需求、消费趋势和竞争态势。
- 分析市场份额、品牌知名度、产品特征等指标，为企业制定营销策略、产品定位和渠道管理方案提供支持。

（2）金融和投资决策

- 提供金融市场数据、股票交易数据、财务报表数据等，支持投资者进行投资决策和风险管理。
- 进行技术分析、基本面分析、风险评估等，为投资组合管理、资产配置提供参考和建议。

（3）政府治理和公共服务

- 提供人口统计数据、社会经济数据、环境监测数据等，支持政府进行政策制定和决策分析。
- 实施城市规划、资源配置、社会福利等政策，提升政府治理效能和公共服务水平。

（4）智慧城市和物联网应用

- 提供城市数据、传感器数据、智能设备数据等，支持城市管理和智慧城市建设。
- 实施城市监控、交通管理、环境保护等策略，提升城市生活质量和城市运行效率。

以上仅是资源型数据产品的一部分应用场景，实际上，资源型数据产品可以应用于几乎所有领域和行业，为用户提供数据驱动的决策支持和解决方案。

### 3.2.2 工具型数据产品

#### 1. 工具型数据产品的定义

工具型数据产品是指通过软件和平台提供的工具，用于数据的采集、处理、分析、可视化和管理，旨在提升用户的数据处理能力和决策效率。这类产品不仅包括传统的数据分析工具，还涵盖数据管理平台、可视化工具和数据挖掘工具等，广泛应用于各行各业。

例如，七牛云的智能日志分析平台就是一个典型的工具型数据产品，它为企业提供了全面的日志数据分析和异常检测能力。某大型电商平台利用这个工具分析了系统日志，成功识别并解决了一个潜在的性能瓶颈，在双十一期间避免了可能发生的系统崩溃，保障了数亿用户的购物体验。

#### 2. 工具型数据产品的特点

工具型数据产品更多是广义上的数据产品的类型，它们在数据处理、分析和应用方面具有优势和适用性。实践中，狭义数据产品的数据产品化依赖的就是工具型数据产品。以下是工具型数据产品的主要特点：

- 多样化的功能模块：工具型数据产品通常包含多种功能模块，涵盖数据处理、分析、可视化等各个环节。这些功能模块可以单独使用，也可以相互结合，以满足用户不同的需求和使用场景。
- 可定制的操作流程：工具型数据产品通常支持灵活、可定制的操作流程，用户可以根据自己的需求和工作流程，自定义数据处理与分析的步骤和顺序。这种灵活性使用户能够更自由地进行数据处理和分析，从而提高工作效率。
- 强大的数据处理和分析能力：工具型数据产品通常具有强大的数据处理和分析能力，包括数据清洗、转换、统计分析、机器学习、数据挖掘等功能。这些功能能够帮助用户深入挖掘数据，发现数据中的规律和趋势，支持用户做出更准确的决策和预测。

- 良好的交互体验：工具型数据产品通常具有友好的用户界面和良好的交互体验，采用直观、简洁的设计风格，使用户能够轻松上手，并且能够快速找到所需的功能和工具。良好的交互体验可以提高用户的满意度和使用效率。
- 支持团队协作：工具型数据产品通常支持团队协作和共享功能，可以多人同时对数据进行处理、分析和可视化，支持团队之间的协作与沟通。这种功能能够促进团队之间的合作和交流，提高团队的工作效率。

### 3. 工具型数据产品的分类

工具型数据产品可以从多个维度进行分类。

**（1）按功能分类**

- 数据处理工具：用于数据的清洗、转换、整合等操作，帮助用户准备好适合分析的数据集。
- 数据分析工具：用于对数据进行统计分析、数据挖掘、机器学习等操作，帮助用户发现数据中的规律和趋势，支持决策分析和预测建模。
- 数据可视化工具：用于将数据以图表、地图、仪表盘等形式进行可视化展示，帮助用户直观地理解数据，并发现数据中的关联和趋势。
- 数据挖掘工具：使用机器学习等技术从数据中发现模式和规律。

**（2）按部署方式分类**

- 云端部署：完全基于云端提供服务的工具。
- 本地部署：可在用户本地环境安装使用的工具。
- 混合部署：支持云端和本地混合使用的工具。

**（3）按技术复杂度分类**

- 低代码 / 无代码工具：不需要编程知识就能使用的工具。
- 专业分析工具：需要一定专业知识才能充分利用的工具。
- 开发者工具：主要面向开发人员和数据科学家的工具。

### 4. 工具型数据产品的应用场景

工具型数据产品是目前数据服务商提供最多的产品类型，通过提供高效的工具和解决方案，帮助用户提高工作效率、优化业务流程和提升决策质量。以下是工具型数据产品的一些常见应用场景。

（1）数据处理和分析

工具型数据产品在数据处理和分析领域扮演着重要角色。数据清洗、转换、整合等操作需要高效、精确的工具。

例如，ETL 工具可以自动化地从多个数据源提取数据，进行必要的转换和清洗，然后加载到数据仓库中，从而极大地提升数据处理的效率和准确性。

（2）数据可视化

数据可视化是将复杂的数据以图表、图形等直观方式呈现出来，使用户能够快速理解和分析数据。工具型数据产品（如 Tableau、Power BI 等）提供丰富的图表类型和交互功能，让用户轻松创建动态报表和仪表盘，从而更好地洞察业务趋势和发现潜在问题。

（3）机器学习与人工智能

在机器学习与人工智能领域，工具型数据产品提供了模型训练、评估和部署的全流程支持。例如，TensorFlow 和 PyTorch 等深度学习框架帮助开发者快速构建、训练和优化复杂的模型，并将其应用于图像识别、自然语言处理等多个领域。

（4）商业智能和决策支持

商业智能（BI）工具是典型的工具型数据产品，通过数据分析和报表生成，支持企业的决策制定过程。像帆软的 Fine BI 以及阿里云的 Quick BI 这样的 BI 工具能够整合多种数据源，提供实时的业务洞察，帮助管理层做出基于数据的战略决策。

（5）数据安全与隐私保护

在数据安全与隐私保护方面，工具型数据产品也发挥着重要作用。像 DataGuard 和 Privitar 这样的工具提供了全面的数据安全和隐私保护功能，包括数据加密、访问控制和数据脱敏等。这些工具帮助企业在使用数据的同时确保数据的安全性和合规性。

（6）自动化和流程优化

工具型数据产品在企业的自动化和流程优化方面也发挥着重要作用。RPA（机器人流程自动化）工具如 UiPath 和 Automation Anywhere，通过模拟人工操作，自动执行重复性任务，降低人为错误，提高生产效率。

### 3.2.3　服务型数据产品

#### 1. 服务型数据产品的定义

服务型数据产品是指基于数据分析和人工智能技术，对数据进行精加工形成的，为用户提供直接的问题解决方案或决策支持的产品。这类产品更接近知识和智慧形成的数据产品，不仅提供数据和分析工具，更重要的是将数据洞察转化为具体的行动建议或自动化服务。服务型数据产品通常以模型算法、SaaS平台、智能应用的形式存在，直接嵌入用户的业务流程中。

例如，百度地图通过提供实时交通信息和路线优化建议，提升了城市交通管理的效率。该平台能够根据实时数据动态调整交通路线，减少拥堵，提升用户的出行体验。百度地图的实时交通信息服务不仅方便了用户出行，还为城市交通管理提供了有力支持。

#### 2. 服务型数据产品的特点

与资源型和工具型数据产品相比，服务型数据产品具有以下特点和优势：

- 数据驱动的服务：服务型数据产品的核心在于提供数据驱动的服务，而不仅仅是提供数据本身或数据处理工具。它们通过对数据的深度分析和挖掘，提供有价值的洞察和建议，帮助用户做出更好的决策或采取行动。
- 定制化服务：服务型数据产品通常具有高度的个性化和定制化能力，能够根据用户的具体需求提供量身定制的服务。用户可以选择特定的数据集、分析模型和展示方式，以满足其特定的业务需求。相比之下，资源型数据产品提供的是标准化的数据集，工具型数据产品则提供的是通用的数据处理工具。
- 数据可视化：服务型数据产品通常包含强大的数据可视化功能，通过图表、仪表盘等直观的方式展示数据，使用户能够快速理解和掌握信息。相比之下，资源型数据产品主要提供数据本身，工具型数据产品则侧重于数据处理和分析功能。数据可视化不仅提升了用户体验，还增强了数据的可读性和可操作性。

- 持续性和实时性：服务型数据产品通常具有持续性和实时性，能够不断更新和优化服务内容。相比之下，资源型数据产品主要提供静态或定期更新的数据，工具型数据产品则侧重于数据处理和分析功能。服务型数据产品通过持续的数据流和实时分析，能够及时反映市场变化和用户需求。
- 数据安全和隐私保护：服务型数据产品在设计和运营过程中高度重视数据安全与隐私保护。它们通常采用多层次的安全防护措施，包括数据加密、访问控制、安全审计等，以确保数据在采集、存储、使用过程中的安全性。相比之下，资源型数据产品和工具型数据产品虽然也关注安全问题，但服务型数据产品由于涉及大量敏感数据，对安全和隐私保护的要求更高。

### 3. 服务型数据产品的分类

服务型数据产品可以从以下维度进行分类。

#### （1）按技术特征分类

- 基于机器学习的服务：利用机器学习算法提供智能化服务。
- 基于大数据分析的服务：通过海量数据分析提供洞察和预测。
- 基于物联网的服务：结合 IoT 设备数据提供实时监控和控制服务。
- 基于自然语言处理的服务：提供智能对话、文本分析等服务。

#### （2）按服务模式分类

- SaaS（软件即服务）：通过云端提供标准化的软件服务。
- PaaS（平台即服务）：提供开发和运行应用的平台服务。
- BaaS（后端即服务）：提供应用所需的后端服务和 API。
- DaaS（数据即服务）：提供数据访问和管理的服务。

### 4. 服务型数据产品的应用场景

服务型数据产品具有广泛的应用场景，涵盖了各个行业和领域，也是数据产品未来发展的主要形态。以下是一些常见的应用场景。

#### （1）金融行业

- 风险管理：利用数据分析服务对金融市场和客户行为进行监测和预测，帮助金融机构识别和管理风险。

- 信贷评估：通过定制化解决方案服务，为银行提供个性化的信贷评估模型，优化信贷流程和风险控制。
- 投资决策：利用数据分析服务分析市场趋势和投资组合，为投资者提供数据驱动的投资决策支持。

（2）医疗健康行业

- 个性化医疗：利用数据分析服务分析患者的医疗数据和基因组信息，为医生提供个性化的诊疗方案和治疗建议。
- 健康管理：通过数据可视化服务监测患者的健康状况和生活习惯，帮助患者管理健康和预防疾病。
- 医疗资源优化：利用定制化解决方案服务分析医疗资源的分布和利用情况，优化医疗资源配置和服务供给。

（3）零售行业

- 顾客分析：利用数据分析服务分析顾客行为和购买习惯，为零售商提供个性化的营销策略和促销活动。
- 库存管理：通过数据管理服务监控商品库存和销售情况，优化库存管理和补货策略，降低库存成本和缺货风险。
- 精准定价：利用数据分析服务分析市场竞争和价格弹性，为零售商制定精准的定价策略，从而提高销售额和利润率。

（4）制造业

- 生产优化：利用数据分析服务监控生产过程和设备状态，优化生产计划和生产效率，降低生产成本和能源消耗。
- 质量管理：通过数据管理服务分析产品质量数据和生产过程数据，及时发现和处理质量问题，提高产品质量和客户满意度。
- 设备维护：利用数据分析服务预测设备故障和维护周期，制订设备维护计划，降低设备停机时间和维护成本。

（5）科研领域

- 科学研究：利用数据分析服务分析科研数据和实验结果，支持科学研究和学术探索，推动科学知识的进步和创新。

- 实验设计：通过定制化解决方案服务设计科研实验方案和数据采集方法，提高实验效率和数据质量。

（6）政府和公共服务

- 社会治理：利用数据分析服务监测社会经济指标和政府政策效果，支持政府决策和公共管理，促进社会稳定和发展。
- 公共安全：通过数据可视化服务分析犯罪数据和安全事件，指导警方制定安全防范策略和调配警力。

（7）教育培训领域

- 学生评估：利用数据分析服务分析学生学习成绩和行为数据，为教师提供个性化的教学建议和学生评估报告。
- 教学改进：通过数据可视化服务监测课堂教学效果和学生参与度，优化教学方法和课程设计。

## 3.3 数据产品形态

数据产品形态是数据价值的载体，反映了数据从原始状态到智能应用的演进过程。根据 DIKW（数据、信息、知识、智慧）模型（见图 3-4），数据产品可以被划分为不同的类型和形态，如表 3-2 所示。DIKW 模型强调数据的层次性，数据作为原始素材，通过加工和分析，转化为信息，再进一步形成知识，最终实现智慧的决策支持。

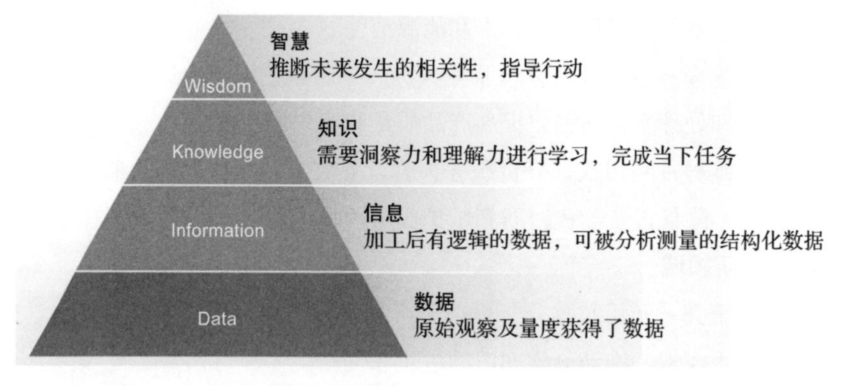


图 3-4　数据产品 DIKW 模型

表 3-2　不同数据产品类型有不同的数据产品形态

| 数据产品类型 | 主要数据产品形态 |
| --- | --- |
| 数据类产品 | 数据集、盒装数据、API 数据等 |
| 信息类产品 | 统计报表、数据可视化图表、仪表盘、趋势分析报告等 |
| 知识类产品 | 用户画像、行为标签、推荐系统、算法模型等 |
| 智慧类产品 | 智能决策系统、自动化策略引擎、知识图谱、大模型等 |

## 3.3.1　数据类产品

数据类产品是数据产品形态中最基础的一层，它们直接来源于各种数据采集和存储系统，包含未经深度加工的原始数据。这类产品为后续的数据分析、信息提取和知识发现提供了基础素材。

### 1. 数据集

数据集是一组相关数据的集合，包括结构化、半结构化和非结构化的数据。数据集的主要特点如下：

- 多样性：数据集的形式多样，既可以是数值型数据，也可以是文本、图像等多种数据类型。
- 规模庞大：随着数字技术的发展和数据采集手段的丰富，数据集的规模不断扩大，动辄达到 TB 级甚至 PB 级的数据量。大规模数据集能够反映更全面的信息，但也对数据存储和处理提出了更高的要求。
- 更新频率：数据集的更新频率取决于数据的来源和应用场景。有些数据集需要实时更新，如传感器数据和交易数据；有些数据集则可以定期更新，如统计数据和历史数据。

例如，国家统计局发布的人口普查数据集就是一个典型的大规模结构化数据集，包含了全国人口的多个维度信息。而阿里巴巴的淘宝用户行为数据集则包含了结构化的用户信息和非结构化的用户评论文本。

### 2. 盒装数据

盒装数据是一种预先打包和整理的数据产品形式，通常针对特定的应用场景或行业需求。与数据集相比，盒装数据经过了初步的清洗、标准化和组织，使用户可以更方便地使用和集成这些数据。

盒装数据的特点主要体现在以下几个方面：

- 高质量：盒装数据经过专业的清洗和处理，数据质量较高，包含的错误和冗余信息较少，可以直接用于数据分析和应用。
- 标准化：盒装数据通常按照一定的标准和格式进行整理和包装，便于用户理解和使用，降低了数据处理的复杂性。
- 即用性：盒装数据已经过整理和包装，用户可以直接使用，节省了数据采集与处理的时间和成本，提高了数据应用的效率。

例如，东方财富网提供的盒装数据包括股票、基金、债券等市场数据。这些数据经过专业处理和包装，为金融分析和投资决策提供了可靠的支持。再如，京东的交易数据涵盖了从用户下单到支付、物流的全过程数据，通过整理和包装，为第三方商家和研究机构提供了丰富的商业分析和洞察。

### 3. API 数据

API 数据通过 API 提供，用户可以通过调用 API 实时获取数据。这类数据产品灵活性高，适用于需要实时数据更新和动态数据交互的场景。

API 数据的主要特点如下：

- 实时性：API 数据通常提供实时或近实时的数据更新，适用于需要最新数据的应用场景，如实时监控、在线服务等。
- 灵活性：用户可以根据需求灵活调用 API 获取所需数据，支持按需定制和动态调整。
- 自动化：API 数据可以与用户的系统和应用程序自动集成，实现数据的自动获取和处理，提升工作效率。

API 数据的一个典型应用场景是移动应用开发。例如，一个旅游应用可能会使用天气 API 来提供目的地的天气预报数据，使用地图 API 来显示景点位置和导航信息，使用酒店列表 API 来展示酒店数据。这种方式使应用开发者可以专注于核心功能的开发，而不需要自己收集和管理所有这些复杂的数据。

总之，数据类产品作为数据价值链的基础，为各类数据应用提供了原始素材。它们的价值不仅体现在数据本身上，还体现在数据的组织方式和使用便利性上。随着大数据技术的发展，数据类产品正在向更加精细化、实时化和智能化的方向发展。

然而，数据类产品的发展也面临着一些挑战。数据质量的保证、数据安全和隐私保护、数据的及时更新等问题都需要持续关注和解决。例如，国家网信办发布的《数据安全管理办法（征求意见稿）》就对数据的收集、存储、使用和对外提供等环节提出了明确要求，这对数据类产品的开发和运营提出了新的挑战。

在实际应用中，对于数据类产品的选择和使用需要考虑多个因素。对于有能力进行深度数据处理和分析的组织来说，数据集可能更具吸引力，因为它们提供了更大的灵活性和定制化可能。而对于资源有限或需要快速实现特定功能的用户来说，盒装数据可能是更好的选择。

此外，数据类产品的服务模式也在不断创新。除了传统的一次性购买或订阅模式，一些数据提供商开始探索数据即服务（Data as a Service，DaaS）模式。在这种模式下，用户可以根据需求实时获取和使用数据，这样大大提高了数据使用的灵活性和效率。

## 3.3.2 信息类产品

信息类产品是在数据基础上进行加工和处理后形成的产品形态。这类产品将原始数据转化为更易理解和使用的信息，帮助用户快速获取洞察，支持决策制定。

### 1. 统计报表

统计报表是最基础的信息类产品，它通过对原始数据进行汇总、计算和整理，以表格形式呈现关键指标和统计结果。

统计报表的特点主要体现在以下几个方面：

- 结构化展示：统计报表通常以表格的形式呈现数据，数据排列整齐，便于阅读和理解。
- 汇总分析：统计报表不仅展示原始数据，还展示对数据的汇总和分析结果，如平均值、总量、比例等。
- 时效性强：统计报表可以定期生成，如日报、周报、月报等，帮助企业及时了解业务动态。

例如，某企业使用供应商销货进货库存月报表来管理采购的效率和质量。这些报表包含每个供应商的存货、进货、销货，以及毛利率、周转率等指标（见图 3-5），帮助供应链管理者及时发现并解决采购过程中的问题，提高采购效率和采购质量。

**供应商销货进货库存月报表**

| 供应商 | 供应商 | 商品 | 品 | 期初存货 | | 本月进货 | | 本月销货 | | 期末存货 | | 毛利 | 毛利率 | 周转率 | 备注 |
|---|---|---|---|---|---|---|---|---|---|---|---|---|---|---|---|
| | 代 号 | 代号 | 名 | 数量 | 金额 | 数量 | 金额 | 数量 | 金额 | 数量 | 金额 | | | | |
| | | | | | | | | | | | | | | | |
| | | | | | | | | | | | | | | | |
| | | | | | | | | | | | | | | | |
| | | | | | | | | | | | | | | | |
| | | | | | | | | | | | | | | | |
| | | | | | | | | | | | | | | | |
| | | | | | | | | | | | | | | | |

图 3-5　某企业的供应商销货进货库存月报表

## 2. 数据可视化图表

数据可视化图表将数据以图形化的方式呈现，使复杂的数据关系变得直观易懂。常见的数据可视化图表包括柱状图、条形图、折线图、饼图等。

数据可视化图表的特点主要体现在以下几个方面：

- 直观易懂：通过图形化的展示方式将复杂的数据变得直观易懂，便于用户快速获取关键信息。
- 互动性强：许多数据可视化工具提供交互功能，用户可以动态调整参数、筛选数据，深入挖掘数据背后的信息。
- 美观吸引人：数据可视化图表设计美观，能够吸引用户的注意力，提高数据分析和展示的效果。

例如，百度指数通过丰富的可视化图表展示了关键词搜索趋势、地域分布、用户画像等信息，为营销人员和市场研究者提供了宝贵的洞察。例如，通过折线图展示某个关键词的搜索趋势，用户可以直观地看到该词在不同时间段的热度变化，从而制定更有针对性的营销策略。

在金融领域，东方财富网提供了丰富的股票行情图表，包括 K 线图、分时图、筹码分布图等，如图 3-6 所示。这些图表帮助投资者快速了解股票的价格走势、成交量变化和资金流向等关键信息，为投资决策提供支持。

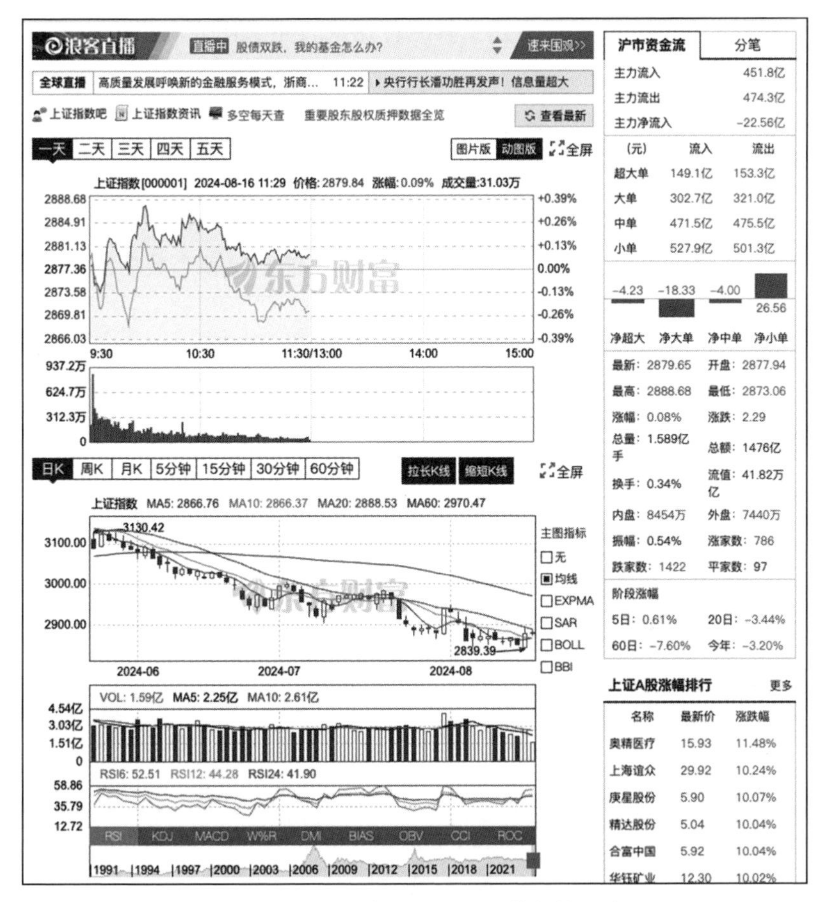


| (元) | 流入 | 流出 |
|---|---|---|
| 超大单 | 149.1亿 | 153.3亿 |
| 大单 | 302.7亿 | 321.0亿 |
| 中单 | 471.5亿 | 475.5亿 |
| 小单 | 527.9亿 | 501.3亿 |

| 名称 | 最新价 | 涨跌幅 |
|---|---|---|
| 奥精医疗 | 15.93 | 11.48% |
| 上海谊众 | 29.92 | 10.24% |
| 庚星股份 | 5.90 | 10.07% |
| 精达股份 | 5.04 | 10.04% |
| 合富中国 | 5.92 | 10.04% |
| 华钰矿业 | 12.30 | 10.02% |

图 3-6　东方财富网的上证指数行情图表

### 3. 仪表盘

仪表盘（Dashboard）是将多个相关的数据可视化组件集成在一个界面上的综合性信息产品。它能够实时展示关键指标的状态和变化趋势，帮助用户快速把握整体情况。

仪表盘的特点主要体现在以下几个方面：

- 综合展示：仪表盘集成了多种图表和指标，提供了全局视角，便于用户全面了解业务运行情况。
- 实时更新：仪表盘通常支持实时数据更新，用户可以随时查看最新的业务数据和指标。

- 自定义设置：许多仪表盘工具允许用户自定义图表和指标的展示方式，满足个性化需求。

阿里云的DataV数据可视化平台提供了丰富的仪表盘模板和组件，用户可以根据自身需求快速构建专业的可视化仪表盘。这种灵活性使仪表盘能够广泛应用于不同行业和场景，如智慧城市、金融风控、电商运营等领域。例如，在智慧城市应用中，仪表盘可以整合交通、环境、能源等多个数据源，实时展示城市运行状态，帮助管理者做出及时决策。

仪表盘的设计需要考虑用户的需求和使用场景。对于高层管理者，仪表盘应简洁明了，突出关键指标；对于业务操作人员，仪表盘则需要提供更多的细节和操作功能。如图3-7所示为一个仪表盘，包含某商家的货品库存数量、不同类型的商品库存对比等信息。此外，仪表盘的实时性和交互性也是设计中的重要考虑因素，确保用户能够快速获取所需信息并进行深入分析。

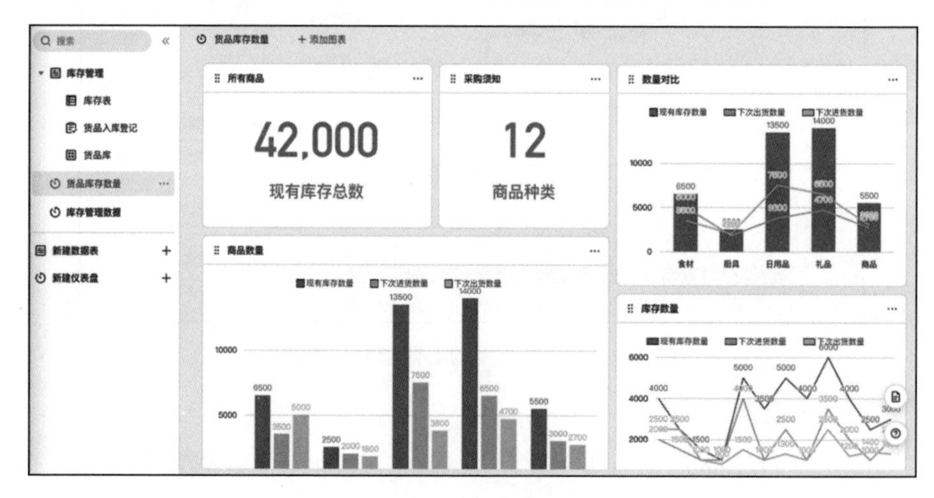


图3-7 仪表盘示例

### 4. 趋势分析报告

趋势分析报告是对历史数据进行深入分析，预测未来发展趋势的信息产品。这类产品通常结合了统计分析、机器学习等技术，提供了更深层次的洞察和预测。阿里研究院定期发布的《中国数字经济发展报告》，通过分析海量的电商交易数据和消费者行为数据，揭示了中国数字经济的发展趋势和新兴机遇。

腾讯广告的“广告趋势洞察”产品则利用海量的用户行为数据，为广告主提供行业趋势、用户洞察和营销策略建议。这类趋势分析报告不仅帮助企业了解当前市场状况，还能指导未来的战略规划。例如，通过分析用户的搜索和购买行为，广告主可以了解哪些产品和服务最受欢迎，进而优化广告投放策略。

趋势分析报告的特点主要体现在以下几个方面：

- 历史数据分析：通过对历史数据的整理和分析，揭示数据的变化规律和趋势。
- 预测未来发展：基于对历史数据的分析进行未来趋势预测，为企业的战略规划提供依据。
- 定性与定量结合：趋势分析报告通常结合定量数据分析和定性判断，提供全面的趋势分析结果。

图 3-8 展示了“腾讯调研云”平台中的各类洞察报告，包括消费购物、生活服务等众多行业。

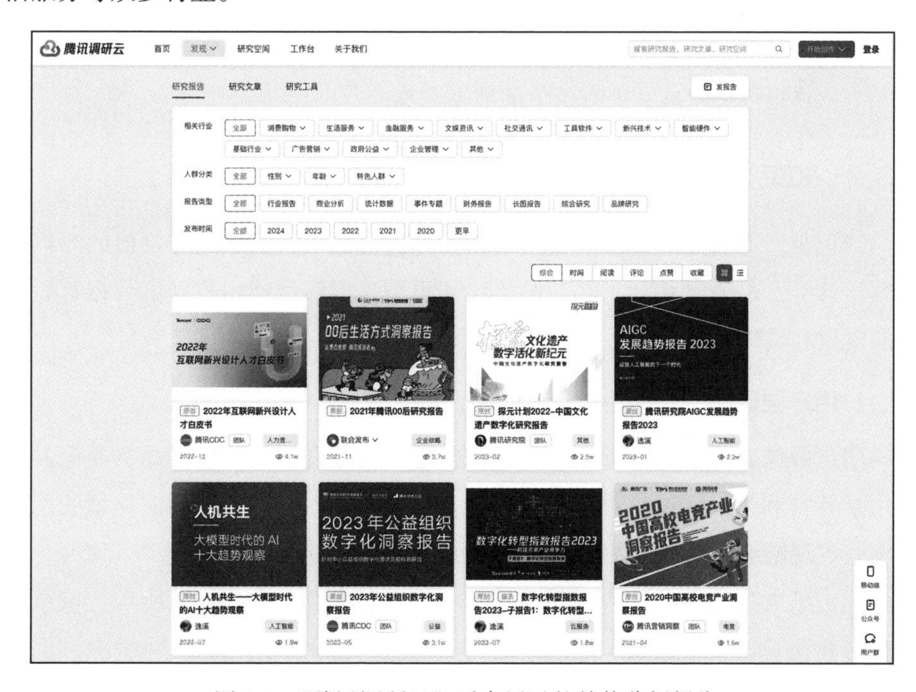


图 3-8　“腾讯调研云”平台展示的趋势分析报告

总的来说，不管是统计报表还是分析报告，信息类产品的价值在于它们能够将海量、复杂的原始数据转化为易于理解和使用的信息。通过这些产品，用户可以快速获取关键洞察，提高决策效率。然而，开发高质量的信息类产品也面临一些挑战。如何在信息的全面性和简洁性之间找到平衡，如何确保数据的实时性和准确性，如何提供个性化的信息服务，都是需要考虑的问题。

随着技术的发展，信息类产品正在向更智能、更个性化的方向演进。融合了自然语言处理技术的智能报告生成系统，能够自动分析数据并生成洞察报告。基于机器学习的异常检测系统，能够自动识别数据中的异常模式并及时预警。这些创新将进一步提升信息类产品的价值，为用户提供更深入、更及时的数据洞察。

在实际应用中，经常需要结合使用不同的信息类产品，以提供全面的数据洞察。例如，一家电商企业可能会同时使用销售统计报表、客户行为可视化图表、运营仪表盘和市场趋势分析报告，以全面把握业务状况并制定策略。未来，随着人工智能和大数据技术的进一步发展，信息类产品将变得更加智能和个性化，为用户提供更精准、更有价值的数据洞察。

### 3.3.3 知识类产品

知识类产品通过对数据和信息的深度分析与加工，提取出有价值的知识和洞察。这类产品通常结合了复杂的算法和模型，能够帮助用户理解数据背后的深层规律和模式，支持更高层次的决策和创新。

#### 1. 用户画像

用户画像是基于用户行为和属性数据生成的综合描述，能帮助企业深入了解用户特征和需求。通过对用户数据的多维度分析，企业可以构建详细的用户画像，实现精准营销和个性化服务。

国内某大型银行的用户画像系统是一个典型案例。如图 3-9 所示，该系统通过分析用户的交易记录、理财产品购买历史、信用卡使用情况等数据，生成了包含基本信息、财务状况、投资偏好等多维度的用户画像。这些用户画像不仅能帮助银行更好地了解用户需求，还为个性化金融产品推荐提供了重要支持。

图 3-9 某银行的用户画像示例

用户画像的构建通常涉及多种数据源和分析技术。常见的数据源包括用户注册信息、交易记录、浏览行为、社交媒体互动等。分析技术则包括数据挖掘、机器学习、自然语言处理等。例如，某医疗健康 App 利用自然语言处理技术分析用户的健康咨询记录和搜索关键词，从而更准确地理解用户的健康需求和偏好。

用户画像呈现以下特点：

- 多维度：用户画像涵盖多个维度的信息，包括人口统计信息（如年龄、性别）、行为数据（如购买记录、浏览记录）等。
- 精准性：通过大数据和机器学习技术，用户画像可以非常精准地描述用户的特征和需求。
- 动态更新：用户画像是动态更新的，会随着用户行为和属性的变化而不断调整和完善。

### 2. 行为标签

行为标签是对用户或对象特定行为的标记，如消费习惯、兴趣爱好等。通过对用户行为数据的分析，企业可以为每个用户打上多个标签，实现更精细化的用户管理和营销。

行为标签有以下特点：

- 细粒度：行为标签通常是细粒度的，能够精准描述用户的具体行为。

- 高效识别：通过大数据分析和机器学习技术，可以高效地识别和生成行为标签。
- 多场景应用：行为标签可以应用于多个业务场景，如营销、风险控制、用户运营等。

例如，腾讯社交广告平台的行为标签系统是一个优秀案例。如图 3-10 所示，该系统通过分析用户在微信、QQ 等社交媒体上的行为数据，为用户打上了诸如“喜欢旅游”“美食爱好者”“科技迷”等行为标签。这些行为标签不仅能帮助广告主进行精准投放，还为腾讯的内容推荐提供了重要依据。

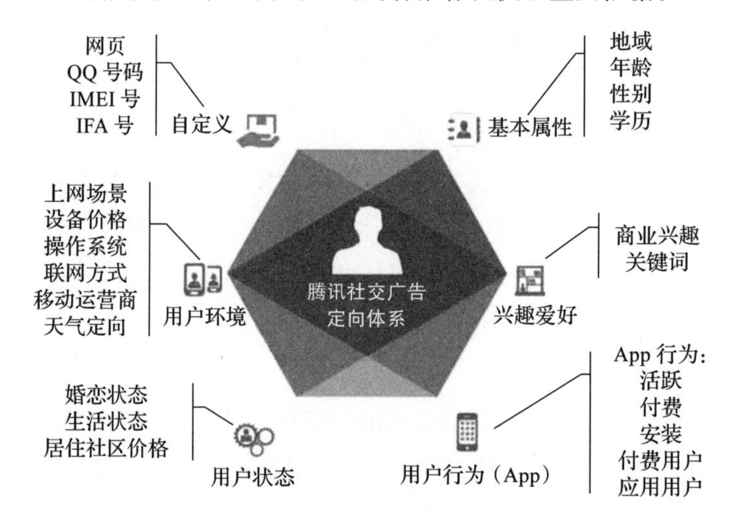


图 3-10　腾讯社交广告平台的行为标签系统

行为标签的生成通常需要结合多种数据分析技术。通过数据挖掘技术从海量用户行为数据中提取出有意义的特征，然后利用机器学习算法对这些特征进行分类和聚类，生成行为标签。阿里云的推荐系统通过分析用户的浏览和购买行为，生成了多个行为标签，并基于这些标签进行个性化推荐。

### 3. 推荐系统

推荐系统是基于用户画像和行为标签向用户推荐个性化内容或商品的系统。它通过分析用户的历史行为和偏好，预测用户可能感兴趣的内容，从而提高用户满意度和平台转化率。

推荐系统有以下特点：

- 个性化：推荐系统能够根据每个用户的特征和需求提供个性化的推荐结果。
- 实时性：许多推荐系统具有实时推荐的能力，能够根据用户的即时行为快速调整推荐内容。
- 多算法融合：推荐系统通常融合了多种算法，如协同过滤、内容推荐、矩阵分解等，以提升推荐效果。

例如，字节跳动旗下的抖音平台拥有一个强大的推荐系统。如图 3-11 所示，该系统通过分析用户的观看历史、点赞、评论、分享等行为，结合视频内容特征，为用户推荐个性化的短视频内容。这种精准的推荐不仅大大提高了用户的使用时长，也帮助创作者更好地触达目标受众。

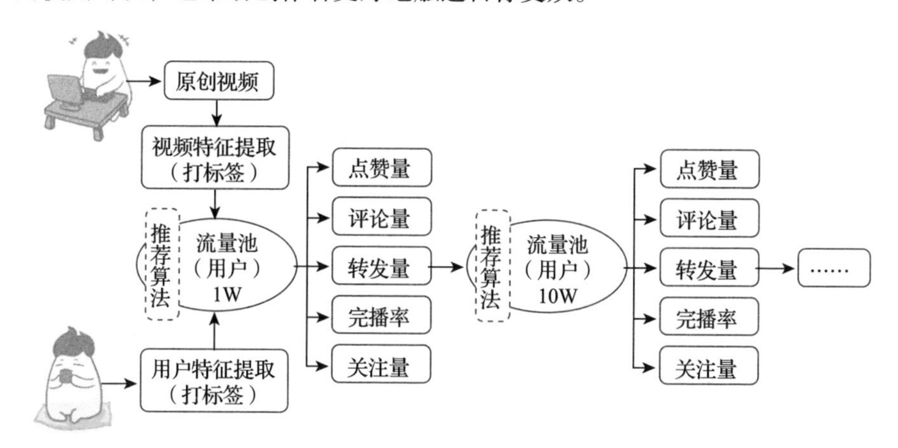


图 3-11 抖音推荐系统原理

推荐系统的核心在于推荐算法，常见的算法有协同过滤、基于内容的推荐、矩阵分解等。例如，某大型旅游平台的推荐系统综合使用了多种推荐算法。它不仅考虑用户的历史旅行偏好，还结合了目的地的特色、季节性因素、实时热度等，实现了更加精准和多样化的旅游产品推荐。

#### 4. 算法模型

算法模型是利用历史数据进行预测和分析的数学模型，广泛应用于各类数据分析和决策支持系统中。通过对数据的深度学习和训练，算法模型能够识别出数据中的模式和规律，进而进行预测和优化。

京东的需求预测模型是一个典型的算法模型应用。如图 3-12 所示，该模型通过分析历史销售数据、季节性变化、促销活动等因素，预测未来的商品需求量。这不仅帮助京东优化了库存管理，减少了库存成本和缺货风险，还提高了供应链的整体效率。

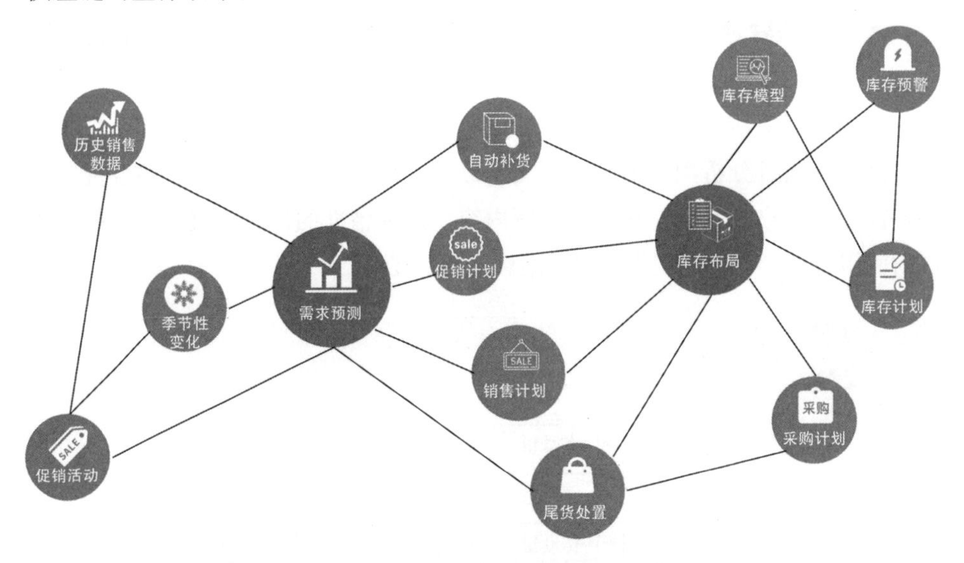


图 3-12 京东需求预测模型示意图

算法模型作为核心数据产品，具有以下特点：

- 数据驱动：算法模型是数据驱动的，通过对大量历史数据的学习，生成具有预测和决策能力的模型。
- 可训练：能够通过机器学习方法不断优化和改进。
- 可评估：模型的性能可以通过各种指标进行评估和比较。

常见的算法模型有回归模型、决策树、随机森林、神经网络等。蚂蚁集团的信用评分模型综合使用了多种机器学习算法，通过分析用户的交易行为、信用记录等数据，为用户生成信用评分，支持无抵押小额贷款等金融服务。

知识类产品的价值在于它们能够从海量数据中提取出有价值的知识，帮助用户理解数据背后的深层次规律和模式。然而，开发高质量的知识类产品也面临一些挑战。如何确保数据的准确性和完整性，如何选择合适的算法和模型，如何处理数据中的噪声和异常，都是需要考虑的问题。

随着技术的发展，知识类产品正在向更智能、更自动化的方向演进。基于深度学习的知识图谱技术能够自动从海量文本数据中提取出实体和关系，构建结构化的知识库。百度的知识图谱就是一个很好的例子，它不仅支持搜索引擎的智能问答功能，还为多个行业应用提供了知识支持。

### 3.3.4　智慧类产品

智慧类产品是基于数据、信息和知识的综合应用，旨在利用深度学习等先进技术，赋能企业实现智能化决策和自动化操作。这类产品不仅能够处理复杂的业务需求，还能在动态环境中自适应、自学习，提高企业的决策效率和业务创新能力。

#### 1. 智能决策系统

智能决策系统是能够自动分析数据、评估情况并给出决策建议的系统。它通过整合多源数据、应用复杂算法模拟人类专家的决策过程，为企业和个人提供决策支持。

在金融领域，平安集团的智能投顾系统是一个典型案例。如图 3-13 所示，该系统基于用户的风险偏好、投资目标和市场数据自动生成个性化的投资组合建议。它不仅考虑了传统的财务指标，还融入了宏观经济趋势、新闻情绪等多维度数据，大大提高了投资决策的准确性和及时性。

智能决策系统有以下特点：

- 高度智能化：具备深度学习和推理能力，能够自动化进行复杂的业务决策。
- 实时响应：可以实时处理和分析数据，快速做出响应。
- 自主学习：具备自我学习和优化能力，随着数据和经验的积累，不断提升决策质量。

#### 2. 自动化策略引擎

自动化策略引擎是能够根据预设规则和实时数据自动执行策略的系统。它能够快速响应市场变化或业务需求，实现自动化的业务决策和执行。

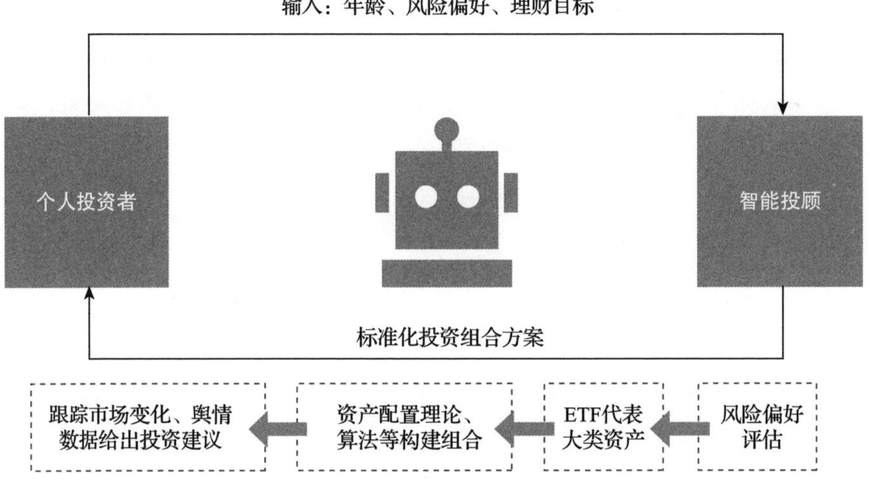


图 3-13　平安集团智能投顾系统示例

美团外卖的“订单分配”算法，在综合用户、商家、骑手三端体验的前提下，会选择将订单分配给时间更宽裕、更顺路的骑手，让骑手在合理的劳动强度下获得更多的收入，如图 3-14 所示。同时，针对在新手期的骑手，“订单分配”算法会给予一定倾斜，如为他们匹配距离近、顺路、配送难度相对较低的订单。官方解释称，当后台接到一个新订单时，“订单分配”算法会基于骑手当前的位置和手头已有订单量，预估出骑手如果新接该订单需要的配送时间，以及对现有订单是否产生超时影响。为保障合理的劳动强度，在预估时间时，算法会为骑手留出一定的富余时间。在对配送范围内所有骑手的送餐情况进行分析后，“订单分配”算法会把订单分配给时间充裕的骑手。

自动化策略引擎有以下特点：

- 规则驱动：基于预定义的业务规则和逻辑，自动化执行策略。
- 高效执行：能够快速、高效地执行复杂的业务操作。
- 灵活调整：业务规则和策略可以灵活调整和优化，以适应不同的业务需求。

### 3. 知识图谱

知识图谱是一种结构化的知识表示方式，它通过实体和关系来描述现实世界中的概念以及它们之间的联系。知识图谱能够支持复杂的语义查询和推理，为智能问答、推荐系统等应用提供强大的知识支持。

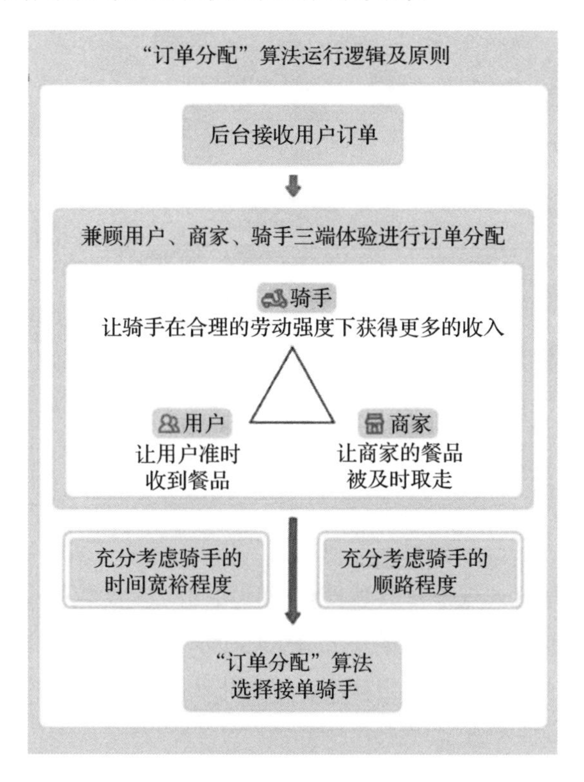


图 3-14 美团“订单分配”算法逻辑及原则

如图 3-15 所示，平安医疗知识图谱包含大量的医学概念、疾病症状、治疗方法等信息，以及它们之间的复杂关系。它不仅支持平安的智能医疗问答系统，还为医生的临床决策提供了重要参考。

知识图谱具有以下特点：

- 结构化表示：将分散的知识进行结构化表示，构建实体和关系网络。
- 语义理解：具备语义理解和推理能力，能够处理复杂的知识查询和推理任务。
- 多领域应用：知识图谱可以应用于多个领域，如搜索引擎、智能问答、推荐系统等。

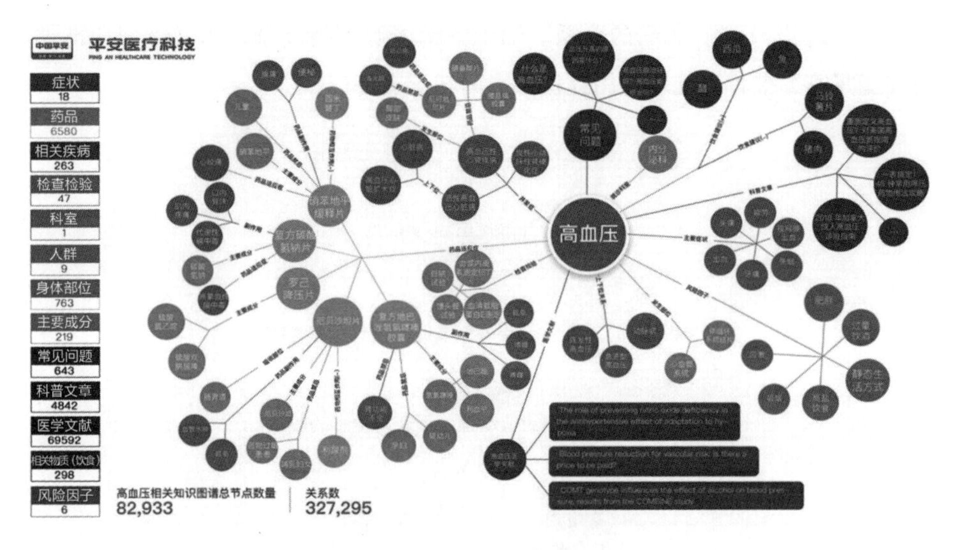


图 3-15　平安医疗知识图谱

## 4. 大模型

大模型是指具有大规模参数和复杂计算结构的机器学习模型，通常由深度神经网络构建而成，拥有数十亿甚至数千亿个参数。这些模型通过深度神经网络、激活函数、损失函数、优化算法、正则化和模型结构等技术，从大量数据中学习到复杂的特征和表示。

OpenAI 的 GPT（Generative Pre-trained Transformer）系列模型用极快的速度获得了超过 1 亿用户。这些模型通过学习海量的互联网文本数据，展现出了惊人的自然语言理解和生成能力。它们不仅可以用于智能对话、文本生成，还能够进行简单的推理和问题解决。

华为的盘古大模型是一款基于海量数据和复杂网络训练的预训练模型，具有强大的自然语言理解和生成能力。盘古大模型在金融、医疗、教育等多个领域发挥了重要作用。例如：在医疗领域，盘古大模型能够辅助医生进行疾病诊断和治疗方案推荐，提高诊断准确率和治疗效果；在金融领域，它能够分析市场趋势，提供投资建议，帮助企业做出更明智的决策。

大模型有以下特点：

- 大规模训练：基于大规模数据进行训练，具备强大的学习和推理能力。

- 多任务处理：大模型可以处理多种复杂任务，如自然语言处理、图像识别、语音识别等。
- 高度智能化：大模型具备高度智能化的表现，能够自主学习和优化。

智慧类产品的价值在于它们能够在复杂的环境中自主学习、推理和决策，大大提高了决策的效率和准确性。然而，开发和应用智慧类产品也面临着一些挑战。如何确保 AI 决策的可解释性和公平性，如何处理数据隐私和安全问题，如何平衡自动化决策和人类干预，都是需要认真考虑的问题。

随着技术的不断进步，智慧类产品正在向更加智能和自主的方向发展。例如，基于强化学习的自主决策系统能够在复杂的环境中不断学习和优化决策策略。某大型物流公司就使用这种系统来优化配送路线，系统能够根据实时路况、天气情况等因素自主调整配送计划，大大提高了配送效率。

另一个重要趋势是多模态融合。未来的智慧类产品将能够同时处理文本、图像、语音等多种形式的数据，展现出更加全面的智能。例如，某智慧城市项目中的城市管理系统，就整合了视频监控、环境传感器、社交媒体数据等多种信息源，实现了对城市运行状况的全方位感知和智能管理。

未来，智慧类产品将在更多领域发挥重要作用，推动各行各业的智能化转型。通过不断创新和优化，这些产品将为用户提供更加智能、个性化和可信赖的服务，助力企业提升决策质量和运营效率。同时，平衡技术创新和社会责任，构建负责任的 AI 生态系统，将成为未来发展的重要方向。

### 3.3.5　数据产品形态的演变

在介绍完不同形态的数据产品后，我们会发现它们之间有紧密的联系。前文提到过 DIKW 模型，它是数据科学领域中的一个经典的概念框架，如图 3-16 所示，它描述了数据、信息、知识和智慧之间的层级关系和转化过程。这个模型不仅能帮助我们理解数据产品的不同形态，还为数据价值的提升提供了清晰的路径。

数据（Data）是最基本的元素，代表的是未加工的原始数据。这些数据通常是离散的点，缺乏上下文和含义。举例来说，电商平台上每天产生的用户点击量、浏览量和交易记录等原始数据非常庞杂，单独来看并没有太大意义。数据的价值在于其潜在的信息，经过处理和分析，数据可以被转化为更高层次的有用资源。

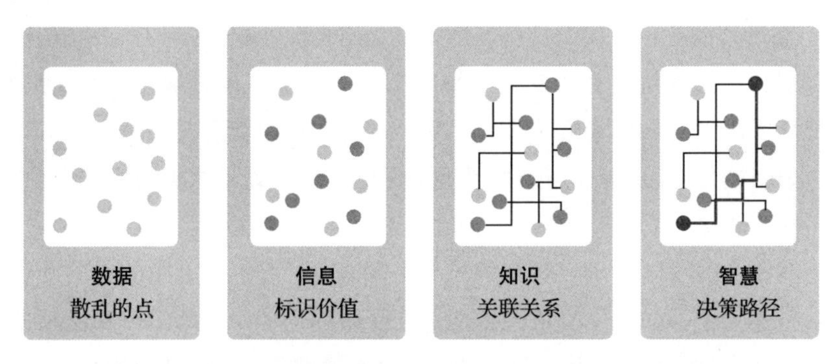


图 3-16　DIKW 不同数据类型之间的层级关系和转化过程

信息（Information）是对数据进行整理、过滤和分析后获得的有意义的数据。这一层次的数据已经开始体现出规律和模式，可以用于描述和解释现象。例如，在某电商平台上，通过分析用户点击量和交易记录，可以生成统计报表、数据可视化图表、仪表盘和趋势分析报告等。这些信息类产品可以帮助企业了解销售趋势、用户行为和市场需求，从而做出相应的业务调整。

知识（Knowledge）是信息经过理解和归纳后的进一步升华，具备了上下文和系统性，能够解释因果关系并提供行动指引。比如，通过对电商平台用户数据的深入分析，可以构建用户画像、行为标签、推荐系统和算法模型等知识类产品。这些产品不仅能帮助企业精准地识别和理解用户需求，还能在营销、产品设计和用户体验优化等方面提供有力支持。

智慧（Wisdom）是数据的最高层次，涉及对知识的应用和决策支持。智慧类产品能够帮助企业在复杂多变的环境中做出智能决策和战略规划。例如，智能决策系统、自动化策略引擎、知识图谱和大模型等智慧类产品，能够通过大规模数据处理和智能算法分析，为企业提供实时的、可操作的决策支持。在某些情况下，这些系统甚至可以自主制定和执行策略，从而提升企业的运营效率和竞争力。

如图 3-17 所示，DIKW 模型中的每一层次都建立在前一层次的基础之上，同时又为下一层次提供支撑。数据是信息的原料，信息是知识的基础，而知识则是智慧的来源。这种层级关系在实际的数据产品开发中有着重要的指导意义。

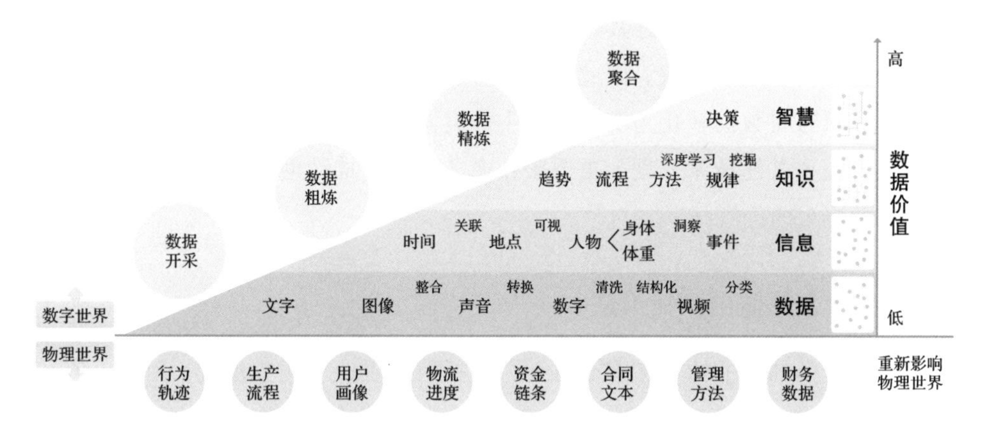


图 3-17 DIKW 数据演变路径

以中国移动的客户服务系统为例，我们可以从中清晰地看到 DIKW 模型的应用。该系统首先收集用户的通话记录、上网数据等原始数据。然后，这些数据被处理成用户使用情况报表、账单等信息。基于这些信息，系统进一步构建用户画像，形成对用户行为模式的知识。最后，智能客服系统利用这些知识，能够预测用户可能遇到的问题，主动提供个性化的服务建议，体现了智慧的应用。

在传统制造业中，DIKW 模型同样有着广泛的应用。某大型钢铁企业的智能生产系统就是一个很好的例子。该系统从各个生产环节收集原始数据，如温度、压力、原料成分等。这些数据经过处理后形成各种生产报表和监控图表，提供了生产过程的实时信息。通过对历史数据的分析，系统构建了各种预测模型，形成了对生产过程的深入知识。最终，基于这些知识，系统能够自主优化生产参数，实现智能化的生产控制。

## 3.4 数据产品价值

数据产品不仅是技术和工具的集合，更是推动企业增长、优化业务流程、提升用户体验的重要引擎。数据产品的价值体现在多个层面，无论是支持高层战略决策，还是优化日常运营，数据产品都展现出其独特的价值导向特征。

数据产品的价值导向是其开发和运营的核心原则，它决定了产品的设计方向、功能特性和最终成效。因此，在这一过程中，数据产品的价值导向必须始终明确，只有将数据转化为实际应用中的具体价值，才能真正发挥其作用。数据产品不仅要关注技术实现，更要紧扣业务需求，推动创新和变革，为企业和社会创造更大的价值。

### 3.4.1 什么是数据产品价值

数据产品的价值体现在多个方面，包括财务价值、业务价值、用户价值和社会价值。

#### 1. 数据产品价值的特征

数据产品价值具有以下特征：

- 数据驱动：数据产品的核心是数据，通过数据的挖掘和分析，帮助企业获取洞察，做出科学决策。例如，淘宝依靠强大的数据分析能力，能够实时监控用户行为，精准推送个性化广告，从而提高转化率和用户满意度。
- 非线性增长：数据产品的价值往往呈现非线性增长。随着数据量的增加和分析技术的进步，数据产品的价值可能会呈指数级增长。中国移动的用户行为分析平台就是一个很好的例子。随着用户数量的增加和行为数据的积累，该平台能够提供更精准的用户画像和行为预测，从而为精准营销和服务优化提供更大的价值。
- 时效性：某些数据产品的价值具有很强的时效性。实时数据和及时的分析结果往往比历史数据更有价值。例如，中国气象局的实时天气预报系统，其价值在于及时为公众和相关行业提供天气信息参考，帮助人们做出合理的决策。
- 关联性：数据产品的价值常常通过与其他数据或系统的关联而得到放大。单一的数据集可能价值有限，但当它与其他数据集结合时，可能会产生意想不到的洞察。例如，阿里健康将医疗数据与电商数据相结合，开发出了智能健康管理系统，不仅为用户提供个性化的健康建议，还能为医疗机构和制药企业提供价值化的市场洞察。

- 潜在性：数据产品的价值有时并不是立即显现的，而是需要通过深入挖掘和创新应用才能实现。许多企业可能拥有大量的数据资产，但如何从中发现和创造价值，需要持续的探索和创新。例如，滴滴出行通过对海量出行数据的挖掘，不仅优化了自身的调度算法，还为城市交通规划提供了价值化的决策支持。

### 2. 数据产品价值与传统产品价值的区别

数据产品与传统产品相比，具有独特的价值属性和表现形式：

- 数据为核心资源：传统产品（无论是实物产品还是互联网产品）往往依赖物理资源、制造工艺或软件功能，而数据产品则以数据为核心资源，通过数据的收集、存储、处理和分析，生成具有实际价值的产品。
- 高度个性化：数据产品能够根据用户的行为和偏好，提供高度个性化的服务和体验。
- 实时性和动态性：数据产品能够实时获取和处理数据，快速响应市场变化和用户需求。
- 持续性和可扩展性：数据产品具有持续优化和可扩展的特点，能够不断迭代和提升。

可以通过一个例子来说明这些区别。假设有一家汽车制造商，他要生产两个产品：一款新型电动汽车（传统产品）和一个智能生产调度系统（数据产品）。

电动汽车的价值主要来自其性能、舒适度、外观设计等物理属性。客户购买后直接使用就能体验到价值。随着时间推移，汽车会逐渐贬值。虽然可以通过不同的配置选项提供一定的定制，但整体上定制空间有限。汽车的价值相对容易衡量，比如可以通过销量、客户满意度等指标来评估。开发新款汽车通常需要几年的时间。

而智能生产调度系统的价值主要来自其对生产过程的优化。它通过分析各种生产数据，为管理者提供最优的生产计划，从而间接创造价值。随着使用时间的增加，系统积累的数据越多，优化效果越好，价值反而会增加。系统可以根据不同工厂的特点进行高度定制。它的价值可能体现在生产效率提升、成本降低等多个方面，评估起来相对复杂。但是，开发团队可以快速迭代系统功能，根据用户反馈不断改进。

通过这个对比，可以清楚地看到数据产品价值的独特之处。理解这些特点对于开发和管理数据产品至关重要。它能帮助我们更好地设计产品功能，制定合理的定价策略，评估产品的实际价值，从而最大化数据产品带来的收益。

## 3.4.2 数据产品的 FBUS 价值模型

为了帮助大家全面理解数据产品的价值，我们引入 FBUS 价值模型，这个模型呈金字塔结构，如图 3-18 所示，FBUS 对应财务价值（Finance Value）、业务价值（Business Value）、用户价值（User Value）和社会价值（Social Value）4 个维度。每个维度都在数据产品的价值创造中扮演着重要角色，并且它们相互关联，形成一个完整的价值体系。

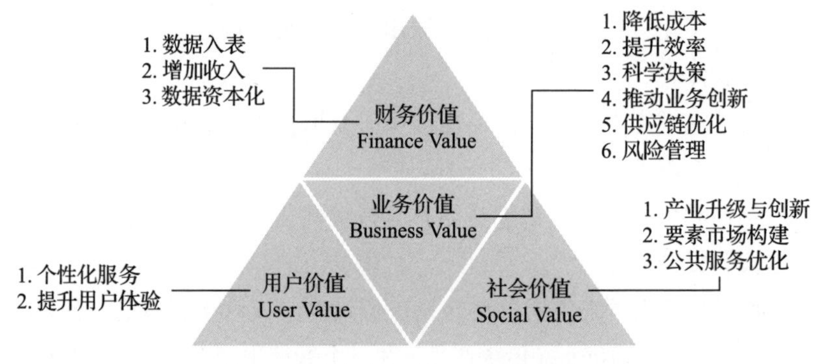


图 3-18 数据产品的 FBUS 价值模型

- 财务价值。财务价值主要关注数据产品对企业财务状况的影响，包括资产入表、收入增长、数据资本化等方面。通过数据资产化，企业能够将数据转化为可量化的经济价值，从而提升整体财务表现。
- 业务价值。业务价值是数据产品最直接的价值体现，主要关注数据产品如何支持企业的运营和战略目标。通过提升效率、优化流程和增强决策能力，数据产品能够为企业带来显著的业务回报。
- 用户价值。用户价值关注数据产品如何提升用户体验和满足用户需求。通过提供个性化服务和优化用户交互，数据产品能够增强用户的满意度和忠诚度，从而促进用户的长期使用和推荐。

- 社会价值。社会价值是数据产品对社会整体的影响，包括促进社会资源的合理配置、推动行业创新和提升公共服务水平等。数据产品在帮助企业创造经济价值的同时，也应关注其对社会的贡献。

FBUS 价值模型的各个维度之间并不是孤立存在的，而是相互关联、相互促进的。业务价值的提升往往能够带来财务价值的增长，而财务价值的增长又能为用户价值的提升提供支持。例如，企业通过优化业务流程和提高效率，能够降低成本，进而提升财务表现。这些财务上的改善又使企业能够投入更多资源来提升用户体验，创造更高的用户价值。

同样，社会价值的提升也能够反过来促进业务价值的增长。企业在追求经济利益的同时，积极履行社会责任，能够增强品牌形象，提升用户的忠诚度和满意度。这种良性循环不仅有助于企业的可持续发展，也为社会的整体进步贡献了力量。

通过对 FBUS 价值模型的深入理解，企业能够更全面地把握数据产品的多维度价值，制定相应的策略，以实现更高水平的价值创造。在数据经济时代，充分挖掘和利用数据的潜在价值，将是企业持续竞争力的重要保障。

### 3.4.3 数据产品的财务价值

在数据资产管理和实践领域，数据产品的财务价值是其核心价值之一，它体现在数据产品如何通过会计处理和财务报表的反映，为企业的财务状况和盈利能力带来正面影响。根据《暂行规定》，“数据入表”是指企业将数据确认为企业资产负债表中的“资产”一项，即数据入资产负债表，在财务报表中体现其真实价值与业务贡献。这一概念的提出和实施，标志着数据资源的经济价值得到了正式认可。

《一本书讲透数据资产入表》提出了“三次入表理论”，这一理论阐述了数据如何在财务报表中体现其价值。首先，根据《暂行规定》的要求，将数据资产纳入企业的资产负债表。其次，数据资产以货币形式体现于利润表中的主营业务收入。最后，数据资产作为货币计量的金融资产再次入表。这一过程表明，数据产品的财务价值不仅体现在其直接的财务贡献上，还体现在其对企业财务报表中的资产价值的影响上。

数据产品的财务价值主要可以分为以下几类：

- 资产化：数据入表是数据资产化的最直接表现，它将数据从一种隐性资源转化为有形资产，直接在财务报表中体现。
- 货币化：数据通过交易、授权、租赁等形式产生实际收入，如数据交易所的交易活动，或企业通过数据提供服务获得的营收。比如通过 DaaS（Data as a Service，数据即服务）、智能化营销等模式，持续为企业带来财务收益。
- 资本化：数据成为企业资本的一部分，推动企业在资本市场中的估值提升，或用于获得融资支持。

#### 1. 资产化：数据入表

数据资产化的关键在于将数据从无形资源转化为企业财务报表中的显性资产。根据《暂行规定》，数据入表标志着数据资产正式纳入企业资产负债表。这个过程要求对数据资源进行严格的价值评估和合法确认，确保其在财务体系中的合规性和可持续性。

截至 2024 年 8 月 31 日，共有 64 家公司披露了数据资源资产，其中 43 家为上市公司，涉及资金总额达 32.25 亿元，相比一季报披露的上市企业数量和资产规模，分别增长了 138.89% 和 3000.96%。这些数据反映出企业的数据资产入表意识日益增强，参与的企业数量和资产规模显著扩大，表明数据资产化正在加速。

在披露的数据资产中：7 家企业将数据资源列入“存货”科目，金额达 11.69 亿元；17 家企业将数据资源列入“开发支出”，总金额为 3.01 亿元；28 家企业将数据资源计为“无形资产”，金额达到 17.55 亿元。其中，3 家公司将数据资源同时列入“存货”和“无形资产”,6 家公司则将数据资源同时计入“开发支出”和“无形资产”。这反映了企业在处理数据资产时，越来越倾向于采用更加精确和专业的会计处理方式，不再简单将数据归类为“存货”或其他传统资产类别。

数据资产化的规模性增长，特别是在大型企业中，表明数据正在成为企业创造价值和提升市场竞争力的核心驱动力。以三大运营商为代表的大型央企和国企纷纷入局，推动了 A 股上市公司群体中数据资产入表的趋势发展。这一现象显示出，数据资产不仅在企业价值创造中具有重要作用，也为企业未来在数字经济中的竞争力奠定了基础。

### 2. 货币化：增加收入

数据的货币化是指企业通过数据产品和服务获得直接经济收益，体现在利润表的主营业务营收中。这是数据财务价值的第二次体现。企业可以通过多种形式实现数据的货币化，包括 DaaS、数据交易平台等。

数据货币化最直接的形式体现在 DaaS 服务中，企业将数据产品化后以服务的形式向客户提供。例如，一家互联网公司通过开放其用户数据分析平台，向第三方企业提供个性化的市场分析服务，并从中获得稳定的营收。这种模式已经成为一些大数据平台的核心商业模式之一。

在传统行业中，数据货币化也逐渐成为企业重要的营收来源。例如，某能源公司通过将其采集的能源生产数据和市场需求数据整合，建立了一个数据服务平台，向相关产业链上的其他企业提供数据服务。这一举措不仅提高了该公司的数据利用率，还为其带来了新的业务增长点。

此外，数据产品还可以通过提供增值服务来增加营收。例如，某在线教育平台通过分析用户学习数据，为用户提供个性化的学习建议和课程推荐，收取相应的服务费用。这种基于数据分析的增值服务不仅提升了用户的学习效果，也为平台带来了额外的收入。

### 3. 资本化：创新应用

数据资本化的创新应用形成新的资本运作方式。例如，数据信贷、证券化、出资入股等都属于数据资本化的范畴。数据的资本化不仅帮助企业将数据转化为金融资产，还能通过多样化的资本市场工具实现数据的长期价值。

数据信贷是数据资本化的一个典型案例，即企业利用其数据资产作为抵押，向银行或金融机构获取信贷支持。这种模式在某些大数据驱动的企业中已经开始应用。例如，某科技公司通过将其数据资产评估，获得了银行的信贷支持。这一模式不仅为企业提供了新的融资渠道，也提升了数据资产的实际经济价值。

数据资本化的另一个应用是通过证券化实现数据的流动性和市场价值。某些公司将其数据资产打包为金融产品，向投资者发行数据资产支持的证券，从而实现数据的资本市场化运作。这个过程中，数据不再是静态的资产，而是通过资本市场的运作实现了数据的流通和增值。

出资入股也是数据资本化的一种形式。企业可以将其数据资产评估后，作为资本出资，与其他企业进行合作或入股。例如，某零售企业凭借其丰富的消费数据，与一家电商平台达成了战略合作，双方共同出资设立了一家数据驱动的创新公司。通过这种方式，数据不仅为企业带来了直接的资本回报，也通过股权合作推动了业务的深度融合与创新。

数据产品的财务价值各个维度之间并不是孤立存在的，而是相互关联、相互促进的。数据入表为企业提供了清晰的资产负债状况，增强了企业的融资能力。而数据产品交易则为企业创造了直接的收入来源，进一步提升了财务表现。数据产品营收的增长给数据资产形成了新的估值，促进了数据资产的进一步资本化。

### 3.4.4 数据产品的业务价值

数据产品的业务价值指的是通过数据的收集、处理和应用，帮助企业优化运营流程、提高决策的科学性、降低成本并提升效率。这种价值贯穿企业运营的各个层面，从供应链管理到客户关系维护，再到生产制造，数据产品都能发挥重要作用。

数据产品的业务价值通常也称为内部价值，可以细分为多个类型，下面来一一介绍。

#### 1. 降低成本

成本领先是迈克尔·波特三大基本竞争战略之一，如何通过数据驱动进行业务降本是众多企业不断追求的关键目标。

通过数据产品，企业可以实现精准的资源分配和流程优化，从而有效降低成本。数据产品降低成本的方式主要有两种：一是优化资源利用，二是减少运营中的冗余和浪费。具体表现为，通过大数据分析、人工智能和智能化工具，企业能够更好地监控和管理生产流程，确保资源投入的最大化利用，避免不必要的损失。

2024 年 1 月，全国首单工业互联网数据资产化案例在浙江省桐乡市落地。作为桐乡市数据资本化先行先试企业，浙江五疆科技发展有限公司（以下简称“五疆发展”）开发了数据产品“化纤制造质量分析数据资产”。该数据产品通过感知、汇聚来自工艺现场的生产数据，将这些数据进行清洗、加工后形成高质量的数据资源，再对这些数据资源用数据融通模型进行计算与分析，可实时反馈并调控、优化产线相关参数，也可实现对产品线关键质量指标的实时监控和对化纤生产过程总体质量水平的实时评级。

这个数据产品包含 2787 万条质量管理数据，涵盖物理化验数据、过程质检、控制图数据、对比指标参数、指标报警、预警趋势、不合格率等共 27 个数据模型，以及质量指数、合格率、优等率、稳定度等共 38 类指标体系。通过使用这个数据产品，五疆发展解决了过程质量信息传递不及时、不准确、不全面、不系统的问题，使质量管理者能够及时获取相关信息，检验人员能够精准掌握过程信息，从而更好地判定和把控产品质量。

这个数据产品的应用效果显著。数据要素驱动的品控体系日臻完善，质量管理效率和管理水平持续提升，吨质量成本年下降约 6.81%。这不仅降低了生产成本，还提高了产品质量，增强了企业的市场竞争力。

### 2. 提高效率

数据产品在提高企业效率方面同样表现出强大的能力。通过自动化、智能化的数据工具，企业可以显著缩短流程时间，提高各环节的协同性，进而提升整体运营效率。数据产品主要通过数据整合、流程自动化和智能决策支持等方式提高效率。

在物流行业，顺丰通过数据驱动的物流系统实现了仓储、分拣、配送全流程的自动化。通过引入大数据分析，顺丰可以根据订单量和实时天气等因素，提前进行配送路线优化和仓储资源分配，大大提高了配送效率。据悉，顺丰的智能分拣系统每小时可以处理超过 10 万件包裹，分拣效率较传统人工方式提高了数倍。

除了物流行业，医疗行业也通过数据产品的应用显著提升了服务效率。阿里健康推出的“智慧医疗系统”基于用户的健康数据和历史就医记录，提供智能的诊疗建议和医患对接服务。通过该系统，医院可以更高效地安排病人的就诊时间，避免排队和资源浪费，同时医生也能通过系统提供的分析数据，更快更准确地制定治疗方案。这一系统的应用显著提升了医疗服务的效率，为患者和医疗机构都带来了明显的效益。

#### 3. 科学决策

数据产品为企业的决策提供了基于数据的科学依据。通过对大量数据的采集、分析和建模，数据产品能够帮助企业管理层更准确地预测市场走势、客户需求以及供应链的变化。数据决策替代了传统经验式决策，大大降低了风险，提高了决策的精准性。

在第二批“数据要素 ×”典型案例——“畜牧产业大脑助推畜牧业高质量发展”中，面对复杂的市场环境和多变的消费者需求，浙江省畜牧农机发展中心构建的“浙江畜牧产业大脑”平台通过整合和分析全链路数据，为决策提供了强有力的支持。该平台汇聚了来自多个部门的数据，包括市场监管、生态环境等，形成了一个庞大的数据仓库。这些数据涵盖生猪存栏量、调入调出量、价格动态等关键信息，使养殖环节能够实时掌握市场变化，科学规划生产策略。

#### 4. 推动业务创新

数据产品的应用还推动了业务模式的创新。通过挖掘数据背后的用户需求和市场趋势，企业可以开发出新的产品和服务，实现业务的转型升级。例如，传统的电力公司通过安装智能电表和搭建电力数据管理平台，能够根据用户的用电习惯提供个性化的用电建议和优化电价套餐。这不仅提升了用户体验，还为电力公司开辟了新的收入来源。

中国南方电网通过其智能电力数据平台，为用户提供实时的电力监测和能效管理服务，帮助用户减少不必要的能源消耗。该数据产品不仅提高了电力公司的服务质量，还为企业探索了新的增值服务业务模式。

在互联网金融领域，蚂蚁集团的芝麻信用依靠数据产品进行用户信用评估，为个人和中小企业提供了多种创新的金融服务。这一基于海量数据分析的信用评估工具，帮助蚂蚁集团推出了微贷、消费分期等新产品，极大地推动了传统金融服务的数字化转型。

5. 供应链优化

随着全球化的深入，供应链的复杂性不断增加。数据产品为企业提供了全面的供应链管理能力，使企业能够实时监控供应链的各个环节，确保供应链高效且灵活应对市场变化。

海尔集团通过“COSMOPlat”工业互联网平台，将供应链的各个环节从原材料采购到产品销售的数据进行整合分析。该平台帮助海尔集团在全球范围内实时监控供应商的库存、物流和生产状态，确保供应链的灵活性和高效运作。基于这一数据产品，海尔集团能够快速响应市场需求，避免供应链问题导致生产延误和库存积压。

在零售行业，京东的智能供应链平台也实现了从仓储到配送的全流程优化。通过实时的数据监控，京东可以根据用户订单量和物流资源的实时数据优化仓库调度和配送路线，减少运输过程中的资源浪费，提升供应链的整体效率。

6. 提升风险管理能力

海恩法则揭示了事故发展的潜在规律：每一个重大事故背后，往往隐藏着 29 起较小的事故、300 个潜在的征兆以及 1000 个隐患。如果我们能够将这些轻微事故、征兆和隐患转化为数据，就能够更早地识别风险并预防重大事故的发生。同样，将合规要求转化为可量化的指标，就能在业务流程中实现实时的风险预警，将企业的风险管理从被动的事后处理转变为主动的事中乃至事前预防。

通过将潜在的事故风险数据化，可以构建一个更加精准的风险评估体系，这有助于我们及时发现问题，并在问题演变成严重事故之前采取措施。在合规领域，将规则和标准转化为具体的数据阈值，可以为企业提供一种更为科学和系统的风险控制手段。这种转变意味着企业能够更加主动地识别和应对潜在风险，从而在风险管理和合规性方面取得先机。

例如，在工程建设领域，浙江中水数建科技有限公司开发的隧洞施工现场氡气分析数据产品，通过实时采集和分析隧洞内的氡气浓度数据，实现了对施工环境的精准监测和预警。这个数据产品不仅能够实时监测隧洞施工现场的氡气浓度，还能及时发出预警和报警信号。通过不断更新数据集合和优化气体分析算法模型，该产品的数据测算分析速率不断提升，数据规模已超过 19.6 万条。这一创新应用极大地提高了隧洞施工的安全性，有效保障了施工人员的生命安全。

### 3.4.5 数据产品的用户价值

数据产品的用户价值是指通过数据的有效管理和应用，为用户提供个性化服务和提升用户体验的能力。随着数字时代的到来，用户对数据产品的期望不断提高，个性化和高质量的用户体验成为数据产品成功的关键因素。数据产品能够通过深入分析用户需求和行为，提供定制化的解决方案，从而提高用户的满意度和忠诚度。

#### 1. 个性化服务

数据产品的核心优势之一在于其能够提供高度个性化的服务。通过收集和分析用户的行为数据、偏好数据和上下文数据，数据产品能够为每个用户提供独特的、定制化的服务体验。

抖音通过收集用户的行为数据，包括浏览记录、点赞、评论、分享等，建立了详细的用户画像。这一算法系统会实时分析这些数据，并结合短视频内容特征，向用户推荐最符合其兴趣的视频。每当用户打开抖音时，推荐系统会实时评估用户的偏好，并根据用户画像推送最相关的短视频内容。抖音还会根据用户的社交关系和地理位置，推荐与其社交圈相关的热门视频，进一步提升内容的相关性和吸引力。

这一推荐机制不仅增强了用户的黏性，还有效增加了用户的观看时长，提高了互动率。数据显示，抖音用户的日均使用时长已超过 90 分钟，个性化推荐在其中发挥了关键作用。通过不断优化推荐算法，抖音能够快速适应用户的变化需求，确保用户始终能够看到感兴趣的内容。

个性化服务不限于消费和娱乐领域，在教育、医疗等公共服务领域同样具有广泛应用。例如，在线教育平台通过分析学生的学习行为和成绩数据，能够为每个学生定制个性化的学习计划和课程推荐，帮助学生更有效地学习和提高成绩。医疗机构通过分析患者的健康数据和病史，能够为每个患者提供个性化的治疗方案和健康管理建议，提高医疗服务的精准性和有效性。

这些案例充分展示了数据产品在提供个性化服务方面的巨大价值。通过数据驱动的个性化服务，企业和机构能够更好地满足用户的需求，提高用户体验和满意度，从而实现业务的持续增长和发展。

2. 提升用户体验

除了提供个性化服务，数据产品还能通过多种方式提升用户的整体使用体验，包括简化操作流程、提供智能辅助、优化界面设计等。

例如，滴滴出行（简称“滴滴”）的智能调度系统是优化运营决策的典型案例。作为中国最大的网约车平台，滴滴拥有超过 6 亿注册用户和 3100 万名活跃司机。为了提升用户体验，滴滴开发了一套基于大数据和人工智能的智能调度系统。该系统通过实时分析海量数据，包括城市交通数据、天气数据、历史订单数据等，能够精准预测乘车需求，优化车辆调度。该系统的核心是利用机器学习算法进行大规模匹配，在数秒内为每一个订单匹配上百个附近的司机，并选择最优方案。同时，系统还能预测用户的出行目的地、估算价格、规划最佳路径等，提供个性化的出行体验。

凭借这一数据产品，滴滴大幅缩短了乘客的平均等待时间，提高了车辆利用率。据统计，智能调度系统可将乘客等待时间缩短 30% 以上，将车辆的空驶率降低 20%，并为滴滴司机减少了车辆的燃油消耗和维护成本，省了数百万美元的运营成本。这不仅极大改善了用户体验，增强了用户黏性，也大幅降低了企业的运营成本。

### 3.4.6　数据产品的社会价值

数据产品不仅为企业和用户创造价值，还在更广泛的社会层面产生深远影响。通过推动产业升级与创新、数据要素市场构建、公共服务优化等方式，数据产品正在为社会发展注入新的动力。

1. 产业升级与创新

数据产品在推动产业升级和创新方面展现出巨大的潜力。通过数据的深度分析和应用，企业和行业能够发现新的增长点和创新机会，从而实现产业的转型升级。

以工业互联网为例，阿里云的ET工业大脑是推动制造业升级的典型案例。该产品通过收集和分析生产线上的海量数据，包括设备运行状态、原材料质量、生产环境参数等，为制造企业提供智能化的生产管理解决方案。例如，在某大型钢铁企业的应用中，ET工业大脑通过分析历史生产数据和实时监测数据，优化了炼钢工艺参数，使得钢材质量合格率提高了3%，能源消耗降低了5%。这不仅提高了企业的生产效率和产品质量，还大大降低了能源消耗和环境污染。

再比如SHEIN，通过与供应商共享销售数据，优化了库存管理和物流配送。这种数据共享使双方能够更准确地预测市场需求，从而减少库存积压和物流成本，显著提升整体运营效率。

这些创新应用不仅促进了相关产业的发展，也对社会经济的整体进步产生了积极影响。

### 2. 数据要素市场构建

数据作为新型生产要素，其市场化流通和交易对于激发数据价值、促进数字经济发展具有重要意义。数据产品在构建数据要素市场方面发挥着关键作用。

贵阳大数据交易所是国内首个大数据交易平台，也是数据要素市场构建的先行者。该平台通过标准化的数据产品设计、定价机制和交易流程，实现了数据的规范化交易。例如，平台上线的"企业信用评分"数据产品整合了工商、税务、司法等多个领域的企业信息，为金融机构提供企业信用评估服务。这不仅盘活了政府部门的数据资源，还为中小企业融资提供了有力支持。据统计，截至2023年，贵阳大数据交易所的累计交易额已超过10亿元，推动了数据要素的市场化配置。

截至2024年6月，全国已有80多个数据交易所及数据交易中心。从公开数据看，得益于腾讯等大厂，深圳数据交易所的交易额最大。自2022年11月正式挂牌至2024年6月，该数据交易所的累计交易额为60.1亿元，跨境交易规模达9132万元。

国家发展改革委等部门联合发布的《"数据要素×"三年行动计划（2024—

2026 年)》为数据要素市场的构建提供了政策支持。该行动计划提出要建立健全数据要素市场规则，培育数据要素市场主体，创新数据要素流通模式。这为数据产品在要素市场中的应用和发展提供了有力保障。

数据产品在构建要素市场过程中，不仅促进了数据的价值实现，还推动了数据治理水平的提升和数据安全体系的完善。随着数据要素市场的不断成熟，数据产品将在经济社会发展中发挥更加重要的作用。

### 3. 公共服务优化

数据产品在公共服务领域的应用为社会带来了显著的效益。通过数据驱动的公共服务，政府和公共机构能够更加高效地管理资源和提供服务，提升公共服务的质量和效率。

在智慧城市建设中，华为的智慧城市大脑是优化公共服务的典型案例。该产品通过整合城市交通、环保、应急等多个领域的数据，为城市管理提供全面的决策支持。例如，在深圳市的应用中，智慧城市大脑通过分析实时交通数据和历史拥堵情况，优化了交通信号配时，使得主要路段的通行效率提高了 20%。此外，系统还能根据空气质量数据和气象预报提前发布空气污染预警，为市民的出行和健康管理提供指导。

未来，数据产品在公共服务领域的应用将会更加广泛和深入。智慧医疗、智慧交通、智慧教育等领域将会迎来更多的数据产品应用，推动公共服务的持续优化和社会的全面进步。

# | 第二篇 |

# 数据产品开发

前面我们了解到数据资产政策、数据产品定义和运营框架，本篇将深入探讨数据产品开发。首先，通过“高速动车组模型”具象化地提出价值牵引、场景驱动、合规支撑三大数据产品开发策略：价值牵引是动车组的“操控手柄”，代表数据产品开发以FBUS价值为导向；场景驱动是动车组的“动力引擎”，代表数据产品开发的动力来源于特定用户在特定场景的特定需求；合规支持是动车组的“无砟轨道”，代表数据产品开发必须在合法合规的基础上进行。其次，提出“场景设计、价值设计、构件设计、交付与运营、安全合规设计”数据产品设计五步法，以及“数据原料、模型算法、产品可视化”三个数据产品基础构件。再次，分别描述资源型、服务型、智能化数据产品的开发方法。最后，给出数据产品运营框架，从内部和外部两个视角来构建数据产品增长引擎。

本篇将对数据产品的开发策略、开发方法、运营方法进行全面的阐述，希望能够帮助读者建立对数据产品开发的体系化认识，以在数据要素背景下成功实现从数据资源到数据资本的转化。

4

|第 4 章| CHAPTER

# 数据产品开发策略

本章将重点阐述数据产品“价值牵引、场景驱动、合规支撑”三大策略。为了便于理解，我们特地给出一个高速动车组模型：价值牵引是动车组的“操控手柄”，代表数据产品开发以 FBUS 价值模型为导向；场景驱动是动车组的“动力引擎”，代表数据产品开发的动力来源于特定用户在特定场景的特定需求；合规支撑是动车组的“无砟轨道”，代表数据产品开发必须在合法合规的基础上进行。

价值牵引部分重点说明定义价值的 FBUS 价值模型，以及实现价值牵引的 8 个特征、实施路径。场景驱动部分从企业、行业、领域三个一级分类角度进行概要说明，同时基于 Gartner 商业分析框架和 DIKW 模型定义数据场景需求的几个维度，阐述场景驱动的 5 个策略及 8 个特征。合规支撑部分首先介绍数据产品安全面临的挑战以及应对管理策略，然后描述数据产品合规体系如何搭建，以及在数据产品开发的各个阶段如何实现合规支撑。

## 4.1 数据产品高速动车组模型

数据产品开发是跨学科、跨领域的系统性工程，为此本书给出一个“数据产品高速动车组模型”作为数据产品开发的解决方案（见图 4-1），旨在通过数据的高效整合和应用，推动企业在数字化转型过程中实现创新和增长。该模型借鉴了动车组的高效、协同和灵活性特点，强调数据产品在不同行业中的应用和价值。

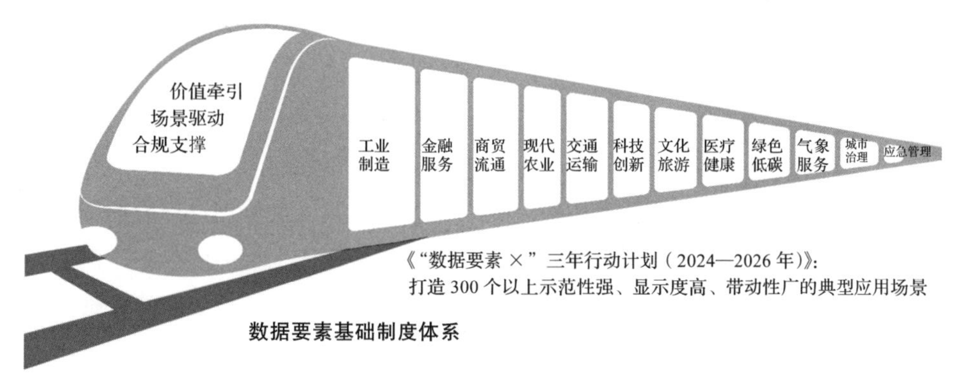


图 4-1　数据产品高速动车组模型

火车头是数据产品开发的核心，包括价值牵引、场景驱动、合规支撑三个组成部分，其底层逻辑建立在于我国对数据要素基础制度体系的探索和实践之上。

价值牵引是动车组的“操控手柄”，代表数据产品开发必须以 FBUS 价值模型为导向，体现在数据产品必须能够为企业带来实际价值，这包括提高效率、降低成本、增加收入等，以确保数据产品能够持续推动企业向前发展。

场景驱动是动车组的“动力引擎”，代表数据产品开发必须基于特定用户在特定应用场景的特定需求或问题，数据产品需要根据不同的应用场景进行开发，以满足特定需求。

合规支撑是动车组的“无砟轨道”，代表数据产品开发必须在合法合规合标的基础上进行；在数据产品的设计和应用过程中，必须严格遵守相关法律法规，确保数据的安全性和隐私保护。

数据产品高速动车组模型的运作机制可以概括为数据产品开发策略、数据产品设计方法、数据产品开发方法、数据产品运营方法等 4 个方面，后续章节将对这 4 个方面逐一展开详细描述。

数据产品高速动车组模型通过“价值牵引、场景驱动、合规支撑”，为企业提供了一个全面、高效的数据要素产品化解决方案。通过在不同企业、不同行业中的应用实例，我们可以看到数据产品在推动企业创新和增长方面的巨大潜力。欢迎广大读者继续探索这一模型，深入了解数据产品如何在数字经济中发挥更为关键的作用。

## 4.2 价值牵引：动车组的“操控手柄”

价值牵引在数据产品开发中扮演核心角色，强调以价值创造为导向，通过深度洞察用户需求和业务目标来设计和开发能够持续产生价值的数据产品。这一理念并不是简单的数据积累和技术实现，而是通过产品的价值引导来推动企业的业务增长、提升用户体验和实现社会效益。

### 4.2.1 什么是价值牵引

价值牵引的核心思想在于，在数据产品的整个开发和运营过程中，始终关注产品所能创造的多维度价值。这不仅涉及技术实现，更重要的是通过数据分析和应用，帮助企业在市场竞争中取得优势，并为用户带来实际的效益。通过将数据的潜在价值转化为现实效益，价值牵引不仅提高了产品的市场接受度，还为企业创造了新的商业机会。

前文介绍过，在 FBUS 价值模型中，价值牵引涉及财务价值、业务价值、用户价值和社会价值等 4 个价值维度。通过这一模型，数据产品不仅能够帮助企业降本增效、增加收入，还可以改善用户体验，并在更广泛的社会层面上推动数字化变革。

以美团外卖的智能定价模型为例，该模型通过价值牵引的策略，提升了外卖业务的运营效率。智能定价模型根据实时的市场情况、用户需求和商家的供给能力进行动态调整。具体来说，它能够分析大量数据，包括历史订单、天气、交通状况、用户习惯等多个维度，进而实时生成最优价格。通过这样的动态定价，不仅商家可以最大化其利润，用户也能够在高峰期享受到更公平的价格。

在此过程中，价值牵引的理念体现在以下几个方面：

- 财务价值：对于美团外卖平台来说，智能定价模型带来的不仅有订单量的增加，还有利润的优化。在市场竞争日益激烈的环境下，平台能够通过智能定价获得竞争优势，创造显著的财务价值。
- 业务价值：智能定价模型通过对大量数据的分析，帮助美团的商家更好地应对市场变化，做出及时有效的定价决策。这个决策过程变得更加智能和自动化，减少了商家对手工决策的依赖，并显著提高了运营效率。
- 用户价值：智能定价模型不仅提升了用户体验，还通过精准的价格策略吸引了更多的用户。在高峰期，用户能享受到基于供需平衡的合理定价，而在非高峰期，用户能享受到价格优惠，这为用户带来了直接的经济效益。
- 社会价值：智能定价模型通过提高外卖行业的整体效率，推动了数字经济在服务行业的深入应用。它优化了社会资源的配置，降低了能源浪费，并提升了整个外卖生态系统的运行效率。

需要注意的是，价值牵引并不意味着忽视技术创新。相反，技术创新往往是实现价值创造的关键手段。在上面的例子中，先进的机器学习算法和大数据处理技术是实现精准推荐的基础。因此，在践行价值牵引的同时，也要持续关注技术发展趋势，将新技术与业务需求有机结合，不断提升产品的技术实力。

价值牵引不仅是一个开发策略，更是一种思维方式。通过将价值放在首位，团队能够更好地理解用户需求，优化产品设计，并在市场中迅速适应变化。这种以价值为导向的开发模式将会对数据产品的成功起到至关重要的作用。

### 4.2.2　价值牵引的 8 个特征

在数据产品开发中，价值牵引是一种核心理念，强调以价值创造为导向，通过深入理解用户需求和业务目标，设计和开发能够持续产生价值的数据产品。价值牵引的 8 个关键特征如图 4-2 所示。这些特征共同构成了价值牵引的核心内涵，为数据产品开发提供了重要指导。

图 4-2　价值牵引的 8 个关键特征

### 1. 多维度价值考量

正如 FBUS 价值模型所展示的，数据产品的价值不局限于单一维度，而是包括账务价值、业务价值、用户价值和社会价值等多个维度。在价值牵引的数据产品开发中，需要全面考虑这些不同维度的价值，并在产品设计中实现多维度价值的平衡和协同。

### 2. 以用户为中心

数据产品的开发应始终以用户为中心，深入了解用户的需求和痛点。通过数据分析和用户反馈，可以不断调整和优化产品功能，确保其真正解决用户的实际问题。

### 3. 价值量化

价值牵引不仅强调价值创造，还强调将价值转化为可衡量的具体指标。这种量化不仅有助于明确产品开发的目标，也为产品效果的评估提供了客观依据。

### 4. 迭代优化

价值牵引认识到价值创造是一个持续的过程，产品需要通过不断的迭代优化来实现价值的最大化。这种迭代优化不仅包括功能的更新和完善，还包括基于用户反馈和数据分析的持续改进。

### 5. 技术与业务融合

价值牵引强调将先进的数据技术与具体的业务需求紧密结合，通过技术创新来实现业务价值的提升。这种融合不是简单的技术应用，而是深度的结合与创新。

### 6. 跨部门协作

由于数据产品的价值创造往往涉及多个业务部门，价值牵引强调建立跨部门的协作机制，确保产品开发能够充分考虑各方需求，实现价值的最大化。

### 7. 敏捷响应

在快速变化的市场环境中，价值创造的机会和方式也在不断变化。价值牵引强调建立能够快速响应这些变化的敏捷开发机制，及时调整产品策略和设计，抓住新的价值创造机会。

### 8. 价值导向的评估体系

价值牵引强调将价值创造作为评估产品和团队绩效的核心指标，而不仅仅关注功能的完成度或技术指标。这种评估体系有助于确保整个开发团队始终聚焦于价值创造。

这 8 个特征共同构成了价值牵引的数据产品开发策略的核心要素，它们相互关联，相互支持，共同指导着数据产品的开发过程。通过践行这些特征，数据产品开发团队能够更好地聚焦于价值创造，开发出真正能够满足用户需求、创造业务价值、支持决策优化、推动社会进步的优秀数据产品。

## 4.2.3 价值牵引的 5 个实施步骤

在实践价值牵引时，开发团队需要建立一套系统的方法论。如图 4-3 所示，这包括价值识别、价值量化、价值实现、价值验证和价值优化等实施步骤。通过这些步骤，团队可以确保产品开发的每个阶段都紧密围绕价值创造这个核心目标。

图 4-3 价值牵引的实施步骤

### 1. 价值识别

价值识别是实施路径的起点，旨在明确数据产品需要创造的具体价值。这个阶段需要深入了解用户需求、业务目标和市场环境。

具体方法如下：

- 市场调研：通过问卷调查、访谈和竞品分析，收集用户需求和市场趋势的数据。例如，美团外卖在推出智能定价模型前进行了广泛的市场调研，了解了商家在定价策略上的痛点和需求。
- 用户访谈：与潜在用户进行面对面的交流，了解他们的具体需求和期望。这种深入的互动可以揭示一些潜在需求，帮助团队更好地设计产品。
- 数据分析：利用现有的用户数据和市场数据分析用户的行为模式和业务痛点。美团外卖通过分析历史订单数据，识别出在不同时间段和天气条件下用户的消费习惯，为智能定价提供了数据支持。
- 跨部门讨论：组织产品、技术、市场等部门的人员进行讨论，汇聚多方意见，确保对价值的理解全面而深入。

### 2. 价值量化

在明确了需要创造的价值后，接下来的步骤是将这些价值转化为可量化的指标，以便后续的评估和优化。

具体方法如下：

- 设定关键绩效指标（KPI）：根据识别出的价值设定相应的 KPI。例如，针对美团外卖的智能定价模型，可以设定订单转化率、用户满意度评分和商家收入增长率等指标。
- 建立基准线：通过分析历史数据或行业标准，为每个 KPI 设定基准线。这将作为后续评估的参考点。
- 开发量化模型：开发量化模型，将不同维度的价值整合成一个综合评分。例如，针对智能定价模型，可以通过计算不同时间段的订单量和收入变化来评估定价策略的有效性。
- 明确测量方法：为每个 KPI 制定具体的测量方法，包括数据来源、计算公式和测量频率，确保在整个产品生命周期中测量方法保持一致。

### 3. 价值实现

价值实现是将量化的价值目标转化为具体的产品特性和功能。在这一阶段，团队需要确保每个设计决策都能直接支持价值创造。

具体方法如下：

- 制定产品愿景：明确产品的核心价值主张，用于指导后续的设计和开发。例如，美团外卖的智能定价模型的愿景是“通过数据驱动的定价策略，帮助商家最大化收益”。
- 功能分解：将价值目标分解为具体的功能需求，确保每个功能都能直接或间接地实现价值。例如，智能定价模型可能需要集成实时数据分析、历史数据挖掘和用户行为预测等功能。
- 用户旅程设计：绘制用户使用产品的完整旅程，确保每个接触点都能体现价值创造。美团外卖在设计智能定价模型时，考虑了商家在使用过程中的每一个环节，确保操作简便、反馈及时。
- 原型开发：创建低保真或高保真的原型，进行用户测试和反馈收集，以验证设计理念的有效性。

### 4. 价值验证

在产品开发的各个阶段，持续验证产品是否能够实现预期的价值是至关重要的。这一过程可以通过多种方法进行。

具体方法如下：

- 用户测试：邀请目标用户参与产品测试，收集反馈。美团外卖在智能定价模型上线前进行了 Beta 测试，邀请部分商家试用并提供反馈。
- A/B 测试：对关键功能或设计元素进行 A/B 测试，以比较不同方案的效果。例如，美团外卖可以同时推出两种不同的定价策略，观察哪种策略带来的订单转化率更高。
- 数据分析：利用产品的使用数据分析用户行为和反馈，评估产品的实际效果。美团外卖通过分析用户的下单行为，判断智能定价模型的有效性。
- 商业指标评估：跟踪与产品相关的商业指标，如销售额、客户获取成本和用户留存率，评估产品是否实现了预期的业务价值。

### 5. 价值优化

价值优化是基于验证结果不断调整和完善产品设计，以实现价值的最大化。

这是一个持续的过程，需要团队保持敏锐的市场洞察力和快速响应能力。

具体方法如下：

- 分析验证结果：深入分析收集的数据和反馈，识别产品在价值实现方面的优势和不足。美团外卖会定期对智能定价模型的效果进行复盘，找出需要改进的地方。
- 确定优化重点：根据分析结果确定需要优先优化的领域。可以使用价值－努力矩阵来评估不同优化方案的投入产出比。
- 制定优化方案：针对每个优化重点制定具体的改进方案。这可能包括调整定价算法、优化用户界面或改善用户体验。
- 快速迭代：采用敏捷开发方法快速实施优化方案并验证效果。通过短周期的迭代不断调整和完善产品。
- 监控关键指标：建立实时监控系统，持续跟踪关键价值指标的变化，及时发现异常并做出响应。

通过以上 5 个步骤的循环迭代，数据产品开发团队能够不断提升产品的价值创造能力，确保产品始终保持市场竞争力。价值牵引的实施路径不是一个线性的过程，而是一个持续的循环。每一次的价值验证和优化都可能带来新的价值识别，从而启动新一轮的价值实现过程。

在实践中，这个过程可能会因产品类型、市场环境和用户需求的不同而有所调整。但无论如何，始终围绕价值创造这个核心目标，通过系统化的方法来识别、量化、实现、验证和优化价值，才能确保数据产品真正满足用户需求，创造业务价值，并在竞争激烈的市场中脱颖而出。

### 4.2.4 价值牵引的 4 个管理策略

一个企业在数据产品开发过程中，建立价值牵引的整体思维，需要通过系统化的管理策略来落实和推进。如图 4-4 所示，管理策略的核心在于明确价值评价体系，建立全面的价值管理流程，协调不同部门共同参与，从而在项目的不同阶段进行有效的价值评估和优化。

#### 1. 明确价值评价体系

建立一个清晰、全面的价值评价体系是实施价值牵引的基础。这个体系可参考 FBUS 价值模型中的决策价值、业务价值、用户价值和社会价值 4 个维度，并根据企业的具体情况进行细化和量化。

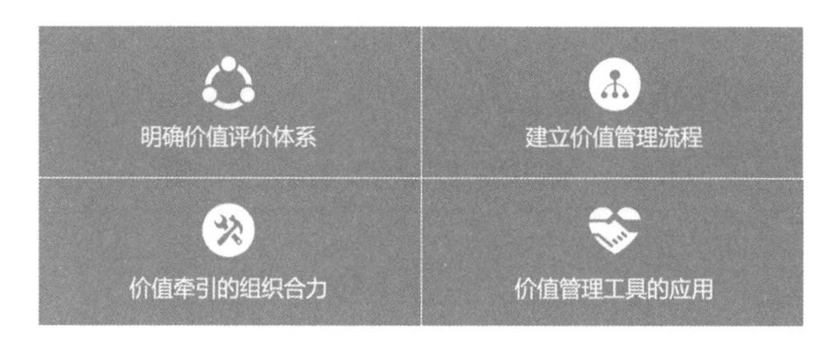


图 4-4　价值牵引的 4 个管理策略

具体实施方法如下：

1）构建多维度指标体系：比如基于 FBUS 价值模型，为每个维度设置具体的评价指标。例如：对于财务价值，可以设置营收增长率、成本节约率等指标；对于业务价值，可以设置用户规模、用户签约率等指标；对于用户价值，可以设置用户满意度、用户留存率等指标；对于社会价值，可以设置资源节约率、环境影响指数等指标。

2）指标权重设置：根据企业战略和产品特性，为不同维度和指标设置合理的权重。这可以通过德尔菲法或层次分析法等方法来确定。

3）指标量化方法：为每个指标制定具体的量化方法和计算公式。例如，营收增长率可以通过比较使用数据产品前后的营收数据来计算，客户满意度可以通过问卷调查或 NPS（净推荐值）来量化。

4）建立评分标准：为每个指标设置评分标准，可以采用百分制或等级制。例如，可以将收入增长率分为 5 个等级：优秀（20% 以上）、良好（10%～20%）、一般（5%～10%）、较差（0～5%）、不及格（负增长）。

5）动态调整机制：建立定期复盘机制，根据市场变化和企业发展情况适时调整评价体系。可以每季度或每半年进行一次全面复盘。

需要说明的是，价值评价体系不一定要大而全，而要参考企业自身情况有选择性地选取和企业战略相符合且能量化的维度。因为价值评价体系是需要执行的，不能执行的价值评价体系即使发布了，最后也会不了了之，停留在企业的制度文件中。

例如，表 4-1 所示为某公司数据产品价值评价体系，这个体系主要包括降本增效、业务增长、数据决策率和用户满意度 4 个一级指标，其中降本增效和业务增长作为最重要的指标进行量化。这个体系还明确了分析方法、指标说明、价值评价计算公式、数据来源等内容，为后续价值实施提供了非常好的管理依据。

**表 4-1　某公司数据产品价值评价体系**

| 一级指标 | 分析方法 | 指标说明 | 价值评价计算公式 | 数据来源 | 备注 |
| --- | --- | --- | --- | --- | --- |
| 降本增效 | 投产前后对比分析 | 专项成本指标：<br>系统投产前后硬件设备的投入成本减少金额 | 专项成本节约金额＝系统投产前某硬件或专项费用金额－系统投产后某硬件或专项费用金额 | 涉及采购等专项财务数据，以财务部提供数据为准 | 重点指标 |
| | | 人力成本指标：<br>系统投产前后涉及的岗位人力成本节约金额 | 人力成本节约金额＝系统投产前的人力成本－系统投产后的人力成本 | 业务部门提供系统使用的岗位、人数、实际人员投入精力占比 | |
| | | 人力效率（人效）指标：<br>系统所对应的岗位，在系统交付前后完成业务指标的效率情况 | 人力效率指标＝（投产后业务数据 / 投产后岗位人数）/（投产前业务数据 / 投产前岗位人数） | 业务部门提供系统所对应真实业务量数据、投产前后人数详情<br>财务部确认业务部门提供的系统对应业务量完成的财务数据<br>人力资源管理中心确认系统投产前后岗位人数 | |
| 业务增长 | | 业务营收指标：<br>通过数字化产品或服务外拓市场所产生的营收 | Σ 数字化产品拓展市场签单金额 | 营收数据以财务部提供数据为准 | |
| 数据决策率 | 数据洞察 | 基于数据分析做出的决策数 / 总决策数 ×100% | 与立项时设置的目标对比，按照项目阶段进行定期定量分析，跟踪数据决策率实现情况 | 业务部门提报量化数据 | 参考指标 |
| 用户满意度 | 满意度分析 | （系统实施后用户满意度－系统实施前用户满意度）/ 系统实施前用户满意度 ×100% | 评价交付后的用户满意度增长率与立项的目标对比 | 业务部门或数据管理部对项目或产品用户发放调研问卷 | |

### 2. 建立价值管理流程

价值管理流程是确保价值牵引理念在整个数据产品生命周期中得到贯彻的关键。如图 4-5 所示，价值管理流程包括价值前评、价值后评和价值检查，应涵盖从产品立项到上线后评估的全过程，并且需要多个部门的协同参与。

图 4-5　价值管理流程

#### （1）价值前评

价值前评建立在数据产品立项阶段。在这一阶段，企业需要对项目的技术和经济可行性进行全面评估，包括业务贡献、降本增效、创新贡献等效益分析，以及研发方式和技术选型。建立价值量表并设定 ROI（投资回报率）门槛。

- 技术可行性：评估项目的技术可行性，确保项目的技术方案具备可行性和创新性。
- 经济可行性：评估项目的经济可行性，确保项目具备良好的 ROI 和经济效益。
- 效益分析：对项目的业务贡献、降本增效和创新贡献等效益进行全面分析，确保项目能够为企业带来实际价值。
- 建立价值量表：根据前面建立的价值评价体系，为项目设定具体的价值目标和预期。
- 设定 ROI 门槛：设定 ROI 最低标准，例如 ROI 必须大于或等于 1，低于此标准的项目可不予立项通过。

#### （2）价值后评

价值后评是数据产品上线后的考核阶段。在这一阶段，企业需要依据价值前评的结果对项目的价值达成度进行全面考核。考核结果可纳入立项依据或者年度考核体系中，作为项目管理和绩效评估的重要依据。

- 达成度评估：依据价值前评设定的价值目标，对项目的价值达成度进行全面考核，确保项目在实际应用中实现预期的价值目标。

- 评价应用：将考核结果纳入立项依据或者年度考核体系中，对项目管理和绩效评估进行全面管理，确保项目在各个环节都能够实现预期的价值目标。

（3）价值检查

价值检查是不定期进行的数据产品价值综合评估。在这一阶段，企业需要根据价值评价体系，着重检查降本增效和业务增长等能量化的指标，并结合项目实际实施数据进行量化分析和评价。

- 综合评估：不定期对数据产品的各项价值指标进行综合评估，确保项目在各个环节都能够实现预期的价值目标。
- 量化分析：结合项目实际实施数据，对各项价值指标进行量化分析和评价，确保评估结果的科学性和准确性。
- 自评与复核：由各数据产品业务负责部门进行自评，数据管理组织等部门进行复核，最终形成价值检查报告，确保评估过程的透明性和公正性。

### 3. 价值牵引的组织合力

价值管理流程的有效实施需要不同部门的协同合作。通过建立完善的协同机制，企业可以在项目的不同阶段进行有效的价值评估和优化。

- 数据管理部：负责数据产品的技术管理和数据处理，确保项目在技术层面具备可行性和创新性。
- 人力资源管理部：负责项目的人力资源管理，确保项目具备充足的人力资源和技术支持。
- 财务部：负责项目的经济管理和效益分析，确保项目具备良好的 ROI 和经济效益。
- 内控部：负责项目的风险管理和内部控制，确保项目在各个环节具备良好的风险控制和管理机制。

通过不同部门的协同合作，企业可以在项目的不同阶段进行有效的价值评估和优化，确保项目在各个环节都能够实现预期的价值目标。

### 4. 价值管理工具的应用

应用价值管理工具是确保价值管理流程有效实施的重要手段。通过应用合适的管理工具，企业可以对数据产品的各项价值指标进行全面评估和优化。

- 项目管理工具：通过应用项目管理工具，对项目的各个环节进行全面管理和控制，确保项目在各个环节都能够实现预期的价值目标。
- 数据分析工具：通过应用数据分析工具，对项目的各项价值指标进行量化分析和评价，确保评估结果的科学性和准确性。
- 绩效管理工具：通过应用绩效管理工具，对项目的绩效进行全面管理和评估，确保项目在各个环节都能够实现预期的价值目标。

通过以上这些管理策略，企业可以将价值牵引的理念真正落实到数据产品开发的各个环节中。这不仅能够提高数据产品的质量和价值，还能够培养全体员工的价值创造意识，从而推动整个组织向价值驱动型转变。

在实施过程中，需要注意策略之间的协同和平衡，确保各项策略能够形成合力，共同推动价值牵引理念的落地和深化。同时，也要根据企业的实际情况和发展阶段对这些策略进行适当的调整和优化，以确保其持续有效性。

## 4.3 场景驱动：动车组的“动力引擎”

上海数据交易所在数据流通交易环节的创新方面，提出“不合规不挂牌，无场景不交易”的基本原则，可见场景在数据资源流通交易、数据产品价值创造、数据资产保值增值等方面具有非常重要的地位，更是数据产品化的核心驱动力。

2023 年 12 月 31 日，国家数据局等 17 部门联合印发《“数据要素×”三年行动计划（2024—2026 年）》，其核心目标是充分发挥数据要素乘数效应，其核心抓手是以工业制造、现代农业、商贸流通等 12 行业和领域为核心，打造 300 个以上的示范性强、显示度高、带动性广的数据产品典型应用场景。

### 4.3.1 数据产品的应用场景分类

在场景驱动下的数据产品是浩如烟海的，这正是数据要素乘数效应的作用所在，然而要对数据产品的场景进行分类，却有诸多的挑战和困难。

第一，多维性挑战。数据产品来源于数据原材料，而数据往往来源于多个业务域或多个系统，甚至涉及多种快速变化的技术特性。例如一个用于预测性维护的数据产品，它既是制造业的行业数据产品，又涉及预测性分析的技术特性。这种多维度的交叉使得单一的分类体系难以覆盖所有的场景。

第二，多样性挑战。不同行业、不同企业、不同部门对数据产品的场景需求差异很大，有些数据产品提供标准化的服务，有些数据产品必须为场景进行个性化定制。另外，随着大数据和数据科学技术的发展，数据产品之间的边界是模糊的，数据交互和融合计算的方式、数据产品的用户交互方式等都是多种多样的。

第三，颗粒度挑战。数据产品使用场景的颗粒度也非常复杂。

因此，对数据产品场景进行分类时，如何既能突破上述挑战，又能适应不断变化的技术和业务环境变得十分重要。

我们前后思考过很多种分类方式，例如：

- 按业务功能分类，可分为营销类场景、财务类场景、运营类场景、风控类场景等；
- 按照数据处理流程分类，可分为数据采集场景、数据存储场景、数据管理场景、数据分析场景、数据可视化场景等；
- 按照用户类型分类，可分为内部用户场景、外部用户场景等。

结论是数据产品场景的分类维度越细，越容易迷失在如何分类中。最后，我们将数据产品的场景的分类视角确定在企业级、行业级、领域级这三个一级场景分类维度上（见图 4-6）。

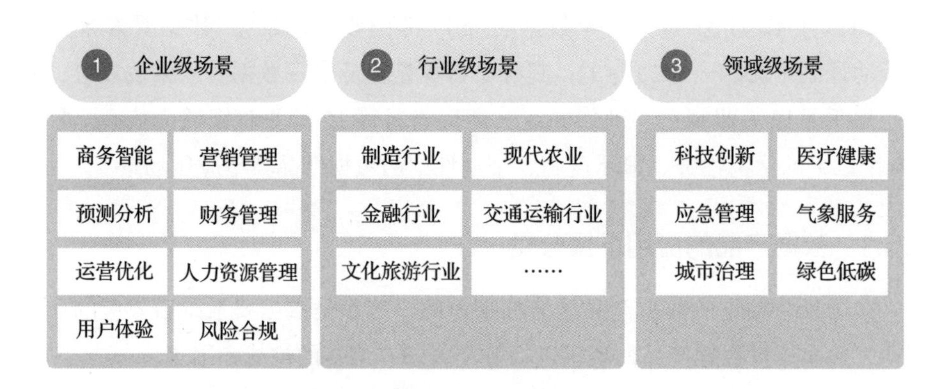


图 4-6 数据产品场景一级分类

### 1. 企业级场景

在企业信息化和数字化的大背景下，数据产品在企业级场景的应用已经有很多年，尤其在一些大型企业或者综合性集团企业，数据产品可以帮助企业解决复杂的经营分析等问题，提高效率，辅助决策，提升洞察力以推动业务增长。一些典型的场景举例如下。

#### （1）商务智能场景

通过实时仪表盘和报告提供实时数据可视化，帮助管理层实时监控和洞察关键业务指标，以做到"先知、先决、先行"；通过自助分析工具帮助业务人员自行探索和挖掘数据。

#### （2）营销管理场景

通过数据分析来细分市场和用户，以实现更精准的营销和服务；通过用户数据平台，理解用户的购买模式、偏好和行为，帮助企业实现用户画像和个性化精准营销，以及更加精准的销售预测等。

#### （3）预测分析场景

基于历史数据和市场趋势来对销售进行预测；通过行业数据分析和洞察来预测产品和服务的未来需求，以支持生产计划和库存管理。

#### （4）财务管理场景

通过跟踪和分析财务数据进行预算的动态分配，预测企业的现金流动，以便更好地管理企业财务风险；进行实时的成本分析和收入预测，并实现财务报告自动化。

#### （5）运营优化场景

例如产销协同、以销定产、库存优化等数据驱动供应链运营场景，以及生产调度、生产过程优化场景（通过数据分析改善生产排程，提升生产效率和产品品质）。如果能够采集到生产线上的设备数据，还可以对生产设施实现预测性维护，以减少设备故障和维护成本。

#### （6）人力资源管理场景

通过人才分析优化招聘、人岗匹配、绩效评估、人才培训和发展等策略；通过数据分析来管理员工的薪酬和服务计划，确保行业竞争力和公平性。

（7）用户体验场景

通过用户行为分析来优化产品设计和用户体验；通过整合线上和线下多渠道的服务数据，提供无缝的用户服务体验。

（8）风险合规场景

例如金融机构对客户的信用风险评估，企业对自身的经营活动是否合规进行监控和分析预警。

2. 行业级场景

行业级数据产品专注于特定行业的分析和服务，包括人工智能领域的行业大模型服务等。这些产品通常需要融合行业级数据资源和公共数据资源，特别突出行业特性的需求，既要满足行业整体分析的需要，又要满足行业内企业的独特需求。不同行业的数据产品的典型应用场景举例如下。

（1）制造行业场景

数据产品在制造行业的应用场景非常广泛，可以显著提升生产效率、产品质量、设备维护和供应链管理方面的数字化能力。例如设备故障预警、设备健康监测等预测性维护场景，生产线通过视觉系统和机器学习算法来自动化识别生产缺陷、优化生产过程等质量控制场景，需求预测、库存管理等供应链优化场景，能耗分析等生产优化场景，排放监测和废物处理、工作场所事故预防等安全合规场景，产品使用数据分析、产品跟踪和溯源等产品管理场景，通过连接设备和系统数据收集实现更高级的自动化等工业互联网场景。

（2）现代农业场景

现代农业正在通过数据产品应用推进数字化转型进程，以优化资源利用，确保作物健康，持续增加农业可持续性。例如：利用历史产量数据、天气情况和作物生长模型来预测未来的作物产量等场景；基于数据产品实现作物生长模型建模，基于对土壤和气候数据分析来规划种植时间，以及通过分析土壤成分、湿度、养分水平等来指导精准种植的场景；根据天气预报数据和土壤湿度数据，通过分析作物需水量等实现智能灌溉场景；通过历史病虫害数据、天气数据、作物生长信息等预测病虫害暴发可能性，以及优化防治措施等病虫害管理场景；利用卫星成像数据和无人机监测数据来监控土地利用和作物生长状况等场景；通过饲料管理数据和畜群健康监测数据实现养殖降本增效场景；利用数据产品实现食品安全追溯等场景；通过水资源、能源、化肥等使用效率数据，推动环境保护和可持续性的农业发展场景。

（3）金融行业场景

金融行业是数据产品应用最为广泛和成熟的领域之一，尤其在金融风控领域的应用，例如利用个人或企业的历史信用记录、交易数据等来评估贷款风险，或是通过模式识别和异常检测技术来识别欺诈行为等。笔者之前在某综合金融集团工作时开发过对市场变动情况进行实时监控，以评估投资组合、降低市场风险的数据产品。基于客户数据平台的客户经营场景，例如精准营销、产品推荐，根据客户行为、偏好和财务状况进行客户细分，客户流失原因分析和预测，交叉营销推荐等。合规场景，例如反洗钱监测等。金融行业场景通过数据产品能够更好地理解和服务客户，同时提高运营效率，降低管理风险，确保遵守相关法规。

（4）交通运输行业场景

数据产品在交通运输行业场景的应用有助于提高运输效率、增强安全性、降低成本以及提升乘客体验。例如：利用交通摄像头和传感器实时监控道路情况，实现交通流量管理和监测的场景，通过历史和实时数据预测拥堵并提供规避方案；对公共交通或货运车辆进行实时调度，优化运营效率；为货运和乘客运输计算最短或最经济的路径；分析交通事故数据，识别高风险区域并采取预防措施；使用车载传感器监控驾驶行为，预防事故发生；通过分析和监测车辆状态和燃油使用等数据，实现车辆维护预测场景和燃油效率提高场景等。交通数据产品通过这些应用场景帮助政府机构更有效地规划、监控和管理交通流，同时提高安全性，降低成本，并提升乘客的旅行体验。随着物联网、人工智能和大数据技术的进一步发展，交通数据产品的应用将更加深入和普及。

（5）文化旅游行业场景

文化旅游行业的数据产品应用旨在提高游客体验、优化业务运营、增强营销效果以及支持决策制定。例如：基于游客的历史行为、偏好和社交媒体活动，提供个性化的旅游目的地、活动和路线图；分析景点的访客流量，预测高峰时段以优化资源分配和管理；分析游客的消费模式和偏好，以便提供更加精准的服务和产品；分析游客在景区内的移动路径，优化指示标识和布局；基于市场需求和趋势分析，开发符合游客需求的新旅游产品和服务；分析和评估旅游目的地的安全风险，例如自然灾害、政治动荡等。文化旅游行业的数据产品将大幅提升游客体验和业务效率。

### 3. 领域级场景

领域级数据产品是指专注于特定业务领域或功能的数据解决方案，它跨越了企业或行业的范畴，通常是为了满足特定领域内的特定需求而设计。这些产品往往深入挖掘某一领域的数据，提供高度专业化的服务。以下是一些领域级数据产品的典型应用场景。

#### （1）科技创新场景

《中国数据要素市场发展报告（2021—2022）》中表1的数据显示，在2021年数据要素的投入产出弹性估算中，“科学研究和技术服务”领域的投入产出弹性为1.5699，整体排名第二，仅次于“信息传输、软件和信息技术服务”。数据产品在科技创新领域的典型应用场景众多，例如：在基础科学研究方向，基于高性能计算能力和数据产品，整合各类高质量科学数据资源，能够很好地支持科学家进行跨学科、跨领域的科学研究；在药物研发方向，数据产品可以帮助科研人员分析化合物数据库、临床试验数据，通过机器学习模型预测药物反应；在新材料开发方向，通过分析材料属性数据、实验结果来辅助材料设计和性能优化；在人工智能研究方向，需要通过大规模的优质标注数据集来训练AI模型等。

#### （2）医疗健康场景

数据产品在医疗健康领域的应用非常广泛和深入，例如：在电子健康档案方向，数据产品可以用于收集和存储患者的医疗信息，包括病史、检查结果、治疗记录等；在临床决策支持方向，数据产品可以辅助医生进行诊断和治疗决策，能够大幅提升临床决策的准确性和可靠性；在公共卫生监测方向，通过大规模数据处理和分析，数据产品能够跟踪和分析疾病暴发以及流行病学趋势，以支持疾病预防和防控策略的制定；在个性化医疗方向，通过对患者的遗传信息和其他健康数据的分析，可以为其提供定制化的治疗方案；在医疗成本分析方向，数据产品能够帮助医疗机构优化资源配置，降低成本，提高医疗服务质量。

#### （3）应急管理场景

应急管理领域的数据产品专注于提高对自然灾害、事故和其他紧急情况的应对效率和响应效果。例如灾害风险评估与管理，在灾害发生前，利用历史数据和实时监测数据评估潜在风险，可以提前预警并制订相应的预防措施和应急准备计划；在灾害发生时，通过实时数据集成以及灾害现场的实时图像和视频处理，能够快速响应并协调包括救援队伍、物资、设备等救援资源的动态分配和管理；在灾害过后，基于相关数据分析和模型，可以快速评估灾害造成的损失，制订恢复和重建计划。另外在应急管理中，通过跨部门的数据整合平台，可以实现不同政府部门和机构之间的信息整合与协作。

**（4）气象服务场景**

气象服务领域的数据产品对于各行各业都至关重要，因为它们能够提供关于天气和气候的信息，帮助决策者和公众做出更明智的决策。

农业是受天气影响最大的行业之一，在农业气象服务方向，气象数据产品可以提供作物生长季节的天气预报、降水量预测、干旱监测等，帮助农民合理安排农事活动；在交通气象服务方向，交通安全和效率受天气条件影响显著，气象数据产品可以提供路况天气预警、能见度监测，在恶劣天气条件下给出行车安全建议等；在能源气象服务方向，可以辅助能源生产和分配，特别是风能和太阳能，高度依赖天气条件，气象数据产品可以提供风速、太阳辐射量预测，优化能源生产和电网调度；在旅游气象服务方向，气象数据产品可以提供旅游目的地的天气预报、极端天气预警、最佳旅游时间推荐等；在保险气象服务方向，气象数据产品可以提供灾害性天气事件的风险评估，支持保险产品设计；在环境监测与保护方向，气象数据产品可以提供空气质量指数预测、气候变化趋势分析等；在公共安全与健康方向，气象数据产品可以提供热浪、寒潮、暴雨等极端天气预警信息。

这些场景说明了气象服务领域数据产品的多样化应用，它们通过提供数据支持、智能分析和决策辅助，帮助各行各业提高效率、降低风险并做出更好的决策。随着技术的进步，气象数据产品将在更多领域发挥关键作用。

**（5）城市治理场景**

城市治理领域的数据产品是现代城市管理的关键工具，它们通过整合和分析大量数据来优化决策过程、提高运营效率和提高居民的生活质量。例如：在智能交通管理方向，通过分析实时交通数据优化交通流量、提供路线规划建议、减少拥堵和提高道路安全；在公共安全监控方向，通过视频监控、犯罪数据分析和紧急响应平台来提高城市安全性；在环境监测与保护方向，可以通过数据产品跟踪空气质量、水质、噪音水平等，以确保城市环境的可持续性；在城市规划与发展方向，可以使用地理信息系统（GIS）和其他空间数据分析工具来指导城市发展和土地利用规划；在城市经济分析方向，有一些地方政府通过城市经济分析系统来分析经济数据，指导城市经济发展策略和招商引资。

（6）绿色低碳场景

绿色低碳领域的数据产品是支持可持续发展、应对气候变化和促进环境友好型经济增长的关键工具。例如能源消耗监测与管理、碳足迹分析，适用数据产品对规划项目或在建项目进行环境影响评估，推出绿色金融服务等。

### 4.3.2 数据产品的需求分析框架

随着数字经济和数据要素的快速发展，企业对数据产品的需求会呈现爆发式增长，有些体现在对数据资源本身的需求上，有些体现在对数据加工后形成的模型或系统的需求上。对企业级数据产品的需求，我们将通过两个分析框架进行描述。

#### 1. Gartner 商业数据分析框架

商业数据分析就是要洞察数据背后的规律，用以辅助决策和采取相应的行动。早在 2013 年咨询公司 Gartner 就提出一套商业数据分析框架，我们基于这个框架（见图 4-7），可以将场景驱动的数据产品需求分析分为 4 个层次。

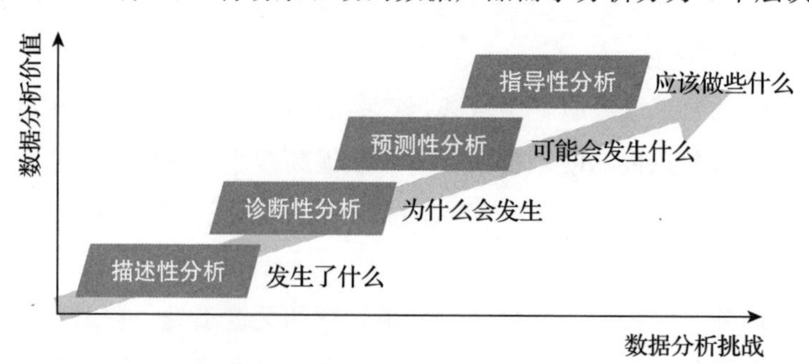


图 4-7　Gartner 商业数据分析框架

### （1）描述性分析需求

描述性分析是数据分析的基础，其主要目的是总结和描述数据，说明“发生了什么”。在企业级场景、行业和领域级场景，描述性分析的需求都是最为普遍的。例如，在企业级场景，营销部门需要了解消费者的偏好、购买习惯、市场趋势以及销售量、退货率等关键指标，财务部门需要了解三大报表以及收支结构、财务健康状况等数据，运营部门需要了解生产线效率、库存水平、物流配送效率等，人力资源部门需要了解员工结构、员工流通情况、招聘效率等数据。在行业和领域级场景，公共卫生部门需要了解健康疾病流行情况、医疗资源分布情况等，环境监测部门需要监测环境质量、资源消耗和废物产生量等数据。

那么，如何应对描述性分析需求？

1）基于业务场景理清问题和分析目标。例如哪些数据（如销售额同环比数据及其变化趋势等）能够描述当前的业务以及业务变化趋势，并将其提炼成相应的指标。随着市场和业务的不断发展变化，分析思路和指标也会不断迭代和调整。

2）收集数据。明确要分析的数据和指标以后，就需要明确收集哪些数据和在哪里收集了。

3）明确分析方法。常见的分析方法中，描述数据位置的有最大值、最小值、均值、中位数、分位数等，描述数据分布的有偏差、方差、标准差、茎叶图、直方图、箱形图、密度图等，描述数据趋势的有同比、环比、趋势图、条形图等，描述数据聚合的有排序、筛选、计数、重复项、分组、求和、比例、条形图、饼图等。

### （2）诊断性分析需求

诊断性分析是针对数据问题进行深入分析的过程，其主要目的是发现异常值和异常情况，说明“为什么会发生”。例如：企业通过诊断性分析来识别销售数据中的异常波动，如销售趋势的异常、客户反馈和市场变化的关联分析；通过分析客户行为数据，识别导致客户流失或不满的特定原因；延迟交付或库存积压等供应链问题诊断，产品缺陷率上升的原因追溯和分析；基于财务数据辅助发现异常交易、欺诈行为或合规性问题等；通过 IT 系统日志和网络安全数据分析，识别系统故障、安全漏洞或入侵行为。

如何应对诊断性分析需求？

1）寻找相关特征。要知道一个结果为什么会发生，首先要了解与这个结果相关的可能性因素有哪些，尤其对关键业务场景要有一定程度的理解。例如与“房地产去化”可能相关的特征：宏观经济特征包括整体经济增长情况、人均收入水平、就业率、信贷政策等；政策法规特征包括购房限制政策、税收政策、限价限售政策等；市场环境特征包括房价水平、供需关系、房地产周期、竞争情况等；楼盘本身特征包括地理位置、交通状况、配套设施、建筑质量、品牌效应等；社会人口特征包括人口结构、人口流动、文化习惯等；投资市场特征包括投资者情绪、替代投资渠道、资金成本等。

2）进行相关性分析。找到与结果可能相关的特征后，就要验证这些特征与结果的相关性。在验证的过程中有定性分析和定量分析等方法。

在定性分析过程中，如果只是分析一个特征与结果的相关性，可以通过二维散点图进行分析，以初步判断是正相关、负相关还是无关。如果具有相关性，还要进一步判断是线性相关还是非线性相关。而在实际相关性分析过程中，多数情况是要验证多个特征与结果的相关性，这时就需要通过矩阵散点图进行分析，其本质是将每个特征与结果分别作二维散点图，分析其中的相关性。定性分析往往仅能描述特征与结果的大致关系，要对其进行精确描述，我们就要进行定量分析。

定量分析是将基于定性分析确定的相关特征进行更为精确的判断。从降低计算复杂度的角度考虑，第一步是选择最重要和最相关的特征放到模型中去验证，常用的方法有相关系数和互信息系数等，当然有一些模型本身在训练过程中就会对特征进行排序，例如逻辑回归、随机森林、决策树等。第二步是选择模型：如果结果为连续值，则可以用回归模型，包括一元线性回归、多元线性回归、非线性回归，常用的回归算法有最小二乘法、GBRT、支持向量机（SVM）、神经网络等；如果结果为分散值，则可以使用分类模型，常用的算法有决策树、随机森林、逻辑回归、朴素贝叶斯等。第三步是监督学习，回归模型和分类模型都是机器学习中的监督学习模型。

**（3）预测性分析需求**

预测性分析是根据过去的数据来预测未来的趋势或结果，说明“可能会发生什么”。预测性分析的数据产品需求广泛，覆盖企业、行业和领域等多维度场景。例如：很多企业热衷于利用历史销售数据来预测未来的市场需求，从而优化库存管理和产品开发；金融行业也想基于历史交易数据以及相关数据来预测股票价格、汇率波动等，为投资决策提供依据；还有生产企业基于供应链数据来预测合理库存，能源企业通过分析历史消耗数据来预测能源需求，医疗机构利用医疗记录和患者数据来预测疾病流行趋势等。

如何应对预测性分析需求？

在满足预测性分析需求时，我们通常会使用一些预测模型，例如回归分析、聚类分析、时间序列分析、因果分析等。实施预测模型的大致过程如下：第一步，收集足够多的历史数据作为训练集；第二步，对数据进行预处理，包括数据清洗、缺失值处理、异常值检测和处理等；第三步，通过特征工程从原始数据中提取或构造新的特征，以提高模型的性能；第四步，基于场景和问题选择合适的预测模型，进行模型训练和评估，以及根据模型在测试集上的表现进行参数调优；第五步，通过交叉验证等方法验证模型的稳定性和泛化能力，以实现预测性分析的目标。在这个过程中，要重点关注均方误差（MSE）、均方根误差（RMSE）、准确率（Accuracy）、召回率（Recall）等评估指标。

**（4）指导性分析需求**

指导性分析是帮助决策者做出决策的过程，是数据分析的高级形式。它不仅帮助决策者理解发生了什么（描述性分析）、为什么会发生（诊断性分析）以及可能会发生什么（预测性分析），还提供明确的行动建议，告诉决策者在特定情况下“应该做些什么”。例如：在制造业、物流、能源等领域，决策者需要借助数据分析确定如何最优地分配有限的资源；在金融领域，金融机构需要通过风险评估模型来进行风险管理，指导对应的行动策略等。这样的辅助决策场景非常丰富。

如何应对指导性分析需求？

指导性分析是以描述性分析、诊断性分析、预测性分析为前提的。通常在诊断性分析和预测性分析之后，就可以给出行动建议。例如某企业在通过银行风控模型分析以后，即可以确定是否会得到授信以及授信金额范围。

在智能制造领域，仿真系统已成为重要工具。它首先通过仿真软件构建起整个生产线或工厂的模型，这个模型涵盖机器设备、物流系统、工人操作流程等各个方面；然后根据实际生产情况设定相关参数，进行模拟运行，并基于仿真结果指导优化整个方案设计。

在数学和工程学中有一个“最优化”的概念，即尝试找到做某事最好的方法，这个概念也经常用于指导性分析。在商业中常用的最优化方法有：线性规划（Linear Programming，LP）、整数规划（Integer Programming，IP）、混合整数规划（Mixed Integer Programming，MIP）、非线性规划（Non-linear Programming）、动态规划（Dynamic Programming，DP）、随机规划（Stochastic Programming）、启发式方法（Heuristics）、进化算法（Evolutionary Algorithms）、多目标优化（Multi-objective Optimization）等。

### 2. DIKW 数据产品需求管理框架

在前文中，我们提出了数据产品可以基于DIKW模型的层次结构进行分类，当我们对数据产品的需求场景进行归类时，也可以参考这个模型来进行需求管理（如图4-8）。

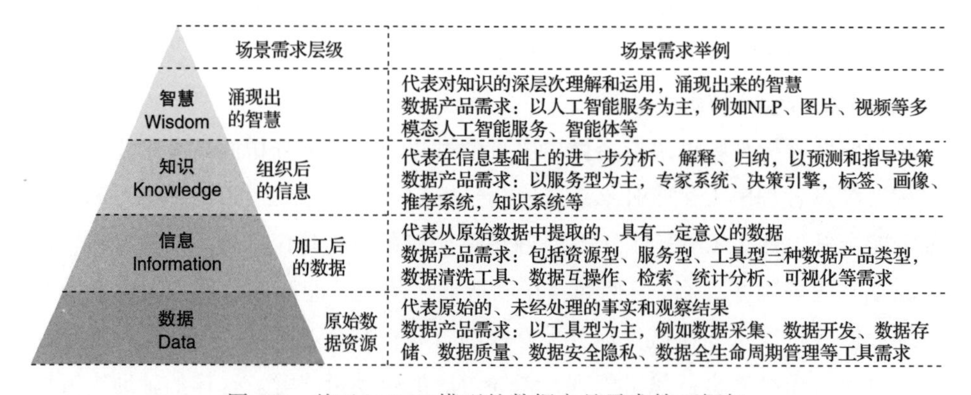


图4-8 基于DIKW模型的数据产品需求管理框架

#### （1）数据层次的需求

“数据”是DIKW模型的基础，代表原始的、未经处理的事实和观察结果。在这个层次的数据产品需求更多是在工具维度。例如，企业需要从内部和外部各种来源收集数据，包括传感器数据、交易记录、社交媒体、在线行为日志等，那么会有以下工具需求：首先就需要数据采集和管理的工具；其次是高性能、高可用、可扩展的数据存储方案；再次是数据质量检测和纠正的工具、数据合规性工具、数据治理工具以及背后的框架和体系建设；然后是数据安全和隐私保护的工具，比如数据加解密技术、访问控制和身份验证技术、隐私计算技术等；最后就是数据目录和元数据管理平台、数据生命周期管理工具，以及一些报表和 BI 等数据可视化工具。

（2）信息层次的需求

在 DIKW 模型中，“信息”是从原始数据中提炼出的内容，它对信息消费者是具有意义的。这个层次的数据产品包括工具型、资源型和服务型三种类型。从工具型数据产品角度讲，数据清洗工具可以去除数据噪声，数据标准化和规范化工具可以确保数据的一致性提升数据质量，数据分类和标签工具能力帮助用户理解和检索数据；数据集成与互操作性平台，数据可视化、统计分析、关联分析的工具，信息检索系统都属于这一层次的工具型需求。从资源型和服务型数据产品角度讲，数据报告和数据摘要服务能够从大数据中提取关键信息；数据共享和信息分发服务能够从“人找数”进化到“数找人”；实时的信息监控和预警服务等也属于这一层次的需求。

（3）知识层次的需求

在 DIKW 模型中，“知识”是在“信息”的基础上，通过进一步的分析、解释和归纳形成的，它具有指导行动的能力。这个层次的数据产品需求有，用于获取、存储、应用、分享组织内显性知识和隐性知识的知识管理系统（KMS），基于规则推理引擎的模仿人类决策能力的专家系统，基于数据分析、可视化工具、预测模型等构建的决策支持系统（DSS），知识发现和创新、知识整合、知识验证、知识推荐、知识保护等工具。

（4）智慧层次的需求

“智慧”位于 DIKW 模型的顶端，代表着对知识深层次的理解和应用，以及对未来的洞察和判断。以大模型为代表的人工智能是智慧层次的典型需求，除此之外，在企业数字化转型实践中，某综合金融集团于 2018 年启动智慧企业业务，从战略、企划、财务、人力、营销、合规、协同等多个维度，基于数据智能和最佳管理实践，全面升级企业数字化能力，做到了“先知、先决、先行”，也是智慧层次数据产品需求的具体体现。

以人力资源的数据智能产品为例。在数据平台侧，建立起从数据采集、调度、清洗、建模、离线计算和实时计算，数据仓库到数据集市和数据语义层的服务能力，发布了标签平台、画像平台、报表平台、数据服务平台等数据应用；在人工智能平台侧，通过知识图谱、NLP 算法、搜索引擎、推荐引擎、问答系统、图像识别等 AI 能力，在招聘选拔领域发布简历解析、简历指纹、自动打标、智能搜索、人才推荐、岗位画像、人才画像、人岗匹配、任职回避、离职预测、面试辅助等智能产品；在员工服务领域，推出证件证书识别、机器人助手等产品；在培训和人才发展领域，推出智能推课、智能陪练等产品；在薪酬领域，发布算薪模型和智能问薪服务等产品。

智慧层次的数据产品需求和服务依赖于大量的数据和先进的算法，这些产品能够模拟人类的学习、推理和决策能力，以提高业务流程的自动化和智能化水平。随着大数据和人工智能技术的发展，这个层次的数据产品应用会越来越广泛。

### 4.3.3 数据产品的场景驱动策略

前文从企业、行业、领域三个维度对数据产品的应用场景进行了描述。场景驱动的数据产品开发策略是一种以价值目标为牵引，以用户为中心，围绕用户在特定场景下的需求来设计和开发数据产品的策略。以用户为中心的设计思想在互联网产品开发中已经得到普遍应用，在这里我们再进一步强调用户的“使用场景”，这种策略强调对价值目标、用户行为、需求偏好的深入理解，并以此为基础构建数据产品的功能和特性。我们基于多年的企业级软件和互联网产品开发经验，以及一线数据产品的开发和管理实践，归纳并总结出数据产品的场景驱动策略。

#### 策略 1：价值牵引为先

在数据产品开发过程中，基于 FBUS 价值模型定义价值目标是一个关键策略，它能够帮助数据产品经理以终为始，明确数据产品方向和预期成果。在定义价值目标的时候，通常有以下几种方法可以使用。

第一，需求调研。通过市场调研、用户访谈、焦点小组访谈、调查问卷、田野观察等手段收集用户和业务需求。对于数据产品的重要利益相关者要单独进行深入访谈，了解他们的需求和期望，以确保数据产品能够满足他们的价值诉求。

第二，案头文档分析。这是数据产品经理快速了解现有业务和市场的重要方法。

第三，组织由不同利益相关者参与的工作坊。使用设计思维和敏捷方法促进工作坊上互动的活跃性，以共同确定对数据产品的价值需求。

第四，竞争分析。这原本是一种市场研究方法，但也非常适用于评估竞争对手或研究同行业数据产品以确定其价值目标。首先通过合法合规的公开资源，例如公司网站、年报、新闻稿、行业报告和用户评论等，收集相关数据产品的信息，要特别关注这些数据产品的价值目标和实现成果。常用的分析方法包括 SWOT 分析、波特五力模型、FAB 分析、PESTEL 分析、价值曲线分析等。通过这些方法，可以识别竞争对手的强项和弱点，并为自己的数据产品定位、价值目标、市场策略和未来发展方向提供洞见。当然，产品竞争分析是一个持续的过程，应定期进行以保持最新的市场洞察。

建议最终形成价值主张画布。价值主张画布由亚历山大·奥斯特瓦尔德（Alexander Osterwalder）开发，是一种用于将数据产品价值主张与客户价值诉求匹配的工具。它是对商业模式画布中价值主张部分的扩展。如图 4-9 所示，价值主张画布由两部分要素组成：一个是产品价值地图，一个是目标用户档案。产品价值地图列出数据产品或服务以及它如何解决客户的痛点和如何为客户创造价值，目标用户档案则描述用户的价值诉求、痛点和在特定场景下的具体任务。在确定价值主张画布中的内容时，可以组织跨部门团队通过头脑风暴或工作坊的方式进行，也可以使用 Miro、Trello 等在线协作工具来远程协作。

### 策略 2：场景需求导向

在数据产品设计过程中，对价值场景进行规划包括识别用户、定义使用场景、确定要解决的具体问题等。对价值场景进行规划的目的是更好地挖掘用户在特定场景下的特定需求。数据产品经理可以通过用户角色创建、用户故事地图和用户旅程等方式模拟用户角色，可视化表达用户的使用场景和交互路径，进而识别出数据产品的关键节点和痛点，发现最终用户的核心价值需求。这部分的具体方法论将在第 5 章详细阐述。

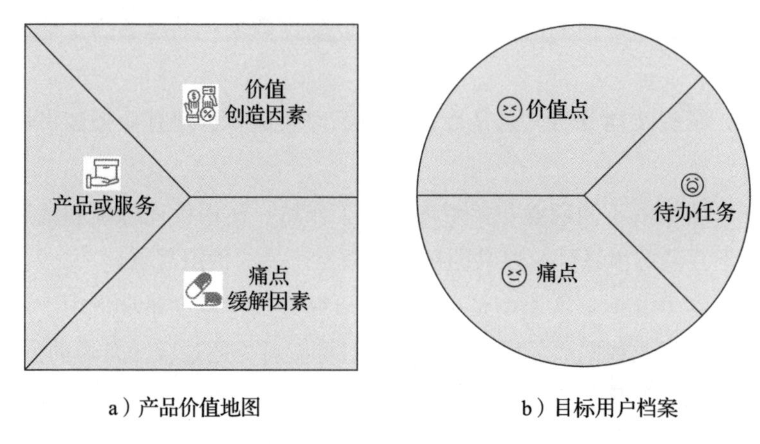


图 4-9　价值主张画布

### （1）明确场景需求清单

产品需求往往是从重复度较高场景下的问题中抽象出的结果，因此在开始做数据产品需求分析之前，一定要先梳理场景。场景是用户在使用数据产品时所处的特定情境，包括他扮演的角色、任务、目标以及各种限制约束条件等。在进行场景规划的过程中，数据产品经理要及时发现和验证伪场景，找到真实的应用场景。

数据产品经理可以通过场景需求清单来系统性地记录和整理不同场景下的用户需求。如表 4-2 所示，在场景描述中洞察用户角色和价值点，并进行优先级排序。

表 4-2　数据产品场景需求清单

| 用户角色 | 场景描述 | 价值点 | 痛点 | 待办任务 | 优先级排序 |
| --- | --- | --- | --- | --- | --- |
| | | | | | |
| | | | | | |
| | | | | | |

### （2）绘制用户故事地图

描述用户故事有一个简单的逻辑，即什么“用户”在什么“场景”下，需要通过什么数据产品“功能”，实现一个什么“目标”。绘制用户故事地图最好通过头脑风暴会议进行，数据产品经理要将产品需求的利益相关者代表邀请过来参与讨论。

环节 1：确认价值目标。与利益相关者再次明确数据产品的目标是什么，用户是谁，要解决他在什么场景下的什么问题，这有助于框定数据产品的整体范围。

环节 2：梳理骨干故事。在梳理用户故事的过程中可以基于颗粒度做好分级，保证故事的完整性、必要性、价值性。

环节 3：拆分故事。针对骨干故事进行分解，获取更多的细节内容。

环节 4：沟通确认。对相关内容进行充分讨论和再次确认，同时确定优先级。

（3）需求建模工具

产品需求建模是将用户需求转化为产品需求的过程，这一过程中有一些工具可以帮助产品经理、开发团队以及其他利益相关者理解和定义产品需求。这里我们简单介绍几种典型的需求建模工具。

工具一：ER 图

ER 图即实体 – 关系图（Entity-Relationship Diagram），是一种用于数据建模的图形化工具，可以展示实体之间的关系以及实体的属性。ER 图是由美籍华人陈品山于 1976 年提出的一种数据建模工具，在数据库设计、系统分析和设计阶段非常关键，因为它帮助开发者和分析师理解数据的结构和组织方式。

- 实体（Entity）：实体通常指现实世界中的一个对象或概念，在 ER 图中用矩形表示。例如，在一个图书馆管理系统中，实体可能包括“书籍”“作者”“图书馆”和“读者”。
- 属性（Attribute）：属性是实体所具有的特征或数据字段，在 ER 图中用椭圆形表示，并用线条连接到它们所属的实体。属性可以进一步分为以下几类：
    - 简单属性：单个的、不可分割的属性，如“书名”“作者名”。
    - 复合属性：由多个部分组成的属性，如“地址”可能包括“街道”“城市”和“邮编”。
    - 多值属性：可以有多个值的属性，如一本书可以有多个“作者”。

 ○ 派生属性：值可以通过其他属性的值计算得出的属性，如“读者年龄”可以通过“出生年月”计算得出。

- 关系（Relationship）：关系表示实体间的联系，在 ER 图中用菱形表示。关系有以下几种类型：
  - ○ 一对一（1∶1）：一个实体的单个实例与另一个实体的单个实例相关联。
  - ○ 一对多（1∶N）：一个实体的单个实例可以与其他实体的多个实例相关联，但反过来则不是。
  - ○ 多对多（M∶N）：两个实体的实例可以相互关联多个实例。
- 关系的基数（Cardinality）：基数定义了实体之间关系的数量，常见的基数包括：可选（Optional），实体可以不参与关系；强制性（Mandatory），实体必须参与关系。
- 角色和约束：在某些情况下，实体在关系中可能扮演特定的角色，或者关系可能受到某些约束。
- 弱实体集（Weak Entity Set）：弱实体集是指没有足够属性来形成唯一标识的实体集。它们通常与另一个称为强实体集的实体相关联，并且它们的存在依赖于强实体集。
- 继承（Inheritance）：在 ER 图中，可以通过继承来表示实体之间的“是一个（is-a）”关系，这允许创建通用实体的子类型。
- 命名约定：实体名称通常使用单数或复数形式；属性名称使用小写字母，必要时使用下画线分隔；关系名称通常用动词或动词短语表示。

ER 图是数据库设计的基础，可以转换为数据库表（关系模式）。转换规则包括：每个实体转换为一张表，实体的属性转换为表的列，实体之间的关系通过外键来实现。

ER 图的常用绘制工具有 Visio、Lucidchart 等。

工具二：业务流程图

业务流程图（Transaction Flow Diagram，TFD）是一种用于描述和分析业务流程的工具，它展示了业务活动、决策点、流程顺序以及不同角色或部门之间的交互。业务流程图是组织管理和优化业务流程的重要工具，广泛应用于各个行业和领域。

业务流程图的基本组成元素如下：

- 活动（Activity）：表示业务流程中的一个操作或步骤，通常用矩形框表示。
- 决策 / 判断（Decision/Gateway）：表示流程中的决策点，通常用菱形框表示。决策点会导致流程分支或合并。
- 开始 / 结束（Start/End）：表示业务流程的开始或结束，通常用圆形框表示。
- 流向（Flow)：表示业务流程中的控制流向，通常用箭头线表示。
- 角色 / 部门（Actor/Department）：表示参与业务流程的不同角色或部门，通常用人物图标或矩形框表示。
- 输入 / 输出（Input/Output)：表示业务流程中的输入数据或输出结果。
- 注释（Note)：提供对流程图中特定步骤或元素的额外说明。

业务流程图的绘制步骤如下：

1）确定目标：明确业务流程图的目的和范围。

2）收集信息：收集有关业务流程的详细信息，包括活动、决策点、角色等。

3）识别活动和决策：确定流程中的所有活动和决策点。

4）确定流程顺序：确定活动和决策的执行顺序。

5）绘制流程图：使用绘图工具或软件绘制业务流程图。

6）评审和修改：与团队成员和利益相关者评审业务流程图，并根据反馈进行修改。

7）流程实施和监控：将业务流程图应用于实际工作中，并监控其执行情况。

业务流程图的常用绘制工具有 Visio、Lucidchart、ProcessOn 等。

工具三：状态机图

状态机图（Statechart Diagram）是一种用于描述系统或对象状态以及状态之间转换的 UML 图表。它特别适用于表示具有明显状态和状态依赖行为的系统。

状态机图的基本概念如下：

- 状态（State）：表示对象或系统在某一时刻的情况或条件，通常用圆圈表示。
- 初始状态（Initial State）：表示系统启动时的状态，通常用一个指向状态的小箭头表示。
- 终止状态（Final State）：表示系统完成其任务的状态，通常用一个带圆圈的圆圈表示。
- 转换（Transition）：表示状态之间的变化，通常用箭头线表示。
- 事件（Event）：触发状态转换的特定条件或动作，通常写在转换箭头旁边。
- 动作（Action）：在转换发生时执行的行为，可以与事件一起写在转换箭头旁边。
- 条件（Guard Condition）：转换发生的前提条件，通常用方括号表示，并写在转换箭头旁边。

状态机图由以下部分组成：

- 简单状态（Simple State）：不包含其他状态的状态。
- 复合状态（Composite State）：包含子状态的状态，可以进一步细分为顺序复合状态和并发复合状态。
- 子状态（Substate）：复合状态内的更细小的状态。
- 并发状态（Concurrent State）：允许同时处于多个状态的状态。
- 历史状态（History State）：用于快速回到之前的状态，分为浅历史（Shallow History）和深历史（Deep History）。

状态机图为理解和设计复杂系统提供了一种结构化的方法，它帮助开发者和分析师可视化、模拟对象的状态行为，确保系统设计能够满足需求。它在软件设计、工作流管理、通信协议设计、嵌入式系统、游戏开发等领域有广泛的应用，在数据产品开发过程中同样是很好的工具。

**（4）产品需求文档**

数据产品经理在完成需求分析以后，要将其转化成产品需求文档（Product Requirements Document，PRD）并交付给研发团队进行数据产品开发。PRD 一般包括：介绍文档的目的、背景和范围，概述产品的业务目标；描述目标用户画像和他们的需求；列出产品的具体功能和用例，包括非功能需求（如性能、安全性、可靠性等）；可能包括草图、原型图或界面设计指南在内的用户界面和用户体验设计；描述处理和存储数据的方法以及业务逻辑；列出与其他系统或服务的集成需求；说明产品开发的时间框架和里程碑等发布计划；识别可能的风险和应对策略。

#### （5）需求池管理

对于数据产品的需求分析和建模，产研团队首先要通过一定的工作来做好需求池管理，要做到专人负责、定期清理。常用的需求管理工具有 Jira、Trello、TAPD 等。产品团队需要建立广泛的需求收集通道，并使用标准化的模板记录每个需求的详细信息。

然后对需求进行分类，例如分为功能需求和非功能需求，或者根据需求来源（如用户、市场、技术等）进行分类。接着对需求进行优先级排序，从重要性与紧急性角度考虑，可以使用四象限法则评估；从需求类型角度考虑，也可以利用 KANO 模型确定需求的类型，例如必备型、期望型、兴奋型、无差异型、反向需求。

在需求确认或决定是否纳版的时候，需要通过定期或不定期的需求评审会议来评估，然后对需求状态进行跟踪和更新。需求变更管理同样重要，可以通过制定变更管理流程，确保需求变更有序进行。为每个需求编写详细的文档，包括背景、目标、预期成果等，并使用版本控制系统管理需求文档的变更。

### 策略 3：注重细节开发

数据产品开发是指通过创建、处理和分析大量数据，对上述数据产品价值目标和需求进行开发实现的持续敏捷交付过程。在数据产品开发的过程中，不仅需要数据产品经理和工程师合作，通常还需要数据科学家的参与，以满足特定的业务需求。

#### （1）数据产品开发流程

前面我们已经明确了数据产品开发的价值目标和需求，并形成了 PRD。此时我们需要从技术实现的角度做更多的准备。图 4-10 所示为数据产品技术实现流程示例。

| | | |
|---|---|---|
| ①数据探查和数据准备 | ②数据隐私和合规性验证 | ③数据产品原型设计 |
| ④数据建模和算法开发 | ⑤数据产品模型验证和评估 | ⑥数据产品部署和监控 |

图 4-10　数据产品技术实现流程示例

1）数据探查和数据准备。通过分析 PRD 和现有数据来确定数据的可用性和质量，明确是否需要收集新数据，并通过抽取、清洗、整合和转换等手段来准备数据。主要有两项工作需要开展：

- 数据探查（Data Exploration）：理解数据集的结构、内容和潜在问题的过程。我们通过数据探查来熟悉数据集的基本信息，例如行数、列数、各列的数据类型和首行数据，了解数据分布情况，识别数据中的异常值和缺失值，并评估异常和缺失可能对数据产品产生的影响。
- 数据准备（Data Preparation）：将原始数据转化为适合分析的格式的过程。所谓数据清洗就是对数据探查中的缺失值进行删除、填充或插补等处理，纠正错误和不一致的数据，以及删除重复记录。根据需要对数据进行规范化、标准化等数据转换。通过特征工程创建新的特征或修改现有特征以更好地表示数据中的信息，例如通过组合、分解或派生产生新的特征。将类别数据编码为数值格式，例如使用独热编码或标签编码，并将连续数据离散化为分类数据。如果数据集在某些类别上不平衡，需使用重抽样技术或特殊的算法来处理。最后将数据集分为训练集、验证集和测试集，以评估模型或数据产品的性能。

2）数据隐私和合规性验证。在我国，数据被列为生产要素，围绕数据要素的基础制度体系、法律法规和标准体系得到快速发展，我们在利用数据资源进行数据产品开发的过程中一定要坚守合规底线。

由于数据资源具有非实体性、依托性、多样性、可加工性、价值易变性、可共享性和可复制性等特征，其权属不能按照传统的狭义概念来理解。因此，“数据二十条”提出数据资源持有权、数据加工使用权、数据产品运营权三权分置的概念。结合当前数据要素的法律法规、标准体系，笔者总结出合规确权需要满足的几个条件：

- 数据来源合法。数据必须通过合法途径获取，避免涉及盗窃、侵权或其他非法手段。需要有明确的来源记录和相关的证明文件，确保数据的合法性。
- 数据权属明确。数据的持有权或使用权应有明确的法律文件或协议进行证明。企业应具备对数据的控制权和处置权，确保在法律上拥有数据的权利。
- 数据处理合规。数据处理过程应符合相关法律法规，如《中华人民共和国网络安全法》《中华人民共和国数据安全法》《中华人民共和国个人信息保护法》等，数据处理需获得数据主体的明确同意，确保透明度和合规性。
- 数据隐私保护。对涉及个人信息的数据，必须进行匿名化或去标识化处理，以保护数据主体的隐私。需确保数据在存储、传输和处理过程中的安全，防止未经授权的访问和数据泄露。
- 数据使用权限。明确数据的使用权限和范围，防止数据被用于未经授权的用途。确保第三方合作伙伴在使用数据时也遵循相关的法律法规和合规要求。

3）数据产品原型设计。创建原型或 MVP（最小可行产品），以快速测试、验证核心假设和关键指标。数据产品开发要专注于能够为业务提供最大价值的核心需求，采取敏捷开发方法，小步快跑，快速迭代。在这个过程中，邀请用户参与，利用用户反馈指导产品的发展，是一件非常有价值的事情。为了以最小成本验证，产品原型设计不一定要开发出真实的产品，在软件产品开发领域，使用草图、故事板或线框图来设计用户界面也是可行的。创建交互式原型的常用工具有 Sketch、Figma、Adobe XD 等。

4）数据建模和算法开发。选择合适的模型和算法，有两个重要前提：一是确保对业务问题有深入的理解，二是对数据的理解和准备（这一点在前述步骤中已经夯实了基础）。与此同时，数据产品开发团队还需考虑模型的解释能力，特别是在需要向非技术利益相关者解释模型决策时。根据问题的场景和类型选择分类、回归、聚类等基础模型，再考虑结合决策树、随机森林、神经网络等各种机器学习算法。

5）数据产品模型验证和评估。在此使用我们之前准备的训练集数据来训练模型，通过交叉验证或使用单独的验证集来避免过拟合。同时选择适当的评估指标来度量模型性能，并进行交叉验证，在独立的测试集上验证模型的泛化能力；使用正则化、集成学习等技术来减少过拟合，使用参数调整和特征工程来改善模型性能，使用 SHAP 或 LIME 等工具来解释模型的预测方法。

6）数据产品部署和监控。在模型部署阶段，首先要准备一个稳定和可扩展的生产环境，包括云服务、服务器集群或容器化平台等，并设置访问控制和数据加密。其次，将训练好的模型封装为可部署的服务，通常使用 RESTful API 或 gRPC 来实现，并使用 Flask、Django、FastAPI 等工具创建 API。再次，使用 Docker 或 Kubernetes 等管理工具将模型和相关服务打包为容器，并实现 CI/CD 流程，自动化模型的测试、构建和部署过程，常用的工具有 Jenkins、GitLab CI/CD、GitHub Actions 等。在模型部署的过程中做好版本控制，存储模型的元数据，包括版本号、训练数据、参数等，以便回滚和跟踪问题。

在生产环境中对模型进行预热，确保其准备就绪并能快速响应请求，同时进行模型监控和维护，以确保服务的连续性。实时监控模型的预测性能和系统资源使用情况；记录输入数据和模型的预测结果，便于后续分析和审计；做好灾备恢复，实现异常检测机制和设置警报系统，如模型性能突然下降或服务中断。

在模型部署以后，可以根据新收集的数据定期对模型进行再训练，以应对概念漂移；使用自动化流程来更新模型，包括测试和验证新版本的模型。通过设计用户反馈循环来持续改进模型。

**（2）数据产品开发框架**

场景驱动的数据产品开发是一个复杂的过程，这里简单介绍几个常用的框架和方法论。

瀑布式开发框架。这个框架围绕数据产品开发的生命周期展开，包括需求收集与分析、概念验证（PoC）、原型设计、开发与测试、发布与部署、运营与维护、迭代与优化等数据产品开发的全流程。

敏捷开发框架。敏捷开发框架强调快速迭代和团队协作。例如：Scrum，一种迭代式增量软件开发方法，包括 Sprint 计划、每日站会、Sprint 评审和回顾；

Kanban，一种可视化工作流方法，通过看板管理任务和流程；极限编程（XP），一种强调代码质量、持续集成和测试的软件开发方法。

精益产品开发框架。精益产品开发框架侧重于减少浪费、快速学习和实验，包括 MVP、假设验证、快速迭代、持续学习等。

DataOps 框架。DataOps 是一个专注于数据管理和开发的框架，它借鉴了敏捷开发、DevOps 和精益的理念，旨在提高数据处理的效率、质量和安全性。DataOps 框架的核心在于构建数据开发流水线，促进数据科学家、IT 运营团队和其他数据消费者之间的协作，以便更快、更智能地利用数据。在 DataOps 实践过程中，需要制定统一的数据处理规范和标准，利用工具和平台实现数据处理和管理的自动化，建立数据质量监控体系对数据进行全程监控和管理，通过技术手段保障数据的安全性和隐私性。DataOps 框架适用于各种规模和类型的组织，特别是在数据密集型行业，如金融、医疗、零售和科技等领域有广泛的应用。

CRISP-DM 框架。CRISP-DM（CRoss-Industry Standard Process for Data Mining，跨行业数据挖掘标准流程）是一个行业标准的流程框架，主要用于数据挖掘项目。它提供了一种结构化的方法来指导数据挖掘实践，确保项目从开始到结束都遵循一致的步骤。CRISP-DM 由 CRISP-DM 协会提出，已经成为数据挖掘领域广泛采用的标准。CRISP-DM 的主要阶段如下：

- 业务理解（Business Understanding）。从商业角度明确项目的目标和需求，包括确定业务目标、识别关键问题、评估项目可行性和价值。
- 数据理解（Data Understanding）。此阶段，数据分析师开始收集和熟悉数据，对数据进行初步探索，包括数据的量、类型、分布和潜在问题。
- 数据准备（Data Preparation）。这个阶段涉及将原始数据转换成适合建模的格式。这可能包括数据清洗、转换、规范化以及缺失值处理和特征工程。
- 建模（Modeling）。应用各种数据挖掘技术来构建模型，包括选择不同的算法、调整模型参数、训练模型和验证模型的性能。
- 评估（Evaluation）。在模型构建完成后，需要对其进行评估，以确保模型达到预期的业务目标，包括评估模型的准确性、可靠性、有效性和商业价值。

- 部署（Deployment）。部署是将模型应用于实际业务中，这可能涉及模型的实时运行、监控和维护。这个阶段也包括将模型结果转化为业务行动。

有心的读者可能发现了，我们在数据产品开发的策略流程示例中使用的底层逻辑，就是 CRISP-DM 框架。第 6 章将详细介绍数据产品开发方法，从实践的角度介绍分别基于数据仓库、数据平台、DataOps 的三种开发方式，以及资源型、服务型和智能化数据产品的开发方法。

策略 4：持续产品运营

关于数据产品运营，第 7 章将会专门介绍，该章会详细说明数据产品增长飞轮以及围绕数据产品的全生命周期运营策略。

策略 5：价值验证迭代

数据产品发布并启动运营以后，验证其对目标价值的实现是一个持续迭代和确保产品成功的关键过程。基于我们之前定义的价值目标和关键绩效指标（KPI），通过数据收集和业务部门反馈，可以对数据产品是否达到预期效果进行评估。常见的验证方法有 KPI 评价、A/B 测试、ROI 评估、用户反馈等。

数据产品发布以后需要建立持续迭代的反馈循环。在用户和利益相关者的参与下，不断提升体验，优化性能，创造价值，甚至包括识别和解决技术债务，保持产品的长期健康和可维护性。

### 4.3.4 场景驱动数据产品的主要特征

场景驱动的数据产品是为解决特定业务场景或用户需求而设计和开发的，这些产品通过分析和处理数据，为用户提供深入的洞察、决策支持和个性化体验，以实现最初的价值目标为核心。其主要特征如下：

特征 1：用户导向

场景驱动的数据产品始终围绕用户的具体场景和需求进行设计，是典型的以用户为中心的设计思维。它不是从技术的可能性出发，而是从用户遇到的实际问题和挑战出发，确保产品功能与用户场景紧密对应。

特征 2：适度定制

这类产品往往具有一定的定制化特性，以符合不同行业、不同企业，甚至不同用户角色在特定场景的特定需求。场景驱动的数据产品可以针对具体的业务流程或决策点提供精准的数据解决方案，因而会力求提供清晰、直观的数据洞察，帮助用户轻松理解复杂的数据分析结果。然而数据产品经理对一些企业级、行业级、领域级场景进行高度抽象以后，也可以开发出标准化程度相对较高的数据产品。

特征 3：动态实时

越来越多的业务场景要求数据产品具备实时分析和动态更新的能力，以使用户能够根据最新的数据做出快速反应。因此数据产品既要能够与现有系统和数据资源集成，实现数据的无缝对接，又要能够实现数据的实时收集和处理，提供即时反馈和推荐。

特征 4：可操作性

场景驱动的数据产品不仅提供分析结果和良好的交互性，支持 Web 和移动设备等多种访问渠道，还提供可操作性强的建议或自动执行特定任务的能力。这会显著提高用户的工作效率，帮助他们在正确的时间做出正确的决策或采取正确的行动。

特征 5：安全合规

场景驱动的数据产品需要处理大量的敏感信息，因此对数据合规、数据安全和用户隐私的保护至关重要。这些产品需要内置数据治理流程和机制，必须遵循相关法律法规，并采用先进的安全技术来保护数据原材料。

特征 6：持续迭代

基于不断变化的业务需求和技术进步，场景驱动的数据产品需要建立用户反馈机制，用于产品持续迭代和优化。通过收集用户反馈、监控产品性能和分析使用数据，产品团队可以不断调整和改进产品。

特征 7：跨学科

由于场景驱动的数据产品需要综合考虑业务知识、用户体验和技术实现，因此其开发往往需要跨学科团队的协作，包括业务分析师、数据科学家、产品经理和软件工程师等。

特征 8：智能化

随着人工智能技术的快速迭代，AI for Data 得到进一步发展，大模型等 AI 技术在数据产品领域的应用可以大幅增强数据产品的功能和体验，提升数据产品的价值。

## 4.4 合规支撑：动车组的“无砟轨道”

在数字时代，数据产品服务于各种行业和领域，通过收集、存储、处理和分析大量数据，为企业提供信息、优化流程以及创造新的商业机会，成为企业的洞察力和决策支持，是帮助企业运营和决策的核心要素。然而，随着数据量的快速增长、技术的不断演进以及应用范围的扩大，数据产品面临的安全风险日益增多，如数据泄露、数据篡改、数据滥用等。同时，数据保护法律法规不断完善，数据产品合规的必要性日益凸显。

合规不仅关乎企业遵守法律法规，更关乎保护用户隐私、维护数据安全、促进公平竞争和推动社会信任。数据产品安全合规要求企业在设计和实施的过程中，确保数据的合法获取、安全存储、准确处理和合理使用。因此，全面识别、科学评估并有效应对数据风险，确保企业数据产品的合规性，赢得用户的信任，减少法律和声誉风险，已成为企业稳健发展的必要条件。安全合规是数据产品成功运营的保障和支撑。

数据产品的安全合规涉及维护公共信任，遵守法律法规，减少数据产品合规事件带来的运营中断、赔偿费用等带来的直接或间接经济损失，以及避免不良社会影响。严重的数据产品合规事故可能引起公众恐慌和社会不稳定，影响社会秩序。合规的数据产品能够提高运营效率，通过预防事故减少数据产品业务延误和中断，支持应急响应，良好的安全记录和安全文化可以提高应对突发事件的能力和效率。数据合规也在不断推动技术进步，安全合规需求推动了数据产品技术的创新和发展，如更先进的隐私保护、人工智能等。

合规的数据产品能够减少数据泄露和滥用的风险，避免对用户造成损害，同时也保护企业免受法律诉讼和声誉损失。此外，合规还有助于企业建立良好的品牌形象，增强用户和合作伙伴的信任。随着全球对数据保护法规的加强，如欧盟施行《通用数据保护条例》（GDPR），企业必须确保其数据产品符合国际标准，以适应跨境业务和全球市场的需求。

数据产品合规还涉及对数据的伦理使用，包括防止算法偏见和歧视，确保数据的公正性和透明度。这要求企业在数据处理过程中采取适当的技术和管理措施，以识别和纠正潜在的偏见。通过合规，企业可以更好地履行其社会责任，促进技术的健康发展，并为社会带来积极的影响。因此，确保数据产品的安全合规有着重要的意义。

## 4.4.1　数据产品安全

根据《中华人民共和国数据安全法》中的阐述，数据安全是指通过采取必要措施，确保数据处于有效保护和合法利用的状态，以及具备保障持续安全状态的能力。应保证数据生产、存储、传输、访问、使用、销毁、公开等全过程的安全，并保证数据处理过程的保密性、完整性、可用性。

数据产品的整个生命周期会涉及产生、处理、存储大量数据，其中不乏商业敏感数据和个人数据，包括客户信息、交易数据、机密信息等。数据泄露、未授权访问和其他安全事件可能带来严重的后果，因此在以数据资源为核心的数据产品的开发过程中，必须将安全融入每个阶段。

### 1. 数据产品安全挑战

数字化转型通常涉及更多的云服务、物联网设备、移动应用程序等，需要整合多个系统和平台，这会导致企业信息化数字化技术环境变得复杂，企业的受攻击面扩大，带来新的入侵和数据泄露的数字化渠道。企业需要实施统一的安全控制和策略，以确保各个系统和平台之间的一致性与安全性，这让数字化安全面临更多挑战。

- 缺乏全面的安全战略：许多企业缺乏全面的安全战略，导致安全措施的实施不够系统化。缺乏战略性的规划可能导致重复工作、资源浪费，以及安全措施的断断续续。

- 技术更新和漏洞管理：维护和更新企业的技术基础设施需要大量的时间和资源。企业可能面临的问题包括系统漏洞不能及时修复和对安全补丁的管理不足，从而增加了安全风险。
- 员工安全意识不足：缺乏有效的员工安全意识培训和教育，导致员工对安全措施的理解和实施不足。社会工程和钓鱼攻击等攻击可能会利用员工的不谨慎行为。
- 复杂的技术环境和整合问题：大多数企业拥有复杂的技术环境，包括多个平台、应用程序和系统，这些可能不兼容或难以集成。这种情况下，安全控制和监控变得更加复杂，难以确保全面的安全性。
- 预算和资源限制：安全团队通常面临预算有限和资源不足的挑战。这可能限制安全技术的更新和升级，以及人员的招聘和培训。
- 供应链和第三方风险：企业在与供应链和第三方合作伙伴时，可能无法有效管理外部安全风险。供应商和第三方合作伙伴可能成为攻击者获取企业数据的入口。
- 安全事件响应计划和应急预案：缺乏有效的安全事件响应计划和应急预案可能导致安全事件处理的延迟和不完整。应急响应能力不足可能会进一步加重事件的影响。

### 2. 数据产品安全管理

数据产品的特点是数据驱动，核心是数据，它们依赖于大量的数据输入来提供服务，同时又能处理大量的数据，比如通过分析用户数据，数据产品提供个性化的推荐和服务。另外，许多数据产品需要实时处理数据，以快速响应用户需求。利用机器学习等技术，数据产品能够不断优化自身性能和用户体验。

因为数据产品的整个生命周期都涉及大量的数据，所以在产品开发的策略中，对于数据安全的保护是必不可少的。

对于数据产品，实施加密措施、访问控制和数据泄露检测，以保护敏感数据免遭泄露和滥用，确保数据在传输和存储过程中保持完整性，防止数据篡改和丢失。

数据产品的安全保护可以从组织架构、流程制度、技术工具和人员管理 4 个维度来进行。

**（1）组织架构**

组织应当建立覆盖各个部门的数据安全管理组织架构，明确岗位职责和工作机制，落实资源保障，明确数据安全责任，建立自上而下的覆盖决策、管理、执行、监督 4 个层面的数据安全管理体系，以及明晰组织职责分工。

1）决策层。指定企业主要负责人为数据安全第一责任人，分管数据安全的领导为直接责任人，明确各层级负责人的责任，明确违规情形和责任追究事项，落实问责处置机制。

2）管理层。指定数据安全归口管理部门，作为负责数据安全工作的主责部门。其主要职责包括：

- 组织制定数据安全管理原则、规划、制度和标准。
- 组织建立和维护数据目录，推动实施数据分类分级保护。
- 组织开展数据安全评估和审查。
- 统筹建立数据安全应急管理机制，组织开展数据安全风险监测、预警与处置。
- 组织开展数据安全宣贯培训，提升员工数据安全保护意识与技能。
- 建立和维护内部数据共享、外部数据引入、数据对外提供、数据出境的统筹管理机制，牵头对外部数据供应商进行安全管理，统筹大数据应用、数据共享项目的安全需求管理。
- 向高管层报告数据安全重要事项。
- 统筹管理的数据安全工作事项。

3）执行层。组织应当按照“谁管业务、谁管业务数据，谁管数据安全”的原则，明确各业务领域的数据安全管理责任，落实数据安全保护管理要求。确定数据安全的技术保护主责部门，其主要职责包括：

- 建立数据安全技术保护体系，建立数据安全技术架构和保护控制基线，落实技术保护措施。

- 制定数据安全技术标准规范制度，组织开展数据安全技术风险评估。
- 组织开展信息系统的生命周期安全管理，确保数据安全保护措施在需求、开发、测试、投产、监测等环节得到落实。
- 建立数据安全技术应急管理机制，组织开展数据安全风险技术监测、预警、通报与处置，防范外部攻击行为。
- 组织数据安全技术研究与应用。

4）监督层。监督层扮演着至关重要的角色，确保数据处理活动符合法律法规要求和道德标准。监督层负责监督企业内部的数据管理流程，评估潜在风险，并确保采取适当的技术和管理措施来保护数据。此外，监督层还需推动数据安全意识的普及和培训，提高全员对数据保护重要性的认识。通过定期的审计和评估，监督层能够及时发现并纠正数据安全漏洞，防范数据泄露和其他安全事件的发生，为企业的数据安全提供坚实的保障，并维护企业的声誉和客户信任。组织的风险管理、内控合规和审计部门负责将数据安全纳入全面风险管理体系、内控评价体系，定期开展审计、监督检查与评价，督促问题整改和开展问责。组织应当每年开展一次数据安全风险评估。审计部门应当每三年至少开展一次数据安全全面审计，发生重大数据安全事件后应当开展专项审计。

**（2）流程制度**

组织应当建立与业务发展目标相适应的数据安全治理体系，建立统一、健全的数据安全管理制度体系，构建覆盖数据全生命周期和应用场景的安全保护机制，明确各层级部门与相关岗位数据安全工作职责，规范工作流程。开展数据安全风险评估、监测与处置，保障数据开发利用活动安全稳健开展。

组织应当按照国家数据安全与发展政策要求，根据自身发展战略，制定数据安全保护策略，制定数据安全管理办法，明确管理责任分工，建立数据处理全生命周期管控机制，落实保护措施，对数据外部引入或者合作共享、数据出境等制定安全管理实施细则。

组织应当建立数据安全事件应急管理机制。

第一，建立机构内部协调联动机制，建立服务提供商、第三方合作机构数据安全事件的报告机制，及时处置风险隐患及安全事件。

第二，发生数据安全事件后，应当立即启动应急处置，分析事件原因，评估事件影响，开展事件定级，按照预案及时采取业务、技术等措施控制事态。

第三，建立数据安全事件报告机制，根据事件安全等级制定报告流程，发生数据安全事件时按照规定报告，同时按照合同、协议等有关约定履行客户及合作方告知义务。

第四，发生数据安全事件或者使用的网络产品和服务存在安全缺陷、漏洞时，应当立即开展调查评估，及时采取补救措施，防止危害扩大。

**（3）技术工具**

组织采取适合的技术工具，加强安全管理，开展数据安全的技术基础设施建设，保障安全标准在信息系统中执行的一致性，专注于技术、网络和系统的安全性，包括网络安全、终端设备安全、应用程序安全，防范和应对数据泄露、恶意攻击和其他各种安全威胁。

组织应当建立针对大数据、云计算、移动互联网、物联网等多元异构环境下的数据安全技术保护体系，建立数据安全技术架构，明确数据保护策略方法，采取技术措施，保障数据安全，将数据安全保护纳入信息系统开发生命周期框架，实现数据安全保护措施与信息系统的同步规划、同步建设、同步使用。

组织应当制定数据分类分级保护制度，建立数据目录和分类分级规范，动态管理和维护数据目录，采取差异化安全保护措施，根据数据分级实施管理。比如某银行根据数据的重要性和敏感程度，将数据分为核心数据、重要数据、一般数据。其中，一般数据细分为敏感数据和其他一般数据。

组织需要制定用户对数据的访问策略，采取有效的用户认证和访问控制技术措施，规范数据操作行为，用户对数据的访问应当符合业务开展的必要要求并与数据安全级别相匹配。

日志记录和事件关联是确保系统安全和有效管理的关键组成部分。一个健全的日志记录和事件关联安全管理框架能够帮助组织实时监控、检测和响应安全事件，进行问题调查，并确保合规性。企业应当实施集中日志收集解决方案，将不同来源的日志数据集中到一个中央日志管理系统。使用标准化日志格式（如 Syslog、CEF、LEEF）来简化日志数据的统一管理，日志内容包括操作时间、用户标识、行为类型等。并且设置规则和算法来检测与关联事件，例如多次失败的登录尝试可能表明暴力破解攻击。对数据操作日志及其备份数据保存时间进行规定和限制。

全面的安全管理框架应涵盖从系统设计、开发、部署到维护和监控的全过程。其中核心是系统设计与架构、应用程序开发。在设计与架构中，应用安全设计最小权限原则、分层安全、冗余设计等，确保数据在传输和存储过程中得到加密保护，使用适当的加密算法和密钥管理策略。在应用程序开发中，采用安全编码标准和最佳实践，防止常见漏洞（如 SQL 注入、跨站脚本攻击 XSS 等）。进行代码审计和审查，以发现和修复安全漏洞。使用静态代码分析工具（SAST）和动态分析工具（DAST）进行漏洞扫描。实施各种安全测试，如渗透测试、漏洞扫描、功能测试等，以确保应用程序在发布前经过充分测试。

组织应将数据纳入网络安全等级保护，应当根据数据安全级别，划分网络逻辑安全域，建立分区域数据安全保护基线，实施有效的安全控制，包括内容过滤、访问控制和安全监控等，确保相关措施满足处理和存储最高级别数据的网络安全策略和数据安全保护策略要求。存放或者传输敏感级及以上数据的机房、网络应当实施重点防护，设立物理安全保护区域，对网络边界、重要网络节点进行安全监控与审计。

对于安全等级高的数据，采取有效的访问控制管理措施。对于不同区域流转和共享中的数据，应当实施同等水平的安全防护措施。多来源敏感级及以上数据汇聚后，应当采取加强性或者不低于汇聚前最高级别数据保护强度的安全措施。

对于数据传输，根据数据安全分级采用安全的传输方式，保障数据完整性、保密性、可用性。与外部机构进行数据交换时，参与数据交换的相关机构应当采取有效措施保障信息数据传输和存储的保密性、完整性、准确性、及时性、安全性。

数据存储采取安全措施，防止勒索病毒、木马后门等攻击。个人身份鉴别数据不得明文存储、传输和展示。对数据安全等级高的数据应当实施数据容灾备份，定期进行数据可恢复性验证。

数据达到使用或者保存期限后，应当采取技术措施及时将其删除或者销毁，确保数据不可恢复。终端和移动存储介质内的敏感级及以上数据应当采取技术保护措施，确保受控安全访问，介质报废或者重用时，其存储空间数据应当完全清除并不可恢复。

（4）人员管理

提升数据安全意识对更好地进行数据安全工作非常重要。数据安全不是某一个人或者某一个部门的工作，它关乎所有参与业务和运营的人员。组织需要建立良好的数据安全文化，开展全员数据安全意识教育和培训，提高数据安全保护意识和水平，形成全员共同维护数据安全和促进发展的良好氛围。

对重要岗位进行安全审查，设立专人专岗，实行职责分离，必要时设立双人双岗。同时对日常工作进行定期审核和监控审计，确保数据安全工作能够按照设计好的安全方案和流程切实落地。

数据安全意识提升既包括对内部员工的培训沟通，也包括对第三方机构的安全意识进行管理。组织与第三方机构进行数据共同处理时，应当按照“业务必要授权”原则制定方案并采取有效技术保护措施确保数据安全，并以合同协议方式明确双方在数据处理过程中的数据安全责任和义务。

### 4.4.2　数据产品合规

企业合规指的是企业在运营过程中遵守法律法规、行业标准以及内部规章制度，确保其行为符合社会和法律的规范要求。数据产品合规是确保数据处理和管理遵守相关法规要求、行业标准和内部政策，是确保合法、安全且负责任地处理用户数据的关键。

1. 数据相关法律法规和规范

随着《数据安全法》《网络安全法》以及《个人信息保护法》的实施，企业数据安全合规体系的建设有了法律层面的清晰要求。数据产品的法律环境是由一系列法律法规构成的，旨在确保数据的安全性、合规性以及合理利用。

数据合规的重点在于确保数据采取的一系列行为符合法律法规的相关规定。企业需要紧扣自身定位，明确合规需求，准确解读条文意义和立法者意图，并设计有效方案以确保合规落地。

在设计和实施数据产品的过程中，需要遵循数据安全合规的总体要求，包括建立健全数据安全合规管理组织体系、数据分类分级保护体系以及数据安全技术体系。此外，企业还需要关注数据交易的流程与法律合规评估要点，尤其是在数据交易所挂牌时，需要对数据来源的合法性、数据使用场景的合法性、数据使用条件和约束机制、安全风险预防及管理和处置措施进行评估。同时企业应建立适合自己的数据合规法律库，包括法律法规、各类标准等，如图 4-11 所示。

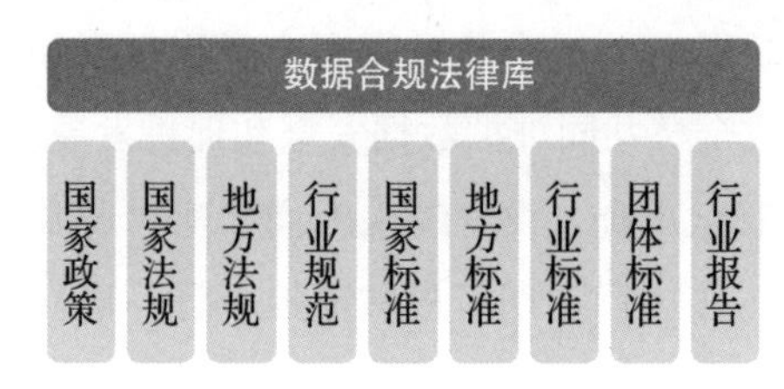


图 4-11　数据合规法律库

表 4-3 是一个法律法规汇总表，企业可以根据自己所在行业、自己的数据产品所涉及的数据类型进行参考。另外，为了确保合规，企业还需要密切关注新出台的法律法规管理办法等，以确保数据产品的安全合规。

表 4-3　法律法规汇总表

| 法律 |
| --- |
| 一、中华人民共和国网络安全法 |
| 二、中华人民共和国数据安全法 |
| 三、中华人民共和国个人信息保护法 |
| 四、中华人民共和国测绘法 |
| 五、中华人民共和国密码法 |
| 六、中华人民共和国电子商务法 |
| **行政法规及国务院规范性文件** |
| 一、政务信息资源共享管理暂行办法 |
| 二、政务信息系统整合共享实施方案 |
| 三、加强信用信息共享应用促进中小微企业融资实施方案 |
| 四、中华人民共和国政府信息公开条例 |
| 五、信息网络传播权保护条例 |
| 六、征信业管理条例 |
| 七、互联网信息服务管理办法 |
| 八、关键信息基础设施安全保护条例 |
| 九、科学数据管理办法 |
| 十、未成年人网络保护条例 |

（续）

| 司法解释及解释性文件 |
| --- |
| 一、最高人民法院关于审理使用人脸识别技术处理个人信息相关民事案件适用法律若干问题的规定（法释〔2021〕15 号） |
| 二、最高人民法院关于审理利用信息网络侵害人身权益民事纠纷案件适用法律若干问题的规定（法释〔2020〕17 号） |
| 三、最高人民法院关于审理侵犯商业秘密民事案件适用法律若干问题的规定（法释〔2020〕7 号） |
| 四、最高人民法院、最高人民检察院关于办理非法利用信息网络、帮助信息网络犯罪活动等刑事案件适用法律若干问题的解释（法释〔2019〕15 号） |
| 五、最高人民法院、最高人民检察院关于办理侵犯公民个人信息刑事案件适用法律若干问题的解释（法释〔2017〕10 号） |
| 六、检察机关办理侵犯公民个人信息案件指引 |
| 七、最高人民法院关于审理网络消费纠纷案件适用法律若干问题的规定（一）(法释〔2022〕8 号） |
| 八、最高人民法院、最高人民检察院、公安部关于依法惩处侵害公民个人信息犯罪活动的通知 |
| **部门规章 / 规范性文件** |
| 一、通用类 |
| （一）互联网用户公众账号信息服务管理规定 |
| （二）App 违法违规收集使用个人信息行为认定方法 |
| （三）儿童个人信息网络保护规定 |
| （四）互联网个人信息安全保护指南 |
| （五）区块链信息服务管理规定 |
| （六）互联网信息服务算法推荐管理规定 |
| （七）网络安全审查办法 |
| （八）关于加强互联网信息服务算法综合治理的指导意见 |
| （九）常见类型移动互联网应用程序必要个人信息范围规定 |
| （十）国家网络安全事件应急预案 |
| （十一）数据出境安全评估办法 |
| （十二）互联网用户账号信息管理规定 |
| （十三）移动互联网应用程序信息服务管理规定 |
| （十四）公共互联网网络安全突发事件应急预案 |
| （十五）关于信息安全等级保护工作的实施意见 |
| （十六）信息安全等级保护管理办法 |
| （十七）信息安全等级保护备案实施细则 |
| （十八）数据出境安全评估办法 |

（续）

| 部门规章 / 规范性文件 |
| --- |
| （十九）数据出境安全评估申报指南（第一版） |
| （二十）个人信息出境标准合同办法 |
| （二十一）促进和规范数据跨境流动规定 |
| 二、金融类 |
| （一）征信机构管理办法 |
| （二）征信业务管理办法 |
| （三）中国保监会[一]关于印发车险反欺诈数据规范的通知 |
| （四）银行业金融机构数据治理指引 |
| （五）中国人民银行金融消费者权益保护实施办法 |
| （六）商业银行数据中心监管指引 |
| （七）个人信用信息基础数据库管理暂行办法 |
| （八）中国银保监会[二]办公厅关于银行业保险业数字化转型的指导意见 |
| （九）证券期货业信息安全保障管理办法 |
| （十）中国人民银行计算机系统信息安全管理规定 |
| 三、汽车类 |
| （一）汽车数据安全管理若干规定（试行） |
| （二）工业和信息化部关于加强智能网联汽车生产企业及产品准入管理的意见 |
| （三）智能汽车创新发展战略 |
| （四）工业和信息化部关于加强车联网网络安全和数据安全工作的通知 |
| 四、药品医疗类 |
| （一）国家医疗保障局关于印发加强网络安全和数据保护工作指导意见的通知 |
| （二）卫生行业信息安全等级保护工作的指导意见 |
| 五、邮政快递类 |
| （一）国家邮政局　商务部关于规范快递与电子商务数据互联共享的指导意见 |
| （二）寄递服务用户个人信息安全管理规定 |
| （三）邮政行业安全信息报告和处理规定 |
| （四）关于切实做好寄递服务信息安全监管工作的通知 |
| 六、工业类 |
| （一）工业和信息化部办公厅关于组织开展工业领域数据安全管理试点工作的通知 |
| （二）工业控制系统信息安全防护能力评估工作管理办法 |

[一] 2018年与中国银监会整合，组建了中国银保监会。

[二] 2023年撤销，在其基础上组建了国家金融监督管理总局。

（续）

| 部门规章 / 规范性文件 |
| --- |
| （三）工业控制系统信息安全事件应急管理工作指南 |
| 七、其他类行业 |
| （一）自然资源部关于规范重要地理信息数据审核公布管理工作的通知 |
| （二）电信和互联网用户个人信息保护规定 |
| （三）国家民用卫星遥感数据国际合作管理暂行办法 |
| （四）教育部机关及直属事业单位教育数据管理办法 |
| （五）关于档案部门使用政务云平台过程中加强档案信息安全管理的意见 |
| （六）档案行业网络与信息安全信息通报工作规范 |
| （七）税务系统网络与信息安全防范处置预案 |
| （八）关于加强涉密测绘地理信息安全管理的通知 |
| （九）关于进一步开展交通运输行业信息安全等级保护工作的通知 |
| （十）电力行业网络与信息安全管理办法 |
| （十一）电力行业信息安全等级保护管理办法 |
| （十二）关于加强国家电子政务工程建设项目信息安全风险评估工作的通知 |

随着经济全球化迅速发展，中国企业加速出海，出海企业在进行数据合规时需要关注多个方面，以应对不同国家和地区的法律法规要求。企业需要理解不同国家的法律环境，深入了解目标市场的法律法规，如欧盟《通用数据保护条例》(GDPR)、英国《数据保护法案》、加拿大《个人信息和数据保护法庭法》、美国《加州消费者隐私法案》、巴西《巴西通用数据保护法》等。

### 2. 数据产品合规体系搭建

围绕各类合规要求，企业需要建立一套数据完整的数据合规体系，包括组织架构、制度体系、技术保护措施和人员培训等。企业应持续监测法规变化，定期对自身的数据保护措施进行评估和更新，确保合规性。在复杂或不确定的情况下，企业应寻求专业的技术和法律咨询，以确保其数据保护措施的有效性和合规性。企业可以通过自查以下问题来开始搭建数据产品的合规体系：

1）是否通过对数据产品涉及的数据类型、用户以及所处行业等进行调查，明确数据产品合规所涉及的法律法规、部门规章、规范性文件以及国家和行业标准？

2）是否进行风险评估，充分了解自身数据需求、数据类型、数据主体、数据的生命周期，以及企业在数据处理中的风险？比如，如果是处理重要数据的产品，有没有按照重要数据处理的要求进行风险评估和上报评估报告？

3）是否对数据产品所在业务领域进行评估，比如是否属于大数据、云计算、互联网金融、电子商务、自动驾驶、人工智能、车联网或物联网？

4）是否结合业务需求、监管要求、自身能力，确定企业数据安全合规目标，制定数据安全战略，并定期进行审查修订？

5）是否建立数据安全审计制度，定期引入第三方机构对内部数据处理活动进行审计？是否把对高敏感数据的处理以及特权账户对数据的访问和操作都纳入重点监控范围？

6）是否设立数据管理机构及责任部门？是否建立数据问责制度？是否定期对员工进行数据培训，并考察员工能力与岗位职责的匹配程度？

在进行合规分析之后，落地一系列的体系制度。以《个人信息保护法》的合规分析为例，对企业数据产品进行合规分析，确定合规所需要采取的措施以及负责部门，制定完善的分层级的数据产品合规制度，如图 4-12 所示。

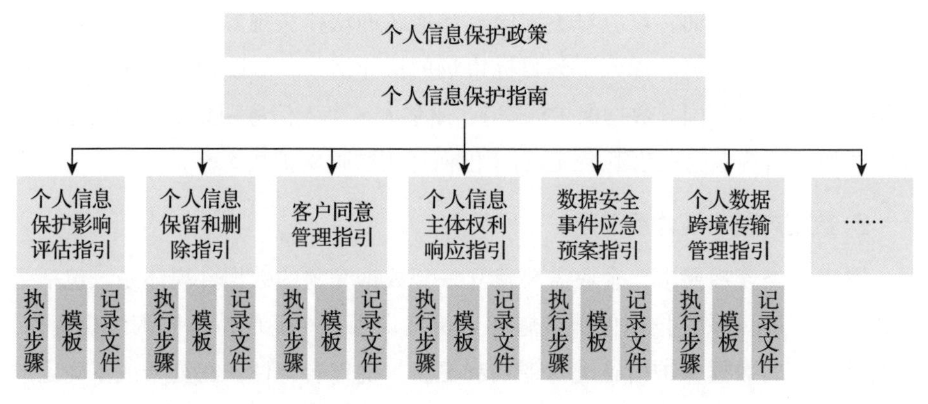


图 4-12　数据产品合规制度示例：个人信息保护合规制度

## 4.4.3　安全合规支撑的数据产品开发策略

安全合规支撑的数据产品开发策略要求企业在产品生命周期的每个阶段整合数据保护措施，从需求收集开始就考虑到数据安全合规的需求，确保设计符合法律法规要求。这种策略强调“安全合规设计先行”原则。在开发过程中采用数据最小化原则和加密等技术手段保护数据，实施严格的访问控制和审计机制，以及建立透明的数据处理流程。同时，它包含持续的合规性评估和风险管理，确保产品能够适应不断变化的法律和技术环境。它还通过员工培训和应急响应计划来提高组织对数据安全合规事件的应对能力。为了确保数据产品安全合规，需要在数据产品全生命周期进行以下考虑。

**（1）安全合规需求分析**

根据数据产品的特点对安全合规进行彻底分析。对于数据产品所涉及的数据、所服务的用户、所处的行业、在哪些监管领域进行分析。数据产品的安全合规需求分析是确保产品从设计到运营各阶段符合法律法规、维护数据安全和保护用户隐私的系统性评估。

**（2）以用户为中心进行设计**

在设计数据产品时充分考虑最终的合规管理和执行用户，根据最终用户的特定需求和挑战进行设计。以用户为中心进行数据产品设计，确保数据产品安全合规，意味着在开发过程中始终将用户隐私和数据保护置于核心位置。这要求从用户需求出发，设计易于理解和操作的数据控制界面，让用户能够轻松管理自己的数据和隐私设置。同时，采用数据最小化原则，仅收集对提供服务必要且用户明确同意的数据，并在数据的收集、存储、处理、传输和销毁各环节实施高标准的安全措施。

**（3）以产品组合扩展进行迭代开发**

以产品组合扩展进行迭代开发，确保数据产品安全合规，要求企业采取模块化的开发方法，围绕合规传统与新型需求构建合规数据产品组合框架，使用敏捷开发方式逐步扩展产品功能的同时，持续整合和更新安全合规措施。这种方法允许团队在每个迭代周期中评估和加强数据保护机制，确保新加入的功能模块遵循最新的法律法规和安全标准。通过小步快跑、频繁回顾和调整，企业能够灵活应对监管变化和技术进步，同时确保用户隐私和数据安全得到不断增强的保护。此外，迭代过程中积极收集用户反馈，充分接收这些反馈以敏捷迭代的方式进行优化和提升，确保数据产品随着用户合规需求的变化而在一个框架下发展。不断优化用户体验和数据控制能力，以实现产品创新与安全合规的双重目标。图 4-13 为合规驱动数据产品组合的一个参考框架。

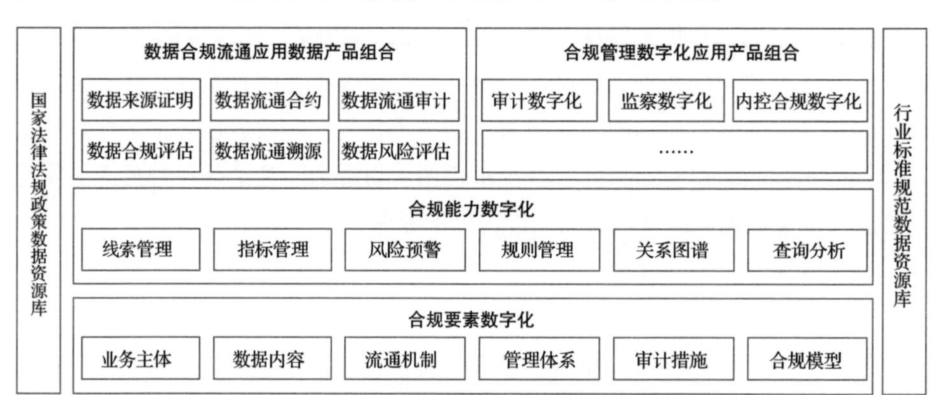


图 4-13　合规驱动数据产品组合参考框架

这个框架的核心思想是从关注合规结果和过程的数字化能力和功能的构建，转变为以合规业务对象为中心构建合规管理所需要的业务能力和数据能力。传统审计、监察与内控合规系统可以参考这个框架进行解耦与重构，新需求的开发则可以纳入数据产品组合整体框架下进行规划、开发和快速迭代。

### 4.4.4　数据产品各个阶段的安全合规

#### 1. 需求阶段

- **安全需求：**识别数据类型和敏感性（如个人身份信息、财务数据、医疗记录等）。使用数据分类表或工具来分类数据，同时将各类数据的安全保护措施以及需求一一整理清楚。
- **法律法规遵循：**检查数据产品适用的法律法规。如果用户是未成年人，则数据产品需要遵守《未成年人网络管理条例》。如果数据产品在特定的行业应用，比如用户是金融消费者，除了要遵守《个人信息保护法》，还要考虑《中国人民银行金融消费者权益保护实施办法》等。如果数据产品服务海外客户，那么也需要遵守当地的法律法规，如欧盟《通用数据保护条例》《加州消费者隐私法案》等。
- **风险评估：**识别潜在的安全威胁（如数据泄露、恶意攻击）并评估其对系统的影响。对风险建模，可以使用 OWASP Threat Dragon 等工具。

- **漏洞评估**：评估现有系统和设计中的安全漏洞。利用漏洞扫描工具（如 Nessus）进行初步扫描，并定期进行手动审查。
- **对第三方进行安全合规评估**：确保数据和模型的供应商与使用者具备适当的合规认证，例如 ISO 27001 信息安全管理认证。确保在数据流通过程中制定明确的合同条款和服务级别协议（SLA），包括数据使用、安全保障和责任分担等内容。

## 2. 设计阶段

### （1）安全架构设计

- **最小权限原则**：确保用户、系统和应用程序的权限仅限于完成其任务所需的最小权限。实现基于角色的访问控制（RBAC）。设立访问控制策略，确保只有授权人员才可以访问和处理数据，避免未经授权的数据访问和使用。
- **数据加密**：制定数据加密方案，包括数据传输加密（使用 TLS/SSL）和数据存储加密（使用 AES）。确保密钥管理的安全性。同时对敏感数据进行匿名化处理，减少数据泄露和风险。
- **敏感数据保护**：对于特别敏感的数据，如个人身份信息（PII）或医疗保健数据（PHI），需采取额外的保护措施，确保数据安全和合规性。
- **安全接口**：设计和实施安全的应用程序接口（API），包括身份验证、授权和输入验证。使用 OAuth 2.0 或 JWT 来管理 API 访问。

### （2）安全设计审核

- **设计评审**：进行设计评审会议，邀请安全专家审查架构设计。使用安全审计工具和方法（如 Microsoft Threat Modeling Tool）进行验证。
- **第三方审计**：聘请独立的第三方安全审计机构对设计进行深入审查和评估，确保符合最佳实践和标准。

## 3. 开发阶段

### （1）安全编码实践

- **代码审查**：定期进行代码审查，确保遵循安全编码规范。使用静态代码分析工具（如 SonarQube、Checkmarx）来自动化检测安全漏洞。

- **安全测试**：实施动态应用程序安全测试（DAST）和手动渗透测试，识别和修复运行时漏洞。可以使用 OWASP ZAP、Burp Suite 等工具。

（2）依赖管理

- **第三方库审查**：审查和管理第三方库，确保使用的库和框架是最新的，并且没有已知漏洞。使用工具（如 Snyk）进行漏洞扫描和依赖检查。
- **依赖锁定**：使用依赖管理工具（如 npm、Maven、Pipenv）锁定依赖版本，防止自动升级引入新漏洞。

### 4. 测试阶段

（1）安全测试策略

- **渗透测试**：进行全面的渗透测试，模拟攻击以识别和修复安全漏洞。测试范围应包括网络、应用程序和接口。
- **安全验证**：验证系统是否符合安全设计要求，包括验证加密实施、访问控制和数据保护措施。

（2）安全修复

- **漏洞修复**：对测试过程中发现的漏洞进行修复，并进行回归测试以确保修复不会引入新问题。
- **回归测试**：进行回归测试，确保漏洞修复后系统功能正常，且未引入新漏洞。

### 5. 部署阶段

（1）安全部署

- **安全配置**：配置生产环境的安全设置，包括防火墙、入侵检测系统（IDS）和入侵防御系统（IPS）。使用安全配置基准（如 CIS Benchmarks）进行配置。
- **环境隔离**：将开发、测试和生产环境隔离，确保生产环境的数据和系统不受开发与测试环境的影响。

（2）安全监控部署

- **实时监控**：部署实时监控工具，如 SIEM（安全信息和事件管理）系统，监控系统的异常活动和安全事件。

- **日志管理**：实施日志记录和管理策略，确保所有安全事件和系统活动被记录，并定期进行审查和分析。

### 6. 维护阶段

#### （1）安全更新

- **定期更新**：实施定期更新策略，确保所有系统和应用程序都安装了最新的安全更新和补丁。
- **补丁管理**：使用补丁管理工具（如 WSUS、Red Hat Satellite）来自动化补丁的部署和管理。

#### （2）事件响应

- **响应计划**：制订并演练安全事件响应计划，明确响应团队、责任分工和响应流程。定期进行模拟演练。
- **后期分析**：对安全事件进行详细的根本原因分析，识别漏洞和改进点，更新安全策略和措施。

#### （3）审计和监控

- **审计轨迹**：记录和监控数据流通过程中的操作轨迹和访问记录，便于追溯和审计数据使用情况，确保数据产品的运行安全合规，并且能够证明数据的安全合规处理。
- **异常检测**：建立异常检测机制，及时发现和响应未经授权的数据访问或使用行为。对于违反安全合规的数据产品，根据检测结果及时进行整改。
- **合规性评估**：定期对数据流通过程进行合规性审查和评估，确保数据和模型的使用符合适用的法律法规和行业标准。

第5章 CHAPTER

# 数据产品设计方法

在上一章中，我们在介绍数据产品高速动车组模型时，提出了价值牵引、场景驱动和合规支撑这三大核心策略。这些策略为数据产品的开发提供了全面的指导框架，确保产品不仅能满足用户需求，还能在实际应用中创造长期且显著的价值。

那么，如何具体实现价值呢？数据产品设计是连接数据与应用的桥梁，它通过系统化的设计和开发过程，将数据的潜在价值充分挖掘并呈现给用户。数据产品设计方法的核心在于理解用户需求和场景，通过数据技术手段构建高效、可靠的解决方案，为组织创造持续的竞争优势。

本章将聚焦于数据产品设计的核心理念和实践路径，详细介绍“数据产品设计五步法”。这一方法论以用户为中心，强调场景驱动和价值导向，力求在每一个设计环节中都能体现数据的应用价值。本章最后介绍两个不同数据产品类型的案例，展示这一方法在实践中的应用，带领读者将一个用户的潜在需求变成用户可以“触摸”的价值。

## 5.1　数据产品设计五步法框架

数据产品设计五步法是一个系统化的框架，用于帮助产品团队在明确用户需求、挖掘数据潜力的基础上，确保产品的设计、开发和交付符合预期目标。这个方法以用户需求和场景为中心，强调数据在实际业务中的应用价值。通过清晰的步骤，数据产品可以在不同环节中充分体现数据的价值，从而为用户和组织带来切实的业务收益。

如图 5-1 所示，数据产品设计五步法包括 5 个步骤：产品场景设计、产品价值设计、产品构件设计、产品交付与运营以及产品安全合规设计。各个步骤环环相扣，确保产品在设计过程中既能解决用户痛点，又能符合商业战略目标。

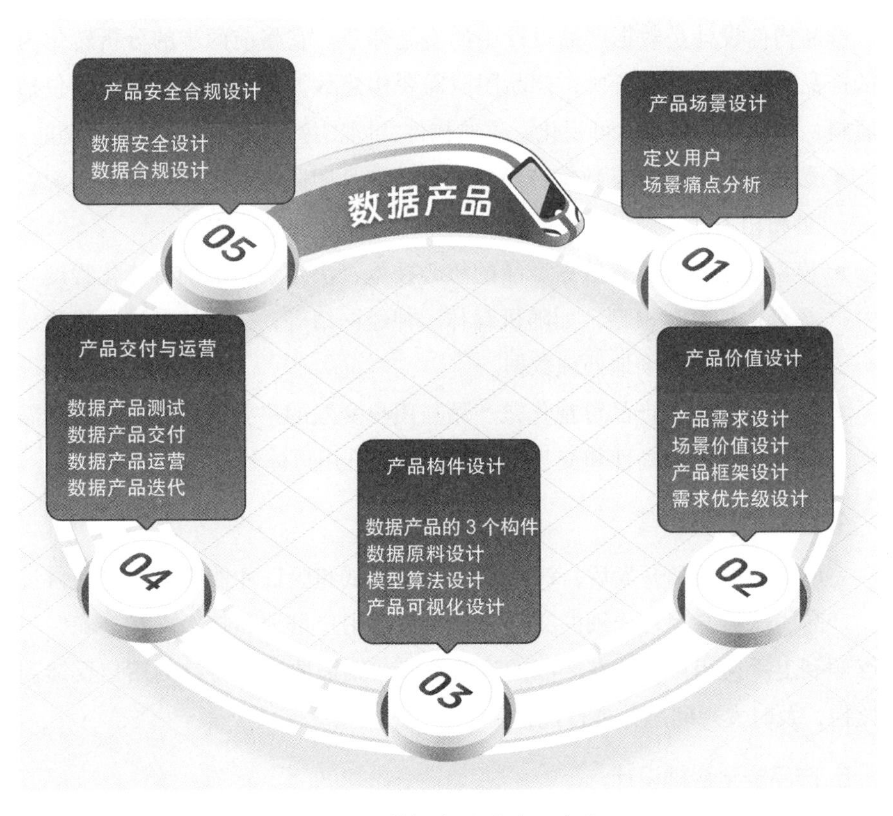


图 5-1　数据产品设计五步法

### 1. 产品场景设计

产品场景设计是数据产品设计的起点。场景是产品设计中的关键要素，它决定了产品的功能和数据的应用方式。通过理解用户的具体需求和痛点，产品团队可以定义产品的应用场景，确保产品能够真正解决实际问题。

### 2. 产品价值设计

在明确了应用场景之后，产品设计团队需要深入挖掘数据产品给用户和企业带来的价值。这一阶段的核心是界定产品的商业价值，明确产品可以为用户解决哪些问题，为企业带来什么样的收益。产品价值设计不仅包括量化指标（如提高生产效率、降低运营成本），还涵盖定性价值，如改善用户体验和增强用户黏性。

### 3. 产品构件设计

产品构件设计是数据产品设计中的实施环节。它将前两步的分析转化为具体的产品功能。在这个阶段，产品团队需要构建数据产品的主要构件，包括数据原料、模型算法和产品可视化。这些构件共同支撑了数据产品的核心功能。

- 数据原料：数据是数据产品的基础，产品团队需要明确数据的来源、质量和相关性，确保数据的可靠性和时效性。
- 模型算法：算法是数据产品的核心技术，决定了产品的智能化程度。选择合适的算法模型，如随机森林、神经网络等，结合场景进行优化，确保模型能够精准地处理数据。
- 产品可视化：产品可视化是产品与用户交互的主要途径，产品团队需要确保信息的清晰性和交互的流畅性，提升用户体验。

### 4. 产品交付与运营

完成产品设计和开发后，产品需要通过测试和验证才能交付。在交付过程中，产品团队需要制订详细的交付计划，包括用户培训和技术支持，确保用户能够顺利上手使用产品。在产品的运营阶段，则需要通过持续的用户反馈和数据监控，及时发现问题并进行优化。

### 5. 产品安全合规设计

产品安全合规设计是数据产品设计中的最后一步。在数据隐私和安全日益受到关注的今天，数据产品必须符合法律法规，确保用户数据的安全性。产品团队需要在数据收集、存储、处理的每一个环节采取有效的安全措施，防止数据泄露、滥用或被篡改。

上述 5 个步骤为数据产品的开发和实施提供了系统化的指导框架，帮助设计者在复杂多变的市场环境中始终保持产品的高效性和竞争力。无论是场景设计、价值设计，还是构件设计、产品交付与运营，抑或安全合规设计，每一个环节都至关重要，共同构成了数据产品设计的完整闭环。

## 5.2　第一步：产品场景设计

数据产品要发挥价值，就必须先识别和定义场景，这些场景可以是用户在特定情境下实现目标和预期的具体行为或需求。因此，“数据产品设计五步法”的第一步就是产品场景设计，在这个阶段，产品团队需要深入了解目标用户、分析他们的痛点，并定义具体的业务场景。

### 5.2.1　定义用户

场景是建立在用户的行动中的，所以要识别场景，首先要了解用户。

在数据产品设计的初始阶段，定义用户是一个至关重要的步骤。在这个过程中不仅要确定谁会使用产品，还要深入理解用户的特征、需求和行为模式。在实际应用中，用户可能是一个公司、一个业务部门，也可能是具体的个人。无论用户类型如何，准确定义用户都能为后续的产品设计和开发提供明确的方向。

用户画像是定义用户的常用工具。它是对目标用户群体的一种抽象化描述，能够帮助我们更好地理解用户的特征、需求和行为模式。用户画像可以帮助产品团队跳出“为自己设计”的惯性思维，专注于目标用户的核心价值，确保产品设计更加贴近用户的真实需求。构建用户画像时，团队可以从多个维度入手，包括用户的年龄、职业、技术水平、使用场景等。例如，在教育行业中，目标用户可以是学生、教师或者教育管理者。针对不同用户群体的特点，产品团队可以为其量身定制解决方案。

用户画像通常包括以下几个关键要素：

- 人口统计学特征：年龄、性别、教育背景、职业等。这些特征帮助我们了解用户的基本情况。
- 行为特征：使用频率、使用时长、常用功能等。这些特征反映了用户的使用习惯和偏好。
- 心理特征：目标、动机、价值观等。这些特征揭示了用户的内在需求和诉求。
- 环境特征：设备、网络环境、使用场景等。这些特征影响了用户的使用体验。

在定义用户时，产品团队不仅要考虑当前用户的需求，还要预见用户在未来的需求变化。通过持续的用户研究和反馈机制，产品团队可以动态更新用户画像，确保产品始终满足用户不断变化的需求。

### 5.2.2 场景痛点分析

了解用户画像后，下一步就是深入挖掘用户的真实需求。这一步的关键是“以用户为中心”，而这里的“中心”指的是用户期望或者目标，所以第一步就是找到用户目标。

#### 1. 对齐用户目标

用户目标是数据产品设计的出发点和落脚点。在这个过程中，明确数据产品要解决什么问题，达成什么目标。这不仅能够指导产品功能的开发，还能确保产品真正满足用户的需求，创造实际价值。

在收集这些目标的过程中，产品团队需要与各个用户群体进行深入交流。可以采用多种方法，如问卷调查、一对一访谈或焦点小组讨论等，以获取全面而准确的信息。

在实践中，用户目标收集卡片是一个有效的工具，用于系统地收集和整理用户目标。如图 5-2 所示，这个工具能够清晰地记录用户群体、目标、期望结果、衡量标准等关键信息。在使用用户目标收集卡片时，重点应放在那些直接影响用户预期或客户目标的两三个核心目标上。这种聚焦能够帮助产品团队更精准地把握用户的核心诉求，为后续的产品设计提供明确的方向。

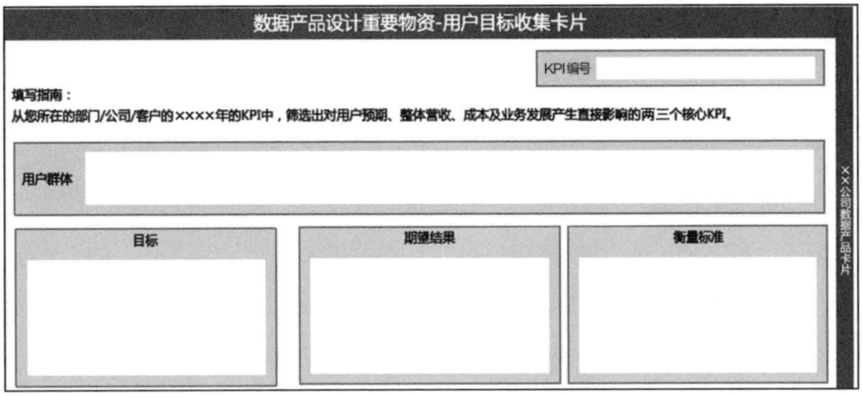

数据产品设计重要物资-用户目标收集卡片
KPI编号
填写指南：
从您所在的部门/公司/客户的××××年的KPI中，筛选出对用户预期、整体营收、成本及业务发展产生直接影响的两三个核心KPI。
用户群体
目标
期望结果
衡量标准
××公司数据产品卡片

图 5-2　用户目标收集卡片示例

通过这种系统化的目标收集和分析过程，产品团队可以确保产品设计紧密围绕用户的实际需求展开。

### 2. 定义业务场景

在数据产品开发策略中，场景驱动是核心要素。业务场景不仅是用户实现目标的具体环境和过程，能帮助产品团队更好地理解用户的实际需求和行为模式，而且是后续数据产品释放价值的关键所在。

活动场景卡片是一个有效的工具，用于记录和分析业务场景。如图 5-3 所示，一个典型的活动场景卡片包括用户名称、用户目标、场景名称和场景描述。通过这种结构化的方法，产品团队可以系统地梳理不同用户在不同情境下的需求和行为。

用户名称和用户目标来自上述步骤，场景名称和场景描述分别如下：

- 场景名称：简洁明了地概括该场景的主题，便于后续讨论和分析。
- 场景描述：概要描述用户在该场景中的具体行为和需求，包括他们的操作步骤、使用环境以及遇到的问题。这一部分有助于全面理解用户在实际操作中的体验。

通过对这些场景的分析，产品团队可以更好地理解用户在实际使用中的需求和痛点，为后续的功能设计提供依据。

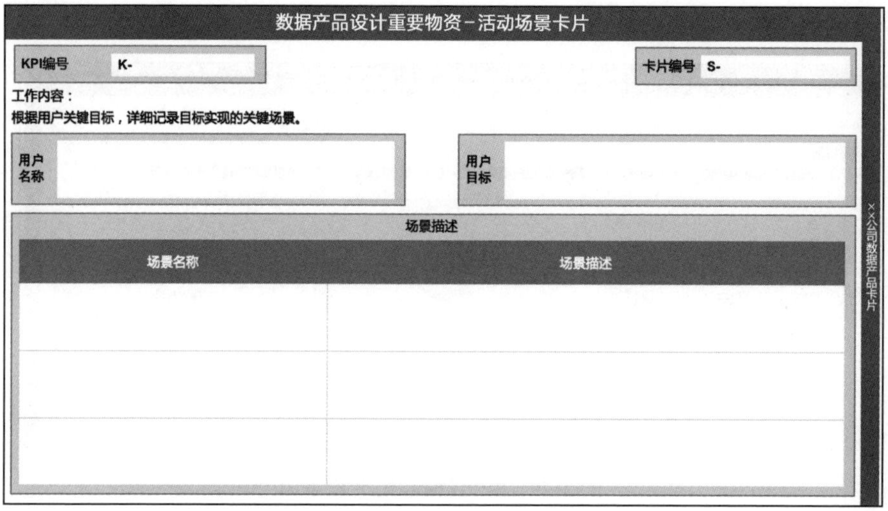

数据产品设计重要物资-活动场景卡片

KPI编号 K-　　卡片编号 S-

工作内容：

根据用户关键目标，详细记录目标实现的关键场景。

| 用户名称 | | 用户目标 | |
|---|---|---|---|

场景描述

| 场景名称 | 场景描述 |
|---|---|
| | |
| | |
| | |

××公司数据产品卡片

图 5-3　活动场景卡片示例

### 3. 识别用户痛点

在业务场景中，用户为了实现目标要执行一系列的活动，在这个过程中可能会遇到困难，这个时候分析其中的挑战因素就能找到痛点。痛点就是反映用户在实现目标过程中执行具体活动时遇到的挑战，通过深入理解用户痛点，产品团队可以设计出真正解决问题、满足需求的功能和服务。

为了系统化地识别和记录这些痛点，我们引入用户痛点挑战卡片。如图 5-4 所示，用户痛点挑战卡片通常包含以下几个关键元素：用户名称、用户目标、场景描述、现状描述、存在痛点及成因分析。这种结构化的方法可以帮助我们全面地理解问题，并为后续的产品设计提供清晰的指导。

其中用户名称、用户目标、场景描述来自前面的步骤。针对前面的活动场景，实践中可以收集到多个场景，这就需要不同的场景有不同的挑战卡片。卡片中的新元素释义如下：

- 现状描述：说明当前用户在该场景下的实际情况，反映出他们面临的问题。
- 场景活动：详细列出用户在该场景中进行的具体活动，帮助理解他们的行为流程。

数据产品设计重要物资-用户痛点挑战卡片

KPI编号 K-　　卡片编号

工作内容：
分析业务现状，识别用户在达成业务目标遇到的问题以及形成问题的原因

用户名称　　用户目标

场景描述　　现状描述

存在痛点及成因分析

| 痛点编号 | 场景活动 | 痛点描述 | 形成的原因 |
| --- | --- | --- | --- |
| | | | |
| | | | |
| | | | |

××公司数据产品卡片

图 5-4　用户痛点挑战卡片示例

- 痛点描述：明确指出用户在执行活动时遇到的困难或障碍，这些就是需要解决的问题。
- 形成的原因：探讨导致这些痛点出现的根本原因，以便为后续的解决方案提供依据。

通过对这些痛点的分析，产品团队可以更好地了解用户的实际需求，并设计出有针对性的解决方案。

## 5.3 第二步：产品价值设计

在数据产品开发过程中，价值牵引是核心驱动力。在第一步找到用户的痛点后，接下来产品团队可以确定解决思路，构建场景价值，并确立产品框架。这一步不仅决定了产品的功能特性，更关乎其长期成功和用户满意度。价值牵引的理念贯穿整个设计过程，确保每个功能都能直接响应用户需求。

### 5.3.1 产品需求设计

产品需求是针对用户痛点梳理出具体的产品思路。它将用户需求转化为一个大概的解决方案，为后续的开发工作奠定基础。产品需求设计不仅要考虑用户的直接需求，还要预见潜在的问题和机会，提供全面而创新的解决方案。

为了系统地进行产品概念设计，可以使用产品需求卡片这一工具，如图 5-5 所示。产品需求卡片包含用户群体、用户目标、场景描述、方案描述、需求及解决思路等关键信息。其中，用户群体、用户目标、场景描述来自上一步，这一步主要依托用户活动场景梳理解决思路。通过这种结构化的方法，产品团队可以清晰地梳理每个用户群体在不同场景下的需求，并提出有针对性的解决思路。

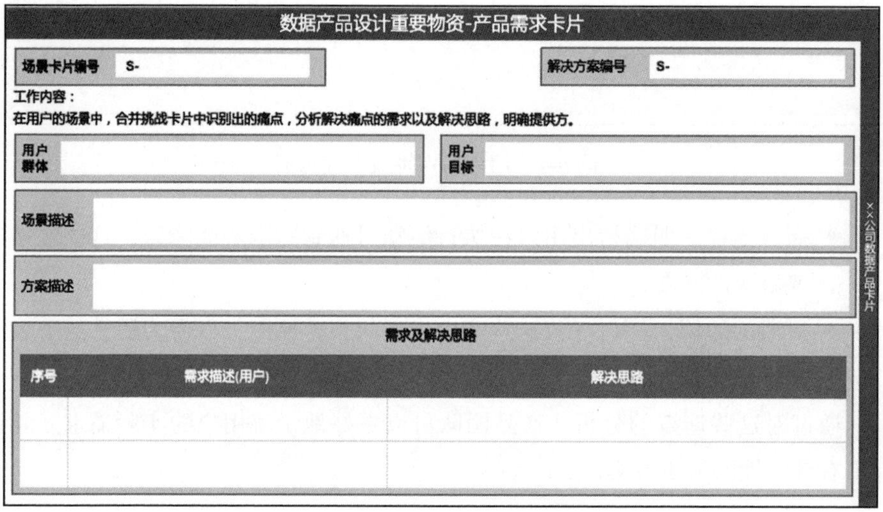

数据产品设计重要物资-产品需求卡片

场景卡片编号 S-　　解决方案编号 S-

工作内容：

在用户的场景中，合并挑战卡片中识别出的痛点，分析解决痛点的需求以及解决思路，明确提供方。

用户群体　　用户目标

场景描述

方案描述

需求及解决思路

| 序号 | 需求描述(用户) | 解决思路 |
| --- | --- | --- |
| | | |
| | | |

××公司数据产品卡片

图 5-5　产品需求卡片示例

- 方案描述：提供针对用户需求的解决方案概述，帮助产品团队明确产品功能定位。
- 需求描述：详细列出用户在场景中对产品的具体需求，作为产品设计的基础。
- 解决思路：提出可能的解决方案和实现路径，以便为后续开发提供指导。

产品需求卡片从用户问题中寻找痛点，在业务场景中分析解决痛点的需求以及解决思路。所有产品概念必须围绕用户痛点，解决方案不是凭空出现的。

围绕这个卡片的逻辑，始终要问：

- 这个痛点该采用什么样的解决思路？
- 具体解决方案是什么？
- 对解决方案的期望是什么？产品的输出是什么？例如，是一个推荐算法，还是一份包含最终分析结果的数据报告？关于数据类型的具体预测是什么？

每个问题的最后，都要问一句“为什么”。通过不断询问“为什么”，可以深入挖掘问题的根源，进而找到最有效的解决思路。

例如，一家民办学校面临经营业绩难以达成的困境，初步方案是制作一个经营看板。然而，通过进一步的“为什么”分析，发现问题的根源在于有大量的学生出于家庭等个人原因中途退学、退款，导致学年初的营收数据缩水。因此，解决思路应该是建立一个监测学生流失率的指标并为其设置阈值，当接近这个阈值时，就应该触发预警流程进行过程干预。这一过程不仅解了学校的燃眉之急，还为学校的长期发展打下了坚实的基础。

### 5.3.2　场景价值设计

在确定了数据产品的需求之后，接下来的步骤是设计场景价值。场景价值的设计不仅有助于明确产品的实际应用场景，还能系统性地评估产品的价值。第 4 章中，我们详细介绍了数据产品 FBUS 价值模型。利用这个模型，产品团队可以从财务价值、业务价值、用户价值和社会价值 4 个维度来评估与设计产品价值。

在设计场景价值时，首先需要从产品需求出发，结合 FBUS 价值模型的 4 个维度来系统性地思考场景的价值。需要注意的是，并不是每个需求都涉及全部 4 个维度的价值，有些需求可能只涉及其中的一个或几个维度。

- 财务价值：财务价值主要集中在数据产品如何对企业财务产生积极影响上，包括资产化、货币化和资本化。对于特定场景，可以分析数据产品如何通过提高收入、降低运营成本或创造新的盈利模式来贡献财务价值。
- 业务价值：这个维度关注的是数据产品如何提升业务效率、降低成本或推动业务创新。在设计场景价值时，应该明确数据产品在具体业务场景中的作用，例如，如何利用数据产品优化生产流程或改善客户服务。这种分析有助于确定数据产品在业务运作中的直接影响。

- 用户价值：用户价值着眼于数据产品如何提升用户体验或提供个性化服务。在设计场景价值时，需要考虑数据产品如何满足用户的特定需求，增强用户的使用体验。例如，数据产品如何通过精准的数据分析来提升用户的决策效率或满足用户的个性化需求。
- 社会价值：社会价值指的是数据产品对社会的整体贡献，包括推动产业升级、促进社会公平和改善公共服务。在场景价值设计中，可以考虑数据产品如何在更广泛的社会层面产生积极影响，如优化城市管理或促进公共健康。

在明确了场景的价值后，下一步是根据不同的价值维度确定相应的价值指标。这些指标用于衡量数据产品在实际应用中的效果，并为产品的改进提供依据。

- 财务价值指标：包括数据产品带来的新增收入、成本减少的金额或资本化的收益等。
- 业务价值指标：例如，通过数据产品实现的生产效率提升百分比、业务成本节省金额等。
- 用户价值指标：例如用户满意度评分、用户使用频率、个性化服务的精准度等。
- 社会价值指标：包括社会效益的评价，如公共服务的改善程度、社会资源的优化利用等。

为了系统性地记录和管理场景价值，可以使用数据产品价值卡片。如图 5-6 所示，数据产品价值卡片包括用户群体、用户目标、方案描述、产品需求及特征、价值点、价值指标等要素。

用户群体、用户目标和方案描述来自上面的步骤，其他 3 个要素的主要内容如下：

- 产品需求及特征：列出用户在场景中对产品的需求及其特征，作为产品设计的基础。
- 价值点：总结产品在该场景中所能创造的具体价值，便于后续的评估和优化。

- 价值指标：设定用于衡量产品价值的具体指标，确保产品在使用过程中能够持续创造价值。

图 5-6　数据产品价值卡片示例

通过这些步骤，可以系统性地定义和记录数据产品在不同场景中的价值，确保在产品开发和应用过程中，能够准确把握其实际效果和潜在贡献。

## 5.3.3　产品框架设计

明确价值后，接下来就可以思考整体方案了。要说明的是，数据产品的设计不只是一个技术实现的过程，而是一个全面的规划过程，需要考虑数据产品相关的各个方面。为了更好地规划数据产品，我们引入“数据产品框架小屋”的概念。

如图 5-7 所示，这个框架小屋包含 9 个关键要素：用户目标、用户群体、产品需求、数据资源、技术平台、合力部门、业务举措、价值评估和风险挑战。其中，用户目标、用户群体、产品需求、价值评估来自上面步骤。需要注意的是，这个框架不仅包括技术的部分，还包括需要合力的部门、业务举措和可能的风险。

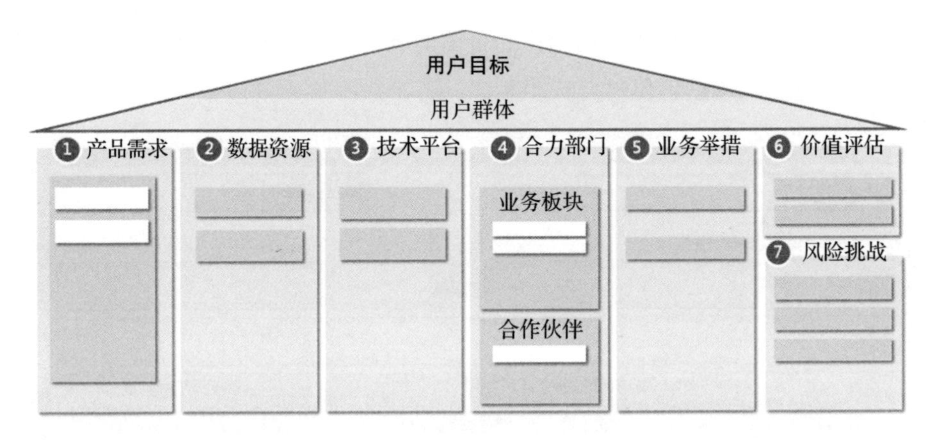


图 5-7　数据产品框架小屋示例

这些要素共同构成了产品的整体结构，确保产品在设计过程中既能解决用户痛点，又能符合商业战略目标。下面对其中几个要素单独解释。

- 数据资源：数据资源是产品功能的基础，定义了产品所依赖的原始数据及其处理方式。在数据资源规划时，需明确数据的来源、类型和质量。
- 技术平台：技术平台是支撑数据产品实现的基础。它包括数据采集、存储、处理和呈现的全流程技术实现。在选择技术平台时，需要考虑系统的扩展性、安全性以及与其他平台的集成能力。
- 合力部门：数据产品的设计和实现往往需要多部门协同合作。在框架设计中，需要明确与各部门之间的协作关系，确保产品设计、开发、测试等环节顺利推进。
- 业务举措：业务举措是数据产品在实际应用中落地的重要保障。通过与外部合作伙伴建立合作，或者通过内部的业务流程改进，推动产品的推广和应用。
- 价值评估：为了确保数据产品的长期发展和市场竞争力，需要建立一套有效的价值评估体系。
- 风险挑战：在数据产品的开发和应用过程中，风险是不可避免的。在框架设计中，需要提前识别和分析可能存在的风险并制定应对策略。常见的风险包括数据隐私问题、数据安全漏洞、法律合规挑战等。

通过“数据产品框架小屋”的 9 个关键要素，产品团队能够全面系统地规划产品的各个方面。这不仅涵盖了技术实现，还考虑了用户需求、数据资源、业务价值、组织协作以及风险应对策略，确保产品能够顺利落地并为用户和企业带来长远的价值。

### 5.3.4　需求优先级设计

在梳理产品框架的过程中会收集到大量的需求，这时就需要进行优先级排序。通过合理地安排需求优先级，产品团队能够在有限的时间和资源下，最大限度地满足用户需求和商业目标。

需求优先级的确定通常考虑以下 3 个维度：业务价值度、数据资源成熟度和技术资源成熟度。对这 3 个维度可以设计不同的权重，按照 5 分制定不同的等级，最后统计总分，依据总分排序，得分最高者，则优先级最高，如表 5-1 所示。

表 5-1　数据产品需求优先级模型

| 序号 | 产品需求 | 业务价值度（0～5 分） | 数据资源成熟度（0～5 分） | 技术资源成熟度（0～5 分） | 总分（0～5 分） |
|---|---|---|---|---|---|
| 1 | | | | | |
| 2 | | | | | |
| 3 | | | | | |
| 4 | | | | | |
| 5 | | | | | |

- 业务价值度：衡量某项需求对业务目标的贡献大小。高业务价值的需求通常能有效地提高业务表现，例如通过提升生产效率或降低运营成本来满足关键业务目标。在需求优先级的设计中，业务价值度往往是最重要的衡量指标，可以通过 1 到 5 分的评分量化需求的价值，高评分表示该需求在业务目标实现中的关键性作用。
- 数据资源成熟度：实现某项需求所需的数据资源的可用性和质量。如果某项需求所依赖的数据已经充分存在且质量较高，那么该需求的实现难度和成本会相对较低，因此该需求的优先级较高。数据资源的成熟度同样采用 1 到 5 分的评分，数据资源越成熟，评分越高。
- 技术资源成熟度：衡量需求实现所依赖的技术是否具备较高的成熟度。

高技术资源成熟度意味着实现某项需求所需的开发时间短、成本低，并且实现的可能性高。在设计需求优先级时，技术平台的稳定性和可扩展性也是重要的考虑因素。技术资源的评分同样采用 1 到 5 分，5 分表示技术资源非常成熟。

可以根据项目的具体需求为这些维度分配不同的权重，例如业务价值度权重为 0.5，数据资源成熟度权重为 0.3，技术资源成熟度权重为 0.2，则可以通过以下公式加权计算每个需求的总分，需求总分越高，优先级越高。

$$\text{需求总分} = (\text{业务价值度得分} \times 0.5) + (\text{数据资源成熟度得分} \times 0.3) + (\text{技术资源成熟度得分} \times 0.2)$$

通过这个模型，产品团队可以初步确定需求的优先级。得分最高的需求被赋予最高优先级，因为它们通常能够在业务价值、数据资源和技术实现方面取得最佳平衡。然而，需求优先级的确定不仅依赖于模型，还需要结合产品战略、市场竞争等因素。

## 5.4 第三步：产品构件设计

在完成了场景设计和价值设计后，我们进入了第三步——产品构件设计，这一步是将用户需求和业务场景转化为具体产品功能的关键环节。手机的主要构件有电池、屏幕和操作系统，新能源汽车的主要构件有电池、电机和电控，同样，数据产品也可以设计成不同的构件。通过模块化和集成，产品团队能够将抽象的需求具体化，使数据产品不仅具备实用性，还能在实际应用中创造显著的价值。

### 5.4.1 数据产品的 3 个构件

数据原本只是记录和反映现实的一种形式，但通过合理的设计和应用，它可以被转化为洞察和决策的依据，甚至成为推动创新的核心力量。在这个过程中，数据不仅仅是一种资源，更是一种充满潜力的要素。通过数据产品化，数据的潜力得以最大化挖掘和释放，给企业和用户带来前所未有的价值。

那么数据产品到底由哪些构件组成呢？

要深入理解数据产品的构件，首先需要回到数据产品的定义。第 3 章讲到，数据产品是以数据资源为原料，以数据要素价值化为目标，通过数据分析、数据挖掘等数据科学技术，设计开发的功能或服务。

这个定义揭示了数据产品的三个关键层面，分别是数据原料、模型算法和产品可视化，每一个层面都在数据产品的价值实现过程中发挥着重要作用。

### 1. 数据原料

“以数据资源为原料”，这是数据产品的基础，就像手机的电池是提供能量的源泉一样。数据原料包括所有用于支撑数据产品的基本数据，这些数据可以来自不同的来源，如企业内部系统、外部开放数据、传感器数据等。数据的质量和数量直接影响到数据产品的最终效果，因此，数据的收集、清洗和整合是数据产品开发中的重要环节。

以 Google 搜索引擎为例，数据原料主要包括网页内容、用户搜索行为、点击率等信息。Google 通过不断抓取和更新网页数据，确保其搜索结果的准确性和时效性。这些数据经过清洗和处理后，才能用于后续的模型训练和结果展示。

### 2. 模型算法

“以数据要素价值化为目标，通过数据分析、数据挖掘等数据科学技术”，这是指在数据产品的开发中模型算法的作用，模型算法类似于将数据转化为有价值信息的核心引擎。通过应用数据分析和数据挖掘等技术，模型算法能够将原始数据加工为洞察和预测，推动数据要素的价值化。就如同手机中的芯片和钟表中的机芯一样，芯片是手机的大脑，负责数据的处理和分析，而机芯是钟表的核心，驱动着指针的转动，精准计时。模型算法通过对数据原料的加工和处理，挖掘出有价值的信息和洞察，推动数据产品的智能化和个性化。

不同的数据产品需要不同的模型算法。例如，推荐系统可能使用协同过滤算法，而金融领域的风险控制模型可能需要回归分析、决策树等算法。在构建模型时，开发者需要选择合适的算法，并结合实际场景进行模型的优化和迭代，以确保模型的精度和性能。

### 3. 产品可视化

“设计开发的功能或服务”，这是数据产品的最终表现形式。通过设计和开发具有直观性、可操作性的界面和功能，产品可视化能够将数据分析结果转化为用户可以理解和利用的形态，为用户提供实实在在的价值和体验。

就像手机的屏幕与钟表的表盘和指针一样，屏幕为用户展示丰富的信息和内容，而表盘和指针则以直观的方式显示时间和其他重要信息。数据可视化通过图表、仪表盘、报告等形式，将复杂的数据和分析结果以易于理解的方式呈现给用户，帮助他们做出更明智的决策。

Tableau 是一个著名的数据可视化工具，通过其强大的可视化能力，用户可以将复杂的数据转化为清晰易懂的图表和仪表盘。如图 5-8 所示，通过内置可视化最佳做法的面板，Tableau 让用户能够在不中断分析流程的情况下进行无穷无尽的可视化数据探索。这些可视化结果能够帮助企业快速发现数据中的趋势和异常，从而做出及时的商业决策。

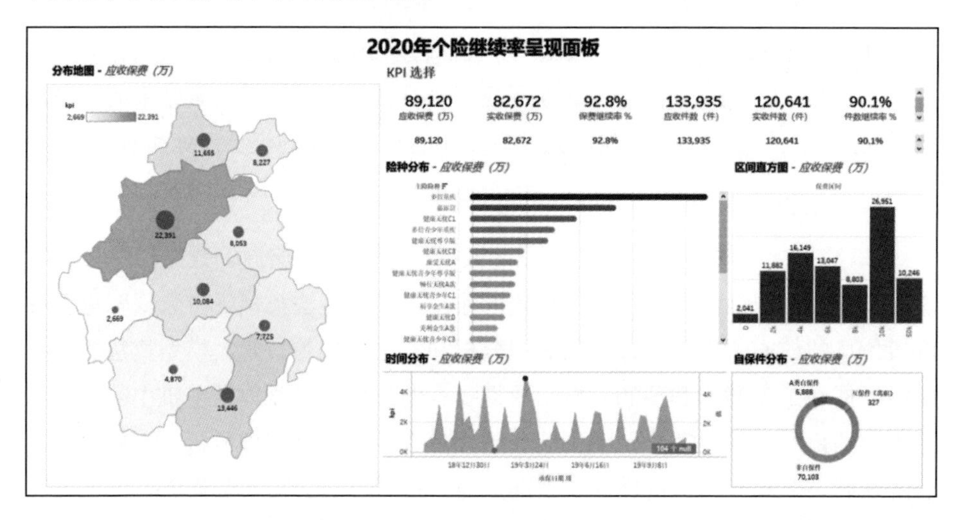


图 5-8　Tableau 的数据可视化

## 4. 3 个构件的协同作用

数据原料、模型算法和产品可视化这 3 个构件（见图 5-9）之间的协同作用决定了数据产品的成败。数据原料为产品提供了基础，模型算法负责将这些原料转化为有价值的信息，而产品可视化则确保了用户能够直观地获取这些信息。通过三者的有效协同，企业能够打造出具有商业价值的高质量数据产品，并为用户提供卓越的服务体验。

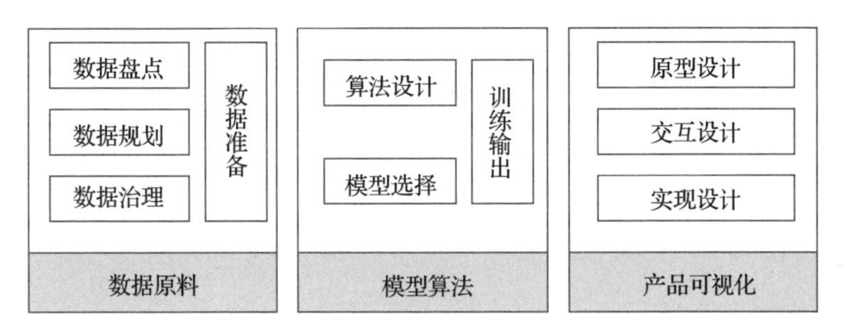


图 5-9　数据产品构件的关系

例如，在一个电商平台的个性化推荐系统中，数据原料包括用户的浏览记录、购买历史、评价和评分等；模型算法通过分析这些数据，生成用户的购买倾向和个性化推荐；而产品可视化则通过推荐页面和界面展示这些个性化的推荐结果，帮助用户更轻松地找到所需商品。这 3 个构件中的任何一个存在问题，如数据不准确、模型算法偏差大或可视化设计不够直观，都可能影响数据产品的最终效果。

## 5.4.2　数据原料设计

数据原料设计是数据产品开发中的基础环节，它不仅影响着数据产品的功能实现，还直接决定了产品能否为用户创造价值。数据原料设计涵盖多个方面，如图 5-10 所示，从数据资源调研与评估，到数据资源规划、数据质量控制以及最终的数据集准备，每个环节都对产品的最终表现有着至关重要的影响。

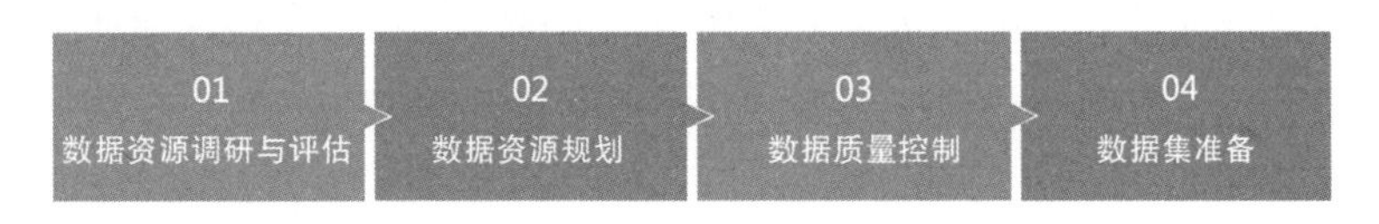


图 5-10　数据原料设计的 4 个步骤

### 1. 数据资源调研与评估

在这一过程中，需要对企业的内外部数据资源进行全面盘点。内部数据包括企业的业务数据、运营数据、财务数据等，外部数据则包括市场数据、竞争对手数据、行业数据等。

数据资源调研与评估通常包括以下几个步骤：

1）数据源识别：列出所有可能的内部和外部数据源。

2）数据质量评估：评估数据的完整性、准确性、一致性、时效性等维度。

3）数据价值评估：从业务角度评估数据解决特定问题或创造价值的潜力。

4）数据可用性评估：评估获取和使用数据的难度和成本。

### 2. 数据资源规划

数据资源规划是在数据资源调研与评估的基础上，制定数据资源获取、存储和管理的整体策略。这个阶段通常包括以下几个关键组成部分：

- 数据架构设计：设计数据的整体架构和关系，包括数据模型、数据流和数据生命周期。
- 数据采集策略：确定数据采集的方式和频率，以最快速度获取所需数据。
- 数据存储方案：选择适合的存储技术和平台，考虑数据量、访问模式和性能需求。
- 数据集成策略：规划如何整合不同来源的数据，确保数据的一致性和完整性。
- 数据安全和隐私保护：制定数据安全策略和隐私保护措施，确保合规性和数据安全。

### 3. 数据质量控制

高质量的数据能够确保模型算法的准确性和可视化结果的有效性。为此，可以采用数据验证和清洗技术，定期检查数据的一致性、完整性和准确性。数据清洗过程中，识别和处理缺失值、异常值和重复数据等问题，有助于提升数据的整体质量。

在这个阶段，需要进行以下工作：

- 数据清洗：对收集到的原始数据进行清洗，去除错误、重复或无关的数据。这个过程可能包括缺失值处理、异常值检测、格式统一化等。
- 数据集成：将来自不同源的数据整合到一起，形成一个统一的数据集。这可能涉及数据格式的转换、字段的映射等工作。
- 数据转换：根据模型的需求，对数据进行必要的转换。这可能包括特征工程、数据标准化、编码转换等。

#### 4. 数据集准备

无论是模型训练还是数据产品的可视化展现，都需要高质量的数据集作为基础。在数据集准备的过程中，通常需要对原始数据进行预处理，以确保数据符合模型算法和可视化界面的要求。

预处理步骤包括去重、缺失值补全和标准化处理，这些操作有助于减少数据中的噪声，提高数据的整体质量。例如，在处理金融交易数据时，数据去重可以消除重复的交易记录，缺失值补全则可以根据现有的模式推测缺失的交易信息。

在数据集准备完成后，数据就可以通过 API 封装，供数据产品的前端使用。在服务型数据产品中，数据还需要与模型算法紧密结合，以实现个性化推荐、预测等智能功能。

关于数据原料的设计与开发，第 6 章将会详细介绍。在资源型的数据产品中，通过准备数据集，再进行 API 封装，就完成了产品的输出。

### 5.4.3　模型算法设计

模型算法是数据产品的核心部分，负责对收集到的数据进行分析和处理，以生成有价值的洞察和预测。通过运用机器学习、统计分析等技术，模型算法能够从数据中提取信息，帮助用户做出更明智的决策。在数据产品的设计过程中，模型算法的设计不仅影响着数据的处理效率，还直接关系到最终用户体验和产品的实际价值。

#### 1. 什么是模型算法

在数据产品开发中，模型算法是一种通过一系列计算步骤或规则来解决特定问题的技术手段。广义上，模型算法包括从数据中提取有价值的信息，以便为决策和行动提供支持。这一过程不局限于机器学习或统计分析的范畴，还包括优化算法、图算法、输出指标、数据标签等多种形式。无论是在日常的业务场景中，还是在复杂的科学研究中，模型算法都扮演着至关重要的角色。

模型算法可以应用于各种场景。例如：金融领域的信用评分模型，可以帮助银行评估客户的信用风险；医疗行业的诊断算法，可以通过分析患者数据辅助医生制定治疗方案；电子商务平台的推荐算法，可以根据用户的历史行为推荐相关产品或服务。

无论应用场景如何，模型算法的核心目标都是通过数据分析和模式识别从数据中提取有意义的结论。这些结论既可以是预测结果，也可以是一份详细的分析报告，甚至可以是一个实时的自动化决策系统。

### 2. 常见的模型算法类型

应用场景和数据类型决定了模型算法的种类。在数据产品开发中，以下几类算法被广泛应用。

#### （1）回归模型

回归模型是一种用于预测连续变量的算法类型，常见的回归模型包括线性回归、逻辑回归和多项式回归等。线性回归主要用于分析两个或多个变量之间的线性关系，适用于简单的预测场景。逻辑回归常用于分类问题，例如预测用户是否会点击某个广告或购买某个产品。多项式回归则可以处理非线性关系，适用于更复杂的数据关系分析。

以房地产市场的价格预测为例，线性回归模型可以通过分析房屋面积、房龄、地理位置等特征，预测房屋的市场价格。

#### （2）决策树和随机森林

决策树是一种基于树形结构的分类和回归模型，通过递归地将数据集分割成不同的区域，实现分类或预测。决策树模型的直观性和可解释性非常强，特别适用于有明确决策点的业务场景。然而，单一的决策树模型可能存在过拟合问题。

为了提高预测的准确性，随机森林通过构建多个决策树模型并对结果进行投票或平均来得到最终的预测结果。这种方法不仅提升了模型的鲁棒性，还有效避免了过拟合问题。随机森林在处理大规模复杂数据时表现尤为出色，广泛应用于分类和回归问题中。

#### （3）神经网络和深度学习

神经网络是受人脑神经元启发的算法，能够模拟人类大脑的学习过程。神经网络结构复杂，尤其是在处理非结构化数据（如图像、语音、文本）时非常有效。深度学习是神经网络的一个分支，具有多层结构，能够对大量数据进行复杂的模式识别和学习。

在图像识别、自然语言处理等领域，深度学习已经成为主流算法。例如，自动驾驶汽车中的目标识别系统，通常会使用卷积神经网络（CNN）来处理和分析摄像头采集到的图像数据，从而帮助车辆自动识别行人、交通标志等。

（4）聚类算法

聚类算法用于将数据集中的对象划分为不同的组，目的是使同一组内的对象相似度最大，不同组之间的相似度最小。常见的聚类算法包括 *k*-means 算法、层次聚类等。聚类算法在市场细分、图像分类、基因数据分析等领域有着广泛的应用。

例如，在市场营销中，可以使用聚类算法将消费者分为不同的细分群体，以便针对不同群体设计个性化的营销方案。

（5）推荐算法

推荐算法是现代电子商务和内容分发平台的核心技术之一。它通过分析用户的历史行为、兴趣偏好等数据，为用户推荐个性化的产品或服务。常见的推荐算法有协同过滤算法、基于内容的推荐算法以及混合推荐算法。

例如，Netflix 通过推荐算法为用户提供个性化的电影和电视剧推荐，其算法根据用户的观看历史、评分和浏览行为，精准预测用户可能感兴趣的内容。

3. 模型算法设计中的关键步骤

在明确了常见的模型算法类型之后，我们来看模型算法的设计过程。模型算法的设计通常包括以下几个关键步骤。

（1）数据预处理

数据预处理是模型算法设计中的第一步。由于原始数据往往存在噪声、异常值或缺失值，在构建模型之前，需要对数据进行清洗和转换。数据清洗是为了去除数据中的无效信息，确保数据的质量和准确性。数据转换则将不同格式的数据转换为模型能够处理的形式，例如将文本数据转化为数值向量。

另一个重要的步骤是特征选择，即从大量数据特征中选择对模型最有用的特征。通过合理的特征选择，既可以提高模型的训练效率，也能够提升预测的准确性。

（2）选择合适的模型和算法

根据数据的特点和产品需求选择合适的模型算法至关重要。例如：对于连续变量的预测，可以选择回归模型；对于分类问题，可以选择决策树或逻辑回归模型。在推荐系统中，协同过滤算法是常用的选择，而深度学习模型则广泛应用于图像处理和语音识别等场景。

需要结合数据的规模、特征类型、任务的复杂度等因素，综合考虑算法的适用性和可行性。

（3）模型训练和验证

模型训练是通过历史数据对模型进行学习和优化的过程。通过不断调整模型的参数，使其更好地拟合数据，提升预测的准确性。在模型训练过程中，常见的方法包括梯度下降法和随机梯度下降法等。

为了评估模型的性能，需要将数据集划分为训练集和测试集。训练集用于模型的训练，测试集则用于验证模型的泛化能力，确保模型在实际应用中不会出现过拟合或欠拟合的问题。

（4）模型优化和调优

模型训练完成后，通常需要对模型进行进一步的优化和调优。参数调优是常见的优化方法之一，调整模型的超参数（如学习率、正则化系数等）有助于获得更好的模型性能。此外，特征工程和集成学习也是有效的调优方法。特征工程通过生成新的特征或转换已有特征来提升模型的表现，而集成学习则通过组合多个模型的预测结果来提升整体的预测准确性。

（5）模型部署和监控

模型经过训练和优化后，需要将其部署到实际的生产环境中，以提供服务或功能支持。部署过程中需要考虑计算资源、响应时间等因素，确保模型的稳定性和高效性。此外，模型的性能可能会随着时间的推移而变化，因此需要进行持续的监控，及时检测和处理潜在的问题，例如数据漂移或模型性能下降等。

本节涉及开发的部分详见第 6 章，作为数据产品经理，了解模型算法的选择及步骤即可。

### 5.4.4　产品可视化设计

数据产品的可视化设计是指通过图形、图表等形式将数据转化为直观易懂的视觉效果，以帮助用户更好地理解和使用数据。产品可视化设计不仅能够直观地展示数据，还能帮助用户更好地理解和分析数据，从而做出更明智的决策。

#### 1. 可视化形式

数据产品的可视化形式多种多样，常见的有 API、报表、报告、图表、仪表盘等。每种可视化形式都有其特定的应用场景和优点，在设计过程中应根据具体需求选择最合适的可视化形式。此外，越来越多的数据产品开始采用可编程形态的可视化，为用户提供更灵活、交互性更强的体验。

- API：作为数据产品的基础组件之一，API 允许不同的应用程序之间通过程序化方式进行数据交换。接口文档是其主要的可视化形式，描述了 API 的功能、输入输出参数及调用示例。清晰的 API 文档能够使开发者快速理解如何正确调用接口，并利用这些数据为其他功能或应用提供支持。
- 报表和报告：这类可视化形式是传统的数据展示方式，通常用于定期展示业务数据的关键指标。报表通常以表格的形式呈现数据，报告则更加全面，包含图表、文本等多种内容，帮助用户快速了解业务的整体情况，并进行深度分析。
- 图表：通过柱状图、折线图、饼图等形式，图表可以将复杂的数据结构直观化，帮助用户快速理解数据变化和趋势。例如，销售数据可以通过柱状图展示各个产品的销售量对比，而时间趋势数据则可以通过折线图来反映不同时间点的波动。
- 仪表盘：仪表盘是一种集成多种图表和指标的综合展示工具。通过自定义布局，用户可以在一个页面中查看所有重要的数据和指标。例如，销售团队可以通过仪表盘实时监控销售进度、市场活动效果等，从而在业务发生变化时迅速做出响应。
- 可编程形态的可视化：近年来，越来越多的企业开始使用可编程形态的可视化，这种方式允许用户自行定义数据展示的形式和内容。用户可以通过编程或拖曳功能灵活调整数据展示的方式，以适应不同场景的需求。这种可视化形式为用户提供了更好的灵活性和交互体验。

例如，如图 5-11 所示，高德地图中的红绿灯读秒功能就是一种可编程形态的可视化。通过对实时交通数据的分析和处理，系统可以在地图上动态显示不同路口的红绿灯倒计时信息。这种可视化形式不仅直观地展示了数据，还通过动态更新的方式为用户提供了实时的路况信息，提高了行车效率。

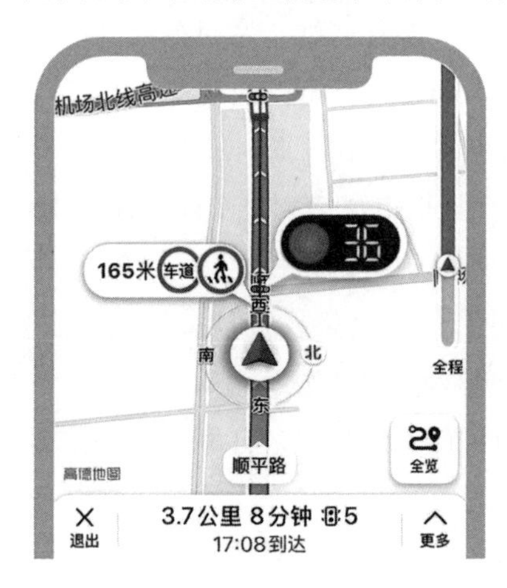


图 5-11　高德地图红绿灯读秒倒计时

可编程形态的可视化还可以应用于企业的数据分析平台。例如，企业的运营团队可以根据不同的业务需求自主定义数据看板，选择需要展示的指标和图表类型，灵活地调整数据的展示方式。这种可视化形式为用户提供了更大的自由度和更高的效率。

如图 5-12 所示，一个完整的数据产品可视化可以分为原型设计、交互设计、实现可视化 3 个步骤。

图 5-12　数据产品可视化设计步骤

需要说明的是，资源型的数据产品直接通过 API 完成了可视化，并不需要严格遵循以上步骤。产品团队可根据不同的产品形态决定是否需要原型设计或交互设计等。

### 2. 原型设计

数据产品原型设计是将产品概念具象化的过程，旨在帮助团队在正式开发之前验证产品概念、收集反馈并进行必要的调整。通过原型设计，团队能够直观地展示产品的功能和用户交互流程，从而更好地理解用户需求和优化产品设计。需要注意的是，并非所有数据产品都有交互页面。例如某些算法模型可能没有独立的产品页面，而是嵌入在其他交互流程中使用。

原型设计通常分为低保真和高保真两种形式：

- 低保真原型设计：主要通过草图或线框图展示产品的布局和基本功能模块，目的在于快速验证产品的概念。此阶段无须过度关注视觉效果，重点是界面布局和功能模块的初步展示，帮助团队明确产品的基本框架。
- 高保真原型设计：当低保真原型通过初步验证后，团队可以进一步完善设计，形成高保真原型。此阶段的原型接近最终产品的实际效果，涵盖详细的界面设计、视觉元素和交互效果，确保产品的可操作性和用户体验。

### 3. 交互设计

良好的交互设计不仅要考虑功能的实现，更要从用户的角度出发，设计出简单、直观、有吸引力的交互方式。这不仅能提高用户的使用效率，还能增强他们对产品的认同感和忠诚度。

在交互设计中，常见的功能如下：

- 数据筛选：允许用户根据不同条件筛选和查看数据，确保数据展示能够满足用户的个性化需求。
- 钻取功能：用户可以从概览数据进一步深入查看详细数据，了解数据背后的细节。
- 工具提示：当用户悬停在数据点上时，系统自动显示该点的详细信息，提升数据的可读性和交互性。
- 动画效果：适当的动画能够帮助用户更好地理解数据的变化过程，例如销售数据的实时增加或减少。

- 导出功能：用户可以将数据或图表导出为报告，用于后续分析或决策支持。

4. 实现可视化

在实现可视化时，既可以选择使用专业的可视化工具，也可以采用编程框架进行自定义开发。常见的可视化工具如下。

（1）BI 工具

- 报表工具：如 Report BI、帆软等，提供丰富的图表类型和交互功能，适用于快速生成报表和仪表盘。
- 数据分析工具：如 Tableau、PowerBI 等，支持复杂的数据分析和可视化，适用于深入挖掘数据价值。

（2）编程框架

- D3.js：一个基于 JavaScript 的强大数据可视化库，提供丰富的图表类型和交互功能，适用于定制化开发。
- ECharts：一个基于 JavaScript 的开源可视化库，提供多种图表类型和主题，适用于快速开发简单而美观的可视化形式。
- Matplotlib：Python 中的一个绘图库，提供基本的绘图功能，适用于快速生成简单的图表。
- Seaborn：基于 Matplotlib 的一个数据可视化库，提供更高级的绘图功能和统计图表，适用于数据分析和探索性可视化。

在选择可视化工具时，需要考虑以下几个因素：

- 数据量和复杂度：不同工具对数据量和复杂度有不同的要求，需要根据实际情况选择合适的工具。
- 交互需求：如果需要复杂的交互功能，如钻取、过滤等，则需要选择支持这些功能的工具。
- 定制化需求：如果有定制化的需求，如特殊的图表类型或主题，则需要选择支持自定义开发的工具。
- 团队技能：选择团队熟悉的工具，可以提高开发效率和质量。

### 5. 可视化设计原则

无论采用何种形式的可视化设计，确保可视化的有效性和易用性都是至关重要的。图 5-13 所示为几项关键的可视化设计原则，具体说明如下。

图 5-13　可视化设计原则

- 简洁性：可视化应尽量保持简洁，避免引入不必要的复杂元素，让用户能够快速理解数据。
- 一致性：在整个产品中保持一致的设计风格和元素，确保用户在使用过程中不会因界面变化而感到困惑。
- 可读性：文字和图表的可读性至关重要，字体应清晰，颜色对比应适当，以帮助用户轻松获取信息。
- 交互性：适当的交互功能，如数据筛选、钻取和工具提示，能够让用户更深入地探索数据，获取更多洞察。
- 反馈机制：可视化设计应提供及时的反馈，帮助用户了解操作结果，提升用户的使用体验。

数据产品的可视化设计不仅仅是技术问题，更是用户体验和业务价值的体现。通过合理的可视化设计，数据可以从枯燥的数字转化为有意义的信息，帮助用户理解复杂的数据结构，提升决策效率和商业价值。在整个设计过程中，团队不仅需要考虑数据的表现形式，还要关注用户的使用体验和交互需求，从而为用户提供更加流畅和愉悦的产品体验。

## 5.5　第四步：产品交付与运营

产品交付与运营是指在设计开发完成后，经过测试回到用户场景中，持续满足用户需求，从而最大化用户价值。如图 5-14 所示，这个阶段涵盖从测试到交付、运营、迭代的全过程。

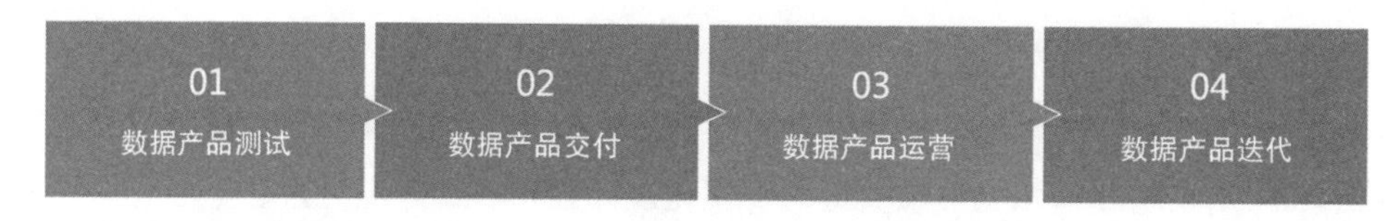


图 5-14　产品交付与运营的步骤

### 5.5.1　数据产品测试

在产品交付之前，需要对数据产品进行全面的测试和验证，确保产品的功能、性能和安全性满足预期要求。测试的内容包括功能测试、性能测试、安全测试和用户体验测试等。

- 功能测试：检查产品的各项功能是否符合需求规格说明，是否存在功能缺陷或逻辑错误。
- 性能测试：评估产品在大规模数据处理和高并发访问情况下的响应速度和稳定性。
- 安全测试：检查产品在数据传输、存储和访问控制等方面的安全性，确保数据不会被泄露或篡改。
- 用户体验测试：邀请目标用户参与测试，收集用户反馈，评估产品的易用性、美观性和满意度。

通过全面的测试，可以及时发现并修复产品中的问题，提高产品的质量和可靠性。同时，测试结果还可以为后续的优化和迭代提供依据。

### 5.5.2　数据产品交付

数据产品交付是让经过测试和优化的产品正式回到最初设计时确定的业务场景的重要环节。这个过程不仅涉及产品的技术交付，还包括用户培训、文档编制和技术支持等多个方面。有效的交付策略能够确保用户顺利上手，最大化产品的使用价值。

数据产品交付通常包括以下步骤：

- 准备交付文档：为用户提供详细的使用说明和技术文档，帮助他们快速上手使用产品。这些文档通常包括操作指南、常见问题和解决方案等内容。

- 进行用户培训：对用户进行系统的培训，确保他们能够熟练掌握产品的核心功能。培训可以采取线上或线下的形式，视用户规模和产品复杂程度而定。
- 提供技术支持：在产品交付后，提供及时的技术支持和帮助，确保用户在遇到问题时能够得到及时解决。通过技术支持，可以减少用户使用产品时的困惑，提升整体的用户体验。
- 上线产品：正式将产品部署到实际的业务环境中，并持续监控其运行状态。在产品上线后，技术团队需及时跟踪并处理潜在问题，确保产品的稳定运行。
- 收集用户反馈：产品上线后，通过调查问卷、访谈等方式收集用户的反馈，帮助产品团队了解用户的真实需求，为后续的迭代提供依据。

### 5.5.3　数据产品运营

产品交付后，进入正式的运营阶段。运营过程需要回到产品场景设计中确定的用户目标和业务活动上，检验产品是否有效解决了用户的痛点。通过结合实际的数据分析与评估，可以深入了解用户的使用行为，发现产品的优势和不足。建立有效的用户反馈循环是产品持续优化的关键。

#### 1. 用户反馈

用户反馈是产品优化和迭代的核心依据。通过不断收集用户反馈，产品团队可以针对产品中的问题进行调整，并及时推出优化版本。反馈的收集通常包括以下几个渠道：

- 产品内反馈：在产品内嵌入反馈机制，允许用户随时提交问题或建议。
- 用户访谈和调研：定期与用户进行沟通，了解他们的实际使用体验，并通过调研获得更多反馈数据。
- 数据分析：通过分析用户的使用数据，找到产品中的瓶颈或用户经常遇到的难题，帮助团队更好地进行优化。

#### 2. 数据产品的价值评估

通过对产品的实际应用效果进行量化和定性分析，团队能够了解产品是否达到了预期目标。比如，通过对用户行为数据的分析，能够判断产品是否为用户创造了实际价值。同时，团队还可以通过用户调查、访谈等方式了解产品的用户体验，以及时调整产品策略。

参考 5.3.2 节，依据 FBUS 价值模型设定定量或定性的产品价值。在进行价值评估时，可以采取以下策略。

**（1）确认评估指标**

- 定量指标：这些指标包括产品的使用频率、用户增长率、留存率、转化率、收入贡献等。
- 定性指标：涵盖用户满意度、使用体验、功能适用性等。通过用户调查、反馈收集等方式获取定性数据，以了解产品的实际效果和用户感受。

**（2）采用评估方法**

- 数据分析：利用数据分析工具对产品使用情况进行详细分析，识别出产品在实际应用中的表现。
- 用户反馈：收集用户对产品的满意度和使用体验的反馈，识别出产品的优势和潜在的改进点。反馈可以通过调查问卷、用户访谈等形式获取，以了解用户对产品功能的真实需求和评价。

**（3）设定评估等级**

如图 5-15 所示，可以设定 3 个等级（L1～L3）并制定价值评估迭代策略。

L1：非常有效。如果产品在实际应用中表现出色，达到甚至超出预期目标，并且用户反馈积极，说明产品非常有效。在这种情况下，可以根据既定规划持续进行产品的迭代和优化，确保其继续满足用户需求和业务目标。

L2：部分有效。当产品的某些功能或效果达到了预期目标，但整体上仍有改进空间时，产品属于部分有效。这时，需要结合数据分析和用户反馈，重新评估需求的优先级，进行版本迭代。

L3：完全无效。如果产品未能达到预期目标，并且用户反馈普遍负面，则产品被认为完全无效。在这种情况下，需要对产品的设计和实施过程进行全面复盘。这包括确认是否存在场景定义不清、价值目标设定不合理或运营执行不当等问题。复盘的目标是重新确认产品的场景和价值目标，必要时重新立项调整产品策略。

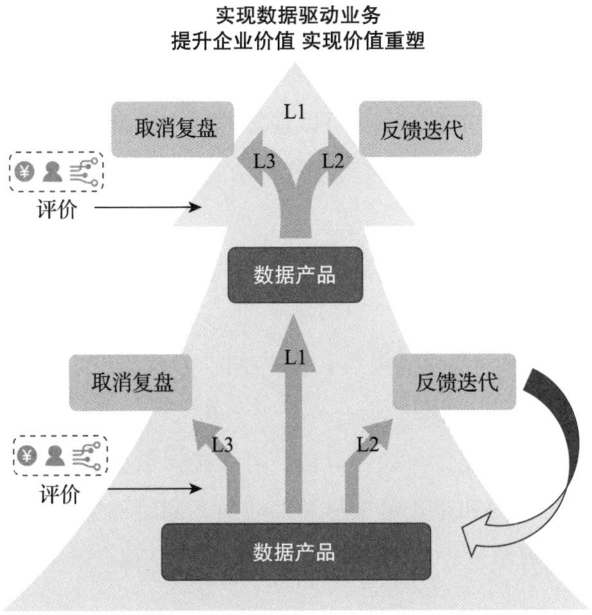

实现数据驱动业务
提升企业价值 实现价值重塑

L1
取消复盘　反馈迭代
L3　L2
评价
数据产品
L1
取消复盘　反馈迭代
L3　L2
评价
数据产品

图 5-15　价值评估迭代策略

## 5.5.4　数据产品迭代

### 1. 产品优化策略

基于数据分析和用户反馈，可以制定有针对性的产品优化策略：

- 功能优化：对现有功能进行改进，提高其易用性和效果。例如，我们可以优化知识点掌握度的可视化展示，使其更直观易懂。
- 新功能开发：根据用户需求开发新的功能。比如，我们可能会发现学生有和同学一起学习的需求，于是开发一个协作学习功能。
- 用户体验优化：改善产品的整体使用体验。这可能包括优化界面设计、提高系统响应速度、简化操作流程等。
- 性能优化：提升产品的技术性能，如提高数据处理速度、优化算法准确度等。

在制定优化策略时，我们需要平衡短期和长期目标，既要解决当前的紧迫问题，也要为产品的长远发展做准备。同时，我们还需要考虑资源限制和技术可行性，确保优化策略是可执行的。

#### 2. 快速迭代方法

快速迭代是当前互联网产品开发中广泛应用的一种方法，我们引入数据产品中。通过小步快跑的方式，团队可以在短时间内验证功能效果，并根据用户的反馈进行调整和优化。常见的快速迭代方法包括 A/B 测试、最小可行产品（MVP）等。

- A/B 测试：通过对比不同版本的效果，选择最优方案，帮助团队快速验证产品功能的有效性。
- MVP：开发出核心功能模块，快速推向市场，获取用户反馈，从而决定是否进行进一步开发。

通过系统化的产品交付与运营方法，可以确保数据产品能够在实际应用中发挥最大价值，为用户和企业带来显著的收益。同时，还要关注产品的生命周期，根据产品的发展阶段，制定不同的运营策略，确保产品能够持续健康发展。

## 5.6 第五步：产品安全合规设计

在数据产品开发过程中，安全合规设计不可或缺。数据产品的设计不仅要注重价值牵引和场景驱动，还必须在合规的框架下进行，以保障数据安全和隐私。数据产品的安全合规设计是产品合法合规运作的基础。

如第 4 章所述，合规支撑如同动车组的“无砟轨道”，提供了稳定的运行基础，确保数据产品在实现商业价值的同时，能够有效保护用户信息，维持数据处理的合法性和安全性。

### 5.6.1 数据安全设计

数据安全设计是确保产品在数据采集、存储和处理过程中不被泄露或滥用的关键环节。产品团队需要制定详细的数据安全策略，涵盖数据的各个生命周期阶段，确保数据在整个过程中都能得到有效保护。

在数据安全设计中，首先需要明确数据的采集方式，确保用户知情并明确同意对其数据的收集。在传输过程中，应采用加密技术，确保数据在网络上传输的安全性。在存储时，应对数据进行加密存储，限制对敏感数据的访问权限，确保只有授权人员才能访问相关数据。

此外，数据处理过程中的隐私保护也至关重要。产品团队应采取必要的安全措施，如数据脱敏和匿名化处理，以保护用户隐私，有效降低数据泄露的风险。

### 5.6.2　数据合规设计

数据合规设计是确保数据产品在法律框架内运行的必要步骤，随着各国对数据隐私和保护的法律法规不断完善，遵循相关法律法规成为数据产品设计的基本要求。数据合规设计主要包括数据确权设计和数据隐私保护。

#### 1. 数据确权设计

数据确权设计是指在数据产品中明确数据的所有权和使用权。通过确权设计，能够确保数据的合法使用，防止滥用数据和侵犯他人权益。在这一过程中，产品团队需要建立清晰的数据使用协议，明确数据的来源、使用目的和责任。

数据确权的实施可以通过以下几个方面进行：

- 数据来源确认：确保数据的合法来源，避免使用未经授权的数据。通过与数据提供方签署协议，明确数据的使用范围和责任。
- 用户授权管理：在数据采集阶段，确保用户明确同意数据的收集和使用。产品团队应提供清晰的隐私政策，告知用户数据的使用目的和范围。
- 数据使用记录：建立数据使用记录机制，跟踪数据的使用情况，确保数据的使用符合相关法律法规的要求。

#### 2. 数据隐私保护

数据隐私保护是合规设计的重要组成部分，旨在确保用户的个人信息不被泄露或滥用。随着用户对隐私保护的重视，企业在设计数据产品时，必须采取有效的隐私保护措施，以增强用户的信任感。

可以采取以下隐私保护措施：

- 数据最小化原则：在数据收集时，仅收集满足业务需求的必要数据，避免过度收集用户信息。

- 用户控制权：赋予用户对其个人数据的控制权，包括访问、修改和删除个人数据的权利。
- 透明度：定期向用户通报数据使用情况和隐私政策的变更，确保用户始终了解其数据的使用情况。

要强调的是，对于数据产品，隐私保护必须格外注意。Facebook 曾因隐私保护不力而遭遇重大危机。2018 年，剑桥分析公司利用 Facebook 用户数据进行政治广告投放，导致数百万用户的个人信息被泄露。事件曝光后，Facebook 不仅面临巨额罚款，还遭受了用户信任度的严重损失。这一事件突显了企业在隐私保护方面必须高度重视，采取有效的保护措施。

## 5.7 案例：资源型数据产品实践

在现代社会，气象数据作为一种重要的资源型数据产品，广泛应用于农业、交通、旅游等多个领域。中国气象局的气象数据不仅为政府决策提供了科学依据，也为公众生活提供了便利。通过数据产品设计五步法，可以系统化地将用户的潜在需求转化为可触摸的价值。

### 5.7.1 产品设计

#### 第一步：产品场景设计

气象数据的潜在用户包括农业生产者、气象部门、交通运输公司和公众等。在本案例中，农业生产者作为主要用户群体，其目标是优化农作物的种植和管理，以提高产量和减少损失。

对于农业生产者而言，气象数据的使用场景主要包括种植决策、病虫害预警和灌溉管理，如图 5-16 所示。

在这些使用场景中，农业生产者可能会面临以下痛点：

- 数据获取困难：农业生产者可能难以获取及时和准确的气象数据，影响决策的有效性。
- 数据解读困难：复杂的气象数据可能让农业生产者难以理解其实际意义，导致错误的判断。

- 缺乏个性化服务：现有的气象服务往往较为通用，无法满足农业生产者的个性化需求。

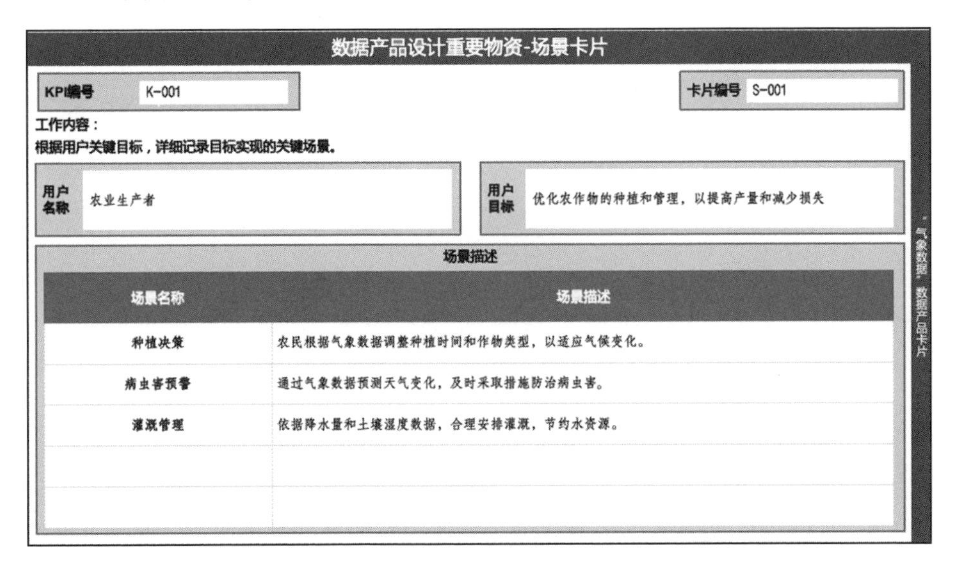


图 5-16　“气象数据”数据产品场景卡片示例

这些痛点的识别将为气象数据产品的开发提供重要的指导，确保产品能够有效解决用户在实际应用中遇到的问题。

第二步：产品价值设计

围绕农业生产者的目标，即优化农作物的种植和管理，以提高产量和减少损失，气象数据产品的设计需要深入分析在具体场景中可能出现的需求。气象数据为农业生产者提供了重要的信息支持，帮助他们在种植、灌溉和病虫害防治等方面做出科学决策。

农业生产者希望通过准确的气象数据预报来优化作物的种植和管理。例如，土壤湿度、空气温度和降水量等指标是影响农作物生长的关键因素。利用现代气象技术，如智能网格化监测系统，农业生产者可以实时获取农田的气象数据，从而在合适的时间进行灌溉和施肥操作，减少水资源浪费和农业生产的成本。

在确定了这些需求后，可以构建“产品框架小屋”，如图 5-17 所示，具体内容如下。

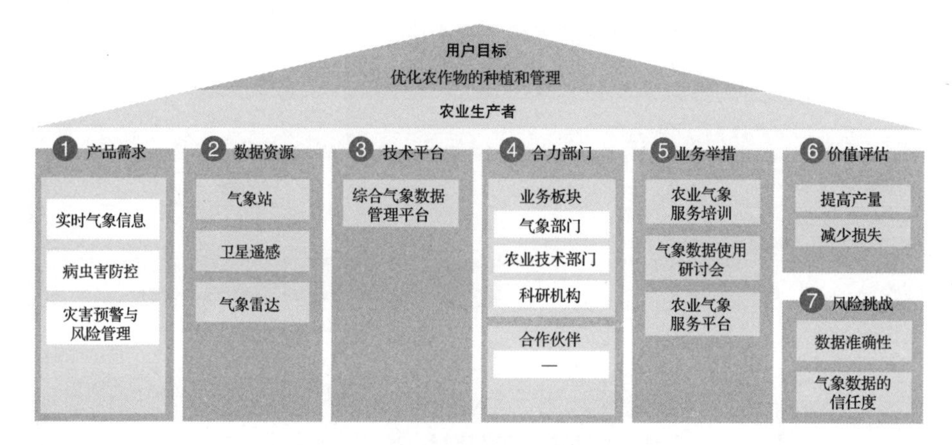


图 5-17 “气象数据”产品框架小屋

- 产品需求：提供实时气象信息、病虫害防控、灾害预警与风险管理等功能。
- 数据来源：气象站、卫星遥感、气象雷达等多种数据源，以确保数据的全面性和准确性。
- 技术平台：综合气象数据管理平台，实现多源气象数据的集成、处理、分析及可视化展示。
- 合力部门：气象部门、农业技术推广部门、科研机构等，确保产品的有效实施和持续优化。
- 业务举措：开展农业气象服务培训，组织农业生产者的气象数据使用研讨会，建立农业气象服务平台，等等。
- 价值评估：通过精准的气象服务优化农作物的种植和管理，提高产量等。
- 风险挑战：数据准确性、用户对气象数据的信任度等。

通过这样的产品框架设计，气象数据产品能够更好地满足农业生产者的需求，提升其在实际应用中的价值。确保产品的功能和服务能够有效支持农业生产，提高农作物的产量和质量，最终实现农业的可持续发展。

### 第三步：产品构件设计

数据产品设计五步法中的第三步产品构件设计包括数据原料、模型算法和产品可视化。我们结合实际案例，看一下气象数据的构件设计是如何完成的。

在实际场景中，农作物的生长与温湿度、日照等气象因素密切相关。2024 年 5 月，中国气象局公布了一个数据要素×气象服务典型案例："吉林汪清：气象数据赋能木耳产业提质增效"。当地气象部门结合本地气象数据、黑木耳生长周期数据以及灾害风险普查成果，构建了一个适应性强的数据系统。该系统主要依赖于气象监测设备采集的数据，包括棚内的温度、湿度等核心环境数据。这些数据被实时传输至企业的控制终端，用以帮助企业员工调节棚内的环境条件，保障黑木耳的生长质量和产量。

在可视化方面，不仅通过 API 服务的形式提供气象数据产品，还借助了可视化设备进行展示。如图 5-18 所示，在汪清县的黑木耳种植基地，小气候观测仪和实景监控设备的使用成为企业日常管理的重要手段。员工可以通过监控设备实时查看大棚内的温湿度等数据，并根据这些数据调整大棚内的环境条件。

图 5-18　温室小气候观测站和实景监控设备

图片来源：中国气象新闻网。

同时，数据可视化也体现在企业内部的信息展示系统中。例如，气象部门在企业园区安装了气象防灾减灾显示屏，实时滚动显示温湿度、风向、风速等数据，并发布最新的气象预报预警信息。员工还可以通过微信公众号接收这些信息，无论身在何处，都能实时了解大棚内的气象情况。这种可视化实现大大提高了企业的管理效率，使得黑木耳生产过程更加标准化、智能化。

通过黑木耳种植中的气象数据应用，可以看到数据产品的构件设计如何将数据原料、模型算法与终端设备有效结合。数据产品不仅帮助企业提高了生产效率，还保障了产品的标准化与品质。这种基于气象数据的产品设计为其他资源型数据产品的开发提供了借鉴，体现了气象数据在农业领域的巨大应用潜力。

**第四步：产品交付与运营**

产品的交付与运营需要围绕农作物种植过程中的数据需求，确保产品能够持续提供有价值的服务，并根据实际应用场景进行迭代优化。

首先，产品在交付时需要确保其可用性。农业生产者通过平台获取气象数据，并根据实时反馈调整农田管理策略，如灌溉、施肥等。这种数据驱动的农作物管理可以帮助生产者降低因气候变化造成的损失。其次，在运营气象数据产品时需要与当地农业、气象等部门协同，通过不断更新气象数据与优化算法模型来保证数据的准确性和时效性。

在实际运营中，产品团队需要对用户反馈进行分析，评估产品的价值并进行相应的调整。例如，通过用户的使用数据，可以评估产品在帮助农作物增产方面的实际效果，并据此迭代更新功能，使之更加符合农业生产者的需求。同时，气象服务系统可以扩展至更多的农作物种类和地域，提高数据覆盖面，从而提升整体产品的使用价值。

**第五步：产品安全合规设计**

农业生产中的各类数据涉及田间环境、作物生长状况等敏感信息。首先，为确保数据隐私合规，产品需要在采集数据时获得用户的授权，并确保数据的匿名化处理。这不仅符合相关法律法规的要求，还可以避免因数据泄露引发的潜在风险。

其次，数据使用的合规性也是产品设计中的重点。气象数据往往涉及跨部门的协作，如气象局、农业部门等，数据的共享需要在明确使用目的的前提下进行，防止数据的滥用。同时，数据在传输过程中需要加密处理，确保传输安全。

最后，产品的运营和交付也要遵循行业的安全标准。例如，针对气象数据可能引发的风险，如预测失误或延误导致的损失，产品需要有完善的风险预警和应急处理机制。通过与相关部门协同工作，产品能够在遵守法律法规的同时，为农业生产者提供可靠、安全的气象数据服务。

### 5.7.2　案例总结

数据产品设计五步法有效地将气象数据这种资源型数据转化为可触摸的产品价值。本案例围绕农业生产者的实际需求，利用气象数据优化作物种植、管理与决策，成功提升了农作物的产量，减少了因气候变化带来的损失。

通过这一方法，不仅可以挖掘出气象数据的潜在价值，还能有效构建数据产品的各个环节，如数据获取、算法构建、可视化展示等。从场景需求到产品设计，再到最后的交付运营，数据产品设计五步法提供了一个系统化的框架，将数据资源转化为商业价值。

这一方法不限于气象数据，还可适用于其他资源型数据产品，如国家数据局公布的“数据资源融合应用　助力文物传承保护和价值增值”“数据要素赋能小商品数字贸易便利化”等案例，都可以使用该方法进行实践。

## 5.8　案例：服务型数据产品实践

在服务型数据产品设计中，教育行业的应用场景提供了丰富的实践经验。基于数据产品设计五步法，通过教育平台智慧学习助手的实际案例，逐步阐述数据产品设计的每个环节。

智慧学习助手通过数据技术和智能算法，以数据为基础，提供个性化学习支持和优化教学过程。它的核心功能是通过数据收集、分析和反馈，为学生、教师、家长以及教育管理者提供实时、有针对性的信息，帮助提升学习效率和教学质量。旨在通过数据驱动的方式，提升教育的个性化、效率和质量，帮助学生实现更好的学习成果，同时优化教师和家长的教学与监督过程。

接下来，我们一起看一下这个产品是如何一步步实现价值的。

### 5.8.1 产品设计

#### 第一步：产品场景设计

**（1）定义用户**

在教育行业，用户群体通常是多元化的。例如，学生是直接的使用者，教师则是引导和监督者，家长在其中扮演着支持和监督的角色，学校管理者关注教学质量和学生整体进步。

这些用户在使用产品时有着不同的目标和需求，如何为每类用户定义清晰的画像至关重要。用户定义的目的，不仅在于了解这些群体的表面需求，还要深入挖掘他们在不同学习场景中的痛点，从而为产品设计奠定坚实的基础。

以学生为例，围绕在学校的场景，利用用户画像这个工具（如图 5-19 所示），描述如下：

小明，14 岁，某市重点初中二年级学生。学习成绩中上，数学和英语较为突出，但语文有待提高。每天平均学习时间为 3 小时，其中 1 小时用于完成作业，2 小时用于自主学习。经常使用在线学习平台进行知识巩固和习题练习。课外喜欢打篮球和玩电子游戏。最大的学习困扰是记不住历史年代和地理知识点。希望能有一个个性化的学习计划，帮助他提高薄弱科目的成绩，同时平衡学习和兴趣爱好的时间。

学生用户通常具有以下几个共性：

- 个性化学习需求：不同学生的学习能力和兴趣点存在差异，智慧学习助手应根据学生的历史成绩和当前表现，为其提供定制化的学习内容和进度安排。
- 即时反馈：学生在学习过程中需要及时了解自己答题的正确与否，智慧学习助手可以通过自动化的题目分析功能，帮助学生快速掌握知识点。
- 学习时间管理：学生在课余时间需要兼顾休闲娱乐，智慧学习助手应提供有效的学习时间管理工具，帮助学生合理安排学习与休息的时间。

图 5-19　学生画像示例

在构建用户画像的过程中，需要与各个相关方紧密合作。可以通过访谈、问卷调查、行为数据分析等方式，深入了解学生、教师和家长的需求与期望。这不仅是收集信息的过程，也是与用户建立共识的过程。

例如，对于智慧学习助手，可以组织学生焦点小组讨论，了解他们在学习过程中遇到的困难和对学习工具的期望。可以与教师进行一对一深度访谈，了解他们在教学过程中的痛点和对教学辅助工具的需求。对于家长，可以通过在线问卷调查，了解他们在辅导孩子学习时遇到的挑战和对家校沟通的期望。

**（2）对齐用户目标**

以教育场景为例，针对不同的用户群体，可以设计不同的用户目标收集卡片。在上一个环节中，我们定义了学生这个用户群体，他们的目标是提高学习效率和改善薄弱科目的成绩。以下是一个基于用户目标收集卡片的典型示例，图 5-20 展示了如何对齐学生的目标。

通过对齐用户目标，产品团队可以更清晰地理解学生在学习过程中的核心需求。例如，初中学生小明希望通过智慧学习助手提高语文成绩。

**（3）定义业务场景**

初中学生的目标是提高学习效率和改善薄弱科目成绩。基于这些目标，产品团队可以通过活动场景卡片，深入定义学生在不同学习场景中的行为模式和需求。图 5-21 展示了如何通过活动场景卡片对学生的业务场景进行梳理。

数据产品设计重要物资-用户目标收集卡片

KPI编号 K-001

填写指南：
从您服务的目标客户/用户群体中，填写出该群体最希望达成的目标，目标不超过3个

用户群体 初中学生

| 目标 | 期望结果 | 衡量标准 |
| --- | --- | --- |
| 提高学习效率，改善薄弱科目成绩 | 在一个学期内，薄弱科目成绩提升10% | 期中、期末考试成绩，日常测验成绩 |

智慧学习助手 数据产品卡片

图 5-20　智慧学习助手用户目标收集卡片示例

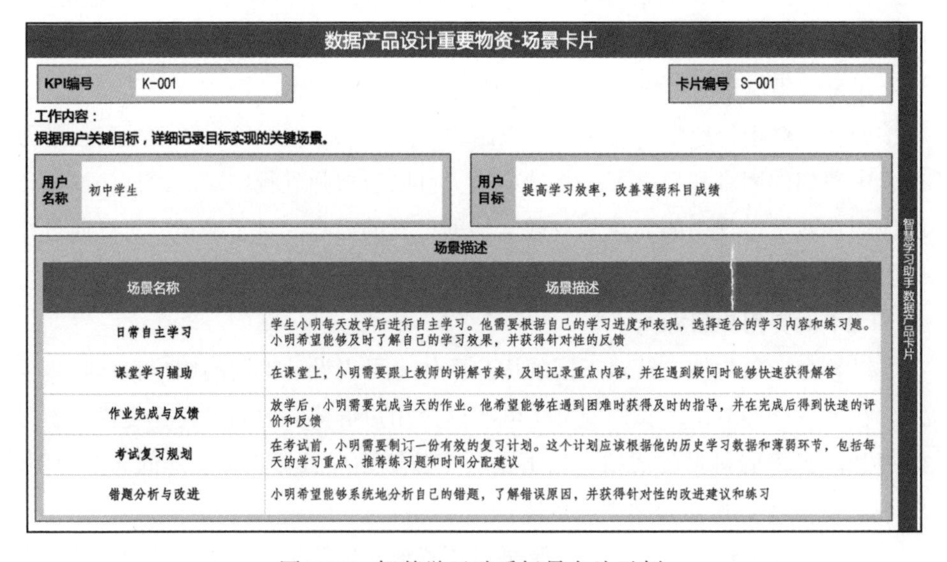
数据产品设计重要物资-场景卡片

KPI编号 K-001　　卡片编号 S-001

工作内容：
根据用户关键目标，详细记录目标实现的关键场景。

用户名称 初中学生　　用户目标 提高学习效率，改善薄弱科目成绩

场景描述

| 场景名称 | 场景描述 |
| --- | --- |
| 日常自主学习 | 学生小明每天放学后进行自主学习。他需要根据自己的学习进度和表现，选择适合的学习内容和练习题。小明希望能够及时了解自己的学习效果，并获得针对性的反馈 |
| 课堂学习辅助 | 在课堂上，小明需要跟上教师的讲解节奏，及时记录重点内容，并在遇到疑问时能够快速获得解答 |
| 作业完成与反馈 | 放学后，小明需要完成当天的作业。他希望能够在遇到困难时获得及时的指导，并在完成后得到快速的评价和反馈 |
| 考试复习规划 | 在考试前，小明需要制订一份有效的复习计划。这个计划应该根据他的历史学习数据和薄弱环节，包括每天的学习重点、推荐练习题和时间分配建议 |
| 错题分析与改进 | 小明希望能够系统地分析自己的错题，了解错误原因，并获得针对性的改进建议和练习 |

智慧学习助手 数据产品卡片

图 5-21　智慧学习助手场景卡片示例

通过这些场景，产品团队可以更好地理解学生在学习过程中的需求和挑战。例如：

- 在日常自主学习场景中，学生需要一个个性化的学习计划和即时反馈机制，以帮助他们识别知识盲点并优化学习策略。
- 在课堂学习辅助场景中，学生需要快速获取教师讲解的重点内容，并在遇到疑问时获得及时解答。
- 在作业完成与反馈场景中，学生需要一个支持即时指导和反馈的系统，以帮助他们在作业过程中解决困难并及时了解自己的表现。
- 在考试复习规划场景中，学生需要一个能够根据历史学习数据和薄弱环节生成个性化复习计划的工具，以确保复习的有效性和针对性。
- 在错题分析与改进场景中，学生需要一个能够系统分析错题并提供改进建议的功能，以帮助他们深入理解错误原因并进行有针对性的练习。

下一个环节我们会更详细地描述如何寻找痛点。

在收集和分析业务场景时，实地观察和用户访谈是非常有效的方法。产品团队可以跟随学生一整天，观察他们的学习流程，了解他们在什么时候、以什么方式使用教育相关的信息。这种“跟随用户”的方法可以帮助团队发现用户可能没有意识到或难以表达的需求。

例如，通过观察小明的日常学习过程，团队可能会发现他在学习时经常需要在不同的资料和练习之间切换，这可能影响学习效率。基于这一发现，未来的智慧学习助手可以考虑整合各种学习资源以提供更流畅的学习体验。

**（4）识别用户痛点**

不同的用户群体在实现各自目标的实际场景中会遇到不同的挑战。在智慧学习助手的案例中，初中学生小明的目标是提高学习效率和改善薄弱科目成绩。上文列举了 5 个场景，每个场景都有不同的活动，而识别痛点的第一步就是找到具体的活动描述。图 5-22 是关于小明在日常自主学习场景中遇到的挑战和痛点的详细分析。

在这些活动中，小明的主要目标在于如何有效地识别和解决学习中的薄弱环节。

- 由于课堂笔记缺乏系统化整理，他在复习时难以抓住重点，导致复习效率低下。
- 完成作业时，遇到难题无法独立解决，缺乏即时的反馈和指导，这使得他在学习过程中感到无助。

**数据产品设计重要物资-用户痛点挑战卡片**

| KPI编号 | K-001 | 卡片编号 | S-001 |
|---|---|---|---|

工作内容：

分析业务现状，识别用户在达成业务目标遇到的问题以及形成问题的原因

| 用户名称 | 用户目标 |
|---|---|
| 初中学生 | 提高学习效率，改善薄弱科目成绩 |

| 场景描述 | 现状描述 |
|---|---|
| 日常自主学习：学生小明每天放学后进行自主学习。他需要根据自己的学习进度和表现，选择适合的学习内容和练习题。小明希望能够及时了解自己的学习效果，并获得针对性的反馈。 | 小明的学习成绩一直处于中等水平，尽管他投入了大量时间和精力，但成绩提升幅度有限，这让他感到困惑和沮丧。 |

存在痛点及成因分析

| 痛点编号 | 活动 | 痛点描述 | 形成的原因 |
|---|---|---|---|
| 1 | 复习课堂笔记：小明翻看课堂笔记，试图回忆老师讲解的重点 | 难以识别重点，复习效率低 | 课堂笔记内容繁杂，缺乏系统化的整理和总结 |
| 2 | 完成作业：按照老师的要求完成当天的数学作业 | 经常遇到难题，无法独立解决 | 缺乏即时反馈和指导，导致学习过程中的问题积累 |
| 3 | 额外练习：从习题册中选择一些题目进行练习 | 难以找到适合自己水平的练习题 | 市面上的练习题资源分散，缺乏针对性和难度匹配 |
| 4 | 查看错题：回顾之前做错的题目，尝试重新解答 | 无法有效分析错题原因，重复犯错 | 缺乏系统的错题分析工具，无法识别错误模式 |
| 5 | 观看网上教学视频：搜索相关知识点的讲解视频进行学习 | 学习内容与需求不匹配，浪费时间 | 教学视频选择困难，内容与个人学习需求不一致 |

智慧学习助手数据产品卡片

图 5-22　智慧学习助手用户痛点挑战卡片示例

- 额外练习是提高学习效果的重要环节，但小明发现很难找到适合自己水平的练习题。市面上的练习资源分散，难以匹配他的具体需求和学习进度。即便是通过查看错题来改进学习效果，小明也常常因为缺乏系统的错题分析工具而无法有效识别错误原因，导致重复犯错。
- 虽然小明尝试通过观看教学视频来补充课堂学习，但由于视频内容与他的实际需求不匹配，常常导致时间浪费，学习效果不佳。

这些痛点的存在不仅影响了小明的学习效率，也对他的学习动力造成了负面影响。为了帮助小明更好地实现学习目标，产品团队需要深入分析这些痛点的根源，并在未来的产品设计中提供有针对性的解决方案。

下个环节我们重点描述如何寻找解决方案。

### 第二步：产品价值设计

#### （1）产品需求设计

产品需求设计阶段主要通过产品需求卡片来系统梳理和定义产品的核心解决方案。在第一步，在初中学生的群体中，围绕日常自主学习这个场景我们确定了用户痛点，接下来就是围绕具体的痛点确定需求及解决思路，如图 5-22 所示。

数据产品设计重要物资-产品需求卡片

场景卡片编号 S-001　　解决方案编号 SL-001

工作内容：

在用户的场景中，合并挑战卡片中识别出的痛点，分析解决痛点的需求以及解决思路，明确提供方。

用户群体：初中学生　　用户目标：提高学习效率，改善薄弱科目成绩

场景描述：日常自主学习：学生小明每天放学后进行自主学习。他需要根据自己的学习进度和表现，选择适合的学习内容和练习题。小明希望能够及时了解自己的学习效果，并获得针对性的反馈。

方案描述：智能学习规划与反馈

需求及解决思路

| 序号 | 需求描述(用户) | 解决思路 |
|---|---|---|
| 1 | 个性化学习计划 | 基于学生的历史学习数据和知识图谱，生成针对性的每日学习计划 |
| 2 | 实时学习反馈 | 通过智能题目分析系统，即时评估学生的答题情况，提供详细的错误分析和改进建议 |
| 3 | 知识盲点识别 | 利用数据挖掘技术，分析学生的错题模式，自动识别知识盲点 |
| 4 | 学习进度可视化 | 设计直观的学习进度仪表盘，展示各科目的学习情况和进步趋势 |
| 5 | 自适应练习系统 | 根据学生的实时表现，动态调整题目难度和类型，保持适度的学习挑战 |

智慧学习助手 数据产品卡片

图 5-23　智慧学习助手产品需求卡片示例

在设计产品需求时，产品团队需要充分考虑用户的实际需求和使用场景。例如，对于学生用户，智慧学习助手不仅要提供个性化的学习内容，还要考虑如何激发学习兴趣，保持长期的学习动力。这可能涉及游戏化设计、社交学习功能等创新元素的引入。

- 个性化学习计划：系统可以通过分析学生的学习数据，识别出他们的强项和弱项，从而制定出最有效的学习路径。
- 实时学习反馈：通过智能分析工具，帮助学生在练习过程中及时了解自己的表现，快速纠正错误。
- 知识盲点识别：通过分析学生的错题模式，帮助他们明确学习中的薄弱环节，并提供有针对性的练习建议。学习进度可视化则通过直观的图表和数据展示，让学生能够清晰地看到自己的学习进展，增强学习动力。
- 学习进度可视化：设计直观的学习进度仪表盘，展示各科目的学习情况和进步趋势。
- 自适应练习系统：根据学生的实时表现，动态调整练习题的难度和类型，确保学生在学习过程中始终保持适当的兴趣。这种个性化的学习体验可

以帮助学生更有效地提高学习效率，改善薄弱科目的成绩。

**（2）场景价值设计**

在智慧学习助手的场景中，围绕初中学生提升学习效率和改善薄弱科目成绩的需求，场景价值设计的重点在于通过数据驱动的解决方案，帮助学生在"日常自主学习"中获得更个性化、精准的学习体验。上一步我们梳理出了个性化学习计划、实时学习反馈、知识盲点识别、学习进度可视化和自适应练习系统等需求，为了确保这些设计能为用户创造最大价值，需要通过一系列指标来评估其有效性。

1）个性化学习计划的价值。个性化学习计划通过分析学生的历史数据、当前学习表现及薄弱环节，自动生成个性化的每日学习路径。这种计划的最大价值在于使学生能够专注于自己的知识盲点和学习弱项，从而提升学习效率。学生在这种个性化学习路径中不仅能合理分配学习时间，还能在关键知识点上获得额外的支持和复习内容。

2）实时学习反馈的价值。智慧学习助手中的实时学习反馈功能通过自动分析学生在学习过程中答题的准确性，提供即时反馈。这种反馈不仅能帮助学生在答题时纠正错误，还能让他们即时了解学习中存在的问题，并及时调整学习计划。例如，系统可以根据错题分析提供具体的改进建议，帮助学生在后续学习中避免类似的错误。这种即时反馈有助于学生的自我反思与改进，从而实现更有效的学习。

3）知识盲点识别的价值。知识盲点识别功能利用数据挖掘技术，通过分析学生的错题记录和学习行为，自动识别学生尚未掌握的知识点。通过这个功能，学生能够更有针对性地复习薄弱知识点，而不再浪费时间在已经掌握的内容上。这个精准的学习策略不仅能够帮助学生集中精力解决学习中的关键问题，还能够通过数据支撑的方式为他们量身定制学习路径。

4）学习进度可视化的价值。学习进度可视化通过图表和仪表盘的形式，直观展示学生的学习进展情况。对于初中学生而言，学习进度的可视化能够增强学习动力，因为他们可以清晰地看到自己的进步，明确学习中的强项和弱项。学生通过可视化数据可以随时调整学习计划，优化学习节奏，从而最大限度地提高学习效率。

5）自适应练习系统的价值。自适应练习系统根据学生的实时学习表现，自动调整练习题目的难度和类型，确保学生始终处于适当的学习挑战中。这种个性化的练习系统不仅能防止学生因练习题过难而丧失学习兴趣，也能避免过于简单的题目让学生产生懈怠。系统通过数据分析，动态调整题目类型和难度，帮助学生在每个阶段都能进行有针对性的学习和练习，从而提升学习效果。

为了评估上述需求的有效性，并保证智慧学习助手的持续改进和优化，产品团队可以通过一系列量化和质化指标来监控系统的表现。这些指标不仅能衡量产品对用户的实际帮助，还能提供数据支持，以便产品在未来的迭代过程中持续优化。

- **用户增长率：**用户增长率反映了智慧学习助手的市场接受程度。通过监测系统新增用户数与活跃用户数，可以评估产品的吸引力以及市场扩展的效果。如果产品能够满足学生、教师和家长的核心需求，用户增长率将持续上升。用户增长率的提升也说明了产品在教育市场中的影响力逐渐扩大，能够吸引更多的潜在用户。
- **学生成绩提升幅度：**智慧学习助手的核心目标是通过个性化学习和有针对性的练习，帮助学生显著提高学习成绩。因此，学生成绩提升幅度是评估产品成效的关键指标之一。通过分析学生在使用产品前后的成绩变化，尤其是在薄弱科目上的表现，可以评估产品的个性化学习计划、知识盲点识别及自适应练习系统是否真正帮助学生提高了学习效果。如果学生的成绩显著提升，则说明产品的核心功能在实际应用中起到了积极作用。
- **用户留存率：**用户留存率衡量了学生是否在长期使用该产品。高留存率意味着学生在智慧学习助手上获得了持续的学习支持，并且产品能够保持他们的学习兴趣和动力。通过定期监测留存率，团队可以评估学生对产品的依赖程度以及产品功能的持续有效性。如果留存率下降，可能表明产品在满足用户持续需求上存在问题，需要进行有针对性的优化。
- **用户满意度：**用户满意度是评估产品成功与否的重要定性指标。通过问卷调查、用户访谈等方式，收集学生、教师及家长对产品功能的反馈，可以深入了解他们在实际使用过程中对产品的感受。满意度较高，表明产品在功能、体验等方面达到了预期，用户对产品充满信任感；如果满意度较低，则需要进一步分析用户的痛点，进行产品功能优化或界面改进。

我们使用数据产品价值卡片来记录上面的分析结果，如图 5-24 所示。

图 5-24　智慧学习助手数据产品价值卡片示例

通过场景价值设计，智慧学习助手的各个功能模块相互支持，为初中学生提供了个性化、数据驱动的学习路径。通过个性化学习计划、实时学习反馈、知识盲点识别、学习进度可视化和自适应练习系统，学生能够有效提升学习效率，改善薄弱科目的成绩。为了确保产品能够持续为用户创造价值，需要通过用户增长率、学生成绩提升幅度、用户留存率和用户满意度等多维度的评估指标，监测系统的实际表现，并在数据支持下不断进行优化和迭代，以满足用户的长期需求。

### （3）产品框架设计

在数据产品设计的过程中，产品框架设计是将前两步的分析转化为具体产品功能的关键环节。通过构建清晰的产品框架，能够确保各个组件之间的有效协同，从而实现产品的整体价值。以智慧学习助手为例，针对初中学生这一用户群体，设计团队将通过产品框架小屋进行系统化的设计。

初中学生的目标是提高学习效率和改善薄弱科目成绩。以下是在“日常自主学习”场景中，关于如何利用数据挖掘技术识别学生的知识盲点的产品框架设计：

- 用户目标：提高学习效率，改善薄弱科目成绩。
- 用户：初中学生。
- 产品需求：包括个性化学习计划、实时学习反馈、知识盲点识别、学习进度可视化、自适应练习系统等。
- 数据资源：
  - 学生基本信息：如年龄、年级、学校等。
  - 学习行为数据：包括在线学习时长、完成作业情况、错题记录等。
  - 考试成绩数据：各科目的历史考试成绩。
  - 课程内容数据：教材内容、习题库、视频课程等。
  - 教师评价数据：教师对学生的评语和评分。
- 技术平台：线上学习平台、成绩管理系统、学生考试系统。
- 合力部门：教育技术团队、数据科学团队、教学教研团队。
- 业务举措：
  - 与学校建立合作伙伴关系，推动产品在学校的试点和推广。
  - 开展教师培训项目，帮助教师更好地利用数据分析工具。
  - 组织学生竞赛活动，提高学生使用产品的积极性。
  - 建立家长社区，促进家长之间的交流和经验分享。
  - 定期发布教育研究报告，提升产品的专业形象和影响力。
- 价值评估：建立评估数据产品价值的指标体系。
  - 用户增长率：衡量产品的市场接受度。
  - 学生成绩提升幅度：评估产品对学习效果的影响。
  - 用户留存率：衡量产品的长期价值。
  - 用户满意度：评估用户对解决方案的满意情况。
- 风险挑战：
  - 数据安全和隐私保护：涉及大量敏感的学生数据，需要建立严格的数据保护机制。

- 算法公平性：确保 AI 推荐和诊断系统不会产生偏见或歧视。
- 用户依赖性：防止学生过度依赖系统，忽视独立思考能力的培养。
- 市场竞争：面对激烈的教育科技市场竞争，需要持续创新和优化。
- 教育政策变化：需要密切关注教育政策的变化，及时调整产品策略。

这个数据产品的产品框架小屋如图 5-25 所示，通过它我们可以全面地规划和设计智慧学习助手这个数据产品。这个框架不仅考虑了技术实现，还涵盖了用户需求、业务价值、组织协作等多个维度，有助于我们打造一个真正能够创造价值、可持续发展的数据产品。

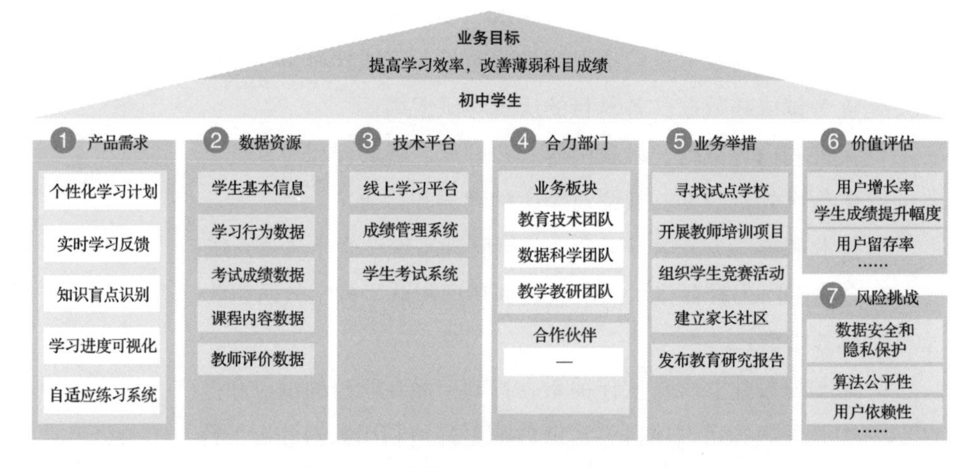


图 5-25　智慧学习助手产品框架小屋

细心的读者可能发现了，数据产品并不是一个个地去设计的，而是始终围绕场景寻找痛点，根据痛点确定价值，然后设计完整的解决方案。

而往往一个解决方案会由多个数据产品构成。比如，在初中学生日常自主学习场景中，围绕提高学生成绩这一目标，对应的产品需求，我们可以规划包括学生画像、知识点标签、学生知识盲点图谱、智能诊断模型、资源推荐系统、个性化学习路径、学习进度等数据产品。

### 第三步：产品构件设计

#### （1）数据原料

在数据产品的设计过程中，数据原料是构建产品价值的基础，特别是在教育领域的智慧学习助手案例中，数据原料的选择和处理直接影响到产品的有效性和用户体验。基于初中学生在“改善薄弱科目成绩”这个目标下的“日常自主学习”场景，数据原料的设计需要涵盖多种数据来源，以支持个性化学习和智能反馈功能。在智慧学习助手中，围绕产品需求，具体的产品开发依赖学生基本信息、学习行为数据、考试成绩数据、课程内容数据、教师评价数据等。

接下来，根据这些数据资源需求盘点数据来源。智慧学习助手的数据原料不仅来自内部的系统记录，还可能来自外部数据源。

1）内部数据盘点如下：

- 学生信息系统：学生基本信息、学籍信息。
- 教务管理系统：课程信息、教师信息、课表。
- 成绩管理系统：各科目考试成绩、平时成绩。
- 在线学习平台：学习行为数据、学习进度、作业完成情况。
- 图书馆管理系统：借阅记录、阅读时长。

2）外部数据盘点如下：

- 教育部门公开数据：教育政策、课程标准。
- 第三方教育资源平台：教学视频、习题库。
- 社交媒体数据：学生兴趣爱好、社交网络。
- 气象数据：可能影响学习状态和效率的环境因素。
- 公共交通数据：可能影响上下学时间和状态的因素。

在盘点过程中，可能会发现一些问题，如学习行为数据存在缺失，考试成绩数据更新不及时等。这些发现将为后续的数据资源规划提供重要参考。

对于智慧学习助手，数据资源规划可能包括以下内容。

3）数据架构设计：设计分层的数据架构，包括数据采集层、存储层、处理层和服务层。例如，可以设计一个数据湖来存储原始的学习行为数据，一个数据仓库来存储处理后的结构化学习数据，以及一个实时处理层来处理实时的学习进度数据。

4）数据采集策略如下：

- 学习管理系统集成：与学校现有的学习管理系统集成，实时采集学生的学习行为数据。

- 移动应用：开发一个移动应用，让学生记录每日学习时间、完成作业情况等。
- 问卷调查：定期进行在线问卷调查，收集学生、教师和家长的反馈与建议。
- 课堂观察：组织教育研究人员进行课堂观察，记录学生的课堂表现和互动情况。
- 智能设备：使用智能手环等设备收集学生的活动数据和睡眠数据，这些数据可能与学习效果有关。

5）数据存储方案如下：

- 分布式文件系统（如 Hadoop HDFS）：存储大量的原始学习行为日志数据。
- 关系数据库（如 MySQL）：存储结构化的学生信息和成绩数据。
- 时序数据库（如 InfluxDB）：存储学生的学习时间序列数据。
- 图数据库（如 Neo4j）：存储学生之间的社交关系和知识图谱。
- 内存数据库（如 Redis）：存储需要快速访问的热点数据，如实时学习进度。

6）数据集成策略如下：

- 建立统一的学生 ID 体系，关联不同系统中的学生数据。
- 使用 ETL 工具定期从各源系统抽取、转换和加载数据到中央数据仓库。
- 采用实时数据集成技术处理实时性要求高的数据流，如实时学习进度数据。

7）数据安全和隐私保护的内容如下：

- 实施数据加密和访问控制，保护学生的个人信息和学习数据。
- 建立数据脱敏机制，在数据分析和共享过程中保护学生隐私。
- 实施数据审计和追踪机制，监控数据的使用和流动。
- 制定数据治理政策，确保数据的使用符合教育法规和伦理标准。

对于智慧学习助手，数据资源准备可能包括以下内容：

8）数据清洗的内容如下：

- 处理学生成绩数据中的异常值，如输入错误导致的超出满分的成绩。

- 填补学习行为数据中的缺失值，可能使用插值或预测方法。
- 纠正学生信息中的错误，如错误的出生日期或联系方式。

9）数据集成的内容如下：

- 整合来自不同系统的学生信息，形成统一的学生画像。
- 将在线学习平台的学习行为数据与学校的成绩数据关联，形成完整的学习表现视图。
- 整合课程信息和学生选课数据，建立学生—课程关系。

10）数据转换的内容如下：

- 将不同科目的成绩转换为标准分数，便于跨科目比较。
- 对学习时长、题目完成数等指标进行归一化处理。

通过这些步骤，智慧学习助手可以获得高质量的数据基础，为后续的分析和应用提供支持。例如，经过处理的学习行为数据可以用于构建学习效果预测模型，整合后的学生画像数据可以用于个性化学习推荐。

对于智慧学习助手，我们可能需要准备以下几类数据集：

- 学生基本信息数据集。
- 学习行为数据集（包括学习时间、完成习题数等）。
- 知识点掌握度数据集。
- 错题记录数据集。
- 学习资源使用数据集。

通过整合学生基本信息、学习行为数据、考试成绩数据、课程内容数据和教师评价数据，系统能够为学生提供个性化的学习建议和实时反馈，从而帮助其提高学习效率，改善薄弱科目的成绩。这些数据原料的设计不仅确保了产品的功能性，还为学生提供了全面而个性化的学习支持。

**（2）模型算法**

在智慧学习助手中，模型算法的应用非常广泛。例如，成绩预测模型通过分析学生的历史学习数据，预测未来的成绩表现。这一模型不仅帮助学生了解自身的学习进度，还为教师提供了调整教学策略的依据。通过对学生成绩的预测，教师可以更有针对性地进行教学干预，从而提高整体教学效果。

对于上面通过需求挖掘的“学生知识盲点”这一产品需求，我们建议使用知识图谱技术来实现。它可以利用数据挖掘技术，识别出学生在学习过程中的薄弱环节。通过分析学生的答题记录和学习行为，算法能够精准定位学生尚未掌握的知识点。这一信息对于个性化学习路径的设计至关重要。通过量身定制的学习计划，学生可以集中精力在薄弱环节上，提升学习效率和效果。

在智慧学习助手中，模型算法的设计贯穿了整个产品的核心功能。具体来说，首先，智慧学习助手的个性化学习路径设计这个数据产品，包括对每个学生的历史学习数据进行分析，提取出影响学习效果的关键特征（如学习时长、错题率、知识点掌握度等）。然后，选择随机森林这个模型算法来处理复杂的特征关系，再通过 Adam 优化算法来训练模型，使其能够精准预测学生未来的学习需求和可能的学习效果。最终，模型输出的结果就是对学生的个性化学习路径的推荐。这些推荐可以包括学习资源的选择、学习顺序的安排，以及学习进度的调整等，确保每个学生都能在最适合自己的节奏下高效学习。

通过智慧学习助手的案例可以看到，模型算法设计在数据产品中起到了至关重要的作用。一个好的模型算法不仅能够提高数据产品的性能和用户体验，还能够为用户提供更有价值的洞察和决策支持。因此，在数据产品的设计过程中，需要重视模型算法的选择和优化，通过不断创新和改进，推动数据产品的持续发展和优化。

**（3）产品可视化**

产品可视化不仅仅是将数据图形化呈现出来，它是用户与数据交互的主要途径。在教育领域的应用中，学生、教师以及管理者都需要通过直观的图表来了解学习进度、知识点掌握情况以及复习效果。对于学生用户而言，直观的可视化不仅可以增强他们对自身学习状态的感知，还能激励他们更好地完成学习任务。

在智慧学习助手中，学生的核心目标是提升学习效率和改善薄弱科目成绩，围绕这一目标，系统通过可视化手段展示学习的关键数据，让学生可以快速掌握自身学习进度、复习效果及薄弱环节。通过这种方式，学生可以更具针对性地调整自己的学习计划，从而实现学习目标。

对于智慧学习助手，在模型算法开发完成后，需要可视化的页面如下：

- 个性化学习仪表盘：展示学生的学习进度、强弱项分析等。
- 智能题目推荐：根据学生的知识掌握情况，推荐适合的练习题。
- 学习规划助手：帮助学生制订个性化的学习计划。
- 实时学习诊断：在学生学习过程中，实时识别可能的问题并提供建议。

按照可视化设计步骤，首先进行原型设计，对应以下几个页面：

- 学习计划页面：展示个性化的学习计划，如图 5-26 所示，包括学习进度、知识点复习、任务练习等。输入框和按钮要明显，如“开始学习”“去复习”等，以更好地支持学生的主要操作需求。

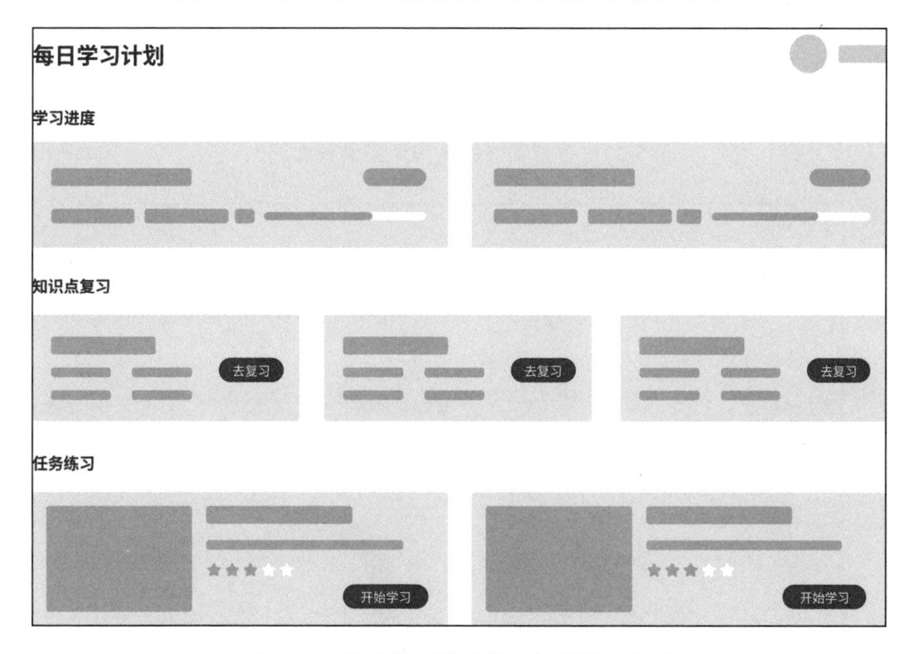


图 5-26　智慧学习助手学习计划页面原型

- 知识图谱页面：如图 5-27 所示，可视化展示学科知识体系和学生的掌握情况，帮助学生了解自己的知识结构。
- 学情分析页面：如图 5-28 所示，提供学习数据分析和可视化，如各科进步趋势、知识点掌握情况等，帮助学生了解学习进度和效果。图表应简洁明了，易于理解。

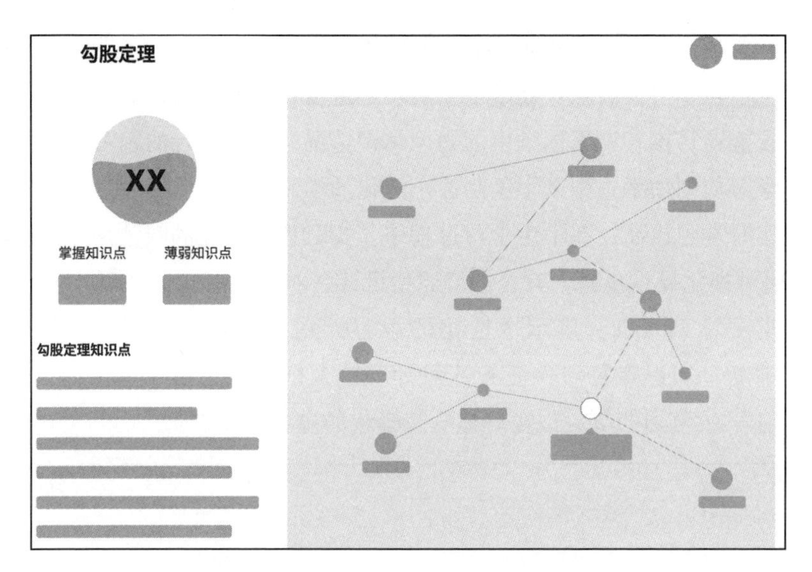


图 5-27　智慧学习助手知识图谱页面原型

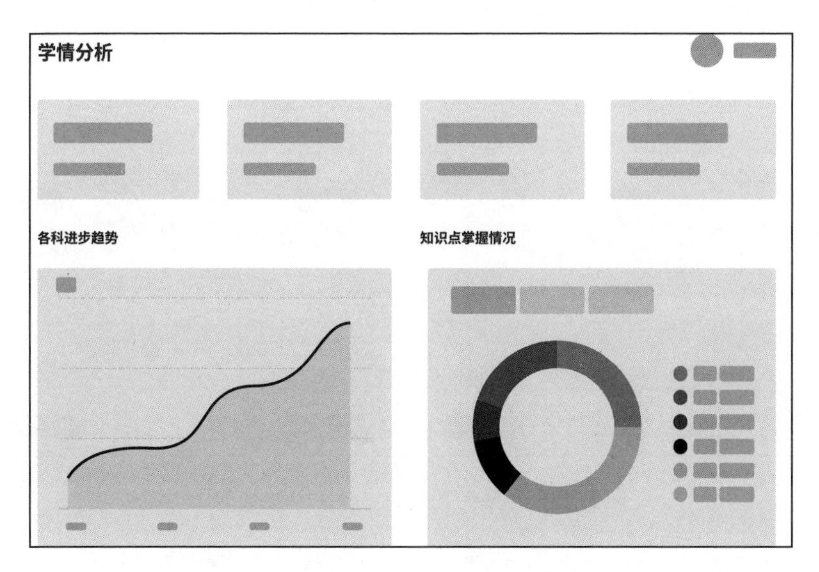


图 5-28　智慧学习助手学情分析页面原型

- 个性化学习推荐页面：根据学生的学习状态，提供个性化的学习建议和学习策略，如图 5-29 所示。推荐区域应突出重点，便于学生快速找到相关学习内容。

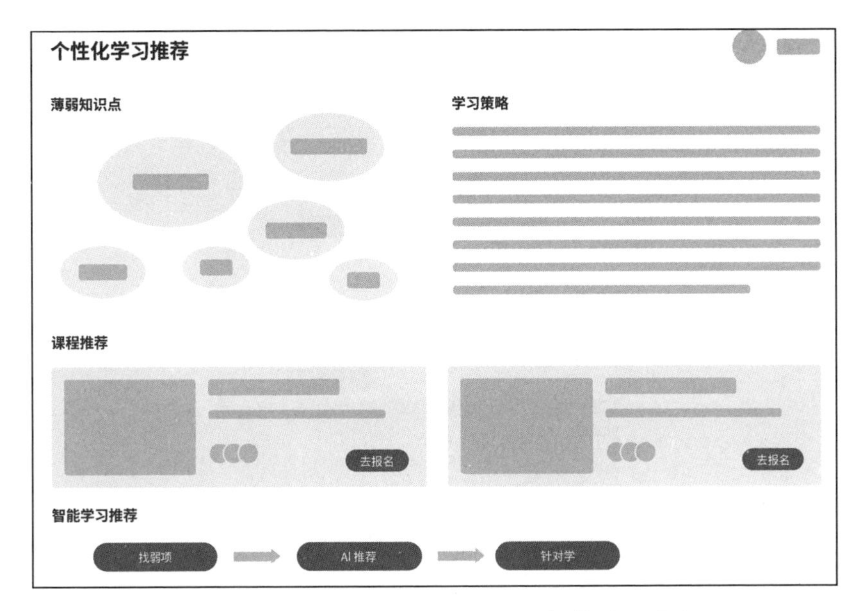


图 5-29　智慧学习助手个性化学习推荐页面原型

可视化的效果不仅依赖于数据呈现，更需要良好的交互设计。在智慧学习助手中，个性化学习路径的交互设计需要充分考虑初中学生的特点，设计出简单易用、直观且有趣的交互方式，帮助他们更好地理解和利用数据。

例如，在学习进度概览中，可以实现一个时间轴交互，允许学生通过拖动时间轴来查看不同时期的学习情况。在知识点掌握度分析中，可以允许用户点击某个知识点，然后展示该知识点的详细学习记录和相关的练习题。

以下是几个具体的交互设计案例。

1）学习计划生成。学生登录后，系统会自动生成个性化的学习计划，界面简洁明了，学习任务以卡片的形式展示。如图 5-30 所示，每张卡片上包含学习内容、预计完成时间和难度等级，学生可以通过拖曳的方式调整任务优先级。

2）知识点复习。在知识点复习模块，学生可以查看自己掌握的知识点和薄弱环节。如图 5-31 所示，通过点击知识点，学生能够获取相关的复习资料和练习题。系统还会提供即时反馈，帮助学生了解自己的学习效果。

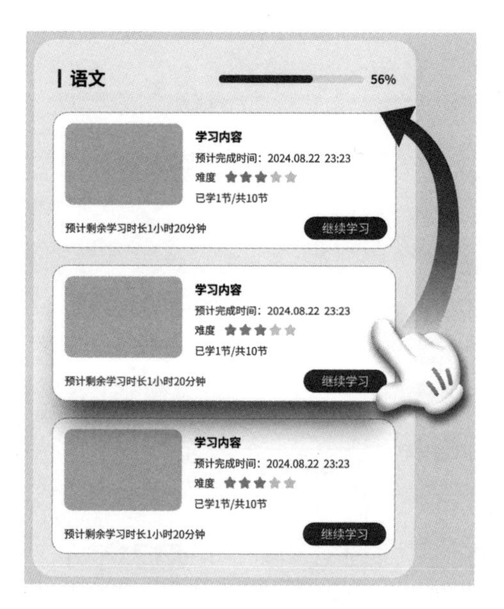


图 5-30 智慧学习助手学习计划生成交互方式示例

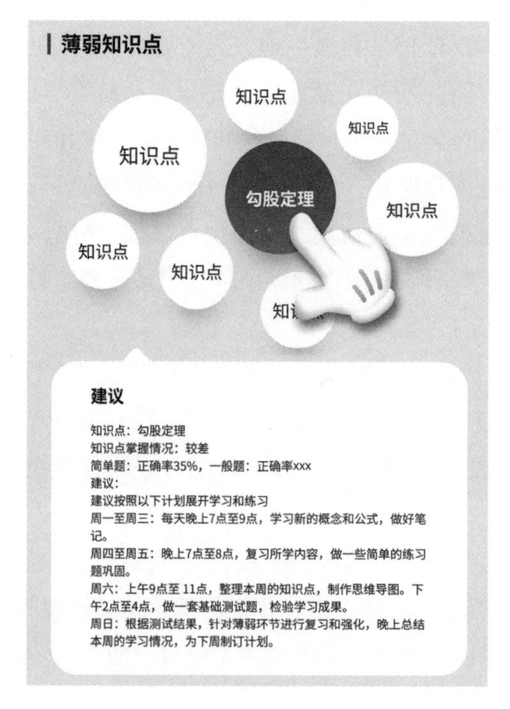


图 5-31 智慧学习助手知识点复习交互方式示例

3）学习进度追踪。学习进度追踪页面采用仪表盘式布局，展示各科目的学习情况和进步趋势。如图 5-32 所示，通过图表和进度条，学生可以直观地看到自己的学习进展，增强学习的动力。

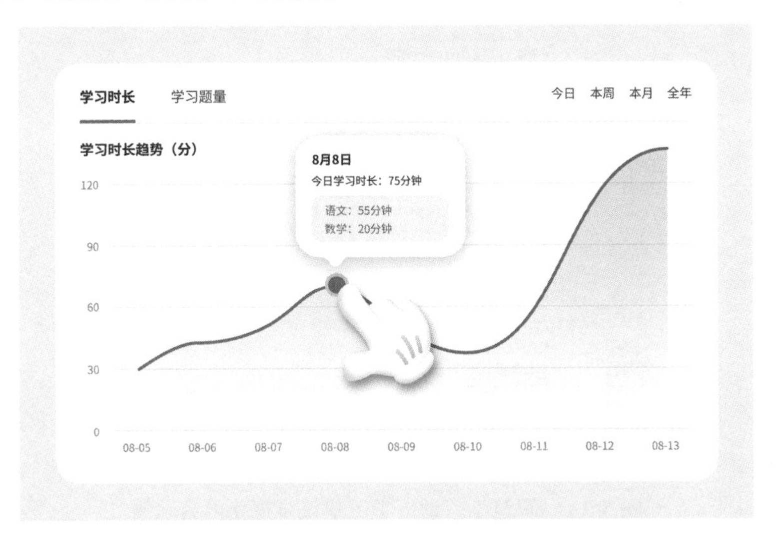


图 5-32　智慧学习助手学习进度追踪交互方式示例

4）学习建议系统。根据学生的学习表现，系统会自动生成个性化的学习建议。如图 5-33 所示，建议以对话框的形式呈现，使用友好的语气，鼓励学生在学习中保持积极态度。

良好的交互设计不仅能提升用户体验，还能提高用户的满意度和忠诚度。在智慧学习助手中，交互设计不仅支撑了个性化学习路径的功能实现，也让数据可视化变得更具活力，帮助学生更好地理解数据并利用数据改进学习效果。

在完成原型设计和交互设计后，我们进入可视化实现。在智慧学习助手中，个性化学习路径的可视化实现是一个重要环节。该产品旨在根据初中学生的学习历史和实时表现，提供个性化的学习建议和资源推荐。为实现这一目标，采用编程方式实现可视化，具体步骤如下：

1）学习进度可视化设计。在设计阶段，确定需要展示的数据类型，如学习进度、知识点掌握情况、错题分析等。设计相应的图表类型，如折线图、柱状图、饼图等，以便清晰地传达信息。图 5-34 展示了学习进度页面的可视化实现内容。

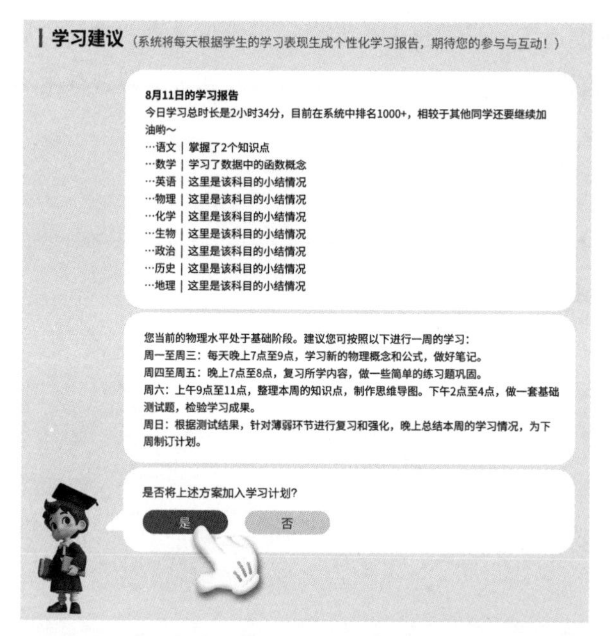


图 5-33　智慧学习助手学习建议可视化内容示例

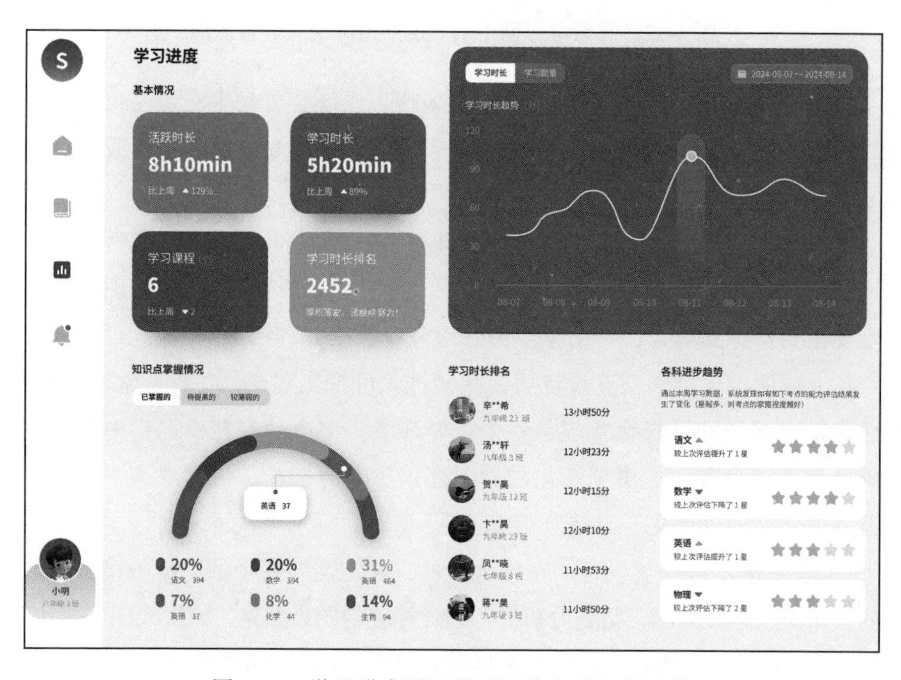


图 5-34　学习进度页面的可视化实现内容示例

2）知识图谱的可视化。利用 D3.js 实现知识图谱的可视化展示，如图 5-35 所示。知识点用不同颜色和大小的节点表示，节点之间的关系用连线展示。用户可以点击任意知识点，查看相关的学习资源和练习题，以更好地理解知识结构。

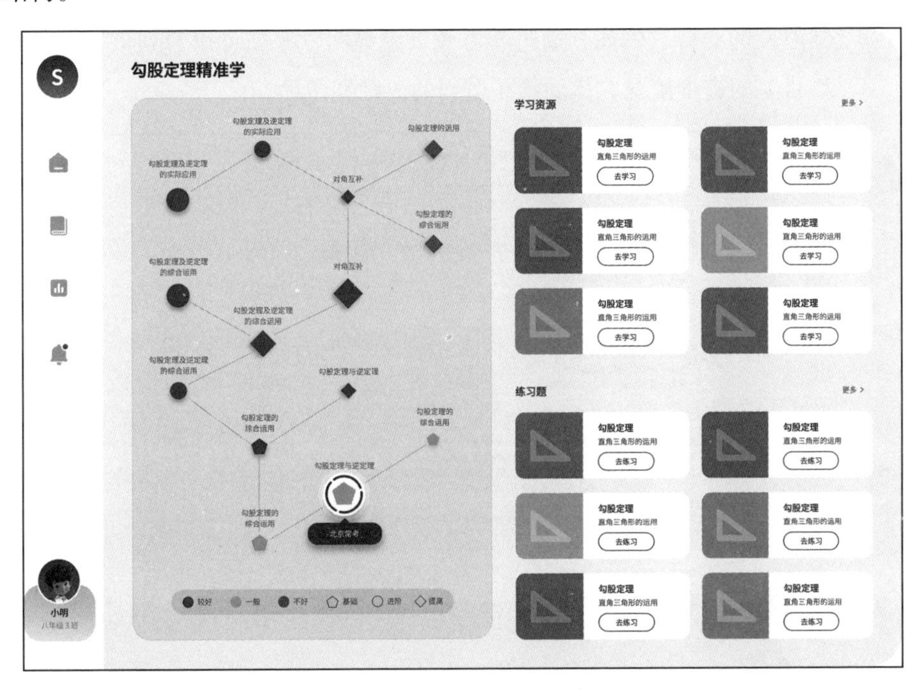


图 5-35　知识图谱可视化内容示例

3）学习建议的可视化。通过编程实现个性化学习建议的可视化展示。如图 5-36 所示，根据学生的学习表现，生成有针对性的学习建议，并以对话框的形式呈现。使用友好的语气和简单易懂的语言，以增强学生的信任感。

在智慧学习助手的场景中，好的可视化设计可以帮助不同用户更直观地了解自己的学习情况，发现自己的优势和不足。

- 学生：通过知识点掌握度的雷达图，学生可以一目了然地看出自己在哪些方面表现优秀，哪些方面需要加强。通过学习时间分布的热力图，学生可以发现自己的学习规律，从而更好地安排学习计划。
- 教师：可视化设计可以帮助他们更好地了解整个班级的学习情况，发现普遍存在的问题和个别学生的特殊需求。例如，通过班级知识点掌握度的聚类分析，教师可以发现哪些知识点是大多数学生的薄弱环节，从而在课堂教学中加以强化。

- 家长：可视化设计可以帮助他们更好地了解孩子的学习进展，提供更有针对性的支持。例如，通过学习效果趋势图，家长可以看到孩子在各个科目上的进步情况，从而给予适当的鼓励和帮助。

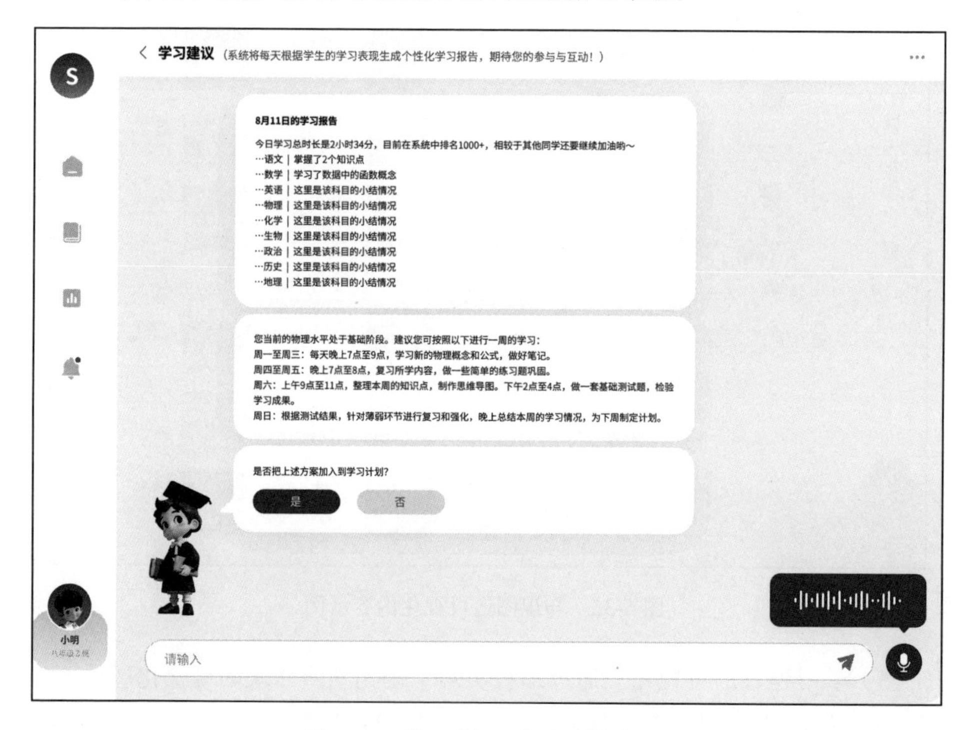


图 5-36　学习建议可视化内容示例

在设计这些可视化界面时，需要考虑不同用户群体的需求和使用习惯。例如，对于学生用户，可能会使用更加生动活泼的设计风格，加入一些游戏化的元素来增加学习的趣味性。对于教师用户，可能会提供更多的数据分析工具，允许他们进行更深入的数据探索。对于家长用户，可能会设计更简洁明了的报告形式，让他们能够快速获取关键信息。

此外，还需要考虑不同学习阶段的需求。例如：对于小学生，可能会使用更多的图形和动画来展示学习进度；而对于高中生，可能会提供更详细的数据分析和预测功能。

总之，通过精心设计的可视化界面，我们可以让智慧学习助手不只是一个数据展示工具，而是一个真正能够促进学习、辅助教学的智能平台。它能够将复杂的学习数据转化为直观易懂的视觉信息，帮助学生、教师和家长更好地理解与利用这些数据，从而实现更高效、更有针对性的学习和教学。

第四步：产品交付与运营

在完成了智慧学习助手的设计和开发后，产品需要通过严格的测试和验证，确保其功能的完整性和稳定性。在交付过程中，设计团队需要制订详细的交付计划，包括用户培训、技术支持和售后服务等，确保用户能够顺利使用产品。

产品交付之后，还需要持续运营和优化，确保智慧学习助手能够在实际应用中发挥最大价值。具体而言，在产品框架小屋中确定了合力部门和业务举措，而在实际的运营过程中，围绕确定的价值评估指标，包括用户增长率、学生成绩提升幅度、用户留存率等指标开展业务活动。这些业务活动既包括线上的活动，也包括线下的活动，例如寻找试点学校、开展教师培训项目、组织学生竞赛活动、建立家长社区、发布教育研究报告等，用于支撑数据产品目标的达成。

在智慧学习助手中，可以通过后台系统自动记录数据，包括用户登录频率、功能使用情况、学习进度等。可以关注以下几个方面的数据：

- 用户活跃度：日活跃用户数（DAU）、月活跃用户数（MAU）、平均使用时长等指标可以反映产品的整体受欢迎程度。如果发现 DAU 突然下降，就需要深入分析原因，可能是新功能不受欢迎，或者出现了严重的 bug。
- 功能使用情况：各功能模块的使用频率、停留时间等数据可以帮助了解哪些功能最受欢迎，哪些功能可能需要改进。例如，如果发现知识点掌握度分析功能的使用率很低，就需要思考是否因为功能设计不够直观，或者用户对该功能的价值认知不足。
- 学习效果：知识点掌握度提升情况、考试成绩变化等数据可以帮助评估产品是否真正帮助学生提高了学习效果。如果发现使用产品后学生的成绩并没有显著提升，需要重新审视产品的核心价值主张。

- 用户路径分析：通过分析用户在产品内的行为路径，可以发现用户可能遇到的困难或瓶颈。例如，如果发现很多用户在进入个性化学习计划页面后很快就退出，可能说明这个功能的入口设计不够直观，或者功能本身不够吸引人。

通过上述措施，能够确保智慧学习助手在交付后的运营过程中不断优化，持续提升用户体验和产品价值。通过对用户反馈和数据分析的重视，产品团队能够及时调整策略，确保产品在市场中的竞争力和用户的满意度。

**第五步：产品安全合规设计**

智慧学习助手这样的数据产品，不仅要满足学生的学习需求，还要严格遵循数据保护的法律法规，以防止数据泄露和滥用。数据安全合规设计应包括以下措施：

- 数据加密：对用户学习数据和个人信息进行加密存储，确保数据在存储和传输过程中的安全性。
- 访问控制：设置不同用户角色的访问权限，例如学生、教师和管理员，各个角色只能访问和操作与其相关的数据，防止数据被未经授权的人员访问。
- 实时监控：实施实时的安全监控系统，跟踪用户活动和数据访问情况，及时发现和应对异常行为。
- 数据备份：定期对学习数据进行备份，并制订有效的恢复计划，以确保在数据丢失或系统故障时能够迅速恢复。

通过这些安全设计措施，可以有效保护智慧学习助手的用户数据和系统安全，确保数据产品在运行中的稳定性和安全性。

基于上面的隐私保护策略，对于智慧学习助手这一数据产品，隐私保护可以通过以下措施实现：

- 数据最小化：仅收集与学习路径定制相关的必要数据，避免收集学生的敏感信息。
- 数据去标识化：对学生的学习数据进行去标识化处理，防止数据泄露后仍能识别个人。
- 用户同意：在收集和使用学生数据之前，明确告知数据用途，并获得家长和学生的同意。

- 数据访问控制：设置不同的权限等级，确保只有经过授权的教育工作者和管理员可以访问学生数据。
- 数据保护技术：对存储和传输的学生数据进行加密处理，保障数据在传输和存储过程中的安全。

### 5.8.2 案例总结

在服务型数据产品实践中，数据产品设计五步法逐步将用户潜在需求转化为实际价值。这一方法以数据资源为原料，聚焦于数据要素的价值化。在智慧学习助手中，通过产品场景设计、构建产品价值设计、产品构件设计、产品交付与运营、产品安全合规设计等步骤，最终实现了个性化学习路径和实时反馈功能。这个过程展现了如何通过数据资源提升用户体验和业务价值。

这一方法同样适用于金融行业的智能风控模型。智能风控通过大数据和机器学习算法，评估借贷风险，并实时预测用户行为。例如，蚂蚁集团的风控系统，通过对用户的金融历史、消费行为等多维数据进行分析，构建了完整的风控模型。这个风控模型不仅帮助企业有效降低了风险，还提高了金融服务的精准性。

类似的服务型数据产品利用数据资源推动业务发展的案例还有很多，比如，美团通过数据分析优化外卖配送路径、个性化推荐餐品，以满足用户的高效需求。通过这样的实践，数据产品设计五步法不仅为智慧学习助手的成功实施提供了指导，也为其他服务型数据产品的开发提供了宝贵的经验和借鉴。

6

第6章 CHAPTER

# 数据产品开发方法

本章从数据产品开发全景图出发，全面剖析数据产品开发的基础和方法。数据产品开发基础包括关键技术、数据平台、开发策略三个核心部分，我们将从不同企业的团队规模、数据体量、技术选型等方面考虑，说明分别基于数据仓库、数据平台、DataOps的3种不同的数据开发方式，介绍MPP（大规模并行处理）、分布式存储、流批一体、AI和LLM等关键技术在数据开发过程中的应用，并详细介绍主流数据平台的核心能力，以及在数据开发过程中的价值和作用。

本章将重点阐述资源型、服务型、智能化等不同类型数据产品的开发方法。资源型数据产品开发包含数据资源盘点、数据指标体系梳理、数据建模、数据质量改进、数据开发、数据服务等6个过程。服务型数据产品通常以资源型产品为原料，是对数据应用场景的深度提炼和封装，输出用户可以直接使用的系统界面、操作工具或数据服务。智能化数据产品是服务型数据产品的重要组成部分，通常是指那些通过人工智能技术实现自动化和智能化的数据产品。

## 6.1　数据产品开发全景图

数据产品开发基于“价值牵引、场景驱动、合规支撑”的策略，强调数据驱动、模型迭代、技术工具支持以及跨团队协作。

数据产品开发是一个持续迭代的过程，贯穿从业务需求识别到数据价值实现的整个链路。如图 6-1 所示，数据产品开发全景图包括开发基础和开发方法。数据产品开发基础由关键技术、数据平台、开发策略三部分构成，它与数据产品开发方法相互协作，共同推动数据产品从概念到实现的全过程。

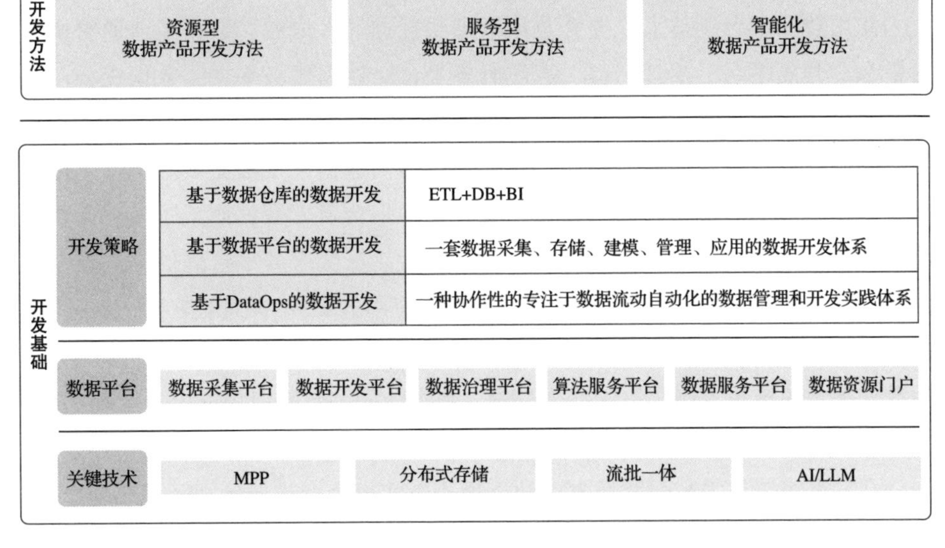


图 6-1　数据产品开发全景图

### 1. 开发基础

数据产品开发基础包含多个方面，例如数据产品需求分析、场景和价值设计、数据预处理等前置条件，全景图中仅从技术、平台、开发策略角度加以描述，后面的章节会从数据产品开发团队的视角做一些介绍。

#### （1）关键技术

数据产品开发的相关技术体系纷繁复杂，此处我们主要关注 MPP 数据库、分布式存储、流批一体技术，以及人工智能和大模型在数据开发中的应用。

MPP 数据库通过并行处理技术，能够快速处理大规模数据集，满足数据仓库和复杂查询的需求，其高性能和可伸缩性在数据产品开发中扮演着重要角色。分布式存储技术则突破了传统集中式存储在扩展性和成本方面的限制，同时提高了系统的可靠性和可用性。流批一体技术结合了流处理和批处理的优势，使数据产品开发能够同时处理实时数据和历史数据，满足不同业务场景的需求，并且通过统一数据处理架构，简化数据开发和运维工作，降低技术复杂性。机器学习、深度学习、自然语言处理等 AI 技术有利于对大量数据进行智能化分析，实现自动化决策，提供个性化服务。

**（2）数据平台**

使用数据平台能够大幅提升数据治理和数据开发成效。数据平台通常由采集平台、开发平台、治理平台、算法服务平台、数据服务平台、数据资源门户等子平台构成。采集平台负责从各种数据源采集数据，支持多种数据格式和协议，确保数据的完整性和准确性。开发平台提供数据开发和测试环境，支持数据模型设计、ETL 流程开发和数据集成。治理平台负责数据质量管理、元数据管理和数据安全，确保数据的合规性和一致性。算法服务平台提供算法模型的开发、训练和部署服务，支持机器学习和 AI 应用的集成。数据服务平台提供数据 API、数据集市和数据交换服务，支持数据的共享和交换。数据资源门户作为数据平台的统一入口，提供数据目录、数据访问和数据应用的统一管理。

**（3）开发策略**

开发策略体现为数据开发方式的选择，下文将重点描述分别基于数据仓库、数据平台、DataOps 的 3 种不同的数据开发方式。基于数据仓库的开发方式侧重于数据的集中管理和分析，适用于需要复杂数据分析和报告的场景。基于数据平台的开发方式侧重于数据的集成和服务化，适用于需要跨部门、跨系统数据共享和协作的场景。基于 DataOps 的开发方式侧重于数据开发流程的自动化和标准化，提高数据产品的迭代速度和质量。

### 2. 开发方法

资源型数据产品开发方法侧重于利用现有的数据资源来开发数据产品，如数据集、API 和数据服务。服务型数据产品开发方法侧重于提供数据服务，如数据分析、数据报告和数据洞察，通常以 DaaS 的形式提供。智能化数据产品开发方法利用 AI 等技术来开发智能数据产品，如推荐系统、预测模型和自动化决策支持系统，通常以 MaaS（模型即服务）的形式提供。

**（1）资源型数据产品开发方法**

资源型数据产品的核心在于数据资源的整合与优化，其开发利用策略需紧密结合数据的采集、处理、存储和分发等环节。数据采集是资源型数据产品开发的起点，涉及多源数据的整合，包括结构化数据和非结构化数据。通过 ETL（Extract, Transform, Load，抽取、转换和加载）或 ELT（抽取、加载和转换）流程，实现数据的清洗、转换和加载，确保数据的质量和一致性。选择合适的存储解决方案也至关重要，Hadoop 等分布式存储系统和云存储服务提供了灵活、可扩展的存储能力，能够很好地支持大规模数据集的存储和管理。最后将数据资源封装成产品，如数据集、数据 API 和数据服务，这也是资源型数据产品开发的核心。

**（2）服务型数据产品开发方法**

服务型数据产品在开发方法基础上，还需要重点关注用户体验、数据安全合规、数据服务的可扩展性三个方面。服务型数据产品可以通过 DaaS 模式允许客户通过订阅按需获取数据和分析结果，而无须自己建设和维护数据基础设施。而 SaaS 形态的数据产品，例如 Tableau、Power BI 等数据分析平台或工具，更多属于工具型数据产品，它们能够提供数据可视化、报告生成和数据洞察等功能。

**（3）智能化数据产品开发方法**

智能化数据产品是服务型数据产品的重要组成部分，其特点在于通过 API 将预训练的 AI 模型封装成服务提供给用户，用户无须深入了解模型的技术细节即可利用 AI 的能力，并且可以根据实际使用量来支付费用。这种灵活的付费方式有助于用户降低运营成本。因此，智能化数据产品开发的重点是与价值场景需求相匹配的模型开发和模型服务的提供。

## 6.2　数据产品开发基础

在介绍数据产品开发方法之前，我们先了解一下数据产品开发前的基础准备工作。

### 6.2.1 数据产品开发角色

数据产品开发是一个高度协同的过程，涉及对海量数据进行处理、分析和价值场景挖掘，需要技术部门和业务部门共建数据应用场景，在企业经营过程中通过跨部门、跨专业，利用数据技术对业务进行精准支持。所以需要组建一个优秀的数据产品开发团队，聚合具有各类才能的专业岗位人员，大家共同努力，才能打造出使数据资产增值的数据产品。

数据团队要对所在企业的业务战略有深入理解，清晰认识数据在业务中的核心竞争力，明确数据如何支撑战略目标的实现，达到提升运营效率、优化客户体验、创新业务模式等的经营目标。此外，要根据企业规模、业务需求及数据成熟度，合理设定数据团队的角色与职能。如图 6-2 所示，典型的数据团队可能包括如下几个岗位：数据产品负责人、数据产品经理、数据技术业务伙伴（DTBP）、数据架构师、数据治理工程师和数据开发工程师。如果涉及数据职能类产品，还需要包括数据科学家和算法工程师岗位。

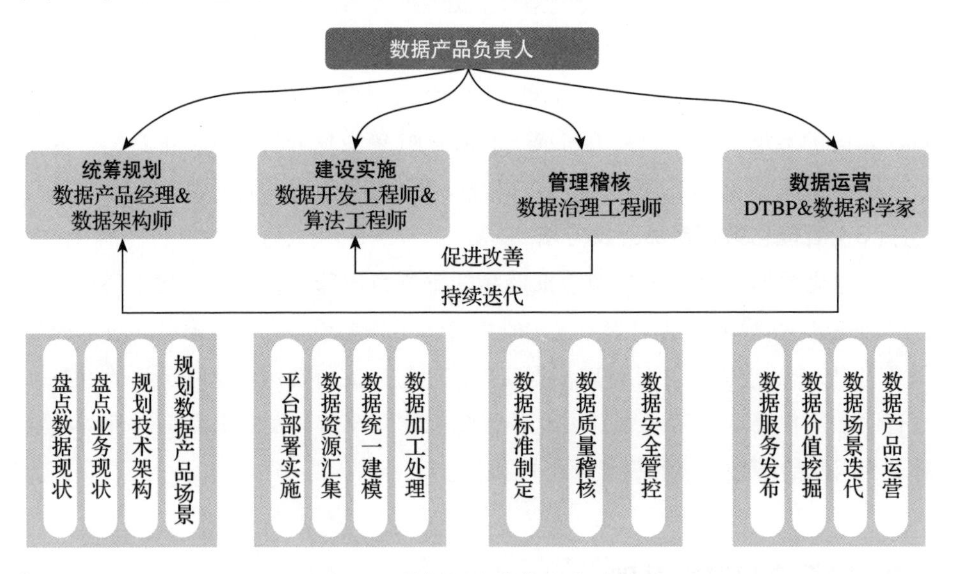


图 6-2 数据团队岗位职责示例

- 数据产品负责人：负责领导和管理数据团队，负责数据产品从构思到开发、发布和持续改进的全生命周期，能够协调团队成员最终实现产品目标。

- 数据产品经理：负责对接业务部门和业务用户，通过持续的设计迭代、打磨提升用户体验和服务效率，输出具备竞争优势的数据产品，提升数据应用价值。
- 数据技术业务伙伴：Data Technology Business Partner（DTBP）。一般需要深入参与到业务流程，是数据团队最懂业务的岗位，以服务业务用户为核心，负责接收、梳理业务需求，提炼价值场景，反馈给产品经理，然后对数据产品进行推广、培训。在业务条线较多、部门庞大的情况下，企业往往会设置 DTBP 岗位，用于加强数据和业务部门之间的协作。
- 数据架构师：持续优化数据架构，提升企业整体数据研发效率。数据架构师需要具备较强的综合能力，既要懂技术、懂数据、懂安全，也要理解业务流程和应用场景，核心目标是使底层的模型具备健壮性、可扩展性、灵活性、安全性，能够快速响应数据产品的迭代优化。
- 数据治理工程师：负责制定和实施数据标准，进行数据治理实践，管理企业内部的数据质量、元数据、数据安全、数据合规，努力确保数据的准确性、一致性、可用性和安全性。数据治理工作是一项持续性的工作，在整个数据产品开发和迭代周期内，都离不开数据治理，所以需要设置这个岗位。也可以由外部合作伙伴承担此类工作。
- 数据开发工程师：负责数据基础建设和实现，包括数据资源盘点、数据采集、数据开发脚本编写和测试、数据资产发布和推送、报表开发，输出数据产品的底层模型和应用。数据开发工作需要结合前期的需求梳理、架构设计，以及成熟的数据开发规范。对本岗位的要求更多是编码和调优能力，在人员编制受限的情况下，这部分工作也可以由外部合作伙伴来承接。
- 数据科学家：运用高级统计学、机器学习等方法进行深度分析与建模，用从中获得的见解来丰富数据产品，解决复杂业务问题。
- 算法工程师：将前沿理论转化为实际应用，根据数据产品需求，通过机器学习、深度学习、图像处理、自然语言处理等领域技术，设计并实现高效且稳定的算法模型，为解决复杂业务问题提供强大的技术支持。在实际数据产品开发过程中，算法工程师负责搭建并训练模型，通过交叉验证、网格搜索等方法进行参数调优，以最大化模型性能。对模型的泛化能力、过拟合风险、计算效率等因素进行综合考量，确保模型在实际应用中的稳定性和准确性。

除了以上主要岗位，还有一些业务专家、数据运维、数据分析、风险合规等职能岗位，企业可以按需设置。目的就是在整个数据产品开发过程中做到团队的高效协同，以提升产品迭代效率，更好地服务用户。

下面来介绍 3 种主流的数据产品开发方式。

### 6.2.2 基于数据仓库的数据开发

在以 Hadoop 生态为核心的大数据技术出现之前，数据仓库扛起了数据解决方案的大旗，直到现在，一些企业依然使用数据仓库支撑企业内部数据分析和应用的绝大多数场景。

#### 1. 数据仓库的特点

**（1）架构简单**

常规情况下，一个关系数据库、一个 ETL 工具、一个 BI 工具，即可实现技术数据仓库的数据开发。存储层的商业组件有 Teradata、DB2、Oracle、SQL Server 等，开源组件有 MySQL、PostgreSQL、Greenplum 等，也可以使用一些国产数据库作为数据仓库存储引擎。数据量较大的情况下，可以用 MMP 数据库，例如 ClickHouse、StarRocks 等。ETL 层的工具，如 Informatica、Datastage、Kettle 等，支持从一个或多个数据源提取、转换，并将其加载到目标系统或数据库中。至于 BI 层，国内外都有很多成熟的 BI 工具，可以通过拖曳方式快速实现报表的开发。

**（2）运维简单**

架构简单即意味着技术成熟、运维难度和成本较低，通常由数据开发人员负责整条链路的运维。

**（3）开发技能简单**

数据仓库是以 SQL 开发为主，包括数据接入、转换、加载、建模分析等。

当然也面临一些局限性，例如只能处理结构化数据和离线数据，且数据处理规模有限，一般只能处理 TB 级以下的数据。

#### 2. 基于数据仓库的数据开发方式

基于数据仓库做数据产品开发，简单来讲就是通过数据采集技术，将不同的业务数据源和数据文件统一抽取和加载到数据仓库，在数据仓库里完成复杂的数据建模和数据清洗，形成企业的数据资产，并在此基础之上完成面向业务场景的数据分析与挖掘，输出具体的数据产品，实现业务价值。

整个数据产品开发周期主要分两个过程：一是数据生产过程，包括数据从业务系统经过抽取、转换、加载至目的端的过程，一般也将此过程称为 ETL 流程；二是数据消费过程，即数据分析、挖掘、应用的流程，其中还涉及数据推送、查询性能优化、自助分析等环节，一般这部分工作由数据分析师主导，ETL 工程师协助。通常，ETL 工程师更注重怎么做，数据分析师更关注做成什么样。从数据产品角度讲，数据分析师的任务是研发具备竞争力的数据产品，因此其分析、洞察、挖掘能力非常关键。

然而，基于数据仓库做数据产品开发，由于工具技术限制，在数据产品的输出形态上有很大的局限性，只能通过数据可视化报表或文件导出的方式提供数据服务。因此其数据开发成果多以资源型数据产品为主。同时在数据治理上，缺乏相应的工具和技术支持，需要投入很大的人力成本来确保数据服务的准确性。

### 6.2.3　基于数据平台的数据开发

2019 年数据平台在国内兴起，至今已有很多企业上线了数据平台。数据平台不只是一套系统工具，而是融合数据资产管理、数据研发、数据治理、数据服务、数据安全的一整套技术平台体系，是数据产品开发的核心载体。

#### 1. 数据平台的特点

##### （1）技术先进性

数据平台通常以 Hadoop、Hive、Spark、Flink、Elasticsearch、Hudi、StarRocks 等开源生态技术为核心，以数据采集、建模、开发、算法、治理、服务、安全等平台模块为底座，以最终的价值交付场景为目标。支持 TB、PB 级数据处理，包括结构化、半结构化、非结构化数据格式。同时在实时计算、数据治理、数据服务、数据安全、AI 算法方面，相较于数据仓库有很大的能力提升。能够很好地支持资源型、服务型数据产品的开发。

**（2）数据开发效率高**

数据平台摒弃了数据仓库烟囱式的建模方法，注重全域数据拉通的建模方式，以财务、营销、成本、生产等业务域主题为治理对象，以项目、产品、合同、客户等分析主体为建模对象，强调模型的可复用性。通过实体对象宽表模型的灵活组合或补充，快速应对持续变化的数据需求，且能保障数据的准确性和一致性。

**（3）数据服务方式丰富**

除报表之外，数据平台还提供了自助分析、数据 API 等数据输出形态，这也是目前数据产品比较主流的服务方式。自助分析多以 BI 工具为载体，是对报表场景的补充；基于已经输出的宽表模型，可以满足用户临时的、个性化的分析、挖掘、归因、预测等需求。由于主流 BI 厂商持续优化自助分析交互上的体验，不断强化数据驱动的企业文化，自助分析的用户和场景越来越多。

数据 API 是一种用于数据传输、交互、管理和共享数据的方式，允许应用程序、系统和服务之间进行高效、安全、便捷的数据交换。通过数据 API，企业和个人可以轻松地获取和处理大量数据，从而实现对数据的深度挖掘和分析。在数据产品的对外服务场景中，多采用数据 API 方式提供服务。

**（4）支撑业务创新**

数据平台具有强大的内外部数据融合、海量数据处理、AI 算法能力，在业务创新和发展上提供了更广泛的支持。业务创新需要结合数据产品设计五步法，把之前无法实现的数据产品需求，通过融合历史数据、采集用户行为数据或 IoT（Internet of Things，物联网）设备数据，利用数据模型和算法计算来实现。例如，针对客户域的精准营销和趋势预测，针对供应链域的实时库存监控和供应链优化，以及生产域的生产流程优化和设备故障预测等。随着大数据技术的持续发展和应用场景的不断拓展，数据平台在企业业务创新中发挥越来越大的作用。

## 2. 基于数据平台的数据产品开发方式

数据平台具备成熟的技术和平台能力，如图 6-3 所示，我们通常采用“采、存、建、管、用”五个环节完成数据产品的开发。

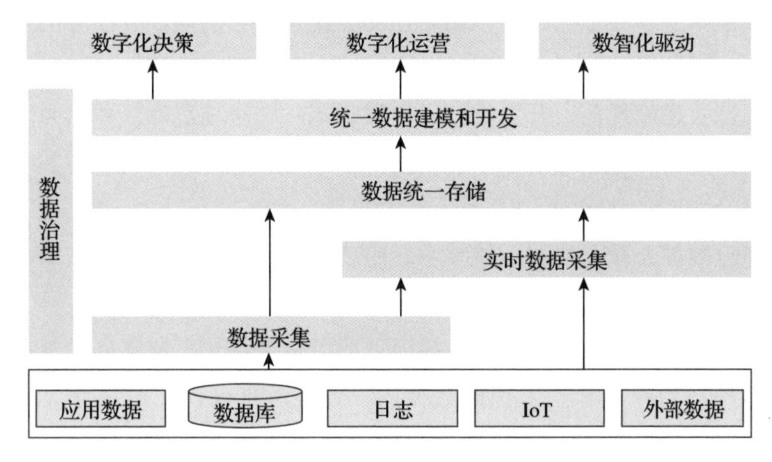


图 6-3　基于数据平台的数据产品开发方式

第一，“采”，即数据采集，基于数据平台内置的数据采集工具，实现全域、全渠道各个业务系统数据的统一汇聚。此采集过程与数据仓库的 ETL 工具采集不同，不会涉及编码或过滤条件编写。这里的原则是针对采集过来的数据，在表结构、数据格式和内容等方面与源表保持一致，不做数据加工处理，所有数据的加工处理都在数据平台里完成。在技术实现上，数据采集支持离线采集和实时采集。所谓离线采集即按照时间戳分为月、周、日、小时、分钟、一次性等方式采集。实时采集多采用 CDC（Change Data Capture，数据变更捕获）等技术实现，监控源数据库中数据的增加、删除、修改等变化，达到近乎实时的数据集成和同步。

第二，“存”，即数据统一存储，解决数据分散和孤岛问题。数据平台下通常采用 Hadoop HDFS 作为存储引擎，考虑数据未来增量更方便做扩容。针对特定场景，综合考虑存储成本，可以采用私有云和公有云混合存储模式。例如，一些生产制造型企业在生产设备运行过程中会产生大量 IoT 数据，这些数据体量大，更新快，价值密度低，如果全部存放在本地私有云环境，势必会占用大量存储空间，带来数据管理上的成本增加，这时可以把此类数据存放到公有云平台，经过初步的计算和提炼后，再把中间结果数据和最终模型数据回传到私有云数据平台，这样可以降低存储成本。

第三，"建"，即统一数据建模和开发。建模和开发是数据平台最核心的模块，管控数据整个处理流程，包括后期的数据运维，例如计算任务的重跑、脚本变更、上下游影响分析等。同时这个过程也是数据标准落地的过程，包括数据设计规范、建模规范、开发规范、质量规范、安全规范等。数据开发过程分为批处理和流式处理，批处理引擎一般采用 Hive Tez、Spark 等技术实现，流式处理多以 Spark Streaming、Flink 等技术实现。现在也有以 StarRocks、Hudi 为主流的实时数据仓库、湖仓一体技术，用于缩短数据产品的加工链路，提高数据输出效率。

第四，"管"，即数据治理，包括梳理数据资产目录、制定数据标准、采集元数据、稽核数据质量，来保障数据的一致性、准确性、可用性。在当前数据要素市场下，数据质量是数据资产价值评估的重要考虑因素之一，因此数据治理越发重要，很多企业单独把数据治理列为一个项目来做。数据治理的核心模块包括数据资产管理、数据标准管理、元数据管理、数据质量管理等。除此之外，主数据管理也是一个非常重要的课题，为确保数据一致性，需要针对企业跨组织、跨系统的项目域、产品域、客户域、合同域、材料域、设备域等数据对象进行映射治理，以支撑全周期分析洞察。数据治理是一个持续开展的工作，除了常规的数据标准执行、数据质量监测等事项，还要以提高数据质量为出发点，制定数据治理长效机制和数据质量提升计划，使数据治理常态化。

第五，"用"，即数据产品应用，核心是持续挖掘数据场景，输出高价值的数据产品。数据平台支撑的典型数据应用场景包括数字化决策，数字化运营、数智化驱动等。数字化决策包括可视化报表、自助分析、业绩达成分析、实时预警等场景，一般属于资源型数据产品范畴。数字化运营以服务型产品为主，包括客户运营和企业管理运营两部分：客户运营即客户画像、客户洞察、精准营销、客户服务体验优化等，企业管理运营即"投、研、产、供、销、财"等企业经营全价值链的运营管控，包括年度、季度、月度的经营决策会议报告、风险预警与督办等。数智化驱动也以服务型产品为主，即利用 AI 算法、大模型能力实现趋势预测、图像识别、AI 生成内容等，常见的场景包括销售预测、智能补货、生产排程优化、设备预测性维护以及设计辅助等。

数据平台发展这么多年，也暴露出了一些问题：一是成本投入很高，所需的人力、硬件、平台投入较大，且短期内看不到效果；二是过度关注平台功能，忽视了数据产品的开发，导致管理层和业务部门对数据平台的价值认可度不够。企业应该把重点放在数据内容建设和数据产品上，而不是数据平台本身的建设上。

### 6.2.4　基于 DataOps 的数据开发

DataOps 即数据、研发、运营一体化，是一种跨学科的数据工程方法论，如图 6-4 所示，它结合了数据管理和开发的最佳实践，以实现数据管道的自动化和优化。DataOps 旨在提高数据管道的效率、质量和速度，从而更好地支持数据分析、机器学习和其他数据驱动的决策过程。

#### 1. DataOps 的特点

DataOps 的目标是使数据消费者，包括数据技术业务伙伴（DTBP）、数据治理工程师、数据科学家、业务用户等，能够便利及时地从数据中获取业务价值。DataOps 具备如下特点。

**（1）数据利用最大化**

DataOps 旨在为所有数据用户提供数据的自动化交付，并在这一过程中让各个用户从数据中提取最大价值。

**（2）灵活响应业务需求**

DataOps 可以快速将数据提供给每一个需要的人，进行自下而上的探索和使用。业务用户最了解创新所需要的数据应该如何应用，因此应该最大限度地发挥他们的主观能动性，使组织能够快速适应市场变化。

**（3）改善数据生产效率**

DataOps 使用自动化工具，以自助服务的形式交付数据，从数据发现到数据整理、转换和洞察力的定制都完全简化，这样消除了数据请求和数据访问之间的固有延迟，使所有团队可以快速地作出数据驱动的决策。

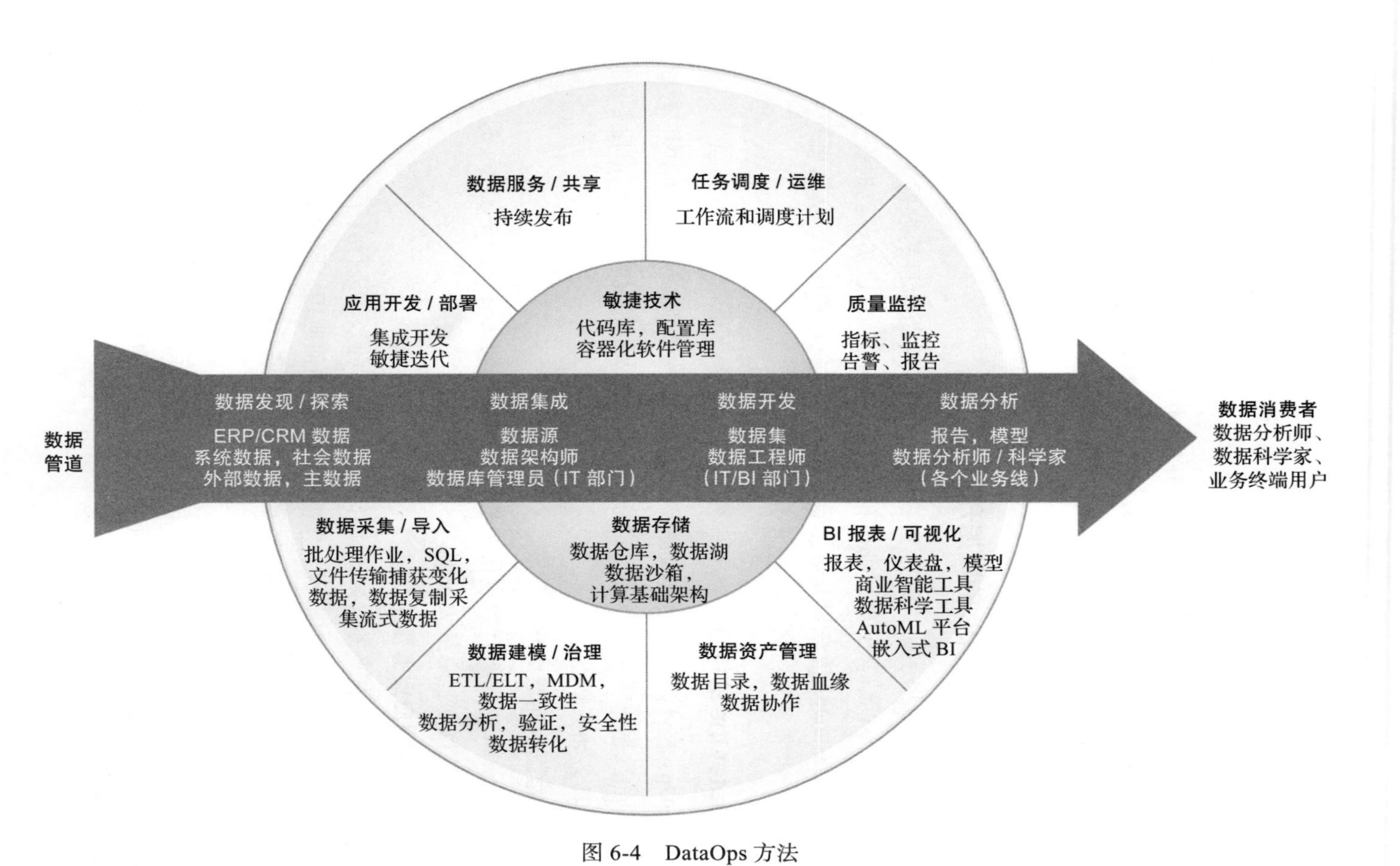


图 6-4 DataOps 方法

（4）解决数据脱节难题

当前企业数据生产者、数据消费者之间存在脱节，即数据生产者在缺少对需求价值点理解和对业务流程优先考虑的基础上，就完成了数据集成、加工、服务，而作为“需求方”的数据消费者只负责查阅结果数据。对于很多企业来说，数据生产者属于 IT 团队，往往忽略了对公司业务流程和逻辑的理解，导致数据团队提供的数据场景大多非业务所关注或需要的；而对于数据消费者来说，因为无法查看数据的处理逻辑，加上持续变化的需求和较长的数据需求响应时间等，也很难把自己的需求准确地传达给数据生产者。

通过 DataOps，可以重塑数据生产者和数据消费者的关系，让业务用户更多参与到数据价值的创造中来。尤其是很多企业的数据团队规模较小，无法支撑更多数据需求，就更需要数据消费者往前一步，参与到数据的组装和设计中来，实现自己的个性化业务需求。我们可以将 DataOps 定义为数据开发的新范式，简单来说就是以一种更有效率和更易于访问的方式呈现数据，重塑数据生产者、消费者模式，让业务参与进来，降低 IT 成本，满足数据消费者个性化和差异化的需求。通过改善企业中数据消费者和数据生产者之间的协作和沟通，以实现快速、可靠地交付高质量的数据产品。

2. 基于 DataOps 的数据开发方式

值得注意的是，DataOps 解决的最核心问题是数据研发效能问题。它关注的是数据研发运营管理的全生命周期，而不仅仅是某一单独环节。在建设完善全局最优的研发流水线的过程中，要时刻注意与企业的业务战略对齐，配合相关的组织保障、安全保障和工具保障进行实践落地。

DataOps 作为新兴的数据开发方法，强调数据管理自动化，既能为数据工作者提供敏捷的数据开发支持，也简化了数据交付的周期，提升数据生产者与数据消费者的协同效率，成为企业释放数据生产力的最佳方案。主要体现在以下 4 个方面。

（1）形成敏捷数据产品开发流程

DataOps 基于敏捷开发方法，帮助企业在数据生产端通过敏捷开发、自动化工具等方法和技术提升交付效率，在数据消费端利用自助服务的形式支撑数据消费者自主地获取和处理数据，而不需要等待数据团队的支持和协助。在两端共同的作用下加速数据的交付。

**（2）打造数据开发治理一体化流水线**

DataOps 强调对数据研发运营管理全生命周期的各个工作环节进行梳理，厘清数据质量、数据标准、数据安全等工作在研发环节中的位置，将数据治理工作融入研发运营管理的流水线中，形成“先设计、后开发，先标准、后建模”的模式，在研发阶段对数据的质量和安全等问题进行有效管控。同时打造自动化测试流水线，及时发现、处理质量问题，避免人工测试过程中的错误和疏漏，并加快测试速度，确保数据管道的稳定性和质量。

**（3）建立精细化的数据运营体系**

通过自动化工具、流程和自服务能力减少重复性和低效率的工作，让数据工作者能够专注于更高价值的工作，同时通过自动化运维和数据全链路监控等流程，及时发现并反馈效能、资源以及质量等方面的问题，降低企业的运营成本。

**（4）构造全局数据观测视图**

通过对数据链路的全面分析和上下文的数据可见性，有效地监控和维护整个数据生态系统。通过建立高质量的数据管道和监控机制，数据团队可以实时监测和分析关键数据资产的健康状况，以便在出现问题时及时发现和处理。

### 6.2.5 数据开发的关键技术

数据开发需要一些关键技术支撑，具体包括如下几个方面。

**（1）分布式存储技术**

分布式存储技术是一种新型的数据处理技术，即通过将数据分散存储在多个物理位置的设备上，实现高可靠性、高性能、高可扩展性，并降低整体成本投入。随着大数据技术的演进，分布式存储技术的应用越来越广泛，可以更好地应对数据量爆发式增长下的需求，同时确保数据的可靠性和安全性。常见的分布式存储技术有 HDFS、Ceph、GFS、Swift 等分布式文件系统以及 Cassandra、HBase 等分布式数据库。在方案选型上，可根据企业或项目的实际需求选择适合的分布式存储方案。例如：针对大规模数据存储，可以选择对象存储、分布式文件系统等；对于实时数据分析，可以使用键值存储、列式存储等。

（2）流批一体技术

流批一体通过统一计算逻辑、存储策略和数据处理流程，实现了流处理与批处理的融合，不仅能够实现更加全面、准确和实时的数据分析能力，还能显著减少开发成本和运维成本。它在大规模数据分析、实时风险控制、个性化推荐系统和实时监控与反欺诈等数据产品场景中都发挥着关键作用。基于 Apache Flink 构建的流批一体计算引擎，能够提供基于 Flink SQL 的数据分析能力，一个 Flink SQL 即可完成数据的采集、计算和传输全流程开发。基于 Flink CDC，可替换传统 ETL 中的采集工具和消息队列，从而简化数据传输链路，降低组件维护成本。流批一体的存储格式支持 Hudi、Iceberg 数据湖表格式，既可以对流批进行读写消费，又可以基于 Presto 交互式查询分析引擎。在流批一体的架构中，使用流批一体的计算引擎可以避免维护两套系统的运维成本；使用相同的流批一体的存储格式，可以避免分别为离线链路和实时链路使用两套不同的存储，减少存储链路的冗余和成本；开发者只需要写一套代码就能同时用于实时计算和离线计算，大大降低学习成本和开发成本。同时，使用统一的计算引擎、统一的代码可以更好地保证数据的一致性。

（3）MPP 技术

MPP 是一种计算机架构，旨在通过分布式处理来实现规模化数据处理和分析。MPP 架构对结构化数据的处理更加成熟，通常用于处理海量数据的应用程序，例如数据仓库、商业智能和大数据分析等。MPP 的核心理念是将计算任务分散到多个节点上执行，然后将各节点的执行结果汇总到一起得到最终结果。这种处理方式充分利用了系统的硬件资源，实现了真正的并行处理，从而提高了系统的处理能力和效率。常用的 MPP 数据库有 Greenplum、ClickHouse、StarRocks 等。

（4）AI 技术

AI 技术是计算机科学的一个分支，包括多种子技术领域，旨在帮助人类处理学习、推理、感知、理解语言和语言交流等任务。我们这里只简单说明机器学习、深度学习、计算机视觉、自然语言处理等。

机器学习是 AI 的核心技术之一，它使计算机系统能够从数据中学习并改进其性能，而无须进行明确的编程。机器学习算法可以分为监督学习、无监督学习和强化学习等多种类型。这些算法通过训练和优化模型，使 AI 系统能够识别模式、做出预测和决策。一般应用于预测类数据产品，例如销售预测、个性化推荐、预测性维护等。

深度学习是机器学习领域一个重要的分支，利用神经网络模拟人脑的工作方式，通过构建多层次的神经网络结构，实现对复杂数据的自动特征提取和表示学习。深度学习是在语音识别、语言翻译和物体检测等任务中实现高精密和高准确性的主要技术，在 AI 领域实现了许多突破，包括自动驾驶汽车、智能私人助理、医疗疾病预测等。

计算机视觉是 AI 领域的另一项关键技术，它研究如何让计算机从图像或视频中获取信息并理解其内容。计算机视觉技术包括图像识别、目标检测、图像分割、三维重建等。这些技术的应用使 AI 系统能够识别、分析图像和视频中的物体、场景和行为，从而实现对物理世界的感知和理解。

自然语言处理（NLP）是 AI 领域的又一关键技术，它研究如何实现人与计算机之间的自然语言交互。NLP 技术包括文本分析、信息抽取、机器翻译、对话系统等。这些技术的应用使 AI 系统能够理解和生成自然语言文本，从而实现与人类的智能交互。NLP 技术常应用于聊天机器人和 AI 虚拟助手等场景来解决问题。

**（5）大模型技术**

目前业界对大模型没有形成明确统一的定义。狭义上，大模型可指大语言模型，基于 Transformer 技术框架；广义上，它包含语言、声音、图像、视频等多模态大模型，技术框架包括 Stable Diffusion 模型等。在早期，循环神经网络（RNN）是处理序列数据的主流手段。虽然 RNN 及其变体在某些任务中表现出色，但在面对长序列时，它们常常陷入梯度消失和模型退化的困境。为了解决这一难题，Transformer 模型应运而生。Transformer 模型广泛应用于自然语言处理领域，如机器翻译、文本分类和文本生成。此外，它还在图像识别和语音识别等领域取得显著成果。ChatGPT 揭开了人工智能大模型时代的序幕。

根据应用场景和目标人群的不同，可以将大模型分为通用大模型和行业大模型两大类。

所谓通用大模型，是指具有广泛适用性的大型生成式 AI 模型，它能够处理多种任务，应用于不同领域。这类大模型通常包含深度学习领域中的各种技术和算法，例如神经网络、自注意力机制、预训练等，可以用于处理自然语言处理、计算机视觉、语音识别等领域的任务。例如 ChatGPT 就是一种通用大模型，拥有语言理解和文本生成能力，能够通过连接大量的语料库来训练模型，这些语料库包含真实世界中的对话，使得 ChatGPT 具备根据聊天的上下文进行互动的能力，做到像人类一样聊天交流，甚至能完成编写电子邮件、论文和代码等任务。

行业大模型大多在通用大模型的基础上构建，针对某个特定行业或领域需求，采用大规模数据训练和基于先进算法的深度学习模型。行业大模型通常包括该行业的关键流程、价值链、参与者、关系和其他要素，可以帮助理解行业的运作机制、业务流程和价值创造方式。不仅如此，由于模型参数少，训练和推理的成本更低。现在市场上出现了很多行业大模型，覆盖金融、制造业、不动产、电力、汽车等。例如：金融机构利用大模型提升服务的广度和精度，实现营销、风控、投研等环节的赋能提效；制造业需要将大模型与工业互联网、数字孪生等基础设施及专业数据深度结合，在工艺优化、质量管控、设备维护等核心领域发挥更大价值；其他行业在大模型应用上也处于局部探索阶段。

### 6.2.6　数据开发的关键平台

高效的数据开发需要数据平台能力的支撑，具体包括如下几个方面。

**（1）数据采集平台**

数据采集平台提供可靠、安全、低成本、可弹性扩展的多源异构系统数据采集能力，提供不同网络环境下的全量 / 增量数据同步通道，具备可视化向导模式。它包括结构化和非结构数据、实时和离线数据的接入，实现数据的增量抽取和秒级更新，让数据与业务系统实时保持一致。数据采集平台通常支持关系数据库、NoSQL 数据库、大数据存储组件等常用数据库类型；支持异构网络之间的数据同步和传输；支持 FTP、HTTP 等协议；支持数据加密和数据脱敏机制；支持数据库分库分表、编码解码、压缩与解压；支持数据字段级加密与掩码策略；与调度平台集成，支持按月、周、天、小时、分钟、一次性等数据采集周期策略；支持增量采集、全量采集，支持整库全量、分库分表、整库实时等多种同步模式，实现一次配置，批量同步。在数据采集过程中，可以通过设置并发数来控制读和写的速率，降低业务系统负载压力；通过记录读和写数量用于对账，保证数据的一致性；通过设置脏数据阈值，自动执行数据重传机制；支持数据传输中数据转换、编码转换、分库分表、文件过滤、自动压缩 / 解压等。

**（2）数据开发平台**

数据开发平台是从数据仓库 ETL 工具演进而来的，随着业务的发展和数据规模的增加，需要大量具备一定约束关系的数据处理任务。高效地调度和管理这些任务，是数据开发过程中非常重要的工作，也是提高数据开发效率和资源利用率的关键。数据开发平台承担数据开发管理和调度的职责，支持数据全链路研发管理，覆盖离线、实时开发、实时运维全流程链路，实现数据开发的流批一体和一站式集成。其主要能力包括 WebIDE 开发界面、任务流开发、任务调度、任务运维等。

- WebIDE 开发界面：屏蔽底层复杂的分布式计算引擎，集成预编译、语法高亮、在线调试、智能诊断、依赖推荐等功能，提升数据开发效率。
- 任务流开发：通过可视化的拖曳操作界面和组件化的开发配置，极大降低开发门槛。支持界面化设计调度周期和时间，支持拖曳方式添加、修改和删除任务节点、组织依赖关系、查询依赖链。支持代码多版本管理功能，可以解决在本地开发和管理过程中开发人员维护不及时导致的版本冲突、代码版本不一致等问题。
- 任务调度：支持上万级别任务的复杂调度，具备周期性、依赖性、优先级等多种调度配置，充分满足不同场景的任务配置。支持周期性任务，例如一次性、分钟、小时、天、周、月级任务调度执行。
- 任务运维：通过研发管理把控和数据测试流程管控，严格控制数据开发任务的发布质量及环节；通过统一运维离线实时任务，通过智能监控告警，保障平台任务运行，帮助开发人员优化任务链路，快速定位并修复问题。实现对任务实例运行状态的查看、监控、终止、重跑、强制执行、查看运行日志、查看操作记录等运维操作。支持查看当前产品线任务列表及各个任务的状态、负责人、最近执行时间及调度信息。支持配置多种告警策略，如失败告警、延迟告警、执行超长告警等。

（3）数据治理平台

数据治理是数据资产化、产品化的必要过程，是数据准确性、一致性、合规性的重要保障。因此，数据治理平台是企业数据管理的中枢，是推动数据价值化的关键工具。数据治理平台主要包含数据标准管理、数据质量管理、元数据管理等核心能力。

1）数据标准管理。为企业数据资产提供标准的业务定义和规则，提供对业务术语、业务域、数据字段、参考数据等的定义和管理，提供国家标准参考数据集，帮助企业规范化设计和理解数据资产。基于统一的标准定义，支撑企业数据标准落地应用。例如：业务术语是公认的唯一的业务含义，由业务活动定义，由行业规范和相关标准构成；数据治理平台要支持业务术语的手动添加、批量导入以及分类管理。

业务域是对企业所有业务过程进行梳理后，对业务活动及实体对象的归纳汇总，数据治理平台需要支持按照企业数据治理体系规划对业务域进行管理，即对数据资源进行主题分类。

数据治理平台要支持自定义数据字段属性，包括属性分类、属性中文名称、属性英文名称、属性内容类型、是否必填、最大长度等。

数据治理平台还要支持参考数据引用。参考数据也称为代码集、值域、码表等，用于将其他数据进行分类或目录整编，是由一列可选的枚举值组成的基础数据，同时内置国家标准参考数据集，可直接引用至系统中，并可扩展。

2）数据质量管理。数据质量管理是数据治理中的重要步骤，用于准备数据以符合质量标准，例如有效性、及时性、准确性、一致性和完整性。数据治理平台可以帮助数据分析师获得更加准确的数据，并从数据集中删除不需要的、重复的和不正确的数据。

全流程数据质量监控功能提供了多种预设表级别、字段级别和自定义的监控模板，能够第一时间感知到源端数据的变更与数据开发全流程中产生的脏数据，自动拦截问题任务，有效阻断脏数据向下游蔓延。数据治理平台需要囊括记录数、空值、唯一性、数据格式、准确性、波动、一致性和逻辑性等十余种内置规则，支持自定义规则配置；支持表级、字段级规则；根据质量稽核类型及关注问题维度，自定义个性化质量报告模板并在任务配置时进行引用，确保稽核结果更直观可读。

3）元数据管理。企业拥有海量数据，但仅拥有数据并不能释放数据价值，还需要深入了解数据的各种属性、来源和关系等信息。这些信息被称为“元数据”，即用于定义数据的数据。数据治理平台为企业元数据管理工作提供了高效的工具支撑，核心能力包括元数据采集、元数据血缘分析、元数据检索等。

元数据采集广泛适用于各类数据源的采集适配器，通过自动化采集表、视图、脚本等各类实体，大幅提高元数据采集的效率和准确性。

通过解析源数据、任务流、SQL 代码、服务层数据表等的数据血缘，快速呈现数据的端到端旅程；通过分析数据链路上下游关系，企业可以快速识别元数据的价值，掌握元数据变更可能造成的影响。

提供基于数据源、字段、描述、标签等数据对象的检索能力，快速定位所需要的数据定义，并详细展示元数据名称、属性、类型、长度、业务术语、标签、所有者等信息，有助于用户全面了解元数据的情况，同时支撑后续的数据权限申请、授权流程。

**（4）算法服务平台**

算法服务平台是面向算法工程师提供的一款全流程一站式 AI 算法开发管理服务。一般算法服务平台应包括数据管理、算法开发、模型训练、模型管理、模型部署等能力。

- 数据管理：可以配置集群存储组件（如 HDFS、HBase），对关系数据库或直接上传的训练数据集进行管理，支持数据集的多版本管理。
- 算法开发：提供 Notebook 在线编程环境，集成开源的 Web 应用 Jupyter，支持开发者在线创建、编辑、调试、保存自己的算法，进而可以进行后续的模型训练工作。支持多种深度学习框架，包括 Spark MLlib、TensorFlow、PyTorch 等。
- 模型训练：使用标注完成的数据集和开发完成的算法，在 CPU 或者 GPU 集群上进行多次反复迭代与参数调优训练，最终得到特定的结果模型。
- 模型管理：对通过平台训练完成或用户自行上传的模型以版本形式进行管理。

- 模型部署：提供模型部署推理功能，支持在线服务，对模型管理中指定格式的模型进行部署，支持多种深度学习框架的模型及自定义推理脚本。

（5）数据服务平台

数据服务平台能够解决用户消费数据“最后一公里”的问题。目前常用的数据服务形态有两种，一是数据可视化服务，二是数据 API 共享服务。

数据可视化主要基于业内成熟的 BI 工具实现，支持自助分析，使用户从不同维度、不同角度实现对数据的深入洞察分析；支持通过报表、仪表盘、图表等多种形式将分析结果直观地展示出来，包括移动端看板。

数据 API 共享服务平台，是在原企业服务总线组件上升级而来的，可以实现对内、对外 API 服务的统一管理，包括 API 的发布、编排、运维、授权等全周期管理。数据 API 支持表单模式、SQL 脚本模式和第三方 API 注册模型，可以极大提高数据开放共享效率。在运维上支持统一网关管控 API，支持 API 并发限流、调用量管理，支持调用统计分析、错误类型分析，支持错误、限流、访问超时等监控告警。在安全上支持接入应用管理授权、API 级别 Token 管控，支持设置黑白名单 IP 地址，支持 API 行列权限控制，以充分保障数据共享安全。

（6）数据资源门户

数据资源门户是数据平台面向用户提供数据能力的一个窗口，数据资源中心将企业的数据资源统一管理起来，实现数据资产的可见、可懂、可用、可运营。

- 可见，即通过对数据资源的全面盘点，形成数据资源地图。从数据生产者、管理者、使用者等不同的角度，用数据资源目录的方式共享数据资源，用户可以快速、精确地查找到自己关注的数据资源。
- 可懂，即通过元数据管理，完善对数据资源的描述。同时在数据资源建设过程中，注重数据资源业务含义的提炼，将数据加工和组织成人人可懂的、无歧义的数据资源。具体来说，在数据平台之上，需要将数据资源进行标签化。标签是面向业务视角的数据组织方式。
- 可用，即通过统一数据标准、提升数据质量和数据安全性等措施，增强数据的可信度，让数据科学家和数据分析师没有后顾之忧，放心地使用数据资源，降低数据不可用、不可信导致的沟通成本和管理成本。
- 可运营，即数据资源运营的最终目的是让数据价值越滚越大，因此数据资源运营要始终围绕资源价值来开展。通过建立一套符合数据驱动的组织管理制度流程和价值评估体系，促进数据资源建设过程的不断改进，提升数据资源管理水平和数据资产价值。

## 6.3 资源型数据产品开发方法

我们通常把数据产品开发过程分为资源型开发和服务型开发两个阶段。资源型数据产品开发过程是第一阶段，以数据生产的效率和速度优先，同时兼顾数据质量，得到数据的初步结果或中间结果，整个过程相对标准化；而服务型产品开发以数据价值最大化为目的，开发过程相对复杂、方法多样，需要依赖数据开发者专业的技术能力，也需要依赖业务专家的洞察能力，有时还需要借助人工智能等工具。

资源型数据产品开发具体包含数据资源盘点、数据指标体系梳理、数据建模、数据质量改进、数据开发、数据服务等 6 个过程。

### 6.3.1 数据资源盘点

我们默认数据产品开发阶段已经走过数据产品设计五步法的设计过程，因此数据开发工程师通过数据产品 PRD 等资料，对数据产品的价值目标、使用场景、用户、需求、痛点已有一定的了解。然而，数据产品开发不同于信息化产品开发，信息化产品更多考虑业务处理逻辑和业务流程，但数据产品除了考虑业务逻辑，还要考虑数据资源情况，需要从数据来源、数据字典、数据质量、数据应用等多个维度进行数据项的盘点和整理。数据资源盘点内容主要包含如下信息。

**（1）数据来源与分布**

关注现有业务系统产生了哪些数据，例如数据分布在哪些系统里，这些数据分别归属哪些部门管理，数据的存储体量分别有多少，数据记录的条数大概有多少，有没有外部采购或者其他机构授权过来的数据。一般情况下，企业数据来源主要有三类：一是自身业务系统产生的数据，例如财务数据、销售数据、客户数据等；二是通过合法合规渠道采购的数据，例如市场分析报告、定制化的 AI 模型训练集等；三是其他机构依法合规授权的数据，例如社保、工商等公共数据，集团或子公司共享的数据。

**（2）数据技术和数据字典**

掌握业务系统底层的数据库类型是什么，数据存储在本地还是云端，以及数据库设计的结构图或 E-R 图、详细的数据字典。梳理对应的表含义、字段类型及含义、分库分表及分区定义等信息。

**（3）数据质量初步评估**

梳理企业在数据管理方面的规章制度及落地执行情况。确定是否有专门的团队或组织对数据质量问题负责。了解现有数据的质量情况，包括数据注释、数据字典的完备信息，缺失的字段，以及当前数据管理上的数据准确性、及时性、可理解性等痛点问题。涉及主数据管理的需求，也要梳理数据对象的分布、一致性和完整性等评估项。通过本次评估，发现当前数据存在的问题，判断对当前数据产品开发的影响，以便在后续实施过程中重点跟进治理。

**（4）数据应用梳理**

在企业数字化建设过程中，数据或多或少已经发挥了作用，通过对数据应用层面的梳理，来发现目前支撑的一些场景，以及是否有对外部机构提供数据服务的场景。例如，是否有部门在用的固定报表，具体有哪些报表，这部分数据是怎么收集上来的，数据的更新频率和准确性等，以及数据的加工规则、加工逻辑、脱敏机制等。如果涉及存储过程，也要梳理对应的加工逻辑。

### 6.3.2　数据指标体系梳理

对于资源型数据产品开发来说，数据指标是其重要组成部分。如何快速准确地计算并管理数以千计的数据指标及其衍生指标，是每一个数据团队首先要解决的问题。

**（1）构建统一口径的指标体系**

只有构建统一口径的指标体系，才能在统一认知下深入挖掘、追溯分析指标间的逻辑关系，实现指标变化预警和业务经营原因追溯分析。建立指标体系，首先需要统一统计口径，特殊口径需明确无异议；其次要明确指标及维度定义、指标及维度来源、指标逻辑等；最后对于影响分析结果的维度数据建立长效维护机制。

（2）梳理指标体系逻辑

规划指标体系分级、分类规则，分主题对现有指标体系进行梳理，例如投资、设计、计划、生产、成本、营销、财务、人力等主题。明确当前指标命名规则、指标口径、计算逻辑、责任部门、来源系统、目前指标出处等，同时梳理可能的缺失指标和线下统计指标，形成《指标体系梳理表》。

（3）评审和发布指标

为了确保指标逻辑的正确性，对于梳理的指标清单要邀请利益相关方来进行评审和确认，待指标逻辑确认没有问题，再由数据团队进行模型设计和开发。

### 6.3.3 数据建模

（1）数据模型演进阶段

数据模型建设是一个长期迭代的过程，一般经过3个阶段：

第一阶段：完成主要业务数据的模型建设，满足日常数据分析和指标加工需求。

第二阶段：实现企业全域数据建模，并建立完整的数据模型管理制度。

第三阶段：持续对企业数据模型进行优化和提升，使数据模型始终保持最佳状态，并建立模型实验室，探索新方法，创造新技术，引领新应用。

（2）数据模型分层管理

数据平台对数据加工处理的方法往往依然遵循数据仓库的标准。而数据仓库的合理建模是数据被有序加工与应用的基础，数据仓库通常会根据数据本身的特征进行分层建模管理。我们一般将数据模型分为3层：操作数据存储（Operational Data Store，ODS）层、公共数据模型（Common Data Model，CDM）层和应用数据服务（Application Data Services，ADS）层。

1）ODS层。ODS层通常用来存放未经处理的原始数据，ODS层的数据结构与源数据保持一致，主要完成基础数据引入数据平台的任务，同时记录基础数据的历史变化。

2）CDM层。CDM层是由对ODS层的数据加工建模而来的，在这一层我们开始对数据进行清洗与处理，并按照数据模型进行聚集，抽取并构建一致性维度，构建可复用的面向分析和统计的明细事实逻辑表，以及汇总公共粒度的指标。CDM 层通常包括 DIM（公共维度）层、DWD（公共明细事实）层、DWS（公共汇总事实）层。DIM 层以维度建模理念为指导，建立整个企业通用的一致性维度，以降低数据计算口径和算法不统一风险，便于后续进行探查分析。DIM 层的表通常也被称为维度逻辑表，维度和维度逻辑表通常一一对应。DWD 层以业务过程作为建模依据，针对不同的业务过程，构建最细粒度的明细事实逻辑表。在实际的应用过程中，为了减少多表进行连接的开销，会将一些重要维度的属性字段做适当冗余，退化到明细事实逻辑表中，即做宽表化处理。DWD 层的表通常也被称为事实逻辑表，表中的每个事实都可以作为一个原子指标。DWS 层以分析主题对象作为建模依据，根据上层应用和业务方的指标需求，对分析主体对象构建公共的汇总事实逻辑表，输出命名规范、口径一致的统计指标。DWS 层的表通常也被称为汇总逻辑表，用于存放派生指标数据。

3）ADS 层。ADS 层根据 CDM 层加工而成，包含数据产品个性化统计和指标数据，与业务场景强相关。ADS 层主要根据业务场景需求，通过实体对象拉通，把 DWS 层或 DWD 层模型数据组合形成面向业务需求的模型。这样做有 3 个优势：其一，可以做到数出同源，确保不同部门用户针对同一个指标、相同维度下的值是一样的；其二，基于经过治理的结果数据进行组合，极大提升数据产出效率，可以做到灵活响应业务多变的需求；其三，ADS 层所见即所得，在用户端的渲染和加载效率也有很大改善，可以增强用户体验。

**（3）数据建模方法**

资源型数据产品开发的主要任务之一就是设计和构建数据模型。常用的建模方法有范式建模、实体建模、Data Vault 建模、维度建模。

1）范式建模方法。范式建模是构建数据模型常用的方法。目前，在关系数据库中大部分采用的是第三范式建模法（Third Normal Form，3NF)。范式是数据库逻辑模型设计的基本理论，一个关系模型可以从第一范式到第五范式进行无损分解，这个过程也称为规范化。第三范式有着严格的数学定义。从其表达的含义来看，一个符合第三范式的关系必须具有以下 3 个条件：每个属性值唯一，不具有多义性；每个非主属性必须完全依赖于整个主键，而非主键的一部分；每个非主属性不能依赖于其他关系中的属性，否则，这种属性应该归到其他关系中去。

2）实体建模方法。实体建模将整个业务划分成一个个的实体，而每个实体之间的关系以及针对这些关系的说明就是我们在进行数据建模时需要做的工作。实体建模的步骤如下：

第一步，业务需求分析。通过业务调研沟通，详细了解业务流程，梳理业务流程中的关键操作，如浏览、下单、发货等。

第二步，识别实体。确定物理实体，例如具体存在的对象，如项目、客户、设备、商品、供应商等。确定逻辑实体，例如业务流程中的抽象概念或活动，如订单、物流、支付记录等。确定关系实体，用于表示实体之间的关系，例如订单明细、设备记录等。

第三步，定义实体属性。为每个实体定义属性，描述其具体信息，例如客户实体的属性可以包括客户编码、名称、联系方式、电子邮箱、住址等。确定并描述实体之间的关系以及关系的类型，例如一对一、一对多、多对多，一个用户可以下多个订单，一个订单可以包含多个商品。

第四步，绘制实体关系图（E-R 图）。使用矩形表示实体，椭圆表示属性，菱形表示关系。在图中，清晰地标示出实体、属性及其关系。

第五步，优化和验证模型。与业务专家和技术团队讨论，验证模型的准确性和完整性，确保所有业务需求都得到了恰当的表示。

实体建模可以帮助我们清晰地理解业务需求，设计合理的数据架构，从而实现高效、灵活的业务运营。

3）Data Vault 建模方法。Data Vault 是在实体模型的基础上衍生而来的，模型设计的初衷是有效地组织基础数据层，使之更容易扩展，灵活应对业务变化，即强调数据的历史性、可追溯性和原子性，而不要求对数据进行过度的一致性处理和整合。同时，它基于主题概念将企业数据进行结构化组织，并引入了更进一步的范式处理来优化模型，以应对下游、系统变更的扩展性。

Data Vault 模型是一种中心辐射式模型，其设计重点围绕着业务键的集成模式。这些业务键是存储在多个系统中的、针对各种信息的键，用于定位和唯一标识记录或数据。Data Vault 模型包含三种基本结构：

- 中心表（Hub）：唯一业务键的列表，唯一标识企业实际业务，企业的业务主体集合。

- 链接表（Link）：表示中心表之间的关系，通过它串联整个企业的业务关联关系。
- 卫星表（Satellite）：历史的描述性数据，数据仓库中数据的真正载体。

Data Vault 是对实体模型更进一步的规范化，由于对数据的拆解更偏向于基础数据组织，在处理分析类场景时相对复杂。它适合数据仓库底层构建，目前实际应用场景较少。

4）维度建模方法。维度建模从分析需求出发来构建模型，因此它重点关注用户如何更快速地完成需求分析，同时具有较好的大规模复杂查询的响应性能。其典型的代表是星形模型，以及在一些特殊场景下使用的雪花模型。设计步骤通常如下：

第一步，选择需要进行分析的业务过程。业务过程可以是单个业务事件，例如交易的支付、退款等；也可以是某个事件的状态，例如当前的账户余额等；还可以是一系列相关业务事件组成的业务流程，具体需要看我们分析的是某些事件发生情况，还是当前状态，或是事件流转效率。

第二步，选择粒度。在事件分析中，我们要预判所有分析需要细分的程度，从而决定选择的粒度。粒度是维度的一个组合。

第三步，识别维表。选择好粒度之后，就需要基于此粒度设计维表，包括维度属性，用于分析时进行分组和筛选。

第四步，选择事实。确定分析需要衡量的指标。

### 6.3.4　数据质量改进

数据质量管理是指通过一整套数据治理体系，实现数据质量提升的过程。建立体系化的数据质量管理框架，往往是问题发起式的，一般按照“发现问题、解决问题、深入纠改、形成规则、防范监控”的形式持续改进。数据质量改进重点关注数据质量衡量维度、数据质量稽核、数据质量提升机制 3 个方面。

#### 1. 数据质量衡量维度

数据质量衡量维度是衡量数据项质量水平与好坏的角度。通常，一个数据项的质量水平可以从多个角度进行衡量，反映数据用户对数据的多个方面的需求。通过数据质量衡量维度，可以更精细、有效地分类管理数据质量。

理论上，数据质量衡量维度可以有很多个。需要结合企业数据质量管理现状与管理目标，选择企业重点关注的数据质量衡量维度。随着新类型的数据质量问题的发现，可以再增加新的衡量维度。如表 6-1 所示，一般企业数据质量管理会采取完整性、准确性、唯一性、一致性和规范性 5 个典型的衡量维度。

表 6-1　数据质量衡量维度

| 衡量维度 | 描述 | 解释与说明 |
| --- | --- | --- |
| 完整性 | 业务操作所需要的数据是否完备。检查数据的缺失程度，体现数据项存在具有业务意义内容的程度。当数据项的内容具有业务意义时，说明数据是完整的 | 通过检查数据项是否为空值（NULL）或相当于空值的数值来分析数据项的完整度，例如通常数字型字段以 0 表示未填，字符型字段以空格表示为未填，日期型字段以 1900/01/01 表示未填<br>• 数据无值，即 NULL<br>• 数据虽有值，但其值为无意义的空格或特殊字符<br>示例：员工的完整信息中，应当包含婚姻状态。婚姻状态为 NULL，则说明不符合数据质量完整性要求 |
| 准确性 | 数据是否能够准确、真实反映实际信息，以及是否符合数据标准中的业务定义。体现数据与目标特征值之间的差异程度，有时又称“有效性” | 准确性问题影响业务人员了解客户真实信息与业务实际发生的情况，可能会导致后续的业务处理偏离业务目标<br>• 数据的值域约束，即数据的取值应在其值域范围内（具有业务意义的连续范围）<br>• 数据的规则约束，是指业务上、技术上对不同数据项间的相互校验关系，可以是等值校验，也可以为不等值校验<br>• 数据误差在可接受范围内<br>示例：合同到期日应大于开始日期，交易金额 = 交易单价 × 交易数量，不满足则说明不符合数据质量准确性要求 |
| 唯一性 | 是否满足一个业务唯一关键数据项值或数据项组合值仅对应一条记录 | 数据的业务唯一性约束，即一组业务主键在表内保持唯一<br>示例：一个客户代码只能对应一条客户信息记录 |
| 一致性 | 反映同一业务实体的数据及其属性是否具有一致的定义和含义；存储在或者用于多种数据库、应用软件、系统和流程中的数据的等价程度，例如相同数据项在不同系统或同一系统内不同表格中被记录多次时，多个数据值是否相同 | • 数据引用约束，即通常所说的参照完整性<br>• 同一个数据在系统间或系统内部流转，该数据的信息保持一致<br>示例：账户中的客户编号在客户信息中不存在，则说明不符合数据质量一致性要求 |

（续）

| 衡量维度 | 描述 | 解释与说明 |
| --- | --- | --- |
| 规范性 | 反映各种类型数据的格式是否符合规范要求；指数据格式符合规范的程度，包括数据长度要求、数据精度要求与数据格式要求 | • 数据长度要求：对数据长度的约束<br>• 数据精度要求：对数据精度的约束<br>• 数据格式要求：对数据中各位取值的约束，如日期的格式<br>示例：合同到期日格式要求为 YYYY-MM-DD，不符合该格式则说明违反规范性要求 |

2. 数据质量稽核

在数据处理过程中，我们要确保整个数据处理过程按照计划完整执行。同时，我们也需要对整个数据处理过程进行全面监控，目的是确保最终的数据处理结果正确，不会对最终用户的使用体验产生影响。

（1）设计数据质量业务规则

明确数据质量的业务规则，即定义数据项内容应该满足的业务层面的规范要求，用于评判数据质量好坏。根据数据质量模型实现实例数据与数据标准版本的比对、检测，包括数据完整性、唯一性、关联性监测。

制定数据质量业务规则，一般应该包括表 6-2 给出的关键内容属性。

表 6-2　数据质量业务规则示例

| 编号 | 质量标准属性项 | 含义说明 |
| --- | --- | --- |
| 1 | 规则编号 | 规则编号，用来唯一标识一条数据质量业务规则，在数据质量业务规则表中唯一<br>编号规则举例：DQS_MM_NNNNNN<br>MM 即数据实体所属主题的归类，例如 CE－运营、CT－成本、MK－营销、IV－投资、DE－设计、CO－工程、PT－采购、CS－客户服务、HR－人力、FI－财务、AM－行政、RA－审计、LA－法务、IT-IT、AS－资产、MD－主数据<br>NNNNNN 即 6 位顺序号，从 000001 开始排序<br>例如：DQS_CS_000001<br>必填 |
| 2 | 衡量对象名称 | 规则衡量数据项的中文名称<br>若该数据项存在于数据标准中，应该采用对应的标准名称<br>必填 |
| 3 | 衡量对象数据类型 | 规则针对衡量对象的数据类型，按照数据标准的数据类型进行划分，包括代码类、编码类、数值类、文本类、标志类、日期时间类<br>必填 |

（续）

| 编号 | 质量标准属性项 | 含义说明 |
| --- | --- | --- |
| 4 | 衡量对象数据长度 | 规则针对衡量对象的数据长度，用于后续检核长度约束<br>必填 |
| 5 | 衡量对象数据精度 | 规则针对衡量对象的数据精度，用于后续检核精度约束 |
| 6 | 衡量对象取值范围 | 规则针对衡量对象的取值范围，用于后续检核取值约束 |
| 7 | 衡量对象数据格式 | 规则针对衡量对象的数据格式，用于后续检核日期格式约束 |
| 8 | 数据质量衡量维度 | 数据质量度量维度，取值为完整性、准确性、唯一性、一致性、规范性<br>必填 |
| 9 | 数据质量衡量维度内容 | 依据数据质量衡量维度细化的检查内容，分别为：非空约束、代码取值约束、标志取值约束、编码取值约束、内容约束、唯一性约束、信息流转约束、规则约束、精度约束、长度约束、日期格式约束 |
| 10 | 规则描述 | 规则的内容说明，是整个数据质量业务规则的重点所在<br>必填 |
| 11 | 数据标准编号 | 规则对应数据项的标准编号。若数据项存在于数据标准中，则填写该数据标准编号，否则不填 |
| 12 | 衡量对象主题 | 规则所针对的检核对象的主题，按照数据标准框架进行划分<br>若衡量的数据项是基础数据，则填写基础数据主题，包括工程、采购、营销、财务、设计等 10 个主题<br>若衡量的是应用指标，则填写相应的应用领域，例如风险管理、经营发展管理、盈利性分析、客户关系管理、财富管理等 |
| 13 | 参照对象标准编号 | 如果本条数据质量业务规则参照了其他数据标准项，则此处填写参照对象的数据标准项编号 |
| 14 | 参照对象标准名称 | 如果本条数据质量业务规则参照了其他数据标准项，此处填写参照对象的数据标准项名称 |

### （2）数据质量稽核过程

监控数据处理过程是为了跟踪各个数据处理节点和处理任务，及时发现各处理任务中的异常，以便启动自动干预程序或人工及时介入处理，确保各处理任务不会中断。数据治理工程师根据汇总的企业数据质量业务规则需求，将业务规则转换为数据质量技术监控要求，制定数据质量技术规则。根据逻辑数据对象与具体系统中的字段建立映射关系，然后把数据质量业务规则内容具象化成技术检查规范和可执行的代码。如果有数据治理平台，则可以先根据审核通过的数据质量检查方案，将数据质量技术规则在数据治理平台进行配置，并设定检查调度频率，如实时、每日、每月、每季度，以及其他定期、不定期等；然后执行调度任务，基于数据质量检查规则，对系统数据质量进行检查，输出数据质量检查结果；及时捕获推送到异常数据待处理列表的任务，并跟进后续修正处理。

**（3）输出数据质量检查报告**

出具数据质量检查报告，说明数据质量检查的检查点、检查方式、检查时间、检查人、业务场景 / 业务流程、检查数据对象、检查数据量、数据问题清单、存在问题的原始数据等。需要对数据质量问题进行分类，建立问题现象分类模型，进行质量问题趋势分析、影响度分析、质量严重等级分类等；基于问题判断数据质量影响范围、问题系统、问题库表、问题字段等，出具对应的问题整改清单（见表 6-3），并与业务系统之间建立数据对接机制和数据问题处理机制。

**表 6-3　数据质量问题整改清单示例**

<table>
<tr><th colspan="2">填写人</th><th colspan="2"></th><th colspan="2">填写日期</th><th></th></tr>
<tr><th colspan="2">填写人所属部门</th><th colspan="2"></th><th colspan="2">填写人联系电话</th><th></th></tr>
<tr><th>问题编号</th><th>数据质量问题描述</th><th>数据质量影响范围</th><th>问题发现日期</th><th>问题系统</th><th>问题库表</th><th>问题字段</th></tr>
<tr><td>1</td><td></td><td></td><td></td><td></td><td></td><td></td></tr>
<tr><td>2</td><td></td><td></td><td></td><td></td><td></td><td></td></tr>
<tr><td>3</td><td></td><td></td><td></td><td></td><td></td><td></td></tr>
<tr><td>……</td><td></td><td></td><td></td><td></td><td></td><td></td></tr>
</table>

### 3. 数据质量提升机制

数据质量改进与提升需要一系列管理和技术手段来支撑，但是不能仅靠技术实现数据质量的提升，还必须建立一整套的考核评估机制。一般会把数据质量考核纳入公司整体绩效考核体系，以增强公司员工对数据质量的责任心和重视程度。考核不是目的，考核只是辅助提高数据质量的手段。

企业开展数据质量稽核，还需具备以下前提条件：首先，应该建立相关的数据标准，让数据质量考核有据可依；其次，应该建立相关数据质量规则，可以通过数据质量规则脚本执行来检查企业数据质量情况；再次，最好建立数据质量管理系统，由于数据量大，手工方式的检查效率和准确性难以保障。

开展数据质量稽核时，要对数据质量稽核范围进行合理规划，逐步推进。从业务覆盖范围来看，数据质量稽核初期关注重点业务条线，例如营销、财务、成本等业务需求，再逐步扩展到所有被系统支撑的业务条线。从数据质量稽核维度来看，在稽核初期，会重点关注准确性和完整性等数据质量稽核维度，同时兼顾唯一性、一致性和规范性。

### 6.3.5 数据开发

接下来，我们将介绍离线开发和实时开发两种数据开发方法。

#### 1. 离线开发方法

离线开发是数据开发系统中的关键组成部分，通常包括数据集成、数据清洗、数据转化、数据聚合、数据分析等对大规模数据进行批量处理的任务。这些任务通常被安排在预定的时间段执行，以避免对在线系统的影响，同时保证数据处理的高效性和准确性。

离线开发是数据建模设计的最佳实践，也是模型分层落地的核心方式。离线开发的工作相对比较清晰，可以按照业务域或模型层来分配开发任务。开发者负责各自的任务，对于新需求开发、需求变更或数据异常的开发与运维会更加便捷。

目前离线开发多采用 Python、Hive SQL、Spark 等语言和工具进行。很多数据平台工具屏蔽了底层 Hadoop 生态的技术组件，开发者只需关注需求分析、模型设计、脚本编写、数据验证等专业工作，可以极大提升数据输出效率。

#### 2. 实时开发方法

随着大数据应用的日益深入和人工智能的兴起，产品的智能化趋势越来越明显，数据的实时化、在线化对数据平台的实时性提出了越来越高的要求，从刚开始分钟级延迟到目前的秒级甚至毫秒级延迟，实时数据平台越来越得到重视，面临的挑战越来越大，当然也变得越来越主流。实时数据开发过程并没有标准的分层设计要求，考虑到实时性问题，分层越少越好，这样可以降低中间流程出错的可能性。实时开发更关注明细层和汇总层的逻辑实现。

实时开发主要使用 Flink、Spark SQL、Presto、StarRocks 这 4 种自带计算能力的计算引擎。Flink 主要用于实时数据同步、流式 ETL、关键系统秒级实时指标计算场景；Spark SQL 主要用于复杂多维分析的准实时指标计算需求场景；Presto 和 StarRocks 主要用于多维自助分析、对查询响应时间要求不太高的场景。

### 6.3.6 数据服务

数据服务主要有 3 种形态：数据集、数据 API 和数据应用。

**（1）数据集**

数据集一般指可以下载的数据集，例如通过数据门户、BI 工具实现 CSV、Excel、PDF、Doc 等文件格式的导出。这类多是相对完整的明细数据，底层来源主要是数据库表或文件形式，方便下载后进行自主分析或模型训练。数据集服务的数据内容非常灵活，可以直接把其他业务系统的数据对外开放，也可以基于一定的业务规则，将数据融合、加工后形成新的数据集，再开放给数据需求方。例如：在取得财务共享平台管理费用数据的授权后直接将其开放给运营部门；也可以将财务数据、作业成本、运营管理、合同等数据基于项目主数据拉通，然后以项目实体建模，形成针对项目全周期动态监控的数据，再开放给投资部门。还有一种场景，把中间结果数据直接推送到消息队列（如 Kafka 集群），由下游业务系统直接消费。订单、合同记录等实时性较强的场景可以采用此模式。

**（2）数据 API**

数据平台一般有独立的数据服务平台，对外提供统一的 API 服务，基于 RESTful 协议提供包括接口规范化定义、数据网关、链路关系维护、数据交付、API 和 API 测试等能力。

数据 API 形式通常包括数据 API 开发和 API 编排两种核心服务能力。

数据 API 开发是指通过直接发布或 SQL 脚本的方式，将底层数据库提供的数据服务转换为 API 的能力。

API 编排是指通过编写代码的方式，对多个 API 进行编排和适配，封装为一个新的 API。

对数据需求方而言，通过将多个细颗粒的 API 组合为一个特定场景功能的 API，可降低 API 数据需求方的开发难度，降低 API 的学习成本和开发成本，缩短业务应用开发上线时间。当 API 有所变化时，数据服务平台可以通过函数 API 进行适配，尽可能保持提供给 API 数据需求方的 API 不发生变化。数据服务平台还可以对 API 服务调用进行监控，包括调用方式、调用次数、API 服务的数据来源、服务质量等内容。

**（3）数据应用**

数据应用场景主要分为两大类：一是分析决策类，二是业务运营类。

分析决策类主要以 BI 工具为载体，提供固定报表、实时报表、自助分析等能力，满足决策层、管理层、一线业务用户等不同层级的数据需求。

业务运营类的应用范围非常广泛，通常与现有业务系统实现数据集成，直接指导业务操作流程。例如：精准营销，通过分析客户数据，实现个性化推荐和精准营销；风险监控，利用数据挖掘技术识别潜在风险，建立风险预警和防控机制；供应链优化，通过数据分析和预测，优化供应链管理流程，降低库存成本和提高物流效率。

总之，数据服务场景多种多样，搭建统一的数据服务平台，集成数据门户、BI 工具、数据 API 等模块，实现对外数据的统一检索、授权以及服务监控，对资源型数据产品开发来说是非常有必要的。

## 6.4 服务型数据产品开发方法

服务型数据产品开发通常以资源型产品为原料，是对特定数据应用场景的深度提炼和封装，输出用户可以直接使用的系统界面、操作工具或数据服务。

### 6.4.1 开发需求分析

服务型数据产品开发比资源型数据产品开发更加依赖数据产品设计五步法的设计过程。此处开发需求分析是指，数据开发工程师除了被动接收数据产品 PRD 等需求材料，还要主动参与到数据产品设计过程中。数据开发工程师可以与数据产品经理一起，适度参与用户需求、业务需求、市场需求等分析环节，以深入了解数据产品需求源头的原始诉求。

技术需求是开发阶段需要重点关注的。例如：遵从特定的技术标准，以符合数据相关法律法规的要求，确保数据安全；在数据产品的技术架构设计上，要充分考虑可扩展性、兼容性；由于数据产品往往以服务的方式提供给数据消费系统，因此数据服务接口的兼容性、安全性设计也非常重要。

技术需求同时还关注数据产品的技术可行性和实现难度，这对于产品能否成功交付具有重要影响。同时，数据开发工程师要关注新技术的出现和应用，它们一方面会带来新的技术需求，另一方面会推动数据产品持续创新和发展。

### 6.4.2　数据资源评估

数据资源评估是指对现有数据资源进行全面的质量评估，读者可以参考 6.3.4 节的阐述，以让我们及时发现数据中的问题，为数据产品的开发提供坚实的决策支撑。科学的数据资源评估方法通常包括以下 3 个方面。

多元化评估策略：为了确保评估的全面性和准确性，需采用多样化的评估策略。例如：数据核对可以通过比对不同数据源或记录间的差异，帮助企业识别潜在的数据不一致性；统计分析运用先进的统计学原理，深入剖析数据的分布特征、异常值等关键要素；数据清洗作为提升数据质量的关键步骤，则通过删除重复值、填补缺失值、拉通数据实体等操作，既完成数据评估工作，又具有一定的治理效果。

聚焦数据问题根源：依据评估结果，我们要系统梳理并明确数据资源问题的具体表现，深入剖析问题背后的成因，无论是数据收集过程中的疏漏，还是处理逻辑中的错误，都要一一查清。在此基础上，进一步评估这些问题对企业决策与业务运营的实际影响，以便为后续改进措施提供明确的方向和依据。

改进措施和持续优化：针对发现的数据资源问题，制定并实施一系列改进措施，例如优化数据收集流程、完善数据处理逻辑、加强数据质量控制等。同时，为确保改进措施的有效性，还需建立一定的跟踪评估机制，定期回顾执行效果。此外，还应树立持续改进的理念，将数据质量提升工作视为一项长期而系统的工程，不断推动数据资源的高可用性和高价值。

### 6.4.3 技术选型

技术选型是数据产品开发的一个关键环节，根据数据产品特性和技术趋势，涉及数据存储、处理、分析、展示、接口等多个方面。

数据存储技术是数据产品开发的基础，它决定了数据的安全性、可访问性和处理效率。选择合适的数据存储解决方案对于满足不同的业务场景需求至关重要。例如，关系型数据库 MySQL 和 PostgreSQL 具有很强的数据一致性和复杂查询处理能力，特别适合处理结构化数据。对于半结构化或非结构化数据，MongoDB 以文档导向的存储模型和对大数据的高效处理，提供了灵活性和可扩展性。在处理海量数据时，Hadoop HDFS 分布式文件系统成为不可或缺的技术。HDFS 通过将数据分散存储在多个节点上，不仅提高了数据的可靠性，还通过并行处理大幅提升了数据处理的速度。这种分布式架构非常适合大数据分析和机器学习等场景，能够处理 PB 级别的数据集。

在选择数据存储技术时，需要考虑数据的规模、存储成本、数据访问模式、性能需求、数据可靠性与备份、技术生态系统以及安全性和合规性等因素。例如：对于需要快速读写和低延迟的应用，可以考虑使用固态硬盘（SSD）或内存数据库；而对于数据量波动较大的企业，云存储服务提供了灵活的解决方案，允许按需付费和动态扩展。

在选择数据处理技术时，例如选择 ETL 工具，需要关注数据源的多样性、数据转换的复杂性、系统的可扩展性以及与现有技术的兼容性。Talend 和 Informatica 使用比较广泛，它们提供了强大的数据集成能力和丰富的数据处理功能。在选择批处理框架时，Apache Hadoop 和 Apache Spark 适合用于离线处理大规模数据集。Hadoop 具有高可靠性和可扩展性，而 Spark 则具有快速的数据处理能力和丰富的数据处理库。在具体选型时，需要综合考虑数据处理的效率、资源消耗以及对实时性的需求。在选择流处理框架时，需要考虑数据的实时性要求、系统的容错能力以及处理的准确性。Kafka 提供了高吞吐量、低延迟的消息传递系统，而 Flink 则提供了强大的流处理能力和复杂的事件处理功能，它们基本能够满足实时数据处理的需求。

数据分析是数据产品的核心，涉及数据挖掘、机器学习和统计分析。数据分析中常用的编程语言是 Python 和 R。Python 语法简洁，拥有 Pandas、NumPy、scikit-learn 等强大的库，在数据清洗、探索性数据分析和机器学习领域用得比较多。R 语言则以其丰富的统计分析包和图形绘制能力在统计建模和数据可视化方面表现出色。

数据展示方面，ECharts、D3.js 和 Highcharts 是流行的 JavaScript 库，能够支持丰富的图表类型和交互功能。主流的数据可视化工具还有 Tableau、Power BI，国内的帆软、永洪、衡石等。Tableau 能够高效地处理大量数据，支持直接连接到数据库和数据仓库，可以创建交互式和可共享的仪表板，并支持实时分析的场景。Power BI 则因与 Microsoft Office 产品的紧密集成，以及提供丰富的数据建模功能，为数据分析提供了从数据准备到报告的端到端解决方案。

在选择数据接口技术时，应考虑业务需求、技术能力、接口性能、安全性，以及数据类型和规模、系统可扩展性等因素。数据库接口常用的如 JDBC、ODBC、ADO.NET 等，能够很好地实现与数据库的交互，支持数据的读写、查询、更新等操作。Web API 可基于 HTTP/HTTPS，使用 RESTful 架构风格，支持 JSON、XML 等数据格式，比较适用于 Web 应用程序和移动应用程序的数据消费。

### 6.4.4　架构设计

技术选型和架构设计是相辅相成的。在做数据产品架构设计时，应从数据源、数据存储、数据处理、数据分析和数据展示等角度考虑分层设计，另外也应考虑遵循一些设计原则。

在价值维度，以需求为驱动，以用户和场景为导向。架构设计应始于对业务需求的深刻理解，明确数据处理的目标和期望实现的业务价值，同时，应考虑目标用户和使用场景，确保数据产品易于使用并满足用户需求。

在性能维度，充分考虑架构设计的可扩展性与灵活性，为更好地应对未来数据量的增长和业务需求变化，可以采用模块化设计，优先考虑水平扩展。大数据架构应能有效集成不同来源的数据，并提供统一的数据视图，支持跨部门数据共享和分析；将数据处理和分析能力通过服务化和 API 形式提供，更便于前端应用和其他系统的集成。对于需要快速响应的应用场景，架构必须保证高处理性能和实时性，例如采用流处理框架和缓存机制。

稳定性往往是架构设计所追求的核心目标，数据产品要做到整个数据链路高可用，同时要支持数据备份和重试机制，以及动态扩容和数据处理流程自动漂移。计算任务的自动化调度和自动化运维能力对敏捷开发是一个很大的辅助功能，可以确保复杂逻辑的计算任务按部就班地完成，并且在异常情况下会触发自动重试机制，修复问题数据。

在成本维度，包括人力成本、资源成本、运维成本等。人力成本投入取决于前期的数据治理成果和需求分析的深度。服务型数据产品需要依赖高质量的数据资源，离不开数据治理持续投入和长效机制；需求分析的深度会影响数据产品的场景输出，避免输出对业务无价值的数据产品，导致返工。服务器资源成本是投入比较大的一块，对于企业来讲，服务器的采购和扩容往往周期很长，所以需要充分利用好现有服务器资源，做好离线任务与实时任务分离，区分高优先级任务，合理配置调度周期和策略，避免资源浪费。运维成本分两项：一项是平台、组件、服务器层面的运维，这部分依赖平台自身的高可用、容错能力，一般运维成本不高，更多聚焦在平台和组件的参数调优上；另一项是数据模型的运维，尤其是模型较多的时候，对模型的调整、优化都需要耗费较多的成本。

数据安全和隐私保护是数据产品架构设计中的重中之重，应充分考虑数据加密、访问控制、审计追踪等安全措施。

### 6.4.5 常用开发方法

服务型数据产品的开发方法多种多样。以分析型数据产品为例，工程师可以利用各种数据分析方法和工具来挖掘用户的行为规律和偏好。下面简单介绍几种常用的数据开发方法。

#### 1. 关联分析

关联分析也称作“购物篮分析”，是一种通过研究用户消费数据，将不同商品进行关联，并挖掘它们之间的联系的开发方法。关联分析的目的是找到事物间的关联性，用于指导决策行为。关联分析在电商分析和零售分析中应用相当广泛。例如“67% 的顾客在购买啤酒的同时也会购买尿布”，因此通过啤酒和尿布的合理货架摆放或捆绑销售，可提高超市的服务质量和效益。

关联分析需要考虑的常见指标如下：

- 支持度：指 A 商品和 B 商品同时被购买的概率，或者说某个商品组合的购买次数占总商品购买次数的比例。
- 置信度：指购买 A 商品之后又购买 B 商品的条件概率，简单来说，就是因为购买了 A 商品所以购买了 B 商品的概率。
- 提升度：先购买 A 商品对购买 B 商品的提升作用，用来判断商品组合方式是否具有实际价值。

### 2. 对比分析

对比法就是用两组或两组以上的数据进行比较。对比法是一种挖掘数据规律的思维，能够与任何技巧结合，一次合格的分析通常会用到多次对比。

对比主要分为以下几种：

- 横向对比：同一层级不同对象比较，如地区维度。
- 纵向对比：同一对象不同层级比较，如同一地区时间维度。
- 目标对比：常见于目标管理，如销售达成率、成本偏差分析等。
- 时间对比：如同比、环比、月销售情况等，很多地方都会用到时间对比。

### 3. 聚类分析

聚类分析属于探索性的数据开发方法。从定义上讲，聚类就是针对大量数据或者样品，根据数据本身的特性研究分类方法，并遵循这个分类方法对数据进行合理的分类，最终将相似数据分为一组，也就是“同类相同、异类相异”。

通俗来讲，聚类就是根据在数据中发现的描述对象及其关系的信息将数据对象分组。其目的是，使组内的对象相互之间是相似的或相关的，而不同组中的对象是不同的或不相关的。组内相似性越大，组间差距越大，说明聚类效果越好。

在用户研究中，很多问题可以借助聚类分析来解决。例如网站的信息分类问题、网页的点击行为关联性问题以及用户分类问题等。常见的聚类方法有很多，例如 $k$ 均值（$k$-means）、谱聚类（Spectral Clustering）、层次聚类（Hierarchical Clustering）。

#### 4. 路径分析

用户路径分析可以追踪用户从某个开始事件直到结束事件的行为路径，即对用户流向进行监测，可以用来衡量网站优化的效果或营销推广的效果，以及了解用户行为偏好。其目的是达成业务目标，引导用户更高效地完成产品的最优路径，最终促使用户付费。

进行用户行为路径分析的方法如下：

- 计算用户使用网站或 App 时的每个第一步，然后依次计算每一步的流向和转化，通过数据，真实地再现用户从打开 App 到离开的整个过程。
- 查看用户在使用产品时的路径分布情况。例如用户在访问了某个电商产品首页后，有多大比例的用户进行了搜索，有多大比例的用户访问了分类页，有多大比例的用户直接访问的商品详情页。
- 进行路径优化分析。例如，哪条路径是用户最多访问的，走到哪一步时用户最容易流失。
- 通过路径识别用户行为特征。例如，分析用户是用完即走的目标导向型还是无目的浏览型。
- 对用户进行细分。通常按照 App 的使用目的来对用户进行分类，如汽车 App 的用户可以细分为关注型、意向型、购买型用户。对每类用户进行不同访问任务的路径分析，例如意向型用户在进行不同车型的比较时有哪些路径，存在什么问题。还有一种方法是利用算法，基于用户所有访问路径进行聚类分析，依据访问路径的相似性对用户进行分类，再对每类用户进行分析。

### 6.4.6 产品迭代

有了以上准备工作，可以开始实现数据产品了。对于用户行为分析数据产品来说，可以将分析结果以可视化的形式展示给运营人员。例如，开发一个用户行为分析平台或工具，将用户的浏览记录、购买记录等数据以图表或报告的形式展示给运营人员。同时，还可以提供一些交互功能，让运营人员可以根据自己的需求进行数据的筛选、排序和导出等操作。

数据产品的开发是一个持续迭代和优化的过程。在产品上线后，需要根据用户反馈和使用情况对产品进行不断的优化和改进。例如，可以根据用户的建议添加新的功能或改进现有的功能，还可以根据数据的变化情况调整分析方法和模型等。通过不断迭代和优化，让数据产品更加符合用户需求。

## 6.5　智能化数据产品开发方法

智能化数据产品是服务型数据产品的重要组成部分，通常是指那些通过人工智能技术实现自动化和智能化的数据产品。这些产品利用数据挖掘、机器学习、自然语言处理等技术，从大量数据中提炼知识，为决策提供支持，减少不确定性，并能够自主学习和优化决策方案。智能化数据产品的内核往往以模型的形式存在。这类产品可以应用于金融、医疗、教育、交通等行业和领域，以提高效率、降低成本、增强用户体验。

智能化数据产品包括自感知、自决策、自执行、自适应和自学习等关键特征。

### 6.5.1　开发前提条件

智能化数据产品开发离不开一些必要的前提条件。

第一，业务需求导向。

随着企业数字化建设的初步完成，企业内部积累了大量数据，传统的数据处理和分析的方法已经满足不了更精细化的业务运营管理需求。对于更加复杂的业务问题，必须依赖 AI 技术，通过更加高效的预测性分析来应对。在做业务需求分析时，可以参考第 5 章中关于数据产品场景设计和价值设计的部分。

第二，数据资源支撑。

智能化数据产品开发离不开海量标准化、可靠的数据资源，这部分数据依赖数据开发的输出，即经过统一采集、加工、存储、治理形成的具备一定价值的数据，是赋能组织运营和决策的基础，也是 AI 数据产品开发的重要支撑。

第三，AI 技术赋能。

AI 技术是智能化数据产品实现的重要手段，选择合适的技术和系统架构，可以实现 AI 数据产品的高效迭代和运行。除此之外，云计算、边缘计算、区块链等新兴技术也为智能化数据产品的开发提供支持。智能化数据产品的研发需要多种技术的融合使用，需要根据具体业务场景，从技术可行性、稳定性、扩展性、安全合规等多个角度进行评估。

第四，价值目标牵引。

智能化数据产品开发通常人力成本投入较大，开发周期较长，因此前期的价值设计十分重要。从服务企业经营目标的角度设计，可以关注产品与企业业务增长目标、客户服务目标的结合；从投入产出角度设计，需要明确产品的盈利模式和商业化策略。

结合数据产品设计五步法框架，智能化数据产品的开发流程一般包括场景和价值设计、模型准备、模型选择、算法设计、模型训练、模型输出、模型发布等环节。

### 6.5.2 场景和价值设计

数据产品场景和价值设计是一个复杂而全面的过程，这里方法论体系可以参考数据产品设计五步法的第一步和第二步。通过这一过程，我们可以确保开发出的智能化数据产品能够真正解决用户的问题，提供持续的价值，并在市场中获得成功。

所谓数据产品的场景设计，我们可以从业务、技术、产品三个角度来理解。

从业务角度来看，需要深入了解目标用户，定义具体的业务场景，并分析用户在特定场景中的特定需求，以及明确数据产品要解决的最核心问题。

从技术角度来看，需要明确机器学习、自然语言处理、计算机视觉等 AI 技术如何赋能场景解决具体问题。

从产品角度来看，需要通过用户画像、目标卡片、场景卡片、挑战卡片、优先级卡片等一系列卡片设计的方法来定义用户、对齐目标、定义场景、识别痛点。

所谓数据产品的价值设计，即在场景设计的基础上进一步梳理产品需求，基于 FBUS 价值模型来定义其价值主张。任何产品或项目开发的资源投入都不可能是无限的，我们需要基于价值目标设计产品框架，来对产品特性的优先级进行排序。

在这个阶段，智能化数据产品要特别关注场景需求与 AI 能力的匹配度，并评估 AI 赋能的具体策略和方案，这里包括初步的技术选型、技术可行性、资源投入、投产分析、实施计划以及潜在的风险。选择合适的技术方案最为关键，你在考虑匹配度之外，还要考虑行动、兼容性、供应商的服务支持等因素。

### 6.5.3 模型准备

完成产品框架设计，就可以着手做模型准备工作了。如果采用大模型技术，需要准备模型部署和微调；如果采用小模型方案，则需要通过特征选择、特征提取、特征构造等特征工程来做好相应的准备。

#### 1. 大模型微调

首先，整理预训练数据。根据场景需求和方案设计，整理和清洗预训练数据集，对预训练数据进行标注，包括分类、实体识别、情感分析等。可以采用人工标注或半自动化工具，以提高标注效率和为模型提供准确的训练标签，确保数据质量。尽量选择与业务目标和用户需求紧密相关的数据，以提高模型的泛化能力。

其次，制定微调策略并实施。结合效果评测的结果，制定微调策略，包括选择微调的模型层、调整学习率、设置训练轮次等。考虑模型的可解释性和透明度，以确保微调后的模型能够满足业务需求。在预训练模型的基础上，使用整理好的数据进行微调，并通过模型蒸馏技术将大模型的知识迁移到更小、更高效的模型中，使之能够更好地适应特定场景的特定任务。

最后，进行效果评估和优化。对微调后的模型进行效果评估，包括准确性、召回率、F1 分数等指标。根据评估结果，进一步优化微调策略和模型参数，提高模型性能。

#### 2. 特征选择

特征选择是从原始数据的所有特征中选取一个子集，使得基于这个特征子集训练出的模型达到最优的预测精度和性能。特征选择的主要目的是通过减少特征数量来防止维度灾难，降低训练时间，并增强模型的泛化能力，从而减少过拟合的风险。

特征选择的方法主要可以分为 3 类：过滤法、包裹法和嵌入法。

**（1）过滤法（Filter Method）**

过滤法通过评估特征与目标变量之间的关系，独立于任何机器学习算法进行特征选择。常用的评估指标包括相关系数、卡方检验、信息增益等。

应用场景：在处理大规模数据集时，过滤法能够快速筛选出与目标变量关系密切的特征。例如，在信用评分模型中，可以使用卡方检验来筛选与信用风险高度相关的特征，如年龄、收入等。本小节仍以第 5 章中提到的智慧学习助手为例进行介绍。在智慧学习助手中，可以通过过滤法选择与学生学习成绩相关的特征，如学习时间、作业完成率等。

**（2）包裹法（Wrapper Method）**

包裹法通过构建模型来评估特征子集的性能，通常使用交叉验证来评估模型的准确性。该方法会尝试不同的特征组合，以找到最佳特征子集。

应用场景：在特征数量较少的情况下，包裹法能够提供更高的精度。例如，在精准营销中，可以通过递归特征消除方法来找到影响客户响应率的最重要特征。在智慧学习助手中，可以使用包裹法来选择影响学生学习效果的特征，如课堂参与度、课外活动等。

**（3）嵌入法（Embedded Method）**

嵌入法结合了过滤法和包裹法的优点，通过模型训练过程中的特征选择来评估特征的重要性。常见的嵌入法有 Lasso 回归和决策树等。

应用场景：在智慧学习助手中，嵌入法可以用于选择影响学生学习路径的关键特征。例如在广告点击率预测中，可以使用 Lasso 回归来自动筛选影响点击率的关键特征。通过决策树模型，可以直观地了解哪个特征对学生的学习效果影响最大。

在进行特征选择时，需要考虑以下几个方面：

- 特征的相关性：选择与目标变量高度相关的特征，以提高模型的预测能力。
- 特征的冗余性：避免选择冗余特征，确保每个特征都能为模型提供独特的信息。

- 计算成本：考虑特征选择方法的计算复杂度，确保在合理的时间内完成特征选择。
- 模型的可解释性：选择能够提高模型可解释性的特征，尤其在教育领域，教师和学生需要理解模型的决策过程。

在智慧学习助手中，特征选择对于实现个性化学习路径至关重要。该产品需要根据学生的学习历史、兴趣偏好和未来目标生成个性化的学习计划。为了实现这一目标，选择合适的特征是关键。在特征选择过程中，可以考虑以下特征：

- 学习时间：学生每天花费在学习上的时间，能够反映学习的投入程度。
- 作业完成率：作业完成情况可以帮助识别学生的学习态度和自律性。
- 课堂参与度：学生在课堂上的参与情况，能够反映其对学习内容的关注程度。
- 成绩波动：历史成绩的变化趋势，有助于识别学生的学习进步或退步。

通过有效的特征选择，模型能够更好地理解学生的学习行为，从而提供更加精准的个性化学习建议。这不仅能提升学生的学习效果，也能增强教师对学生学习情况的了解，为教学策略的调整提供依据。

### 6.5.4　模型选择

模型选择是指从多个候选模型中挑选出最适合特定任务的模型的过程。这一过程通常涉及评估不同模型的表现，并根据一系列标准和方法来确定最佳模型。在数据产品开发中，选择合适的模型对于完成目标任务至关重要。

在机器学习和数据分析中，常用的模型包括但不限于以下几种：

- 线性回归（Linear Regression）：用于预测连续数值的监督学习算法。
- 逻辑回归（Logistic Regression）：用于处理二分类问题的监督学习算法。
- 决策树（Decision Tree）：通过树状图模型进行决策的监督学习算法。
- 随机森林（Random Forest）：集成多个决策树以提高预测准确性的监督学习算法。
- 支持向量机（Support Vector Machine，SVM）：在特征空间中寻找最优分割超平面的监督学习算法。

- 朴素贝叶斯（Naive Bayes）：基于贝叶斯定理进行分类的简单概率分类器。
- $k$ 最近邻（$k$-Nearest Neighbor，$k$-NN）：根据最近邻的类别进行预测的监督学习算法。
- $k$ 均值聚类（$k$-means Clustering）：将数据分为 $k$ 个簇的无监督学习算法。
- 主成分分析（Principal Component Analysis，PCA）：一种降维技术，用于减少数据集的维度。
- 神经网络（Neural Network）：模仿人脑神经元网络结构的算法，包括深度学习模型。
- AdaBoost：通过组合多个弱分类器来构建一个强分类器的集成学习算法。
- Gradient Boosting Decision Tree（GBDT）：一种提升方法，通过迭代训练决策树来进行预测。
- XGBoost：优化了 GBDT 算法的梯度提升框架，提高了计算效率和预测精度。
- LightGBM：基于梯度提升框架的高效机器学习算法，使用基于树的学习算法。
- CatBoost：一种处理分类目标和基于边界的学习算法，特别适合处理分类特征。

在模型选择完成后，模型的初始化也是一个重要步骤。模型初始化的方式会影响训练的收敛速度和最终性能。常用的初始化方法如下：

- 随机初始化：为模型参数赋予小的随机值，通常适用于神经网络等复杂模型。
- 零初始化：将所有参数初始化为零，适用于某些简单模型，但可能导致对称性问题。
- 预训练模型：使用在类似任务上训练好的模型参数进行初始化，能够加快收敛速度，在深度学习中尤为常见。

在选择模型时，需要考虑以下几个因素，以确保所选模型能够有效解决特定任务。

- 数据类型和规模：不同模型对数据的要求不同，线性回归和逻辑回归适合小规模数据，而神经网络通常需要大量数据进行训练。

- 任务类型：根据任务的性质选择合适的模型，例如分类、回归或聚类等。
- 模型复杂性：复杂模型可能提供更高的准确性，但也容易导致过拟合。需要在模型的复杂性和可解释性之间找到平衡。
- 计算资源：一些模型，如深度学习模型，可能需要更多的计算资源和时间。选择模型时需考虑可用的计算能力。
- 可解释性：模型的可解释性十分重要。例如在教育领域，教师和学生需要理解模型的决策过程，以便更好地应用模型输出。

### 6.5.5 算法设计

在数据产品开发过程中，算法设计是一个关键环节，它决定了模型在处理数据时的效率和准确性。常用的算法包括梯度下降法、随机梯度下降法以及 Adam 优化算法。这些算法各有其适用场景和特点，在具体数据产品的开发中，选择合适的算法能够有效提升模型的表现。

**（1）梯度下降法**

梯度下降法是一种常见的优化算法，适用于大多数机器学习模型。其基本思想是通过计算损失函数的梯度，逐步调整模型参数，以最小化损失函数。在每次迭代中，模型参数沿着梯度的反方向进行更新，直到收敛到最优解。梯度下降法的优点在于简单易懂，适合处理小规模数据集。

**（2）随机梯度下降法**

随机梯度下降法（SGD）是梯度下降法的一种变体。与梯度下降法不同，SGD 在每次迭代中仅随机选择一个样本进行参数更新。这种方法大大减少了每次迭代的计算量，使得模型训练速度更快，尤其适合大规模数据集。

**（3）Adam 优化算法**

Adam 优化算法结合了动量法和自适应学习率的优点，能够在训练过程中自动调整学习率。该算法通过计算一阶和二阶矩的指数加权移动平均来动态调整每个参数的学习率，从而加速收敛并提高模型的稳定性。

在选择合适的算法时，需要考虑多个因素，包括数据规模、模型复杂性、实时性需求和计算资源等。重点在于根据具体的业务需求和数据特点，选择合适的优化算法。梯度下降法适合大数据量的线性模型，随机梯度下降法适合实时在线学习，而 Adam 优化算法则在处理复杂、高维数据时具有明显优势。

为了进一步优化个性化学习路径的效果，算法设计中还可以引入一些高级的优化方法，如自适应学习率（Adaptive Learning Rate）、动量（Momentum）以及正则化（Regularization）等。这些方法可以帮助模型更好地应对复杂的数据情况，例如，自适应学习率是一种在训练过程中自动调整学习率的方法，能够使模型在学习初期快速收敛，同时在后期精细调整参数，避免震荡。动量则可以帮助模型在优化过程中克服局部最优解，提升训练速度。正则化方法则通过在损失函数中加入惩罚项，防止模型过拟合，从而提高模型的泛化能力。

### 6.5.6 模型训练

模型训练是指使用一组数据（通常称为训练集）来调整模型参数的过程，以使模型能够学习到数据中的模式和特征。通过训练，模型能够在面对新数据时做出准确的预测。有效的模型训练不仅能提高模型的预测精度，还能增强其泛化能力，避免过拟合现象。

在完成训练数据的准备、模型的选择和算法的设计后，进入模型的训练过程。

**（1）前向计算**

前向计算指的是将输入数据通过模型进行推理，生成模型的预测输出。这个过程包括从输入数据经过模型的各层处理，得到最终的预测结果。对深度学习模型而言，前向计算通常涉及多个神经网络层的计算，包括线性变换和激活函数的应用。

**（2）损失函数计算**

损失函数用于量化模型预测值与实际值之间的差异。选择合适的损失函数对模型训练至关重要。常用的损失函数包括均方误差（MSE）和交叉熵损失，前者用于回归任务，后者用于分类任务。损失函数的计算结果指导模型优化的方向和幅度。

**（3）后向传播与参数更新**

后向传播是通过计算损失函数对模型参数的梯度，更新模型参数的过程。

通过优化算法（如梯度下降法、Adam 优化算法等）调整模型参数，使得损失函数的值最小化。在每一次训练迭代中，模型会根据计算得到的梯度来更新参数，逐步减少预测误差。

**（4）训练周期**

模型训练通常需要多个训练周期（epoch）。每个训练周期都包括前向计算、损失函数计算和后向传播等步骤。在每个周期结束时，使用验证集评估模型性能，并在必要时调整超参数（如学习率、正则化参数等）。

**（5）模型评估**

在训练过程中，模型需要定期进行评估，以确保其不会过拟合（在训练集上表现很好，但在新数据上表现较差）。常用的评估指标包括准确率、召回率、F1 分数等。在评估阶段，还可以使用验证集进行交叉验证，以进一步验证模型的泛化能力。

在模型选择时，需特别注意模型的过拟合问题，尤其是在处理神经网络或集成学习模型等复杂模型时。通过交叉验证、正则化等手段，可以有效防止模型在训练集上表现良好，而在测试集上性能下滑的情况。此外，随着业务需求的变化，模型可能需要不断优化和调整，因此选择一个具有良好可扩展性的模型架构尤为重要。

### 6.5.7 模型输出

模型输出主要是指通过算法处理输入数据后得到的结果。在实际应用中，不同的数据产品会根据其特定目标和应用场景生成不同类型的输出，这些输出可能是数值、类别标签、预测结果，或者是更复杂的结构化信息。它不仅代表了模型的最终成果，还直接影响了用户的体验与产品的应用效果。无论是用于预测、分类还是推荐，模型输出的形式和质量都决定了数据产品的实际价值。具体来说，模型的输出取决于每个模式的校准级别和设计目标，例如在交通流量建模中，可能包括车辆行驶里程、旅行时间等。

在机器学习领域，模型的输出通常由训练过程决定，并且是算法所学到的内容，用于进行预测或分类等任务。例如：在回归模型中，输出是一个实值，如房价预测；而在分类模型中，输出层会生成多个类别分数，作为对不同类别的评分。此外，循环神经网络在处理序列分类任务时，其输出可以是一个单独的值或者所有时刻隐藏层的平均值。

模型输出的形式多种多样，针对个性化学习路径的数据产品，主要有以下几种常见的输出形式：

- 预测结果：这是模型输出最基本的形式，例如在个性化学习路径推荐中，模型可以输出每个学习资源的推荐概率或优先级。这个预测结果可以直接展示给学生，帮助其选择最适合当前学习阶段的资源。
- 分类结果：当模型对学生进行分类时，例如将学生分为“进阶型学习者”和“基础型学习者”，分类结果可以帮助系统自动调整学习路径的难度和内容。这种分类结果可以用于后续的学习资源推荐和路径调整。
- 优化建议：在个性化学习路径中，模型可以根据学生的学习数据输出优化建议，例如建议某个学生加强某一科目的学习，或者建议调整学习计划的进度。这类建议通常以文本或图表的形式呈现，便于学生和教师理解与应用。
- 序列输出：在处理时间序列数据时，模型的输出通常是一个连续的序列。例如，智慧学习助手可以输出一个按时间排列的学习任务列表，这个列表可以根据学生的学习进度和效果实时更新与调整。
- 结构化信息：对于需要复杂决策的场景，模型可能输出结构化的信息，例如个性化学习路径的整体规划。这种输出通常包括多个层级的建议或步骤，帮助用户在实际操作中进行系统化的执行。

在模型输出的设计中，另一个关键点是如何将输出有效地部署到生产环境中。为了确保输出的准确性和实用性，部署过程需要经过严格的验证和测试。尤其是在涉及个性化学习路径的场景中，模型的输出直接影响学生的学习体验和效果，因此部署前的验证和监控至关重要。

具体来说，模型输出的部署可以分为以下几个步骤：

1）输出格式的定义：根据模型的输出类型，设计合适的数据格式。例如，推荐列表可以采用 JSON 格式，分类结果可以使用标准的分类标签。输出格式的设计需要兼顾数据的结构化程度和可读性，以便后续处理和展示。

2）输出质量的监控：在生产环境中，持续监控模型输出的质量和稳定性。

对于个性化学习路径，监控内容可能包括推荐结果的准确性、学习路径的合理性以及学生的反馈情况。通过实时监控，可以及时发现并修正潜在的问题。

3）输出的更新与迭代：随着学生数据的积累和学习行为的变化，模型输出也需要不断更新和优化。例如，智慧学习助手可以定期重新训练模型，并根据新的学习数据更新个性化学习路径。这种动态的迭代机制可以确保模型输出始终保持最佳状态。

4）用户反馈的集成：在模型输出的设计中，用户反馈是不可忽视的一环。通过收集和分析学生的反馈，可以对模型输出进行进一步的调整和优化。例如，若多数学生反映某一推荐资源不适用，可以考虑调整该资源的推荐权重。

在这一过程中，模型输出不仅是一个技术任务，更是一个与用户需求紧密结合的过程。通过深入的调研和全面的分析，开发团队能够确保模型输出真正服务于产品目标，为用户创造实际价值。

### 6.5.8　模型发布

模型发布是智能化数据产品开发的重要环节，目标是将训练好的模型集成到生产环境中，使其能够处理实时数据并提供预测结果。

在发布前，需要对模型进行全面评估，采用准确率、召回率、F1 分数等指标，以确保模型性能达标。同时根据模型复杂度和需求，做好硬件和软件环境的准备，以及确保生产环境模型输入数据的质量。将训练好的模型导出为特定格式，例如 TensorFlow 的 SavedModel 格式。在发布环境中加载模型，例如使用 TensorFlow Serving 等框架。

在发布后，可以先对用户输入进行必要的预处理，确保与训练阶段一致，然后将预处理后的输入数据传递给模型进行推理。对模型的输出结果也可以进行一些后处理，例如转换为人类可读的文本。

模型发布以后，要建立监控和运维体系，包括性能监控、日志分析、模型更新等，形成有效的错误处理和日志记录机制，以便快速定位问题。同时做好数据传输安全，实施访问控制，保护模型不被逆向工程。

产品团队还应根据实际需求对模型进行性能优化，例如模型压缩、硬件加速等。

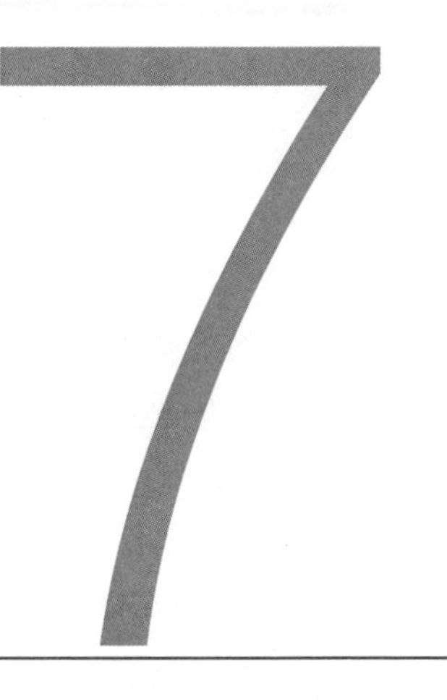

第 7 章 CHAPTER

# 数据产品运营方法

数据产品价值具有独特性，例如业务附着性、场景依赖性、价值波动性等，因此数据产品运营在数据产品开发过程中就变得至关重要。本章将描述数据产品运营的两种基本模式和五大基本职责。这些基本职责只具备数据产品运营的基础能力，因而只是数据产品运营增长的一个“基础助推器”。

为实现数据产品的可持续增长，本章还将重点阐述作为数据产品“内部推进器”的飞轮模型，即如何从战略出发在企业内部构建起增长飞轮，其中包括如何构建飞轮、如何驱动飞轮、如何构建多层飞轮、如何建立飞轮组合等。最后，我们提出了作为数据产品“外部推进器”的客户成功体系，辅助数据产品运营经理设计出一套推动数据产品客户成功的增长机制。

## 7.1 数据产品运营框架

数据产品运营是指通过一系列精心策划的运营方法和工具，对数据产品进行全方位、多层次的推广、优化与增长的实践过程。数据产品与其他软件或互联网产品新产品相比，具有基于数据原材料、动态更新、场景驱动等独特的属性。数据产品要依托于数据原材料，以及大数据、云计算等先进技术，以实现数据的快速收集、高效处理与智能分析；数据的动态更新保证了产品的时效性与准确性；而场景驱动则使数据产品能够更加精准地满足用户的实际需求。因此数据产品的价值实现与数据产品运营之间更加紧密相关，涉及数据原材料的收集、处理、分析和应用，以提升数据产品的用户体验、增强产品功能、提高市场竞争力，并最终实现商业价值的持续增长。

为实现数据产品商业价值的持续增长，我们提出了数据产品运营增长框架（见图 7-1），旨在为企业打造一条高效、可持续的增长路径，该增长路径如同高速铁路的调度系统，指引着数据产品稳健前行。这一框架不仅涵盖了数据产品运营的基础职责，还深入说明了数据产品运营的企业内部增长机制和外部增长体系的培育，为企业全面发展数据产品运营提供了坚实的支撑。

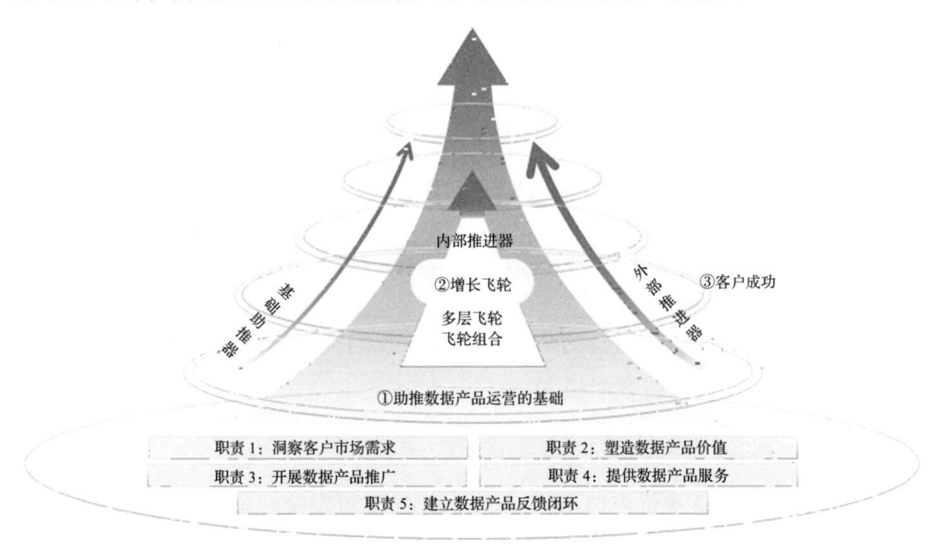


图 7-1　数据产品运营增长框架

此框架由三部分构成：

（1）数据产品运营增长的“基础助推器”

这是数据产品运营的基本职责，包括洞察客户市场需求、塑造数据产品价值、开展数据产品推广、提供数据产品服务和建立数据产品反馈闭环 5 个部分。

这些基本职责构成了数据产品运营的基础，然而全部做到了也只是具备了数据产品运营的基本能力，因此它们只是数据产品运营增长的一个“基础助推器”。

（2）数据产品运营增长的“内部推进器”

这一部分是在企业内部构建起增长飞轮模型，这需要企业从战略层面出发，设计出一套符合自身发展需求的增长机制，其中包括如何构建飞轮、如何驱动飞轮、如何构建多层飞轮、如何建立飞轮组合等部分。这是数据产品运营增长非常核心的内容。

（3）数据产品运营增长的“外部推进器”

为了让我们的客户、生态伙伴愿意支持我们，与我们一起成长，我们的数据产品就要具备一定的客户成功能力和生态合作能力。我们将介绍实现数据产品客户成功的 3 个关键因素和 3 个策略。

数据产品运营增长框架为企业提供了一个全面、系统的数据产品增长路径。通过夯实数据产品运营基础、构建内部飞轮增长模型、塑造外部客户成功能力，实现数据产品的可持续增长。下面来详细介绍上述三部分内容。

## 7.2 基础助推器：数据产品运营基础

### 7.2.1 数据产品运营角色

在深入探讨数据产品运营的角色定义时，我们基于广泛的实践和调研发现，通常有两种主流且各具特色的模式。

模式一：数据产品经理同时承担运营职责

数据产品经理通常负责数据产品的全生命周期管理，包括明确数据产品愿景和战略方向，确保数据产品满足业务需求和能够实现业务目标，协调跨职能团队以推动数据产品从概念到实现等。然而，在增加数据产品运营的职能以后，数据产品经理的角色被赋予了前所未有的广度与深度。

这种跨界融合，使得数据产品经理在数据产品的全生命周期中发挥着至关重要的作用。数据产品经理不仅是数据产品的舵手，引领着数据产品从概念萌芽到商业成熟的整个旅程；还要深度参与运营，进行用户需求分析、用户研究，盘点数据原材料，对数据原材料的质量进行评估和预处理；而且在数据产品发布以后，要负责数据产品的推广、持续迭代和优化，建立用户反馈闭环，包括一定程度的客户服务。

模式二：成立专门的数据运营团队

组织选择成立专门的数据运营团队，以应对数据产品运营过程中复杂多变的需求。这个团队往往会涉及多领域和多岗位角色，每个角色在数据产品对外提供价值服务过程中都有其独特的职责。

这些角色通常包括数据工程师、数据分析师、数据治理专家、数据运营专员等，他们的核心工作目标便是用数据产品赋能业务场景并产生真正的价值。这里需要特别强调的是，数据产品经理应该积极参与到运营工作中去。

对于这些角色的职责，举例如下：

- 数据分析师：在数据产品运营过程中，往往专注于数据的收集、处理和分析。其职责包括：设计和实施数据模型；通过统计分析和数据挖掘技术，从数据产品使用过程中提取有价值的洞察，并制作报告和实现数据可视化。
- 数据工程师：在数据产品运营过程中，负责构建和维护数据产品，确保数据产品的可用性。
- 数据治理专家：在数据产品运营过程中，确保数据的合规性、一致性和数据质量。其工作内容包括：制定和维护数据管理政策和流程；监督数据质量控制措施，确保数据的准确性和可靠性；与法律和合规团队合作，确保数据处理遵守相关法规和标准。
- 数据运营专员：在数据产品运营过程中，负责数据产品日常的监控和运维工作。其具体职责有：监控数据流和系统性能，确保数据产品的稳定运行；响应和处理数据相关的问题和故障，与技术支持团队合作解决问题；跟踪和报告数据产品的关键性能指标。

### 7.2.2　数据产品运营基本职责

数据产品运营不只是确保数据产品稳定的运维支持，而是确保数据产品持续满足业务需求并实现商业价值的一系列活动。如图 7-2 所示，我们认为，其基本职责包括 5 个方面。

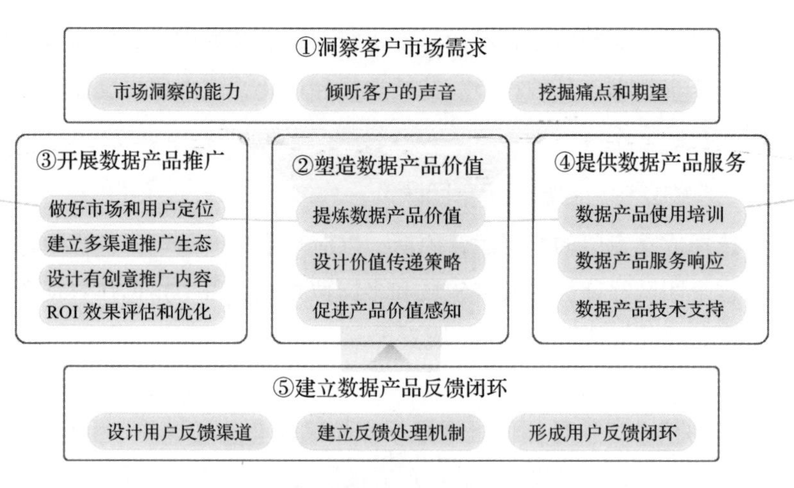


图 7-2　数据产品运营的基本职责

#### 职责 1：洞察客户市场需求

数据产品运营的首要职责在于深刻洞察客户需求，特别是用户在特定场景下的具体需求。这一职责要求运营团队不仅需具备敏锐的市场洞察力，还需深入业务一线，积极倾听用户的声音，以全面理解用户在不同场景下的痛点与期望。洞察客户需求不仅是提升用户体验的核心要素，更是推动产品创新与增强市场竞争力的基石。此过程不仅考验着运营团队的市场敏锐度，还对其数据分析能力及跨部门协作能力提出了更高的要求。

第一，市场洞察的能力。

数据产品运营需具备敏锐的市场嗅觉，紧跟行业动态。只有深入研究目标市场的发展趋势、竞争格局以及潜在机会，运营团队才能够准确把握市场的脉搏，为产品的定位与发展方向提供有力支撑。同时，密切关注竞争对手的动态，分析其在产品功能、用户体验、营销策略等方面的优势与不足，也可为自身产品的差异化竞争策略提供借鉴与参考。

第二，倾听客户的声音。

数据产品运营需要直接与用户建立紧密联系，这不仅是表面上的互动，更是深入用户内心世界的过程。运营团队需要通过多样化的用户调研手段，如问卷、访谈、用户画像构建等，全面了解用户的基本信息、数据产品使用习惯、偏好及期望。同时，积极倾听并整合用户反馈，尤其是那些批评与建议，它们往往是产品改进与创新的重要灵感来源。在这一过程中，运用专业的数据分析工具和技术，如数据挖掘、机器学习等，对海量用户数据进行深度剖析，追踪用户的使用行为轨迹，从中提炼出有价值的用户行为模式与偏好趋势。

第三，挖掘痛点和期望。

深入挖掘数据产品的高价值场景，这些场景可能是用户在日常使用中频繁遇到且亟待解决的问题，也可能是用户潜在的需求与痛点。通过跨部门协作，如与业务、市场、产品等部门紧密配合，共同探索数据产品的创新应用与增值服务，将这些高价值场景转化为实际的产品功能或解决方案。例如：在电商平台中，通过分析用户的购买行为与偏好数据，可以精准推送个性化商品推荐与优惠信息；在金融行业，则可以利用大数据分析技术识别潜在的风险点并预警。

通过洞察客户市场需求，数据产品运营团队能够形成一幅全面而深入的用户需求视图。这张视图不仅展现了用户的显性需求与痛点，还揭示了其潜在的期望与愿景。基于这张视图，团队可以制订出更加精准、有效且富有前瞻性的数据产品运营计划。该计划将围绕提升用户价值、优化产品功能、拓展市场渠道等多个维度展开，旨在不断满足并超越用户的期待，从而在激烈的市场竞争中脱颖而出。

职责 2：塑造数据产品价值

在明确用户需求的基础上，我们需进一步聚焦于数据产品价值的塑造与实现。这涵盖了对数据产品的精准市场定位、差异化竞争策略的制定，以及价值传递路径的持续优化等多个关键维度。以电商平台为例，数据产品不仅需精准地引导流量、推荐商品，以满足用户个性化需求，还需通过深入的数据分析，助力商家优化库存管理、提升营销效率，进而达成用户、商家与平台三者之间的互利共赢局面。

在此过程中，运营团队需紧密围绕数据产品的核心价值，不断对产品功能进行迭代与优化，以持续提升用户的体验。数据产品运营人员需深刻理解并准确把握数据产品设计的核心价值主张，确保其与用户实际需求及市场定位高度契合。为实现这一目标，数据产品运营经理需要做好以下几点：

第一，提炼数据产品价值。

数据产品的独特价值点，是其区别于竞争产品、吸引并留住用户的根本。运营经理需通过详尽的市场调研、竞品分析以及用户反馈收集，深入提炼数据产品的独特价值链，支持数据产品的差异化价值优势。为了进一步支撑数据产品的价值主张，运营经理还可以结合具体案例，详细阐述数据产品如何在实际场景中应用。包装实际应用案例是一个非常好的策略。

第二，设计价值传递策略。

有了明确的价值主张，接下来便是如何将这些价值有效地传递给目标用户。数据产品运营经理需根据用户画像、使用场景及渠道特性，制定个性化的价值传递策略。例如：针对企业用户，可以通过行业峰会、研讨会等线下活动，结合专家讲座和产品演示，直观展示数据产品的专业性与实用性；而对于个人用户，则可以利用社交媒体、短视频平台等线上渠道，通过生动有趣的用户故事、使用教程等内容，吸引并引导用户了解、体验产品。

此外，为了加快价值传递的速度与效率，数据产品运营经理还需不断优化传播路径与手段。比如利用 SEO 提升数据产品官网在搜索引擎中的排名，利用关键意见领袖（KOL）的影响力扩大产品曝光度，以及通过精准营销手段向潜在用户推送个性化推荐等。

第三，促进产品价值感知。

前文提到过通过案例研究和用户故事等方式，展示数据产品是如何使用的，以及数据产品如何在特定的场景中解决问题并创造价值，这个策略同样可以增强用户对产品价值的感知。此外，我们还可以通过一些方式进一步加深用户的价值感知，例如：

- 用户见证：邀请已使用产品的用户分享他们的成功故事与心得体验，可以通过线下活动，也可以通过视频、图文等形式在官网、社交媒体等渠道广泛传播。
- 试用体验：提供限时免费试用或功能体验，让用户亲身体验数据产品的功能。
- 定制服务：数据产品具有场景驱动的特性，难免要根据用户的实际需求和反馈，提供一定的个性化定制与咨询服务，让用户感受到专属价值。

职责 3：开展数据产品推广

“酒香也怕巷子深”，对于优质的数据产品，同样需要制订并实施有效的数据产品推广计划，以让数据产品触达用户并获得用户认可，进而扩大市场影响力。我们认为做好数据产品推广工作，要有以下 4 个步骤：

第一，做好市场和用户定位。

在明确目标用户群体的基础上，还需进一步分析市场竞争格局，了解竞争对手的产品特点、市场占有率和营销策略等。这有助于我们更好地定位自己的数据产品，找出差异化竞争优势，并制定有针对性的推广策略。

如果你的数据产品是面向企业内部服务的，则需要了解内部利益相关者的使用目标、使用场景、主要痛点，以制订有针对性的运营推广计划。

第二，建立多渠道推广生态。

数据产品的推广不应局限于单一渠道，而应构建多元化的推广渠道体系。这包括但不限于社交媒体、搜索引擎、内容营销平台等线上渠道，以及行业会议、研讨会、展览等线下渠道。以某金融数据产品为例，它通过参与多场金融行业的会议和研讨会，成功吸引了大量潜在客户的关注。同时，该产品还利用微信公众号和微博等社交媒体进行内容营销，定期发布行业趋势分析、产品使用教程和成功案例等内容，有效提升了产品的知名度和影响力。

除了直接的推广渠道外，还需要注重构建数据产品的运营生态体系。这包括与合作伙伴建立战略联盟、构建用户社群、提供优质的客户服务等。通过构建良好的生态体系，可以进一步巩固产品的市场地位，提升用户黏性。

第三，设计有创意推广内容。

推广内容的设计至关重要，这包括广告、文章、视频等多种形式的内容创作。推广内容创作不仅要准确传达产品的核心价值和优势，还要以独特、新颖的方式吸引用户的注意力。某数据产品团队设计了一系列创意短视频和结合当下热点的短视频，通过生动有趣的场景和简洁的语言，讲述真实案例和用户故事，与用户产生情感共鸣的同时展示了产品的独特功能，取得了很好的实际应用效果。

第四，ROI 效果评估和优化。

推广工作的效果需要通过科学的评估体系来衡量。这包括关注转化率、用户留存率、ROI 等关键指标，以及用户反馈和市场反馈等定性数据。在评估 ROI 结果的基础上，团队应及时调整推广策略，优化推广内容，拓展新的推广渠道等，以适应市场变化和用户需求的变化。

职责 4：提供数据产品服务

优质的数据产品服务体验不仅能够提升用户满意度与忠诚度，还能促进口碑传播，吸引更多潜在用户。因此，运营团队需建立完善的用户服务体系，包括但不限于在线客服、技术支持、培训指导等多个方面。同时，还需建立快速响应机制，确保用户问题能够得到及时解决。

提供优质服务是维护数据产品用户满意度和忠诚度的关键。数据产品运营经理要面向用户提供一系列的数据产品运营服务。

第一，数据产品使用培训。

为了确保用户能够充分发挥数据产品的潜力，数据产品运营经理需要构建一套全面而细致的产品培训体系。在数据产品的培训服务资源方面，可以发布产品使用手册、录制产品使用视频等。在培训方式方面，应该采取多样化的手段，如定期或不定期的培训、产品使用引导等。对于新手用户，可以通过设置入门级的在线课程，引导他们逐步掌握产品的基本操作；对于高级用户，则可以组织线下研讨会或专家讲座，深入探讨产品的进阶应用。

数据产品社区往往是推进产品培训的有效平台，数据产品运营经理可以基于产品社区建立数据产品问题库、操作使用知识库、意见和建议库等，并引导数据产品经理参与到社区的运营中来，在解决产品问题的同时，还能够有效沉淀用户知识、提供用户技能。

第二，数据产品服务响应。

用户使用数据产品的过程中难免会遇到各种问题，此时，建立一个高效、专业的服务响应体系就非常重要。数据产品运营经理需要确保团队能够通过在线客服、邮件、社交媒体等各种渠道迅速响应用户的请求。在接到用户反馈后，应立即进行分析和处理，并尽快给出解决方案。同时，为了提升服务效率和用户满意度，还应不断优化服务流程，确保每个环节都能高效运转。

在这个过程中，数据产品运营经理还需注重与用户的沟通技巧，以耐心、友好的态度面对用户的每一个问题，积极倾听用户的意见和建议，并及时向用户反馈处理进度和结果。这种积极、负责的态度不仅能够赢取用户的信任和支持，还能在无形中提升数据产品的价值。

第三，数据产品技术支持。

面对用户在使用数据产品过程中遇到的技术问题，数据产品运营经理需要整合相关部门的资源，构建起一个强大的技术支持体系。这个体系应包括专业的技术支持团队、完善的技术文档和工具以及灵活的技术解决方案。当用户遇到技术难题时，技术支持团队要能够迅速介入并提供有效的帮助；同时，完善的技术文档和工具能帮助用户自行解决问题；而灵活的技术解决方案则能确保在不同场景下都能为用户提供满意的答案。

为有效提升技术支持能力，数据产品运营经理要加强与相关部门的合作与沟通，定期与技术部门、产品部门等进行交流，了解产品的最新动态和产品发展趋势，以便及时调整和优化技术支持策略。

**职责 5：建立数据产品反馈闭环**

用户反馈是数据产品持续进化的动力源泉。建立有效的用户反馈闭环机制，意味着要将用户反馈作为产品迭代与优化的重要依据，形成“收集反馈—分析问题—制订方案—实施改进—评估效果”的良性循环。在这一过程中，运营团队需保持高度的敏感性与执行力，快速响应用户需求与变化，确保产品能够始终走在市场前沿。同时，还需建立科学的评估体系，对改进效果进行量化评估，为后续的决策提供依据。

用户反馈闭环强调建立一个系统化的用户反馈收集、分析和响应机制，确保用户的意见和建议能够被及时听取并转化为数据产品改进的动力。

第一，设计用户反馈渠道。

用户反馈渠道的多样化是构建高效反馈闭环的基础。企业应当利用多种渠道收集用户的声音，包括但不限于产品使用过程中的反馈入口、在线调查问卷、产品社区以及用户访谈等。例如：在产品界面上设置“反馈”按钮，方便用户在使用过程中随时提交意见和建议；通过社交媒体、电子邮件等方式主动邀请用户参与在线调查问卷，深入了解用户对产品功能和用户体验的看法。再次强调，建立产品社区也是一个有效的收集用户反馈的方式，可以让用户自发地分享使用心得、提出问题并讨论解决方案。

第二，建立反馈处理机制。

收集到用户反馈后，企业需要建立处理机制来对这些反馈进行分析和处理。这包括使用各种分析工具对反馈进行系统化分析、对反馈项进行分类和优先级排序、总结和发现反馈趋势和共性问题等。通过这些步骤，企业可以更准确地把握客户的需求和痛点，为后续的产品改进提供有力的支持。

在处理反馈时，还需要注重反馈的及时性和有效性。对于重要反馈要具备快速响应能力，及时与用户沟通并给出解决方案或改进措施。同时，还需要关注用户反馈的问题在产品开发过程中的纳版情况，确保反馈的问题能够及时在产品中得到体现。

此外，企业还需要建立反馈处理结果的跟踪机制，及时更新进展并向用户报告处理结果，以增强用户的参与感和信任感。例如，某云服务提供商设立了一个专门的客户建议箱，并承诺在收到反馈后的 48 小时内给予回复。这一举措不仅提高了反馈处理的效率，还增强了用户对企业的信任感。

第三，形成用户反馈闭环。

将用户反馈与数据产品设计流程打通是构建完整用户反馈闭环的关键步骤。这意味着企业需要建立一种机制，来确保用户的意见和建议能够顺畅地传递到产品开发团队中，并在产品开发过程中得到充分的考虑和体现。为实现这一目标，企业可以建立跨部门协作机制来确保反馈信息的流通和共享。例如可以设立专门的工单来处理用户反馈，直到反馈被端到端地解决并关闭。

数据产品运营经理还可以通过用户反馈闭环来增强用户的参与感和信任感。例如可以在产品界面上设置反馈处理进度查询功能，让用户随时了解他们的反馈是否被采纳，以及何时能够在产品中得到体现。

## 7.3 内部推进器：数据产品增长飞轮

持续增长是所有企业共同追求的目标，而增长飞轮是企业增长战略中的一个重要概念，它代表了一种自我增强的循环，其中每一个环节的改进都能推动整个系统的进一步发展，其核心在于识别和强化那些能够相互促进、共同推动数据产品增长的关键因素。

数据产品增长飞轮是企业增长的内部推进器，它可以体现为数据产品的用户增长、数据产品的迭代优化、数据产品的价值创造等关键动力引擎。本节将对如何设计数据产品的增长飞轮进行详细描述。

### 7.3.1　什么是增长飞轮

增长飞轮描述了企业通过一系列相互增强的循环活动来实现持续增长的过程。增长飞轮的核心原理是系统动力学中的正反馈循环，即每个环节的输出可以作为下一个环节的输入，形成一个连续的循环，使得整个系统的动力不断增强。这种模式强调的是小步快跑，通过不断的迭代和优化，逐渐积累势能，最终实现突破性的增长。

增长飞轮可以分为两种类型：

一种是小飞轮，即指企业内部的单个增长循环，例如产品改进、用户体验提升等。这些小循环可以独立运作，为企业带来初步的增长动力。

一种是大飞轮，是指多个小飞轮相互连接，形成一个更大规模的增长循环。这种大循环可以在整个企业范围内发挥作用，通过不同业务板块或市场之间的协同效应，实现更大规模的增长。

增长飞轮的最著名实例来自亚马逊，亚马逊增长飞轮的概念最早由管理专家吉姆·柯林斯在其著作《从优秀到卓越》中提出，它体现了亚马逊如何通过一系列策略和业务活动实现持续增长。亚马逊的增长飞轮由以下几个关键部分组成：

- 客户体验：亚马逊始终将客户体验放在首位，通过提供更低的价格、更快捷的配送服务等来吸引和留住客户。
- 流量：优秀的客户体验带来更多的流量，包括重复购买和口碑传播。
- 供应商和卖家：流量的增加吸引更多的供应商和第三方卖家加入平台，从而丰富产品种类。
- 低成本结构：随着规模的扩大，亚马逊能够通过规模经济降低成本。

- 更低的价格：成本的降低使亚马逊能够提供更有竞争力的价格，进一步吸引客户。

亚马逊通过不断的技术创新和业务模式创新来推动飞轮的运转。例如，亚马逊通过投资物流基础设施、推出 Prime 会员服务、发展云计算服务 AWS 等，不断增强自身的竞争优势，推动飞轮效应的实现。其运作机制可以概括为：通过不断优化客户体验来吸引和保留客户，利用规模效应降低成本，通过技术创新提高效率，以及通过多元化的业务模式实现收入增长。

增长飞轮是亚马逊成功的关键因素之一，亚马逊通过增长飞轮形成了强大的自我增强机制，推动了公司的持续增长，巩固了市场领导地位。同时，亚马逊也在不断应对市场竞争和技术变革的挑战，以保持其增长飞轮的高速运转。

互联网企业被称为数字化原生企业，其商业模式是典型的数据驱动模式，其很多产品和服务可以被定义为数据产品。为了更加系统地阐述增长飞轮模型，我们将以一款数据驱动的互联网产品作为案例。

达达快递于 2014 年 6 月正式上线，2016 年 4 月京东到家与达达合并为达达 - 京东到家，2020 年 6 月达达集团在美国纳斯达克交易所挂牌上市，2021 年 3 月京东增持达达集团，2022 年 8 月达达集团正式回归京东。达达集团是中国领先的本地即时零售与配送平台，旗下的达达快递和京东到家两大核心业务形成“物流 + 零售”的合力效果。其背后数据驱动的运营增长逻辑正是我们描述的增长飞轮模型。

### 7.3.2 如何构建飞轮

构建增长飞轮是数据产品运营的关键策略之一。其构建过程是一个动态的过程，需要跨部门协作和持续优化。其操作步骤如图 7-3 所示。

**（1）确定增长飞轮战略**

数据产品的增长飞轮要与企业战略对齐，确保飞轮的构建与企业的业务战略目标保持一致，使数据产品增长飞轮成为企业实现业务价值的有力工具。基于这样的背景，飞轮的运转才能获得合理的资源支持、组织架构支持以及企业文化支持，以确保飞轮能够启动并有效运转。达达集团的商业模型与亚马逊有相似之处，其增长模型也是飞轮逻辑。

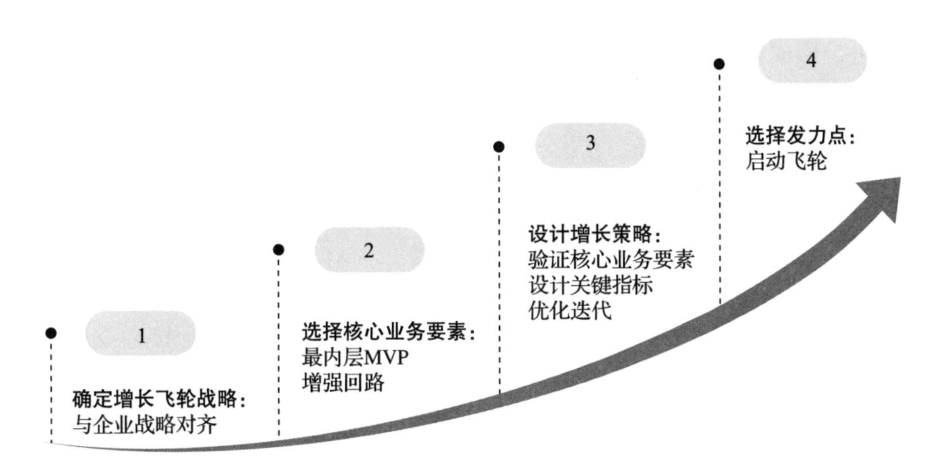


图 7-3　数据产品飞轮操作步骤

（2）选择核心业务要素

我们需要找到数据产品最内层的 MVP 飞轮增强回路。以数据服务商构建数据产品的小飞轮为例，其核心业务要素可能是“更好的数据资源”“更多的应用场景”“更好的数据产品”“更大的客户价值”。更好的数据资源，能够找到更多的有价值的应用场景；更多的应用场景，促进开发出更好的数据产品；更好的数据产品，实现更大的客户价值；更大的客户价值，促使企业生产或购买更多更好的数据资源；由此形成一个增强型的正反馈循环。

如图 7-4 所示，以达达集团为例，其最内层的 MVP 飞轮由 3 个核心业务要素构成，即更多的订单、更多的骑手、更好的配送体验。

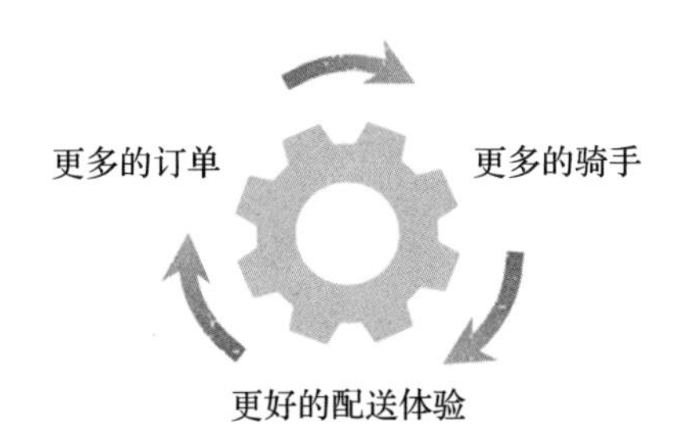


图 7-4　达达集团的最内层 MVP 飞轮示例

（3）设计增长策略

选择推动数据产品增长的核心业务要素，并验证这些核心要素是否能够相互促进，形成正反馈循环。在飞轮不断运转的过程中，不断收集数据和用户反馈，对飞轮的增长策略进行优化和迭代。以最小化飞轮运转的摩擦力、最大化飞轮运转的驱动力为目标，在设计、验证、迭代、优化飞轮的过程中，设计并验证增长策略的关键指标非常重要，例如用户增长指标、用户留存指标、用户转化指标、数据产品的价值实现指标等。

**（4）选择发力点**

在验证数据产品增长的核心业务要素之后，要选择以哪一个核心业务要素作为发力点，高效启动飞轮。

### 7.3.3 如何驱动飞轮

在当今快速发展的商业环境中，企业要想实现持续增长，就必须依靠一种强大而稳定的动力源。这个动力源，就是我们所说的“增长飞轮”。驱动飞轮的关键在于选择哪一个核心业务要素作为发力点，我们把这个发力点称为“驱动力因素”。驱动力因素的选择就像我们寻找增长的北极星指标一样，是需要认真讨论甚至进行 A/B 测试验证的。

驱动力因素的选择，无疑是增长飞轮战略规划中的重中之重。我们仍然以达达集团为例，在 3 个核心业务要素中，“更好的配送体验”是一个结果性的要素，不是一个很好的发力点，显然“更多的订单”和“更多的骑手”更适合作为发力点（见图 7-5）。因此运营经理可以对这两个点提供助力，以快速启动飞轮。对于达达集团来说，早期可以通过补贴骑手、补贴用户（增加订单）的方式来启动飞轮，最终既实现“更好的配送体验”又实现飞轮的启动，从而带动业务量的快速增长和市场份额的不断提升。

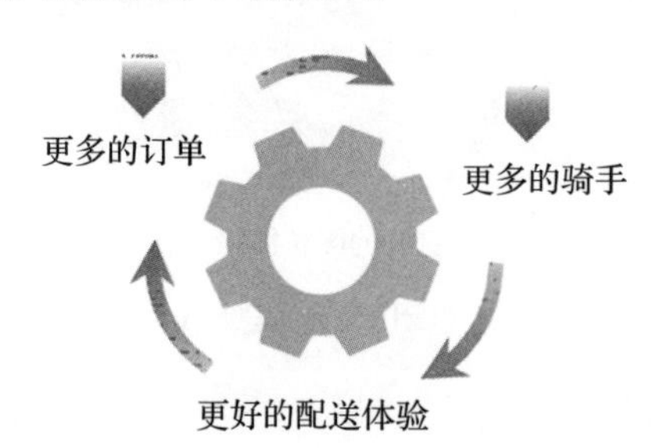


图 7-5　达达集团增长飞轮的发力点示例

当然，不同的企业、不同的行业，甚至同一个企业在不同的发展阶段，其驱动力因素都可能不同。因此，我们在选择驱动力因素时，必须紧密结合企业的实际情况和市场环境进行综合考虑。同时，我们还需要保持敏锐的市场洞察力和灵活的战略调整能力，以在变化莫测的市场环境中及时调整方向、抓住机遇。

### 7.3.4　构建多层飞轮

基于内层 MVP（最小可行产品）飞轮的建立和运营，是构建多层飞轮战略的基石。它不仅能够帮助企业快速试错、迭代，还能逐步拓展出更加丰富的业务增长维度，形成类似洋葱般的多层次增长效应，这种模式称为“多层飞轮”。

我们来深入探讨内层 MVP 飞轮的本质。在数据产品开发初期，企业往往面临资源有限、需求多变的挑战。通过构建内层 MVP 飞轮，企业能够以最小的成本快速验证数据产品增长的核心逻辑和市场接受度。这一阶段的成功关键在于“小步快跑、快速迭代”，通过持续优化，确保数据产品的增长策略能够响应市场趋势并满足用户的核心需求。随着内层 MVP 飞轮的不断转动，数据产品增长模式逐渐趋于成熟，用户反馈和市场份额也随之增长，为后续的拓展奠定了坚实的基础。

在内层 MVP 飞轮的基础上，随着应用场景的逐步扩大和深入，企业不仅能够推动内层产品增长的持续优化，还能在外层孵化出更多元化的产品增长机会。这些新的产品增长都会围绕着一个共同的核心价值转动。

接下来，我们以达达集团为例，进一步阐述多层飞轮的形成过程。如图 7-6 所示，达达集团通过补贴骑手和订单，让飞轮效应形成了“更好的配送体验”，而“更好的配送体验”会带来“更多的用户”，“更多的用户”又会带来“更多的订单”，“更多的订单”会带来“更多的商家”，“更多的商家”又会吸引“更多的骑手”。此时，增长飞轮即在内层 MVP 飞轮的基础上形成了更多层次的飞轮。随着飞轮层级的增多，飞轮的虹吸效应更加明显，其内在驱动力更加强大，运营的自增长效应也随即越来越强。

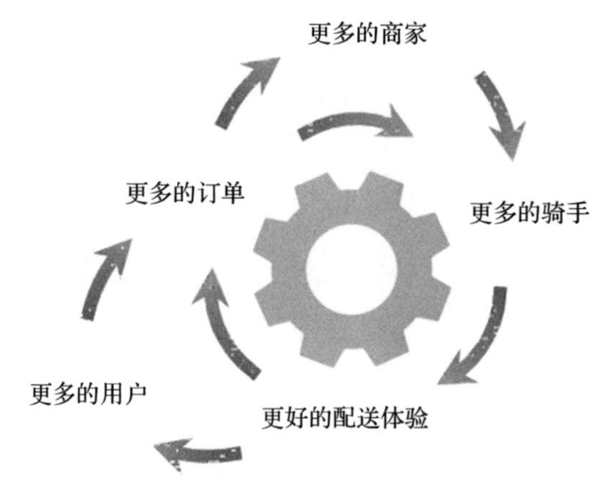


图 7-6　达达集团的多层飞轮模型示例

然而，多层飞轮的形成并非一蹴而就的，而是需要数据产品运营具备强大的创新能力。我们需要建立完善的数据收集、处理和分析体系，以便及时捕捉增长趋势变化和用户需求。同时，还需要培养一支具有创新思维和跨界能力的人才队伍。只有这样，我们才能在激烈的市场竞争中保持领先地位，实现可持续增长。

多层飞轮的形成还依赖于良好的客户价值闭环。在内层和外层的数据产品和服务不断迭代升级的过程中，我们需要始终关注客户需求的满足度和价值的提升。通过持续优化产品和服务、提升客户体验，企业可以赢得客户的信任和忠诚，进而形成稳定的客户基础。这些客户不仅是企业收入的来源，更是数据产品创新和持续增长的重要驱动力。

### 7.3.5　建立飞轮组合

在数字经济时代，任何一个数据产品都不是孤立存在的，它或多或少都与其他数据产品之间有着各种各样的联系。因此，我们可以从一个数据产品的增长飞轮入手，除了从多层飞轮的角度发展之外，还有另外一个发展途径，就是建立飞轮组合。

我们先聚焦于内层 MVP 飞轮，这个飞轮是增长飞轮诞生的核心基础。在内层 MVP 飞轮的驱动下，可以创造出更多的不同层次的增长飞轮，每一个飞轮都是一个独立的增长引擎，它们各自拥有独特的发力点与驱动力，并且在每个飞轮之间都建立起相互促进的协同作用。或许它们早期的发力点建立在内层 MVP 飞轮之上，但是随着联动效应的扩展，每一个飞轮在启动之后又具有自发的增长动力，这会促使整个增长飞轮组合一同旋转，形成一股不可阻挡的增长洪流。

继续以达达集团为例，达达快递形成了业务的多层飞轮模型，同时京东到家也形成了自己的飞轮模型，即更多的商家会带来更丰富的选品，而更丰富的选品又会吸引更多的用户，更多的用户会带来更多的即时购物，更多的即时购物又会吸引更多的商家，如图 7-7 所示。然而我们描述的飞轮组合，意味着在达达快递和京东到家之间仍然具有飞轮效应，即更好的达达快递服务会促进京东到家业务，更好的京东到家业务也会促进达达快递。

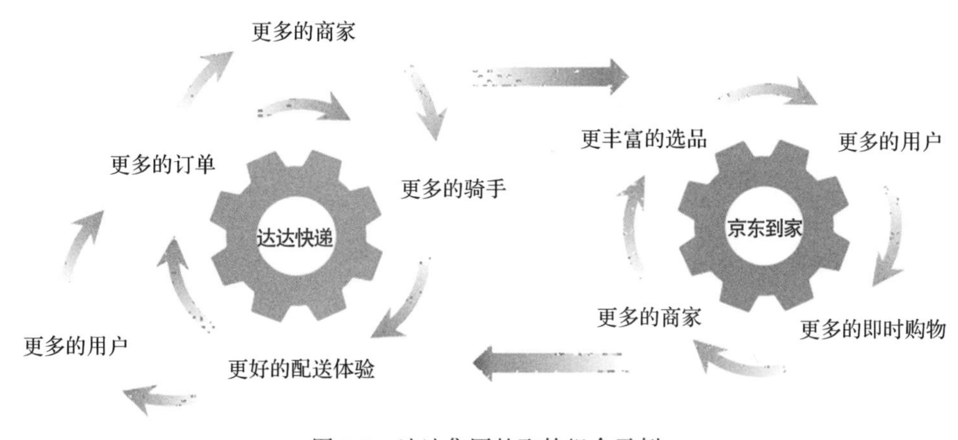


图 7-7　达达集团的飞轮组合示例

飞轮组合不仅在业务组合之间可以形成，在业务价值链内部也可以形成。例如：在用户增长飞轮中，我们可以通过优化用户体验、提升产品质量、加强用户互动等方式来吸引更多的新用户加入；而在收入增长飞轮中，我们则可以通过创新商业模式、拓展收入来源、提高用户付费意愿等方式来实现收入的持续增长。这些飞轮之间的协同作用不仅能够促进数据产品本身的快速发展，还能够带动整个数据产品生态系统的繁荣与壮大。

此外，在构建增长飞轮体系的过程中，我们还需要注重数据的驱动与人工智能化的应用。借助这些新技术手段，我们的增长飞轮组合能够更加高效地迭代优化、提升运营效率、降低运营成本。

## 7.4 外部推进器：数据产品客户成功

客户成功是一种以客户为中心的运营策略，其核心目标是确保客户在使用产品或服务的过程中能够实现他们期望的结果。这种策略有助于提高客户满意度和忠诚度，减少客户流失，并提升增购和复购的机会。客户成功不仅是一种运营方法，更是一种企业文化，它要求企业在每个接触点上都关注客户的需求和体验。

### 7.4.1 什么是客户成功

客户成功体系与 SaaS（软件即服务）行业紧密相关，SaaS 的产品订阅模式的特点决定了，企业必须关注客户的长期价值而非一次性销售。然而，客户成功的运营理念也非常适合数据产品领域，尤其是服务型数据产品，这类产品更多是以 DaaS、MaaS（模型即服务）、AIaaS 的形式存在。这就要求数据产品运营思维要超越传统的交易思维，更加专注于建立长期的客户关系，并确保客户能够实现他们使用数据产品或服务的目标。纷享销客创始人罗旭在一次分享中表示，客户成功工作不只是提供及时有效的软件服务、行业经验与最佳实践，其最终的工作目标是客户业务的增长或管理变革的实现。

如图 7-8 所示，数据产品运营团队要构建客户成功能力，至少需要关注 3 个关键因素。

图 7-8 客户成功转型关键因素

#### 关键因素 1：客户成功文化转型

企业的客户成功文化转型，首要任务是将客户成功理念融入企业价值观。

这意味着企业需要从传统的产品或服务导向转变为以客户为中心，确保每个决策和行动都能体现对客户成功的承诺。

第一，融入客户成功理念。

企业高层需通过公开演讲、决策和日常行为，展示对客户成功的重视，为员工树立客户至上的榜样。同时，通过内部培训和沟通会议，强化员工对客户成功重要性的认识，确保理念在企业内部得到广泛认同。

第二，培养客户成功文化。

需要将客户成功作为企业文化的核心组成部分。建立一个系统化的流程，倾听客户的声音；推动跨部门之间的合作，共同致力于提升客户体验和满意度。

第三，激励客户成功行为。

通过激励和认可客户成功行为的机制，促进员工积极践行客户成功计划。例如将客户成功相关的指标纳入员工的绩效考核体系，并对在客户成功方面做出突出贡献的员工提供奖励，包括但不限于奖金、晋升机会和公开表彰等。

第四，树立客户成功榜样。

开展相关培训，提升员工在客户沟通、问题解决和产品知识等方面的专业技能；鼓励员工分享客户成功的案例和经验，树立客户成功榜样，促进知识在企业内部的传播和应用。

#### 关键因素 2：客户成功流程驱动

建立客户成功的标准操作流程（SOP）是确保客户在整个合作周期内获得持续价值和支持的关键。

第一，定义客户成功的关键阶段和里程碑。

定义客户成功的几个关键阶段，有助于我们更好地拆解客户成功工作，如表 7-1 所示。例如：在引入期，客户刚接触产品或服务，需要数据产品运营经理的快速引导和教育；在成长期，客户开始深入使用产品，需要持续的支持和最佳实践分享；在成熟期，客户对产品有深入了解，需要帮助他们实现更高的业务目标；在复购期，客户成为忠实支持者，需要激励他们复购、增购，还要引导客户推荐新客户。

表 7-1 客户成功关键阶段和里程碑示例

| 关键阶段 | 里程碑 | 示例说明 |
| --- | --- | --- |
| 引入期 | 初始部署 | 确保客户在签约后的 30 天内完成产品的初步部署 |
| 成长期 | 价值实现 | 在 90 天内帮助客户实现数据产品的基本价值，如提升效率或增加收入 |
| 成熟期 | 扩展使用 | 在 180 天内协助客户扩展数据产品使用范围，实现更深层次的业务整合 |
| 复购期 | 长期合作 | 建立长期合作关系，持续提供产品更新、市场动态和业务咨询，并推动客户复购、增购、推荐等行为 |

第二，组建客户成功团队。

通常客户成功团队会设立客户成功经理（CSM）、客户成功工程师、客户成功分析师等岗位，要进一步明确他们的工作职责，以及跨团队协作的流程和责权利。客户成功团队需要制订定期的客户接触计划，与客户讨论数据产品的使用情况和反馈，并尝试根据客户的具体需求提供个性化的服务和支持。

同时，为每个客户建立客户成功评分画像，实时监控客户满意度和产品使用情况；当客户健康评分下降时，通过预警机制自动通知客户成功团队采取行动，例如制订客户挽回计划，包括优惠、产品升级或定制服务等。

为此，客户成功团队需要使用相应的技术和工具，例如 CRM 系统、数据分析工具等。

第三，持续改进 SOP。

客户反馈闭环对数据产品来说是十分重要的，通过收集客户对产品和客户成功服务的意见，在迭代数据产品的同时，一样可以优化客户成功流程。当然，定期总结和分享客户成功的最佳实践，也是一个持续改进客户成功 SOP 的好方法。

### 关键因素 3：客户成功指标驱动

客户成功指标体系是衡量客户成功战略执行效果的关键工具，它能够帮助企业明确目标、监控进度，并不断优化客户体验。构建客户成功指标体系有 3 个核心步骤：

第一，确定客户成功 KPI。

KPI 是衡量客户成功的关键。选择合适的 KPI 需要基于企业的业务模式、客户行为以及市场环境。以下是一些常见的客户成功 KPI：

- 客户留存率（Customer Retention Rate）：衡量在一定时间内继续使用数据产品或服务的客户比例。
- 净推荐值（Net Promoter Score，NPS）：反映客户向他人推荐数据产品或服务的可能性。
- 客户生命周期价值（Customer Lifetime Value，CLTV）：预测一个客户在与企业关系维持期间所带来的总收益。
- 客户流失率（Churn Rate）：衡量在一定时间内流失的客户比例。
- 客户满意度（Customer Satisfaction Score，CSS）：通过调查问卷等方式收集的客户满意度数据。

第二，收集和评估 KPI 的数据。

为了有效利用客户成功 KPI，企业需要构建一个数据收集和分析框架：明确数据收集的渠道，包括客户反馈、数据产品使用数据、交易记录等，并选择合适的分析工具和方法，对 KPI 的数据进行有效评估。

第三，建立以指标为驱动的机制。

建立以指标为驱动的机制，将客户成功的 KPI 与企业运营紧密结合。例如设计基于 SMART 原则[⊖]的轻质指标，将这些目标分解到各个部门和团队，并传递到员工个人的绩效评估体系。通过定期回顾 KPI 的表现，分析根本原因，及时调整策略和流程。

## 7.4.2　数据产品客户成功策略

客户成功策略是数据产品运营中的关键，它不仅影响着数据产品的市场表现，更是提升客户满意度和忠诚度的核心。一个有效的客户成功策略能够确保客户从数据产品中获得持续的价值，从而推动数据产品的持续增长。

如图 7-9 所示，我们认为推动数据产品客户成功有 3 个基本策略。

### 策略 1：客户生命周期管理

客户生命周期管理策略关注从客户获取到长期合作或流失的每个环节。这

⊖ 即 Specific（要具体）、Measuable（可度量）、Actionable（可实现）、Relevant（相关）和 Time-based（时间限度）。

种策略要求我们深入了解客户的每个接触点，并在每个阶段提供特定的运营支持和服务。

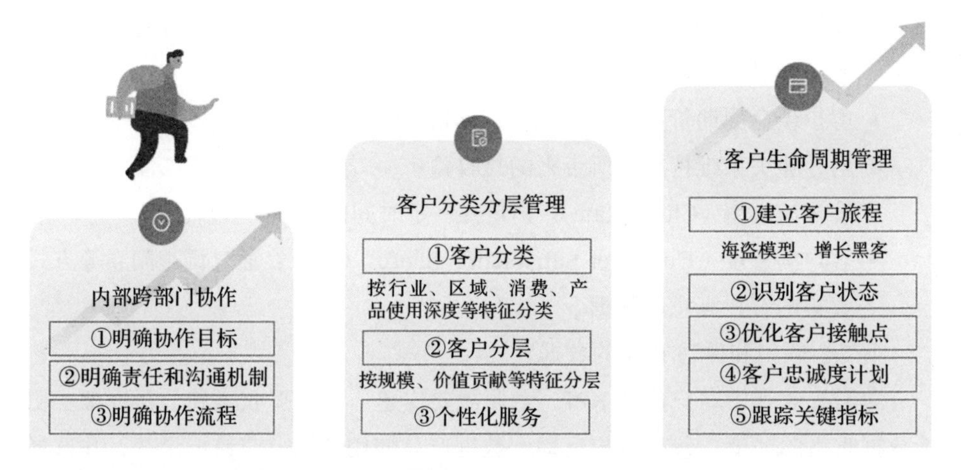


图 7-9　推动数据产品客户成功的 3 个基本策略

第一，建立客户旅程。

硅谷风险投资人戴夫·麦克卢尔（Dave McClure）于 2007 年提出著名的海盗模型，通常也被称为 AARRR 模型，后来的互联网增长黑客概念也引用了此理论模型。AARRR 模型的内容如下：

- 用户获取（Acquisition）：用户从不同渠道来到你的产品。
- 用户激活（Activation）：用户在你的产品上完成了一个核心任务，并有很好的体验。
- 用户留存（Retention）：用户回来继续不断地使用你的产品。
- 获得收益（Revenue）：用户在你的产品上发生了可为你带来收益的行为。
- 推荐传播（Referral）：用户认可你的产品，推荐他人来使用你的产品。

基于 AARRR 模型正好可以构建一个数据产品客户生命周期的旅程，从客户获取到激活、留存，再到收益和传播，正好是一个客户的转化过程。

第二，识别客户状态。

在数据产品运营过程中，要清楚识别新客户、活跃客户、休眠客户和流失客户。每个群体的需求和行为模式是不同的，因此你也需要为其制定不同的运营策略。

第三，优化客户接触点。

无论是通过网站、App、小程序、社交媒体还是客户服务平台，在客户的每一个接触点上，都应确保提供一致且高质量的体验。基于这些接触点，进行持续的客户沟通和引导。客户很难天然就熟悉你的数据产品，并把产品价值发挥到最大，因此需要你通过提供详细的产品教程、FAQ、产品社群以及一对一的辅导等手段，帮助客户更好地理解和使用产品。

第四，客户忠诚度计划。

制订并实施一个客户忠诚度计划是非常重要的。客户忠诚度计划的主要目标是提高客户留存率和增加复购率。可以选择的激励方式包括会员等级、积分、返利、数据产品折扣、优先客户支持等，在这方面可以借鉴星级酒店、航空公司的成熟做法。

第五，跟踪关键指标。

前文已有描述，指标驱动是落地客户成功的有效方式之一。因此要围绕客户生命周期管理制定相应的关键指标，如客户留存率、客户转化率、客户复购率、客户净推荐值等，对这些指标的持续跟踪，有助于我们了解运营策略的效果，并指导未来的决策。

### 策略 2：客户分类分层管理

客户分类分层管理要求我们将客户按照不同的特征和需求进行分类，并为每类客户提供不同的数据产品运营服务和沟通计划。

第一，客户分类。

可以根据客户的行业、规模、产品使用深度等维度对客户进行分类。例如：根据地理位置，可以分类为华南、华北、华东、华西等；根据行业特性，可以分为制造、金融、汽车等。也可以根据客户对数据产品的使用频率、消费额度等行为特征进行分类。

第二，客户分层。

可以根据客户价值来分层，例如基于不同消费额度、不同消费频次、不同利润贡献度等维度进行分层，也可以根据客户对数据产品功能、服务支持、定制化程度的不同需求进行分层，还可以根据客户的规模进行分层，比如大型客户、中型客户、小型客户等。

第三，个性化服务。

对客户进行分类分层的目的，是为不同类别的客户提供差异化的数据产品运营服务方案，包括专属的客户成功经理、定制的产品培训等。同时，可以根据客户类别制订差异化的沟通计划，确保数据产品运营服务信息的传递更加精准有效。数据产品运营人员在提供这种独特的服务方式时，往往需要 CRM 等系统工具的支持。

以某 DaaS 公司为例，该公司首先基于客户分类分层管理策略，将客户分为小型企业、中型企业和大型企业三个类别；然后根据客户的购买频次和利润贡献，将每个类别的客户进一步分为高、中、低三个价值分层。对于高价值客户，该公司提供了专属的客户经理服务，定期与客户沟通，了解其业务需求和反馈，提供定制化的数据产品解决方案；对于中价值客户，该公司实施了差异化的运营策略，通过定期的培训活动和产品更新通知，保持客户的活跃度和满意度；对于低价值客户，该公司通过自动化工具进行常规的客户关怀和服务支持，确保基础服务质量。

策略 3：内部跨部门协作

内部跨部门协作是客户成功体系能够落地的坚实基础。这就要求企业打破部门壁垒，建立一个以客户为中心的协作机制，确保客户的需求和问题能够得到跨职能部门的共同关注和解决。

第一，明确协作目标。

跨部门协作的首要任务是确立共同的目标和明确各自的责任分工，并最终形成合力。基于目标建立激励和认可机制，表彰客户成功目标协作过程中表现突出的个人或团队，以提高团队成员的目标感、积极性和参与度。

第二，明确责任和沟通机制。

通过制定清晰的协作框架和流程，确保每个相关团队成员都了解自己的角色和目标成果。例如，产品团队负责功能开发，运营团队负责客户反馈收集，市场团队负责市场定位和推广策略。同时，要建立起有效的跨团队沟通机制，例如相应的工作流、定期的跨团队会议、实时的沟通渠道或平台等，以确保信息的快速流通和问题的及时解决。还可以通过组织跨团队培训和知识共享活动，增强团队成员对其他部门工作的理解，促进团队间的相互学习和支持。例如，定期举办数据产品知识讲座，让非产品团队的成员也能了解数据产品的最新动态和功能。

第三，明确协作流程。

制定标准化的协作流程，包括客户信息共享、问题解决流程、决策制定等，有助于提高团队间的协作效率。例如，可以设立一个客户信息共享平台，所有团队都可以在其上实时访问和更新客户数据。

# 第三篇

# 数据产品实践

前一篇我们系统地介绍了数据产品的开发方法，这一篇我们将重点讲述这些策略和方法论的具体实践。

本篇主要分为 3 个部分：第 8 章以一个金融科技企业为案例，全面说明其在数据产品开发方面端到端的最佳实践，包括践行本书提出的数据产品策略和数据产品设计五步法，以及创新性的数据产品基础和四大合规体系建设；第 9 章首先从数据资产运营生态图谱讲起，然后介绍海亮教育在数据资产管理领域的实践和高颂数据“平台 + 生态”数据资产运营模式的实践；第 10 章首先描述数据服务商的定位和分类，然后介绍惟客数据从工具型数商到服务型数商再到数据券商的服务实践，接着介绍德生科技职业背调和信用就医两款数据产品的实践。

第8章 CHAPTER

# 数据产品开发实践

本章以一家金融科技企业为例，阐述其在数据产品开发领域的最佳实践。首先，建立数据产品开发和经营的两个基础，一是获得数据加工经营授权，二是建设金融数据服务平台。其次，我们重点描述企业在数据策略上的实践，通过价值牵引资源型和服务型两种数据产品设计；通过场景驱动数据产品开发，特别描述信贷业务和贷后风控两个场景；通过合规支撑数据产品经营，说明实践企业创新性地构建了内部控制、数据治理、合法合规、数据安全4个支撑体系。再次，我们以政务信贷产品为例，描述实践企业与银行一起落地数据产品设计五步法的过程。最后，我们对实践案例做系统性的复盘，提出数据合法授权是基础、数据平台建设是关键、场景驱动产品是核心、基础支撑体系是保障、产品运营体系是抓手这5个数据产品实践的关键要素。

## 8.1 数据产品实践背景

某金融科技企业系某省属国有企业的四大全资子公司之一，已深耕金融科技领域4年，其定位是运用政务数据服务实体经济，打通、拓宽金融供给渠道，推动科技金融的高质量发展。如图 8-1 所示，该企业在启动数据产品开发和经营过程中，特别注重夯实两个基础。

| 数据产品基础 | 基础1：获得数据加工经营授权 | 基础2：建设金融数据服务平台 |
| --- | --- | --- |

| 数据产品策略 | | |
| --- | --- | --- |
| | 策略1：价值牵引数据产品设计 | 资源型数据产品：接口服务，标准接口+定制接口<br>服务型数据产品：模型服务，防欺诈风控、智慧选址、存量客户经营 |
| | 策略2：场景驱动数据产品开发 | 信贷业务场景：政务e贷、市民快贷、工友贷<br>贷后风控场景：贷后预警模型 |
| | 策略3：合规支撑数据产品经营 | 内部控制体系：制度、规范、标准、流程<br>数据治理体系：重点关注数据质量<br>合法合规体系：制度合规、流程合规、技术保障、数据标准、团队保障<br>数据安全体系：数据加密、权限控制、审计日志、前后端代码安全 |

| 数据产品复盘 | 数据合法授权是基础 | 数据平台建设是关键 | 场景驱动产品是核心 |
| --- | --- | --- | --- |
| | | 基础支撑体系是保障 | 产品运营体系是抓手 |

图 8-1　某金融科技企业数据产品开发实践全景图

### 8.1.1　获得数据加工经营授权

在数据产品开发之初，该企业经过请示，获得了市政府关于其在金融服务领域加工和经营市属政务数据资源的授权。这一授权不仅是对该企业专业能力的认可，也是对其在数据管理和数据产品开发方面潜力的肯定。获得授权后，该企业将能够在法律和政策的框架内，充分利用政务数据资源，开发出符合市场需求的数据产品。

在平台和数据产品建设规划阶段，该企业得到了市数据资源管理局的大力支持。市数据资源管理局不仅提供了政策资源和业务指导，还鼓励该企业依法合规地运用政务数据支持金融机构服务实体经济，并明确将平台定位为市政务数据服务金融机构的统一输出平台。这一定位意味着该企业的数据平台将成为连接市属政务数据和金融机构之间的重要桥梁，通过提供安全、可靠、高效的数据服务，促进金融资源的优化配置。

### 8.1.2　建设金融数据服务平台

该企业在市政府授权和市数据资源管理局的大力支持下，启动“一库一平台”战略。

“一库”即一个金融专题库，依托市政务数据共享平台建设的金融专题数据仓库，并面向企业建设企业数据仓库、面向个人建设个人数据仓库，实现企业和个人金融数据的汇集、融合、清洗、治理，以达到应用层使用的标准。为了确保政务数据安全和原始数据不出域，金融专题库建设在市政务云上。市政务云作为整个架构的核心基础设施，提供了可信的计算、存储和网络资源，并且严格遵守国家关于数据安全和隐私保护的法律法规，通过访问控制、数据加密、合规审计等方法确保金融专题库的数据安全。

市数据中台是市政务云的关键组成部分，它承担着汇聚、整合、管理以及服务全市政务数据的重任。作为数据汇聚的核心枢纽，市数据中台整合了来自不同政府部门和机构的数据资源，包括但不限于工商、税务、社保、公积金等关键数据。它还通过数据清洗、转换和融合，确保了数据的一致性和准确性，为金融专题库提供了高质量的数据服务。金融专题库与市数据中台连通，在获取数据的审批通过后，金融专题库从市数据中台抽取数据，并从企业和个人两个维度对数据进一步加工，提供 3 种金融专题服务能力。

- 基础支撑能力：用来支撑金融专题库的存储分配、调度分析、数据溯源等，并建立数据字典。
- 数据加工能力：建设标签库、指标库、模型库等数据资产的加工能力。标签库用于数据的描述、分类、筛选和检索，从企业信息、自然人信息、产业信息、政策信息、经营信息、资产负债、行为意愿等多维度对数据打标；指标库是面向金融科技领域应用场景的关键指标集合，例如企业和个人信用贷款、企业和个人抵押贷款、政策类贷款、理财保险等场景；模型库是数据分析模型的集合，包括资产负债模型、欺诈失信模型、违约逾期模型、健康风险模型、运营能力模型、纳税能力模型、盈利能力模型等。
- 数据经营能力：发布了税务、社保、公积金、不动产等多个数据主题域，以更好地为金融大数据服务平台和合作金融机构提供服务。

“一平台”即一个金融大数据服务平台，基于金融专题库和城市超级大脑，在政务云上建立开放式的金融大数据共享服务平台，提供政务数据在金融服务领域的一站式共享服务，推出一系列标准化和定制化数据服务接口，并很好地实现了“原始数据不出域，数据可用不可见”的能力。金融大数据服务平台由服务门户、基础服务、金融服务、管理服务、支撑系统几部分组成，是该企业对外提供数据产品服务的基础，为用户提供业务数据资源、模型训练、沙箱环境等全方位的数据产品和服务。

- 服务门户：提供了多种接入方式，包括应用程序（App）、移动端页面（MP）、个人计算机（PC）等，以满足不同用户在不同场景下的需求。
- 基础服务：包括用户注册、登录、消息订阅、API 调用、SDK 引用等基本功能，以及行为跟踪、监控预警、区块链服务网络（Blockchain-based Service Network，BSN）对接、加密防护、审计监督等安全服务能力。
- 金融服务：一方面提供信贷、风控评级、营销获客、催收管理、保险理财等标准数据产品服务，一方面提供基于营销、信贷、抵押贷等场景的定制化服务。
- 管理服务：包括权限管理、租户分配、服务管理、费用核算、统计报表等，确保平台的安全有序运营。
- 支撑系统：涉及监控预警、资源管理、系统管理 3 个方面。监控预警通过大屏展示、日志跟踪、挡板测试、规则引擎等，为平台提供必要的技术支持和安全预警保障；通过对业务数据资源、数据运算资源、流程数据等进行数据资源管理，为数据分析和决策提供支持；系统管理则允许对平台进行个性化配置和管理，以适应不同用户的需求。

## 8.2　数据产品策略实践

在市政府授权和市数据资源管理局的大力支持下，该企业通过“一库一平台”战略，具备了数据产品服务的基础能力，在面向金融领域提供数据服务的过程中，逐步构建起以价值为牵引、以场景为驱动、以合规为支撑的数据产品矩阵体系。该数据产品矩阵体系将数据资源以更安全、更合规、更直观、更易用的形式呈现给用户，帮助用户在具体的业务场景中发挥重要价值和作用。在业务的实际运营过程中，体现为 3 个方面的创新实践：一是价值牵引数据产品设计，二是场景驱动数据产品开发，三是合规支撑数据产品经营。

### 8.2.1 价值牵引数据产品设计

该企业以客户价值为牵引，设计并发布资源型和服务型两种数据产品服务。

1. 资源型数据产品形态体现为数据接口服务

（1）标准接口数据产品

主要面向企业融资和金融预测等场景，提供标准的企业信息、产业信息、资产负债、经营财务类数据接口。企业信息接口提供企业注册资料、法人信息、经营范围、股权结构等数据，支持企业尽职调查和信用评估。产业信息接口提供涵盖各行业的宏观经济数据、行业趋势、政策导向等，帮助用户把握产业发展趋势，以进行市场分析和战略规划。资产负债接口提供企业资产负债表相关的数据，如总资产、总负债、资产负债率等，为金融风控和企业财务健康评估提供依据。经营财务接口提供企业的收入、利润、现金流等经营性财务数据，支持财务分析和盈利能力评估。

该企业的标准接口数据产品开发采取“分批接入、逐步丰富”的原则。首批提供了8类25个标准数据接口服务，例如：市监主题提供7个标准接口，包括企业基本信息、企业法人鉴权、企业主企业个数、企业社会信用代码、企业收入信息、市监信息、企业资产信息等数据服务；公积金主题提供6个标准接口，包括企业近12个月累计补缴次数、企业近12个月累计补缴金额、企业近12个月累计缴存金额、法人公积金贷款逾期次数、企业公积金贷款逾期次数、企业公积金信息等数据服务；社保主题提供4个标准接口，包括企业近12个月漏缴次数、企业近12个月员工人数、企业近12个月社保缴存人数环比增长、社保信息查询等数据服务；司法主题提供2个标准接口，包括企业近12个月法院被执行人查询、法院信息查询等数据服务；供电主题提供2个标准接口，包括企业近12个月用电量同比增长、企业用电量查询等数据服务；供水主题提供2个标准接口，包括用水信息、水费欠费信息查询等数据服务；不动产主题提供1个标准接口，即企业房产信息查询；税务主题提供1个标准接口，即企业纳税信息查询。

（2）定制接口数据产品

主要面向信贷审批和风险预警等场景，提供定制化的数据接口，为资产负债模型、欺诈失信模型、违约逾期模型、纳税能力模型等金融服务供数。面向信贷审批场景，产品结合企业征信数据、交易行为等，为信贷审批流程提供决策支持。面向风险预警场景，产品通过分析企业财务状况、市场表现等因素，预测潜在风险，并及时发出预警。资产负债模型提供基于企业财务数据的分析接口，帮助评估企业的偿债能力和财务结构的合理性。欺诈失信模型支持识别潜在的欺诈行为和失信记录，以降低金融交易中的信用风险。违约逾期模型提供违约和逾期分析接口，预测贷款违约概率，为风险控制提供数据支持。纳税能力模型基于企业的税务数据，评估其纳税能力和财务贡献，为信贷决策和政策制定提供参考。

该企业首批提供了 7 类可提供定制接口的数据服务。例如：公安和民政主题的定制接口数据服务，包括人口信息、婚姻信息、红名单信息、学历信息查询等；个人社保和公积金主题的定制接口数据服务，包括个人公积金信息，个人养老、失业、工伤、医疗保险缴纳情况，医保使用信息查询等；个人不动产主题的定制接口数据服务，包括个人不动产信息，个人不动产抵押、查封、共有信息查询等；个人纳税主题的定制接口数据服务，例如个人纳税信息查询等；关爱主题的定制接口数据服务，包括低保特困信息、残疾人证信息、社区矫正信息、服刑人员信息、失信和刑事当事人信息、黑名单信息查询等；企业经营主题的定制接口数据服务，包括高新技术名单、经营异常信息、行政处罚信息、注销和吊销信息、环保处罚信息、政府采购信息、企业补贴信息查询等；农业主题的定制接口数据服务，可以提供农房和农地等信息查询。

#### 2. 服务型数据产品形态体现为模型服务

主要面向引流获客、智慧选址等场景，提供相关的商圈洞察、信用和抵押类贷款等模型服务。引流获客模型利用数据分析和机器学习模型，帮助企业识别潜在的目标客户群体，优化营销策略，提高客户转化率。智慧选址模型结合地理信息系统（GIS）、消费者行为数据等，为商业选址提供智能推荐和分析服务。商圈洞察模型可以分析特定商圈的消费能力、竞争状况和市场潜力，为商业扩张和投资提供决策支持。信用贷款模型提供个人或企业信用评估模型，支持信用贷款产品的审批和风险管理。抵押类贷款模型能够针对抵押物进行价值评估，帮助金融机构优化抵押类贷款产品的风险防范能力。

截至目前，该企业已提供防欺诈风控、智慧选址、存量客户经营 3 种模型服务产品。

（1）防欺诈风控模型

该企业通过对大量数据的分析处理和场景模拟，建立了一套能够预测和防范欺诈行为的模型。进行模型开发时，从数据收集、数据预处理、特征工程到模型训练，同时融合人脸识别、声纹识别等多种技术手段，并且不断更新和持续优化，以提高模型的安全性和可靠性。这些模型会对用户的行为进行分析和判断，在用户进行交易、注册、登录等操作时，实时监控并评估风险。如果系统检测到存在欺诈风险，会立即采取相应的措施，如暂停交易、限制登录等。

（2）智慧选址模型

该企业通过智慧选址模型，帮助金融企业在开设新分支机构或增设其他商业设施时做出科学决策。模型基于高覆盖度的数据源，如市辖区网格内的企业、人口热力、商业设施、交通流量、教育、楼盘等，进行深度统计分析和可视化展示，实现精度为 10 米以内的地块尺度的微观客流分析。模型结合网格内的同业网点数量、网点内部经营业绩等情况，对区域及网点的后续发展潜力、网点布局的合理性等进行综合判断与分析，为网点深耕周边生态圈、分析目标客群提供数据支撑。模型的产品服务形态包括平台化的数据查询、API 服务、定制化报告等，以适应不同用户的需求。

（3）存量客户经营模型

金融机构针对已经建立业务关系的现有客户群体进行进一步经营的诉求极为迫切，这种经营策略的目的是深化与现有客户的关系，实现交叉营销，并提高客户的忠诚度和满意度，从而增加客户的生命周期价值，促进企业收入的稳定增长和利润提升。为了盘活银行内部的不活跃存量客户，模型提供基于政务数据的分析服务，基于存量客户的特点和需求，识别并给出可以提供的增值金融服务建议。这种以数据为驱动的客户洞察，能够帮助银行精准判断每个存量客户的潜在价值，从而制定有针对性的营销策略，重新激活沉睡的客户资源。

该企业的服务型数据产品已经与中国建设银行、中国民生银行、北京银行等金融机构建立合作关系。通过与金融机构的紧密合作，提供联合定制开发模型的服务。这种服务模式允许金融机构根据自身的业务需求和市场定位，参与到模型的设计和开发过程中，双方共同分析业务场景，确定模型的开发目标和功能需求，然后利用其专业的数据科学团队，定制开发出满足特定需求的模型解决方案。

### 8.2.2　场景驱动数据产品开发

该企业的数据产品开发的底层逻辑是场景驱动，通过场景识别来挖掘需求和痛点，然后再进行数据产品开发。本节将以信贷业务和贷后风控两个场景的数据产品开发为例进行描述。

1. 信贷业务场景驱动

该企业面向信贷业务场景的数据产品以支持金融机构线上化贷款服务为主，数据产品形态包括开放接口、标签体系、模型服务等。该场景的数据产品在 2023 财年已实现初步盈利，服务的客户包括中国邮政储蓄银行、浦发银行、湖南银行、长沙农商银行、湖南星沙农村商业银行、杭银消费金融、浙江宁银消费金融、长银 58 消费金融等金融机构。数据产品赋能信贷业务的示例如下：

**（1）中国邮政储蓄银行小微企业“政务 e 贷”**

该企业基于工商、税务、年报（经营收入、利润、资产、负债等）、专利、环保等主要数据指标，对企业客户进行风险判断与定额核定，为中国邮政储蓄银行提供市场参与主体的大数据画像，辅助其风险决策，目前已助力中国邮政储蓄银行上线基于政务数据的纯线上金融产品“政务 e 贷”，其融资申请、资金审批及放款均实现了全流程线上化。

**（2）长沙农商银行“市民快贷”**

该企业与长沙农商银行联合推出全线上自助办理信用贷款产品“市民快贷”，通过大数据画像为客户提供更精准的信贷资金支持。“市民快贷”产品具有产品额度高、成本低、申请便捷、手续简便、线上系统自动审批等优势，解决了小微企业主、个体工商户以及广大城乡居民融资难、融资贵的难题，大大简化了申请流程，且用款、还款期限更为灵活。该产品将长沙农商银行微信公众号作为申请和授信入口，同时将湖南农信手机银行 App 作为用信和还款端，实现了“自助申请、精准定价、模型风控、智能授信”的服务流程。

（3）长银 58 消费金融“工友贷”

该企业借助政务社保数据，支持长银 58 消费金融推出“工友贷”，服务对象主要是制造行业的一线工人，使其能享受传统金融产品覆盖不到的金融服务。截至 2023 年 9 月底，长银 58 消费金融已为超过 3 万名制造行业工人提供消费信贷支持。该金融产品的优势体现在：第一，快速到账，“工友贷”支持快速审批和放款，满足工友对于资金迅速周转的需求；第二，借还灵活，产品设计上允许借款人根据自己的实际情况灵活借款和还款；第三，针对性强，专门为制造行业一线工人量身定制，考虑到了他们的特定需求和还款能力；第四，利息优惠，长银 58 消费金融推出了 1 折利息折扣券等让利举措，降低了工友的借款成本。

### 2. 贷后风控场景驱动

随着线上贷款的不断增多，金融机构客户经理平均管护的客户数量不断增多，面临无法对管护企业开展全面贷后管理的难题；同时，当前企业经营的复杂性加剧，关联企业交易、收入虚增等情况层出不穷，金融机构的客户经理业务管理效率低，风险控制能力弱。银行等金融机构虽然也掌握大量的数据，但其关注和掌握数据的维度与外部数据有较大的差异，不能全面反映客户企业的风险趋势。很多金融机构的贷后管理状况，都难以支撑业务的快速和可持续发展，各家银行的资产质量压力都比较大。

该企业推出的贷后预警模型服务，主要用于金融机构对放款客户的监控，从工商、税务、司法等政务数据中筛查预警信号并提示管护经理处理。该企业通过自身具备的大数据优势，利用建立先进的反欺诈风控模型，帮助金融机构识别高危风险信号；基于行业特征、细分行业信息等分析申请企业所处的风险位置等，多维度判断风险程度，有效甄别高危企业，预防欺诈、套现等不良行为，帮助金融机构及时知晓风险、控制风险。

该企业基于贷后风控场景的数据产品一期已建立 385 个政务标签，与浦发银行、中国民生银行、湖南星沙农村商业银行等开展了合作。

### 8.2.3　合规支撑数据产品经营

此处我们谈及的数据产品支撑体系，不是从数据产品设计和开发的角度来谈的，而是处于数据要素市场化的初级阶段。企业开发和经营数据产品，除了提升数据价值和增强数据产品的市场竞争力外，更要保证合法合规和控制运营成本，因此数据产品运营必须发挥好 4 个支柱的共同作用，即内部控制体系、数据治理体系、合法合规体系、数据安全体系。

1. 内部控制体系

内部控制体系是组织内部管理和决策流程的重要组成部分，它确保数据产品的开发和运营遵循既定的规范和标准。因此，该企业在成立之初，依据《个人信息保护法》《数据安全法》《网络安全法》等法律法规要求，用了一年多的时间制定了详细的操作规程、审计流程和风险评估标准，确保数据产品的每个环节都有明确的规范和监督机制。该企业先后制定和发布了《政务数据操作规程》《数据安全管理办法》，修订了《外包管理办法》《一库一平台应急管理办法》等，并参考相关政务数据分类分级标准进行全面合规的数据管理。

2. 数据治理体系

数据治理体系重点是关注数据的质量。在提供数据产品服务的过程中，数据质量的保障是数据挖掘与分析的基础，只有保障了数据的质量，才能保证数据挖掘与分析的准确性和可靠性。该企业根据实际经验，从数据溯源、业务逻辑核对、数据标准建设、数据动态预警、评估反馈等角度建设了数据质量保障体系，并以实际业务场景和需求为驱动来开发数据接口和模型服务。

- 数据溯源：全面追踪政务数据的来源、流向、处理，了解数据的历史演变过程，监测数据是否有被篡改、损坏、丢失等情况。
- 业务逻辑核对：对存疑的数据，与源头部门进行严格的核对，对业务逻辑有误和不清晰的数据进行治理，面向需求方时，对每一条数据都能给出明确的解释。
- 数据标准建设：通过数据标准建设，将不同数据源的数据转化为相同的格式和单位，提高数据分析的准确性和效率。

- 数据动态预警：系统对数据库表中的数据变化进行实时监控，对异常变动的数据实时预警，以便数据管理人员进行及时处理。
- 评估反馈：该企业与需求方建立日常的工作沟通机制，实时对数据的情况进行评估和反馈，对于特殊情况的数据服务，该企业会提供全天候的实时响应。

### 3. 合法合规体系

合法合规体系是为了确保数据产品在设计和运营过程中符合所有适用的法律法规要求。该企业在以下几个方面予以建设：

- 制度合规：包括前文提到的制定和实施操作规程、数据安全、外包管理、数据应急管理等内控管理办法。对数据的操作使用、安全保护、应急处置、人员管理等方面做了严格规定和要求。与持牌征信机构深度合作，确保合规输出。
- 流程合规：建立了数据操作、数据加工、数据评估等一系列流程，并设立合规内审会和季度评估会，以及授权书审查流程等，保障全过程的数据合规。
- 技术保障：实施三级等级保护，采用专用机器、数据留痕、专线加密数据传输、数据区分离和备份、操作审查等措施，确保数据的安全性。
- 数据标准：根据数据要求，制定相应的规范，包括数据的格式、结构、编码方式、命名规则、单位和精度等方面。
- 团队保障：技术团队联合华为和腾讯的技术人员一起提供保障，配备专业的数据管理与开发人员，实现实时响应保障。

### 4. 数据安全体系

数据安全体系涉及保护数据产品免受未经授权的访问、破坏或其他安全威胁的技术和流程。该企业的金融大数据服务平台部署在市政务云上，因此其安全体系由政务云超级大脑和平台本身共同建立。

政务云超级大脑负责平台服务器端的物理安全、主机安全、网络安全等全面的安全保护，同时强调数据采集和集成过程中的合法性和合规性，确保数据存储安全，防止未经授权访问和数据泄露。政务云超级大脑还提供了数据备份与恢复和异常实时报警提示的能力。

平台本身负责数据服务的数据加密、权限控制、审计日志、前后端代码安全等。平台通过数据加密技术对敏感信息的采集、传输、存储、匹配进行加密处理，确保信息的安全性；在数据传输过程中使用防劫持、显式安全控制等安全防护措施；在权限控制中细化到模块和列，用基于角色和访问控制列表的安全策略来限制用户对功能的访问；通过审计日志记录数据的使用情况，对数据执行过程进行实时监测，确保数据的合规使用。该企业特别注重后端代码质量和服务器配置的安全性，防范 SQL 注入、命令注入、路径操作等；对于前端应用的安全提供了防篡改、防截屏、超时控制等防范措施。

## 8.3　落地数据产品设计五步法实践

我们以该企业与某银行合作的政务信贷产品为例，说明落地数据产品设计五步法的实践过程。

### 8.3.1　产品场景设计

政务数据在金融科技领域的应用场景极为广泛，以此政务信贷产品为例，其目标用户群体主要是中小企业，特别是那些在政府采购、招投标等领域有稳定业务往来的企业。这些企业通常具有轻资产、缺乏传统抵押物的特点，但拥有良好的政府信用记录和稳定的现金流。

用户的核心价值场景在于快速获得流动资金，以满足日常经营或扩大生产的需要。其主要痛点是在传统贷款过程中审批流程烦琐、放款周期长、需要提供大量抵押物。

### 8.3.2　产品价值设计

政务信贷是针对小微企业推出的一款线上贷款产品，旨在解决这些企业在发展过程中的融资难题，填补了传统金融服务在覆盖小微企业方面的空白，提升了金融服务的普惠性。在这样的产品定位下，拆解政务信贷产品的 FBUS 价值模型：

- 财务价值（Finance Value）：政务信贷产品推出以来，成为该银行在普惠金融领域的主要产品之一，拓宽了市场边界，实实在在提升了银行的利润表现。
- 业务价值（Business Value）：自政务信贷产品推出以来，其贷款发放量同比增长了50%。
- 用户价值（User Value）：该产品有效支持了小微企业的发展，客户满意度高达90%。
- 社会价值（Social Value）：该银行通过政务信贷产品，支持了超过1000家小微企业，这些企业在获得贷款后，营业收入平均增长20%，显示出该产品在促进经济发展方面的积极作用。

以FBUS价值设计为牵引，政务信贷产品的功能设计实现了贷款流程的线上化和自动化，提高了贷款审批的效率和准确性。其主要功能设计包括以下3个方面：

- 线上申请：客户可以通过银行的电子渠道进行贷款申请，无须提交纸质材料，简化了申请流程。
- 数据驱动：利用大数据分析技术，结合政府提供的税务、工商等数据，对客户的信用状况进行实时评估。
- 自动审批：系统根据客户信用评估结果自动审批贷款，减少了人工干预，提高了审批速度。

### 8.3.3 产品构件设计

在政务信贷数据产品中，3个数据产品构件设计为：数据原料整合、模型算法开发、产品界面设计。

**（1）数据原料整合**

政务信贷产品在设计初期，进行了数据原料的整合工作，以确保数据的全面性和准确性。其中包括税务、工商、电力等多个政府部门的数据，以及银行内部的客户交易数据和信用记录，它们共同形成了一个多维度的数据集。然后通过专业的数据清洗技术，剔除了无效和冗余的数据，提高了数据质量，确保了后续模型算法的准确性。在数据原料整合过程中，企业严格遵守数据保护法规，对敏感信息进行了加密处理，确保了数据的安全性和对客户隐私的保护。

**（2）模型算法开发**

政务信贷产品的核心竞争力在于先进的模型算法，银行联合该金融科技企业投入了大量资源对其进行开发。

- 信用评估模型：开发了基于机器学习的信用评估模型，该模型能够根据企业的历史数据和行为特征，准确预测其信用风险。
- 风险控制算法：设计了一套风险控制算法，通过实时监控贷款使用情况和企业经营状况，有效控制了贷款风险。
- 个性化推荐系统：构建了个性化推荐系统，根据企业的行业特点和资金需求，推荐最合适的贷款产品和还款计划。

**（3）产品界面设计**

为了提升用户体验，银行和该金融科技企业对政务信贷产品的界面进行了精心设计。界面设计简洁直观，用户可以轻松地找到所需功能，不需要复杂的操作流程。界面设计优化了用户与系统的交互过程，通过清晰的指引和反馈，提高了用户的操作效率。产品界面采用了响应式设计，确保了在不同设备上都能提供一致的用户体验。

### 8.3.4　产品交付与运营

在产品交付与运营上，我们重点介绍一下该政务信贷产品发布后的产品推广策略、用户反馈收集、产品迭代优化。

**（1）产品推广策略**

该政务信贷产品采用了多渠道推广策略，线上通过官方网站、社交媒体平台、邮件营销等渠道，向目标客户群体推送产品信息；线下利用银行网点优势，通过网点工作人员向到访客户面对面介绍、举办产品推介会等方式增强与客户的互动。另外，银行与政府部门、行业协会等合作伙伴联合推广，扩大产品推广的覆盖范围。

**（2）用户反馈收集**

银行建立了一套完善的用户反馈收集机制，定期向用户发送调查问卷，收集用户对产品的使用体验和改进建议；通过一对一的客户访谈，深入了解用户的需求和痛点，为产品优化提供第一手资料；分析客户服务记录，识别产品使用中的问题和用户关心的焦点；利用社交媒体监听工具，收集用户在社交平台上的讨论和反馈，及时发现并解决问题。

**（3）产品迭代优化**

银行根据用户反馈和市场变化，持续对政务信贷产品进行迭代优化。在功能方面，根据用户反馈简化贷款流程、提高审批效率；在风控方面，通过数据分析和模型优化提高贷款审批的准确性和安全性；在用户界面设计方面，使产品更加直观易用，降低用户的使用门槛。

### 8.3.5 产品安全合规设计

银行与该金融科技企业在政务信贷产品设计过程中，基于合规支撑体系，做了全面的安全合规设计。

**（1）数据安全与隐私保护**

政务信贷产品在设计和实施过程中，严格遵守国家关于数据安全和隐私保护的法律法规，以及企业内部的合规支撑体系。所有数据传输均采用 SSL 加密技术，确保数据在传输过程中的安全，防止数据在传输过程中被截获或篡改。实施严格的访问控制机制，确保只有授权人员才能访问敏感数据，并对所有访问进行日志记录和监控。将客户数据与其他系统数据进行物理和逻辑隔离，防止数据的泄露和滥用。

**（2）合规性风险评估**

在政务信贷推出前，银行进行了全面的合规性风险评估，产品团队与法律顾问合作，确保产品设计和运营遵循相关法律法规。同时，通过内部审计和第三方评估，识别潜在的合规风险点，如信贷审批流程、客户身份验证等，并制定相应的风险控制措施。在产品运营过程中，通过合规性风险监控机制，定期对产品进行合规性检查，及时发现并纠正不合规行为。

**（3）应急预案与风险管理**

银行为政务信贷产品制定了详细的应急预案和风险管理措施，以应对可能的风险事件。包括数据泄露、系统故障等风险事件的快速响应和处理流程，确保在风险发生时能够迅速采取措施，最小化损失。

## 8.4　数据产品实践复盘

金融科技在数据产品开发和经营方面走在行业前列，该企业在获得政务数据加工经营授权的基础上，通过构建“一库一平台”战略，成功开发了多样化的数据产品，服务于金融领域的多个场景。该企业在数据产品开发过程中，注重内部控制、数据治理、合法合规和数据安全体系的建设，夯实了数据产品的质量和服务基础。通过与金融机构的紧密合作，企业展现了强大的技术实力和灵活性，能够根据客户需求定制开发模型，推动了金融科技领域的高质量发展。该企业的数据产品开发实践不仅提升了数据价值，还为金融行业提供了安全、合规、直观、易用的数据服务，帮助用户在具体业务场景中发挥重要价值和作用。随着数据要素市场化的推进和数字经济的发展，该企业的实践案例将为同行业的数据产品开发提供宝贵的经验和参考。在对本数据产品开发实践案例的复盘研究中，我们发现了一系列关键要素，它们共同构成了数据产品成功开发和经营的基石。

**要素 1：数据合法授权是基础**

数据产品的生命线源自合法的数据授权。在数据经济时代，数据的合法获取与使用是企业必须遵守的首要原则。企业必须通过与数据所有者签订授权协议，确保对数据的收集、处理和使用均符合法律法规。本企业实践案例中，获得市政府的政务数据在金融领域的授权，以及市数据资源管理局的大力支持是一切工作的基础。

**要素 2：数据平台建设是关键**

数据的价值在于加工与分析。本实践案例中，企业通过“一库”完成了包括数据清洗、整合、分析等步骤在内的数据加工过程，这是一个将原始数据转化为有价值信息的过程。而“一平台”的建设则为数据产品提供了一个稳定、易用的接入点，使用户能够方便地访问和利用数据服务。

**要素 3：场景驱动产品是核心**

场景驱动意味着数据产品开发要紧密围绕用户的实际业务痛点，深入理解了用户需求，才能够设计出有效解决具体问题的产品功能。本实践案例中，以场景为驱动的产品组合策略是核心，企业根据不同场景和用户群体，提供了多样化的数据产品服务，以满足市场的不同需求。当然，在数据产品开发过程中，合适的技术选型和架构设计，以及通过用户反馈机制不断地迭代优化，也是至关重要的。

要素 4：基础支撑体系是保障

本实践案例中，一个非常重要的创新就是建立了包括内部控制、数据治理、合法合规、数据安全等方面的基础支撑体系。这个体系为数据产品的合规性、可靠性和安全性提供了重要保障。内部控制体系规范了数据管理和数据开发流程，数据治理体系确保了数据质量，合法合规体系提升了风险管理能力，数据安全体系构筑了强大的防护措施。

要素 5：产品运营体系是抓手

产品运营体系涉及明确数据产品的商业运营模式，包括市场研究、产品定位、定价策略、收入模式、合作伙伴、客户服务等多个方面。这个体系通过数据产品和数据资产运营等手段，最大化实现数据产品的商业价值。本实践案例中，因为聚焦数据产品开发的角度，所以并未对此进行深入的叙述，这并不代表这方面不重要。反之，数据产品运营体系是数据产品开发的重要抓手，商业价值会决定数据产品的设计，数据产品设计决定对数据原材料的需求，对数据原材料的需求决定我们需要获得什么样的数据授权，包括场景驱动的产品设计等原则在内，回归其原点都是以实现商业价值为目标。

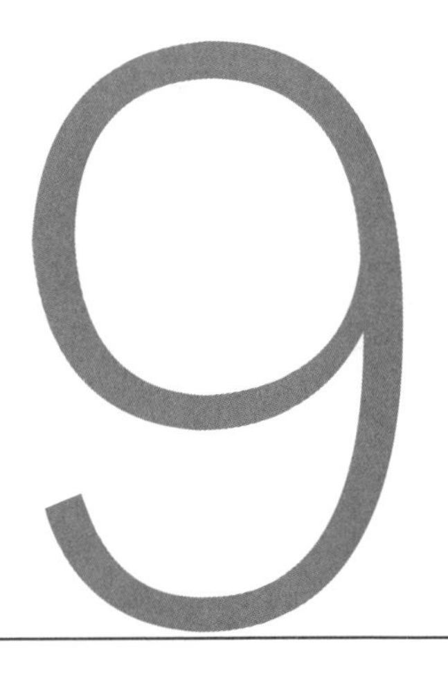

|第 9 章| CHAPTER

# 数据要素型企业产品实践

本章主要探讨数据要素型企业在数据产品开发和经营中的实际案例，展示数据要素型企业在数据产品实践中的成功经验和挑战。通过这些案例，读者可以了解如何有效地管理和利用数据资产，如何通过数据驱动实现企业的战略目标，以及如何在数据经济中占据有利位置。

## 9.1 数据资产运营生态图谱

2024 全球数据资产大会首次发布了“数据资产运营生态图谱”，如图 9-1 所示。以该图谱为框架，在数据要素生态中，6 类企业又可以分为数据要素型企业和数据服务商。这两个领域的企业各自扮演着不同的角色，并且在推动数据要素市场的发展中发挥着重要作用。

- 数据要素基础设施企业：负责提供数据平台和相关技术基础设施。这些企业通常包括云服务提供商、数据中心运营商等，它们为数据的存储、处理和传输提供必要的硬件和软件支持。

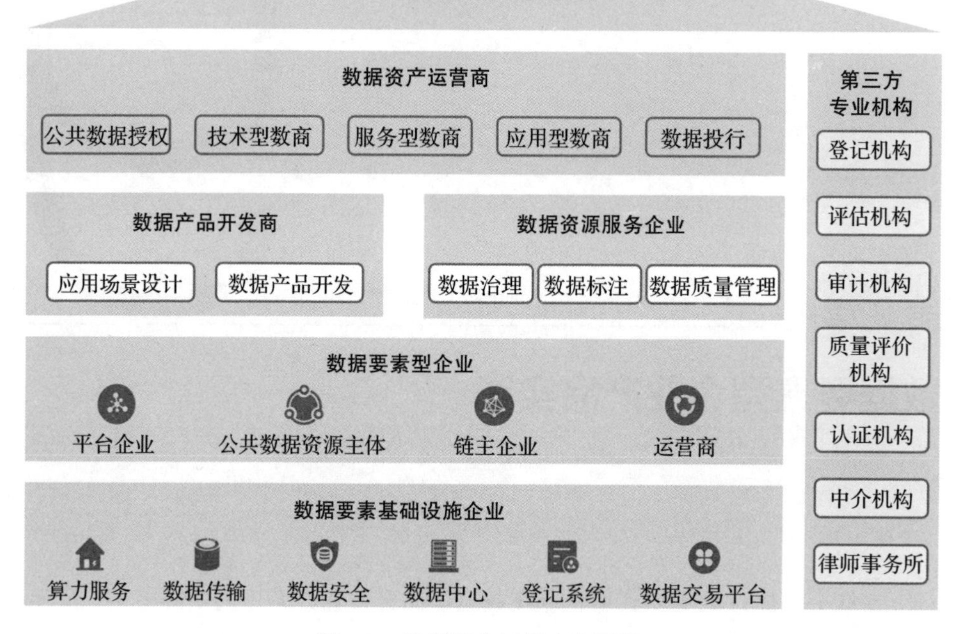


图 9-1　数据资产运营生态图谱

- 数据要素型企业：是直接参与数据资源要素化的企业，一般是那些拥有大量数据资源并能够进行初步加工的企业。例如政府企业、电力公司、交通运输企业等，它们采集和整合自身的数据资源，通过数据治理来提升数据质量和可用性，推动数据从资源向产品转化，并形成可供交易的数据资产。这些任务有些可以通过自身完成，有些需要借助其他角色进一步开发和利用，以释放数据价值。
- 数据产品开发商：通常指那些对数据进行二次开发和应用的企业，它们利用现有的数据资源进行创新性开发，生成新的数据产品或服务。这类企业往往形成了较高的技术壁垒，并且在数据价值挖掘方面具有显著优势。
- 数据资源服务企业：专注于数据的集成、管理和优化。它们通过将多个来源的数据进行整合，提高数据的质量和可用性，从而提升整体数据资源的价值。

- 数据资产运营商：主要负责数据的流通和交易，包括公共数据的授权运营、数据要素流通等环节。它们通过建立标准化的流程和规则，确保数据交易的透明和安全。
- 第三方专业机构：通常在数据资产运营生态中扮演着多种角色，包括数据评估（质量、资产价值、安全）、公证、审计、培训和认证等服务。这些机构通过提供专业的服务，帮助各方更好地理解和利用数据资产。

每个角色在数据资产运营生态中都有其独特的职责和功能，它们共同构成了一个复杂而高效的数据资产运营体系。数据要素基础设施企业、数据产品开发商、数据资源服务企业、数据资产运营商、第三方专业机构等统称为数据服务商，主要负责技术方案提供、数据交易撮合和数据价值链建设等工作，它们共同为数据要素生态体系提供技术支持和服务。

## 9.2　数据要素型企业的定位和典型问题

### 9.2.1　数据要素型企业的定位

数据要素型企业是指以数据为生产要素的企业，即把数据作为进行社会生产经营活动时所必须具备的社会资源的企业。这类企业在数据生态中直接参与数据资源的要素化过程，推动数据从资源向产品转化。

数据要素型企业的定位决定了其在数据资产生态中的角色和价值。这些企业不仅是数据的生产者和消费者，更是数据价值链的重要参与者。通过对数据进行采集、存储、处理和分析，数据要素型企业将原始数据转化为具有商业价值的数据产品和服务，满足内部业务需求的同时，也为外部市场提供数据资产。

数据要素型企业具有以下几个显著特征：

- 数据资产丰富：拥有海量的结构化和非结构化数据，数据涵盖了企业各个业务环节。这些数据资产为企业的数据产品开发和决策支持提供了基础。
- 数据处理能力强：具备先进的大数据技术和分析工具，能够对海量数据进行高效的采集、存储、处理和分析。这些技术能力是数据要素型企业的核心竞争力之一。

- 数据应用场景广：数据在企业的生产、经营、管理等各个环节发挥着重要作用。这些企业能够充分利用数据资产，提升运营效率，优化决策过程。
- 数据价值意识高：将数据视为关键生产要素和战略资产，明确数据在企业发展中的重要地位。这种数据驱动的思维方式贯穿于企业的战略规划和日常运营中。
- 数据治理体系完善：建立了数据全生命周期的管理机制，确保数据质量、安全和合规。这些企业通常设有专门的数据管理部门，制定了详细的数据治理标准和规范。

典型的数据要素型企业包括平台企业、公共数据资源主体、链主企业和运营商等。这些企业通过数据驱动实现了业务模式创新、运营效率提升和用户体验优化。

以阿里巴巴为例，作为全球最大的电商平台之一，阿里巴巴拥有海量的交易、物流、支付等数据资产。通过对这些数据进行深入挖掘和分析，阿里巴巴不仅优化了自身的供应链管理和营销策略，还为商家和消费者提供了精准的推荐和服务。阿里云作为阿里巴巴的云计算和大数据服务工具，则为更多企业提供了数据驱动的解决方案。

华为作为全球领先的ICT解决方案提供商，在通信设备、云计算等领域积累了大量的数据资产。华为利用这些数据开发了面向行业的垂直解决方案，如智慧城市、智慧交通等，帮助客户实现数字化转型。

这些企业的成功实践表明，数据要素型企业在数据资产生态中扮演着关键角色。通过对数据资产的有效管理和利用，这些企业不仅提升了自身的竞争力，也为整个数据要素市场的发展做出了重要贡献。未来，随着数据要素市场的进一步发展，更多的企业将加入数据要素型企业的行列，推动数字经济的高质量发展。

### 9.2.2 数据要素型企业的典型问题

在数据要素型企业的实际运营过程中，面临着一系列典型问题。这些问题不仅影响了企业的数字化转型进程，还制约了数据资产的有效利用和价值释放。以下是一些主要的挑战：

### 1. 数字化意识不足

许多数据要素型企业在推进数字化转型时，数字化意识并不统一。部分企业的管理层和员工对数字化转型的理解停留在表面，往往误认为只需将传统业务简单搬到线上即可完成转型。这种片面的数字化意识导致企业无法真正挖掘数据的潜在价值，影响了数字化转型的效果。例如，某些传统制造企业在引入信息化系统后，仍然依赖于传统的生产方式，未能充分利用数据分析来优化生产流程和提高生产效率。

### 2. 数据治理体系不完善

数据治理是确保数据质量和安全的关键环节，但许多企业在这方面的投入不足。尽管企业设立了数据治理框架，但在实施过程中，往往缺乏有效的执行和监督机制。管理部门发布的治理标准和规范，未能在业务部门得到有效落实，导致数据质量问题频发。例如，某大型零售企业在数据治理方面的努力未能显著改善数据质量，依然面临数据重复、缺失和不一致等问题，影响了决策的准确性。

### 3. 数据产品开发能力不足

数据产品的开发需要商业洞察、数据分析能力和对客户需求的深刻理解。然而，许多企业在这方面的意识和能力尚待提升。部分企业在数据产品的设计和开发过程中，过于关注技术实现，而忽视了用户体验和市场需求。例如，一些金融科技企业推出的新产品未能充分考虑用户的实际使用场景，导致产品上线后反响平平，未能达到预期的市场效果。

### 4. 业务价值难以量化

企业在数字化转型中投入了大量资金，但对于转型所带来的实际业务价值，往往存在疑虑。高层管理者对这些投入是否能够为企业带来回报和增值存疑。这种不确定感可能导致企业在后续的数字化投资中变得谨慎，从而影响整体的创新能力。例如，某些教育机构投入了大量资金进行数字化建设，但由于缺乏明确的评估标准，难以量化转型带来的实际收益，导致后续的数字化投资受到限制。

#### 5. 数据安全与隐私保护问题

随着数据使用频率的增加，数据安全和隐私保护问题日益突出。许多企业在数据收集和使用过程中，未能建立完善的安全防护机制，导致数据泄露事件频发。例如，某知名社交平台因数据泄露事件受到广泛关注，损害了用户信任和企业声誉。这种情况提醒企业在追求数据价值的同时，必须重视数据安全和合规性，确保用户隐私得到有效保护。

这些典型问题在数据要素型企业的运营中普遍存在，解决这些挑战需要企业从战略高度重视数据治理，建立完善的数据管理体系，培养数据人才，打造数据驱动的组织文化。同时，企业还需不断创新，探索数据价值实现的新途径。通过有效的沟通机制和培训体系，增强全员的数字化意识，确保数据治理措施能够真正落地并发挥作用。只有这样，数据要素型企业才能在激烈的市场竞争中立于不败之地，充分发挥数据要素的潜在价值。

## 9.3 案例：海亮教育的数据资产管理实践

在数据要素时代，教育行业作为知识传播和人才培养的重要领域，面临着数字化转型的机遇与挑战。海亮教育作为国内领先的教育服务提供商，在数据资产管理方面进行了卓有成效的探索和实践。

通过这一案例，你能够深入了解海亮教育如何通过系统化的数据资产管理提升教育质量和管理效率，同时为其他企业提供可借鉴的经验。案例不仅为教育行业的数字化转型提供了成功示范，也为其他行业的数据资产管理提供了宝贵的借鉴。

### 9.3.1 海亮教育简介

海亮教育科技服务集团（简称海亮教育）是世界500强企业——海亮集团旗下的教育服务品牌。依托近30年的办学经验与教育全产业资源优势，为公办、民办学校提供全面的学校综合管理服务，同时倾心打造自有特色高中、精品园所、特教机构，并为各级政府、教育机构、师生家长等客户提供县域学校综合管理、教育科技、国际教育、教育后勤、艺术教育、研学教育、人工智能教育、启智教育、综合实践教育、师训干训等在内的多元优质教育服务，致力于成为全球优质教育服务的引领者。

截至 2024 年 9 月，海亮教育已经为国内 20 余省超 200 所学校（含园所）提供综合管理服务，累计覆盖在校学生总数超 28 万人，多元优质教育服务覆盖全球超 300 万名师生。自成立以来，集团始终坚持“既讲企业效益、更求社会公德”，将“乡村教育振兴”作为集团发展永久的头等大事，力争在广大县域做到“服务一所学校、树起一面旗帜、孕育一片森林”，持续为“加快建设高质量教育体系、发展素质教育、促进教育公平”贡献公司力量。

海亮教育在 2022 年正式启动数字化转型，一方面全面统一认识，进行全员宣贯，使全体成员都具备了数字化意识；另外一方面对现有的数字化应用系统进行了全方位的盘点、分析和整合，并对数字化软硬件基础设施进行了改造升级，制定了数字化转型的蓝图。随后，在 2023 学年的应用阶段，海亮教育成功补齐了各学校和板块的数字化短板，实现了 100% 的数字化全覆盖，对数据进行了有效的分析和应用，使数据反哺了教育教学和经营管理，效益开始显现。同时，教育教学产品也更为成熟，并广泛应用于自有学校及托管学校，数字校园的雏形基本建立。整合各类数字化应用，从单一功能的碎片化应用向系统化、平台化的整体解决方案发展，形成一个有机的、协调一致的数字教育生态系统，如图 9-2 所示。

数字化转型过程中，海亮教育一直致力于将现代化信息技术与传统教育相结合，努力探索数据驱动的教育创新模式。近年来，随着大数据、人工智能等技术的快速发展，海亮教育意识到数据资产对于提升教育质量和管理效率的重要性，开始系统性地推进数据资产管理工作，努力探索数据驱动的教育创新模式。

## 9.3.2　数据价值实现路径

在当前数字经济快速发展的背景下，海亮教育通过建立科学合理的数据价值实现路径，有效推动了数据资产的管理和运营。通过内外双循环的模式和“3+2”管理框架，海亮教育实现了数据的资源化、产品化和资产化，进而提升了数据的整体价值。

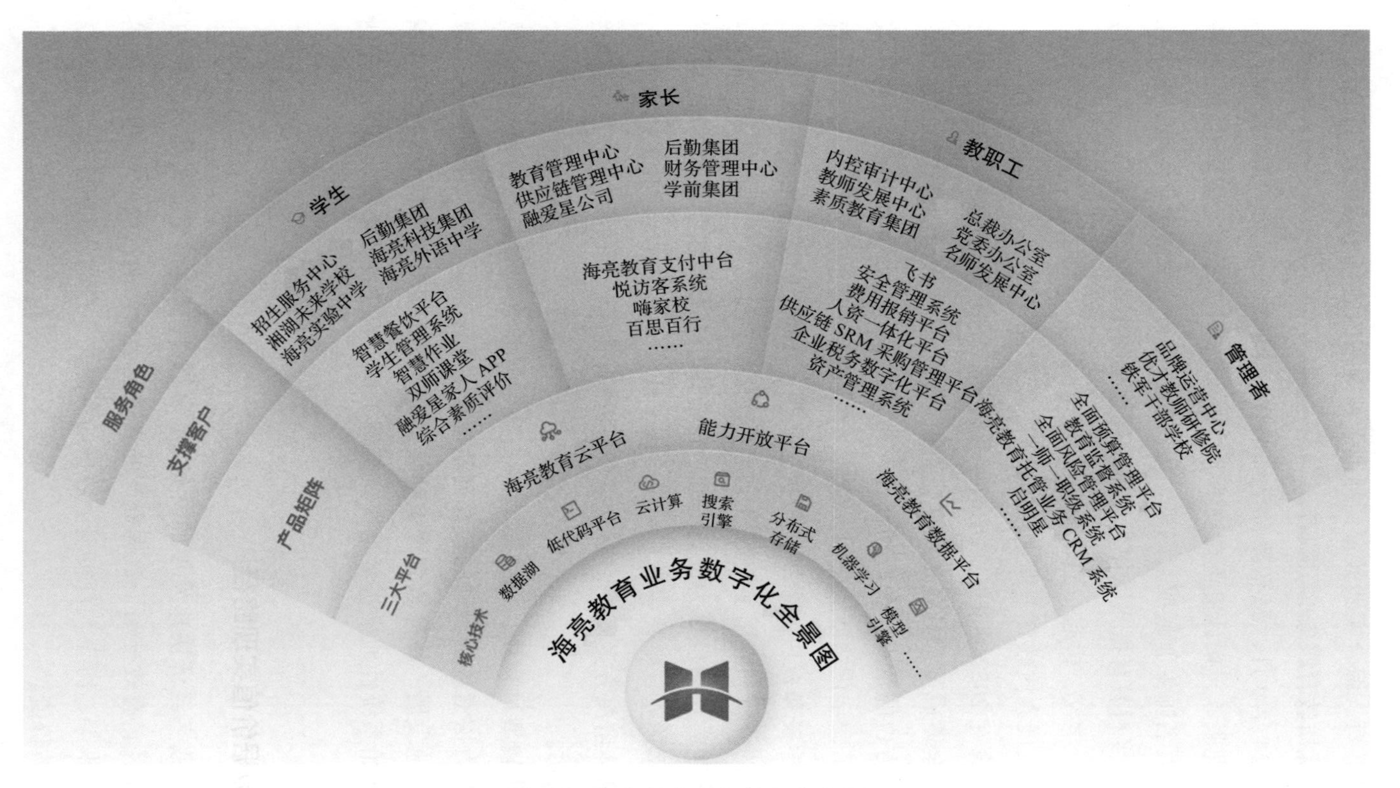


图 9-2　海亮教育业务数字化全景图

海亮教育在数据资产管理中采用了内外双循环的模式（如图 9-3），形成了企业内部小循环和外部市场大循环的良性互动。内部小循环主要指的是企业内部各部门之间的数据流动和共享，通过有效的数据治理和管理，实现数据在各业务环节的高效利用。外部市场大循环则强调了海亮教育与外部市场的连接，通过数据交易和合作，推动数据的流通和增值。

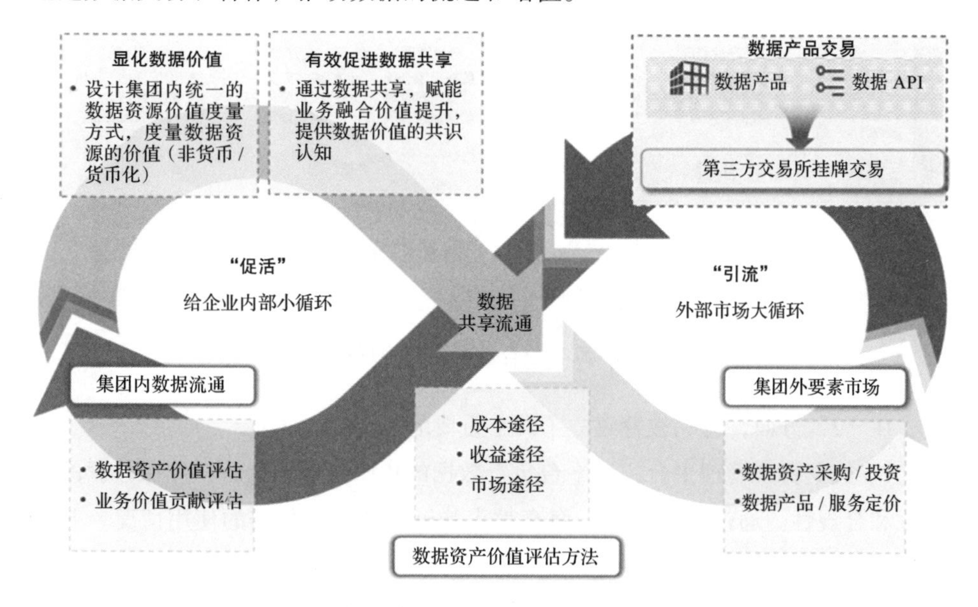


图 9-3　海亮教育数据资产管理内外双循环（模式）

海亮教育基于数据价值释放路径（如图 9-4 所示），围绕数据资产管理建立了“3+2”的管理框架。

“3”指的是数据的资源化、产品化和资产化。

1）数据资源化：海亮教育通过将原始数据转化为可用的数据资源，确保数据具备一定的潜在价值。这一过程涉及数据的采集、清洗和整合，旨在提升数据的质量和可用性。

2）数据产品化：在数据资源化的基础上，海亮教育将数据进一步转化为数据产品，满足不同用户的需求。这些数据产品可以是数据分析报告、决策支持工具等，帮助教育机构和管理者更好地进行决策。

3）数据资产化：海亮教育通过将数据产品转化为数据资产，实现数据的资本化运作。这一过程不仅提升了数据的经济价值，还为企业的可持续发展提供了新的动力。

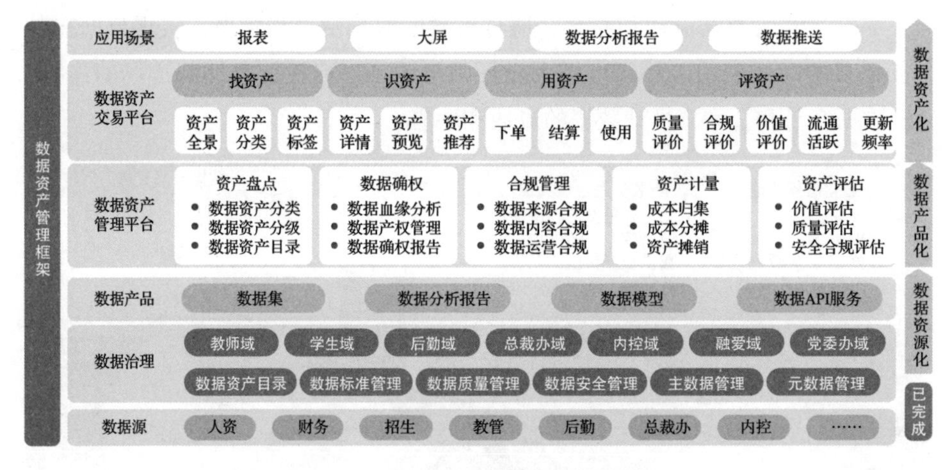


图 9-4　海亮教育数据资产管理框架

在“2”方面，海亮教育建立了两个重要的平台：

1）数据资产管理平台：该平台负责数据的集中管理和运营，确保数据的安全性和合规性。通过这一平台，海亮教育能够有效监控数据的使用情况，并进行数据质量的评估。

2）数据资产交易平台：这一平台为海亮教育与外部市场的连接提供了便利，促进了数据的流通和交易。通过数据资产交易平台，海亮教育可以与其他教育机构、企业及政府部门进行数据合作，实现资源的共享和优化配置。

海亮教育基于数据资产管理框架，建立数据资产具体实施路径，即海亮教育数据资产建设六步法，如图 9-5 所示，涵盖了数据资源化、数据产品化、数据资产化、数据资本化的全过程，确保数据资产的高效管理和价值实现。

通过这一系列的实践，海亮教育为其他企业在数据资产管理和运营方面提供了重要的参考，推动了整个行业的数字化转型进程。海亮教育的成功案例展示了数据如何在教育行业中发挥关键作用，助力企业实现战略目标和商业价值。

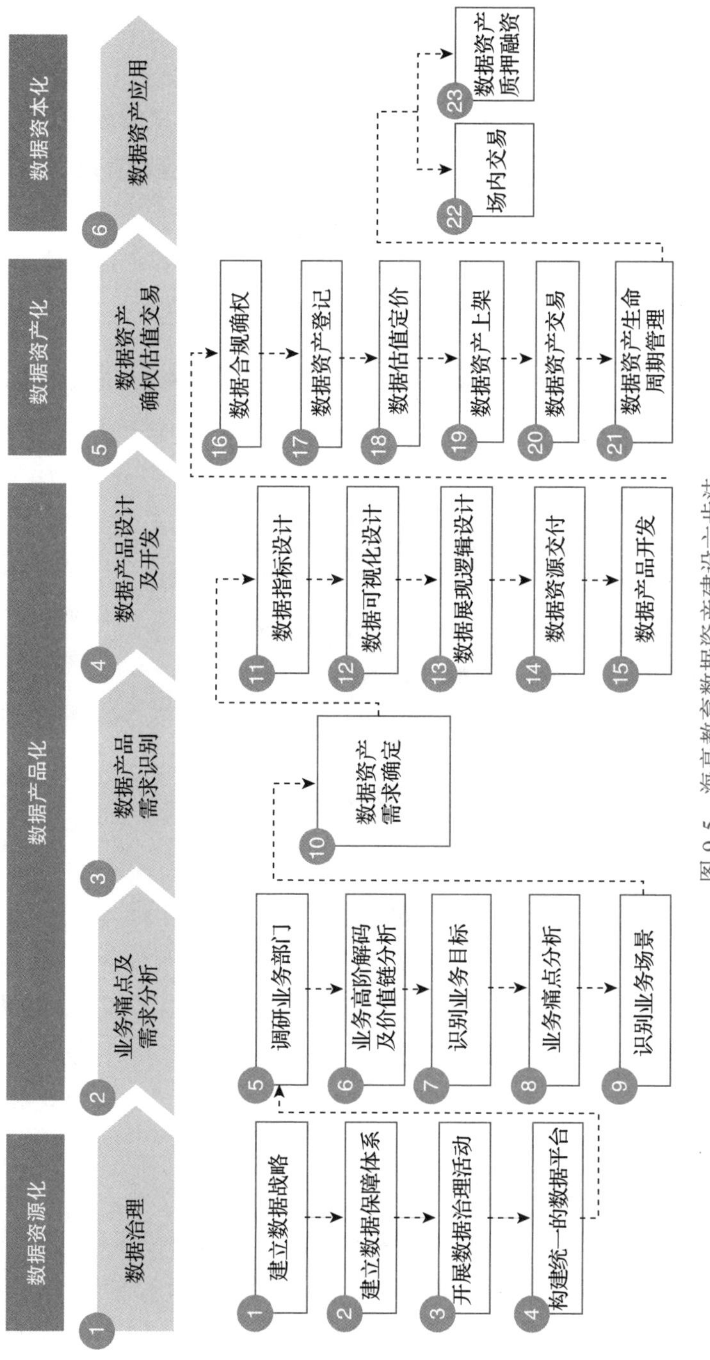


图 9-5　海亮教育数据资产建设六步法

### 1. 数据资源化

数据资源化通过将原始数据转变为数据资源，使数据具备一定的潜在价值，是数据资产化的必要前提。数据资源化以提升数据质量、保障数据安全为工作目标，确保数据的准确性、一致性、时效性和完整性。海亮教育以国标 DCMM 为标准，以创造业务价值为目标，坚持“以需定治，以治定采”的原则，开展数据治理工作，如图 9-6 所示。具体措施包括数据战略、数据保障体系、数据治理活动（数据资源目录、数据标准、数据质量、数据安全）。

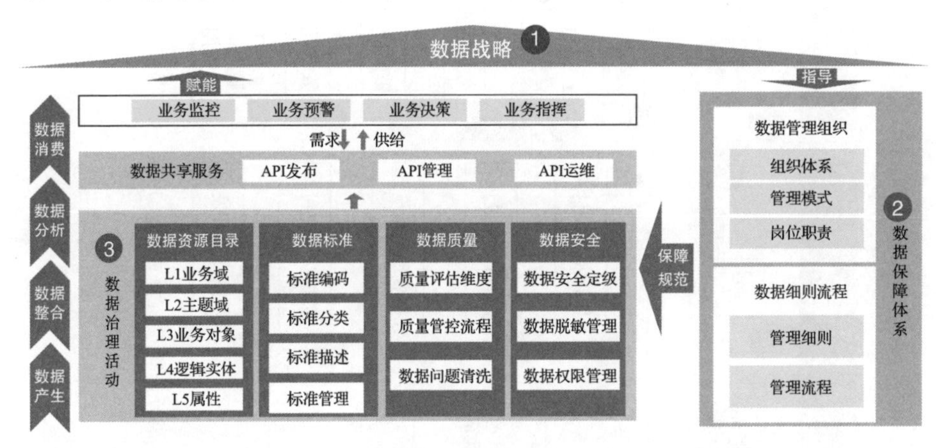


图 9-6　海亮教育数据资源化建设框架

#### （1）建立数据战略

海亮教育明确了数据战略目标，制定了分阶段的实施计划。

- 第一年，重点在于实现初步成果，进行顶层设计和局部落地。
- 第二年，扩大数据应用范围，迭代完善数据管理流程，力求在数据资源化方面取得显著进展。
- 到第三年，海亮教育希望实现全面覆盖，常态化运营，确保数据管理的高效性和可持续性。

#### （2）建立数据保障体系

为确保数据价值的实现，海亮教育建立了完善的数据保障体系。该体系包括多个组织机构，如数字化转型领导小组、数据治理专项小组和各单位的数据管理组织。这些机构共同负责数据管理的具体实施，确保数据治理工作的顺利推进。

- 成立数字化转型领导小组，负责企业数字化转型的具体落地、实时督导与成果产出，在全集团营造良好的数字化转型氛围与文化。
- 成立数据治理专项小组，落实承接和执行集团数字化中心相关的数据工作，负责统筹、管理和指导集团内数据工作。
- 成立各单位的数据管理组织，明确各单位的数据负责人及数据管家。

**（3）开展数据治理活动**

海亮教育在数据资源化过程中，开展了一系列数据治理活动，确保数据的准确性、一致性、时效性和完整性。具体措施包括：

- 数据资源目录：制定一套海亮教育统一的数据资源目录。该目录满足业务需求，使数据可视、易懂、易管、易用；在技术层面帮助快速解决数据问题、促进数据共享和交换；在公司层面上，有助于规划设计业务变革，避免重复建设。
- 数据标准：制定海亮教育数据标准库，统一了业务、技术口径，同时明确各部门在贯彻数据标准管理方面应承担的责任。比如发布《关于统一海亮教育学校简称和班级名称规范的通知》，解决了各校学校简称和班级名称命名不统一的问题。
- 数据质量：建立海亮教育数据质量需求管理机制，设计数据质量稽核规则及评价体系，对数据质量进行持续的、周期性的监测，减少了数据纠错成本，提升了数据可信度，确保了数据真实反映业务，降低运营风险。
- 数据安全：制定数据安全分类定级制度，对敏感数据进行加密或脱敏，防止数据泄露，减少合规风险，降低企业承担违反法律管制政策后得到相关惩罚的风险。

这一系列措施为数据资源化奠定了坚实基础，确保了数据的高效利用。基于以上的治理活动，如图 9-7 所示，海亮教育实现了“三个一”的数据工作成果，包括一套数据资源目录、一套数据治理报告、一套主数据。

**（4）构建统一的数据平台**

海亮教育还致力于构建统一的数据平台，该平台整合了教学、学生、教师、财务等各类数据，实现了数据的统一存储和管理，以实现 100% 的数据入湖。通过这一平台，海亮教育能够集中管理和分析来自各个业务部门的数据，确保数据的完整性和一致性。数据平台的建设不仅提升了数据的可用性，还为后续的数据分析和决策提供了有力支持。

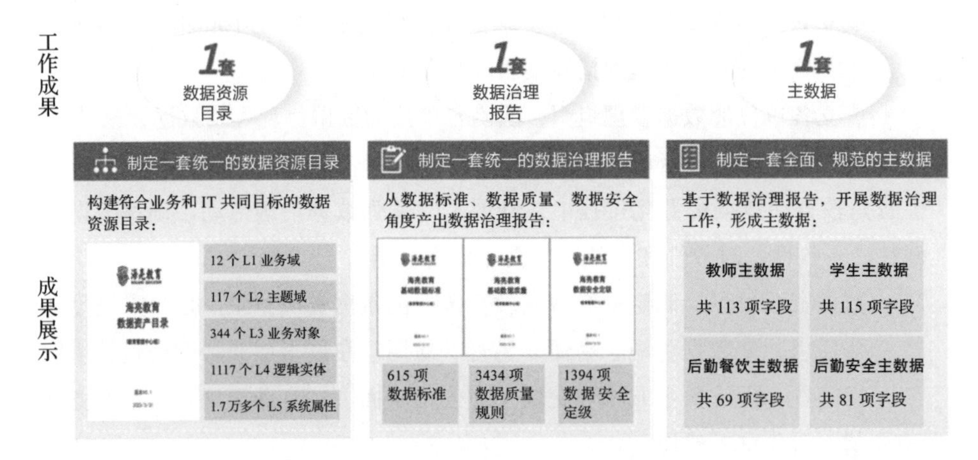


图 9-7　海亮教育数据治理工作成果

在数据平台的建设过程中，海亮教育采用了先进的云计算和大数据技术，确保平台的高可用性和高性能。通过数据入湖，企业能够实现数据的实时处理和分析，快速响应市场变化和业务需求。这一举措有效提升了海亮教育在教育行业中的竞争力，为其数字化转型提供了强有力的支持。

通过上述措施，海亮教育在数据资源化方面取得了显著成效，为后续的数据产品化和资产化奠定了坚实基础。数据资源化的成功实施，展示了数据如何在教育行业中发挥关键作用，助力企业实现战略目标和商业价值。

### 2. 数据产品化

数据产品化是数据作为生产要素流通和价值实现的前提，它是对数据资源进行实质性的劳动投入和创造，使其转化为具有明确应用场景的产品或服务的过程。海亮教育以业务价值为目标，以业务场景为抓手，开展数据产品建设工作，具体措施包括：业务痛点及需求分析、数据产品需求识别、数据产品开发等关键环节。

#### （1）业务痛点及需求分析

- 调研业务部门：由数字化中心从业务视角切入，以根源分析的思路深入业务部门进行访谈调研。访谈提纲：以价值为导向的数据产品的定义→业务部门的战略目标、年度目标和主要任务→业务的挑战与痛点识别→业务期望的解决方法与快速场景识别→当前的数字化发展状况。

此次访谈调研，旨在确保业务方对数据产品的定义形成统一的认知，同时为后续的数据产品化工作开展提供强有力的支撑和指导。

- 业务高阶解码及价值链分析：基于上一个阶段的调研情况，围绕业务核心目标和业务模式，进行高阶解码，识别其中的关键业务活动。基于业务运作内在链路，对业务活动进行价值链分析，识别企业创造价值的关键环节和潜在增长点。这一过程不仅有助于海亮教育全面梳理业务上下游的关联关系，也为进一步优化运营策略和提升业务价值提供了有力支撑。
- 识别业务目标：基于业务高阶解码及价值链分析，识别对海亮教育整体营收、成本及业务发展产生直接影响的两三个核心业务目标。
- 业务痛点分析：业务部门分析业务现状，识别达成业务目标时的关键阻碍（业务痛点和挑战），描述痛点对业务目标达成的影响（包括效率、成本和客户满意度等方面），并分析关键业务痛点成因（包括业务问题、数据问题、技术问题等）。
- 识别业务场景：将识别出的业务痛点进行分类，合并相似的痛点，形成具体的业务场景。在每个业务场景中，分析可以解决的痛点，并据此提出具体需求和解决思路（包括业务、数据、技术）。

基于以上五个步骤，产出数据产品价值画布，如图 9-8 所示。

**（2）数据产品需求识别**

基于核心业务场景的需求及解决思路，探讨能够匹配这些举措的数据产品，分析能解决的具体需求或产品特征，确认价值点，最后产出数据产品卡片，如图 9-9 所示。

**（3）数据产品设计及开发**

数据产品设计常规步骤包括：数据指标设计、数据可视化设计、数据展现逻辑设计、数据资源交付等。

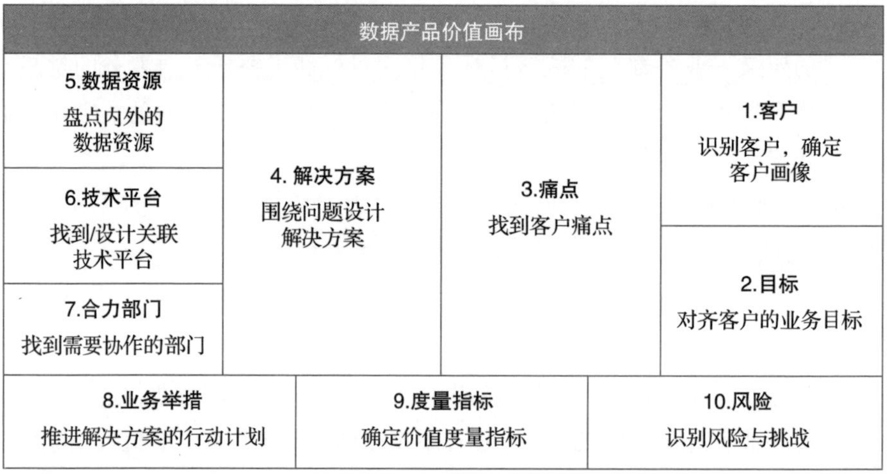

数据产品价值画布
5.数据资源
盘点内外的
数据资源
6.技术平台
找到/设计关联
技术平台
7.合力部门
找到需要协作的部门
4. 解决方案
围绕问题设计
解决方案
3.痛点
找到客户痛点
1.客户
识别客户，确定
客户画像
2.目标
对齐客户的业务目标
8.业务举措
推进解决方案的行动计划
9.度量指标
确定价值度量指标
10.风险
识别风险与挑战

图 9-8　数据产品价值画布

数据产品卡片
组号
场景编号 S-
数据资产名称 DP-
提供方
需求方
数据产品的需求及产品特征
产品需求及特征
1
2
3
4
5
数据产品带来的价值
价值点
1
2
3
4
5

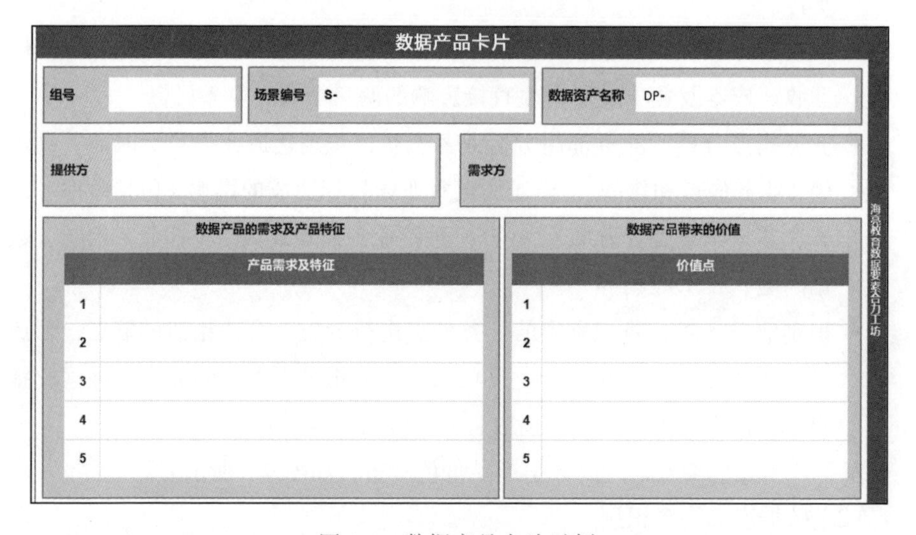

图 9-9　数据产品卡片示例

- 数据指标设计：根据上一步骤数据需求分析的结果，制定出用户最感兴趣、易于理解，并且最能够体现问题本质的数据指标。
- 数据可视化设计：根据上一步骤设计出来的数据指标，结合最终数据类型和表现目的，选择最佳的数据可视化方案，将每一个数据指标直观并且美观地呈现给用户。

- 数据展现逻辑设计：本步骤包含数据指标展现逻辑设计、界面开发等过程，主要是根据各种已经实现了可视化方案的数据指标图表进行界面逻辑展现设计，除了对数据指标进行分类展现外，还需要从多个角度设计数据的展现逻辑，将每一个指标都有逻辑地呈现出来，使用户在看多个数据指标时清晰明了。
- 数据资源交付：根据数据产品设计判断出的所需数据，数据产品开发方通过与其他管理部门和子集团签订《数据共享协议》，获得所需的数据资源。同时各方交付的数据将被记录，为后续数据资产化时数据交易产生的收益分配做准备。

数据产品开发常规步骤包括：数据入湖、数据清洗、数据建模、数据汇聚、数据服务、可视化开发、数据核对、发布上线。

海亮教育按照以上数据产品开发方法论，海亮教育开发了一系列创新型教育数据产品。例如，个性化学习推荐系统能根据学生的学习数据，为每个学生制定个性化的学习计划和资源推荐。再比如，一师一职级教师画像（如图 9-10 所示），依托大数据平台实现教师各类数据互通，建立统一、安全的教师数据库。通过对各类教师数据的抓取，建立教师画像，让学校和集团管理层能够多维度、全方面了解教师团队，从而有助于优化教师评价和激励机制，合理配置教师资源，提升教学水平。

### 3. 数据资产化

数据资产化通过将数据产品转变为数据资产，使数据产品的潜在价值得以充分释放。数据资产化以扩大数据资产的应用范围、厘清数据资产的成本与效益为工作重点，同时，需使数据供给端与数据消费端之间形成良性反馈闭环。数据资产化主要包括数据合规确权、数据资产登记、数据估值定价、数据资产上架、数据资产交易、数据资产生命周期管理等活动职能。

#### （1）数据合规确权

在数据资产确权方面，海亮教育结合《中共中央 国务院关于构建数据基础制度更好发挥数据要素作用的意见》中“建立数据资源持有权、数据加工使用权、数据产品经营权等分置的产权运行机制”的思路和自身内部交易的框架，在组织数据治理、数据安全与数据资产管理同步规划、实施、运营的条件下，制定了内部交易过程中各环节的确权规则。为确保数据资产交易的顺利进行，海亮教育还创新使用了“特许采买权”的概念，规定各管理部门和子集团仅能购买自己录入或与自身业务相关的数据，限制了各管理部门和子集团对原始数据的购买，避免了相互争夺热点数据的混乱情况。

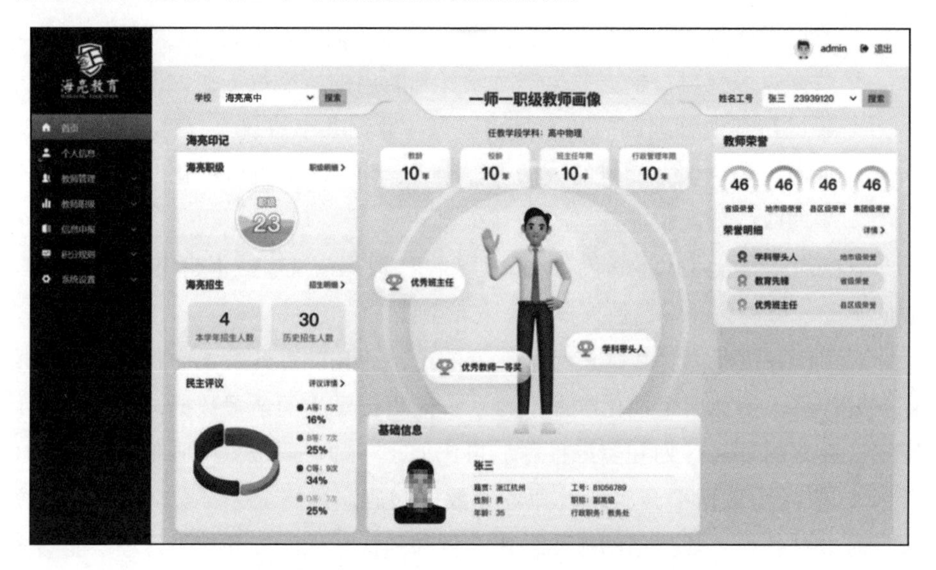


图 9-10　海亮教育一师一职级教师画像（示例）

（2）数据资产登记

在确定数据权属后，建立数据资产目录、开展数据资产登记，是海亮教育首先要考虑的问题。《信息技术服务 数据资产 管理要求》对数据资产目录的定义为：采用分类、分级和编码等方式描述数据资产特征的一组信息。海亮教育结合自身数据资产情况，定义数据资产目录为：通过对企业内数据资产，按照一定的分类方法进行排序和编码的一组信息，用以描述各个数据资产的特征，以便于对企业数据资产的检索、定位与获取。

在实践方面，海亮教育开展了数据资产盘点。通过完善数据资产定义，制定盘点规则，在对 20 个管理部门与子集团进行概念普及与详细调研后，共盘点出百余个数据资产，形成《海亮教育数据资产目录》，如图 9-11，并登记于数据资产管理平台中，提升了数据可见性与可访问性，支撑数据驱动的决策制定，助力数据资产价值实现。

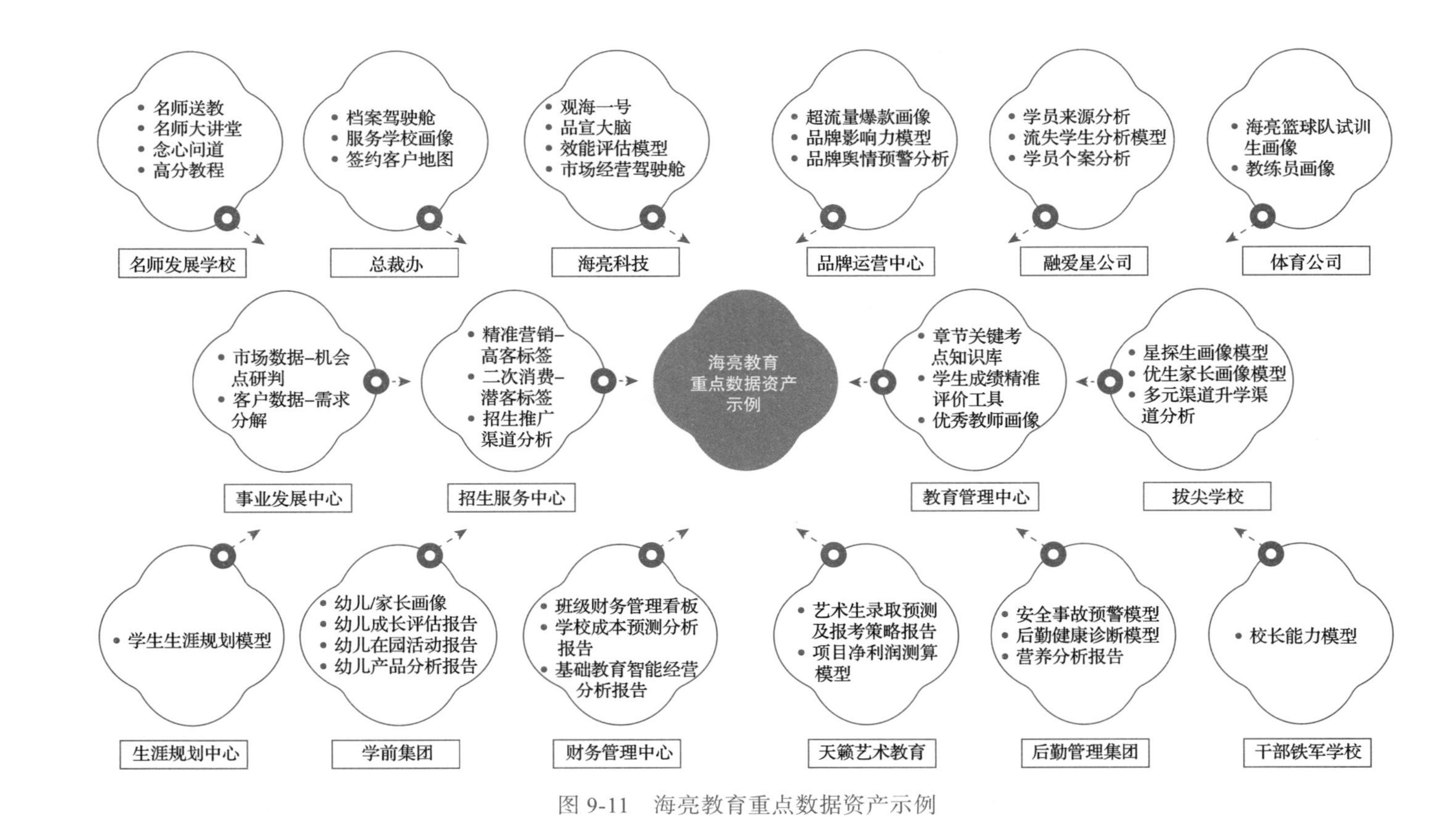


图 9-11　海亮教育重点数据资产示例

（3）数据估值定价

在数据资产估值定价方面，海亮教育建立了合理有效的估值定价机制，如图 9-12。围绕数据资源与数据产品，海亮教育结合成本法与市场法，形成了弱化间接成本、力求内循环下一致性估值标准的估值定价机制。在定价方面，数据资源与数据产品的定价以其估值除以市场客户需求个数计算。市场客户需求个数的设定有两种方案：预估市场需求客户的数量和按照历史数据需求数量统一规定，其目的为从需求和市场客户的角度出发，体现供求关系，同时避免业务部门由于所拥有数据资源和数据产品被高频调用而“躺着赚钱”。最终，海亮教育设立海亮贝为内部交易货币，数据资产的估值定价按一定比例换为海亮贝，以便促进后续数据资产内部交易运营与数据资产晾晒的进行。

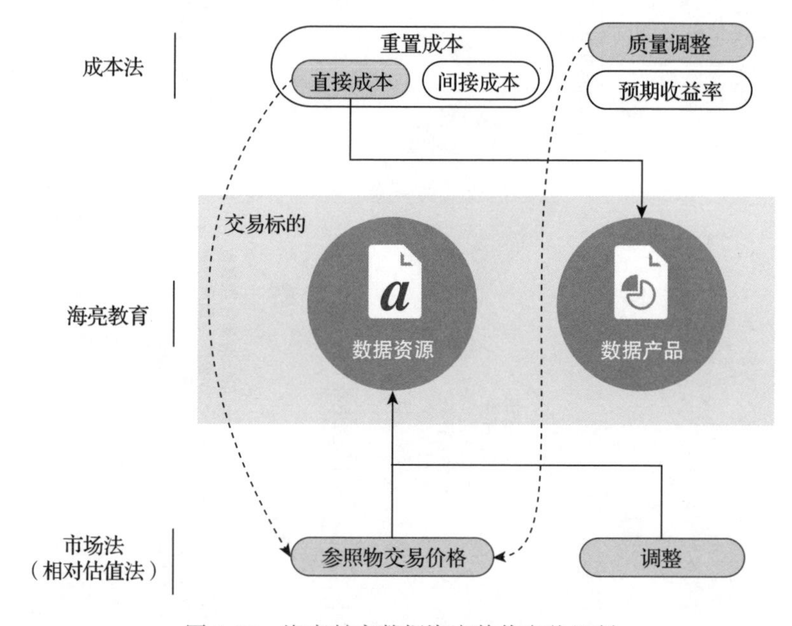


图 9-12　海亮教育数据资产估值定价机制

海亮教育的数据资产估值定价机制是为了内部交易闭环而创新建立的，该机制能够提升数据资产在海亮教育整体的价值呈现，以更直观的方式展现各管理部门与子集团数据资产的建设运营活跃度，以期进一步促进数据资产的内部交易，形成价值驱动的数据资产内循环。

（4）数据资产上架

对于已在数据资产管理平台登记，并且有交易需求及意愿的数据资产，海亮教育各管理部门和子集团会在数据资产交易平台中将其上架，在通过估值定价后标明售价，准备后续交易动作。数据资产的上架会经过数字化中心和法务部门的严格审核与监管，保障各方权益的同时确保数据的安全合规。

（5）数据资产交易

为实现数据资产化，海亮教育期望以数据资产内部交易为抓手，带动数据资产外部交易与运营，因此建立了数据资产内部交易机制。通过将各管理部门、子集团和学校作为数据的供方和需方，将数字化中心设立为数据的加工方并使其行使数据交易中心的职能，海亮教育完成了数据资产交易内循环机制的建立。

目前，海亮教育已完成数据资产内部交易机制的建立，开启了试点部门与子集团的数据资产交易，并计划在数字化中心建立数据资产运营平台，同时建立数据资产晾晒机制，从而催化以价值为导向的数据资产化建设，达到提高市场分析能力、客户分析能力，以及优化提升产品服务水平、增强客户黏性、探索二次曲线增长的目的。

（6）数据资产生命周期管理

依据《浙江省数据资产确认工作指南》，海亮教育建立了数据资产生命周期管理流程，如图 9-13 所示，包括立项、登记、上架、交易及运营的全链路流程，并在自身的实践中不断完善，推动数据资产管理的科学化、精细化、智能化水平不断提升。

4. 数据资本化

数据资本化是指通过合规利用数据资产，将其转化为实际的具有经济价值的资本的过程。海亮教育期望以数据资产在集团内部交易的经验带动数据资产在数据交易所内的交易与运营，最终实现数据资本化，数据资产能够类似于传统的资本，带来融资、治理、市场监管和企业本身降本增效等多方面作用。

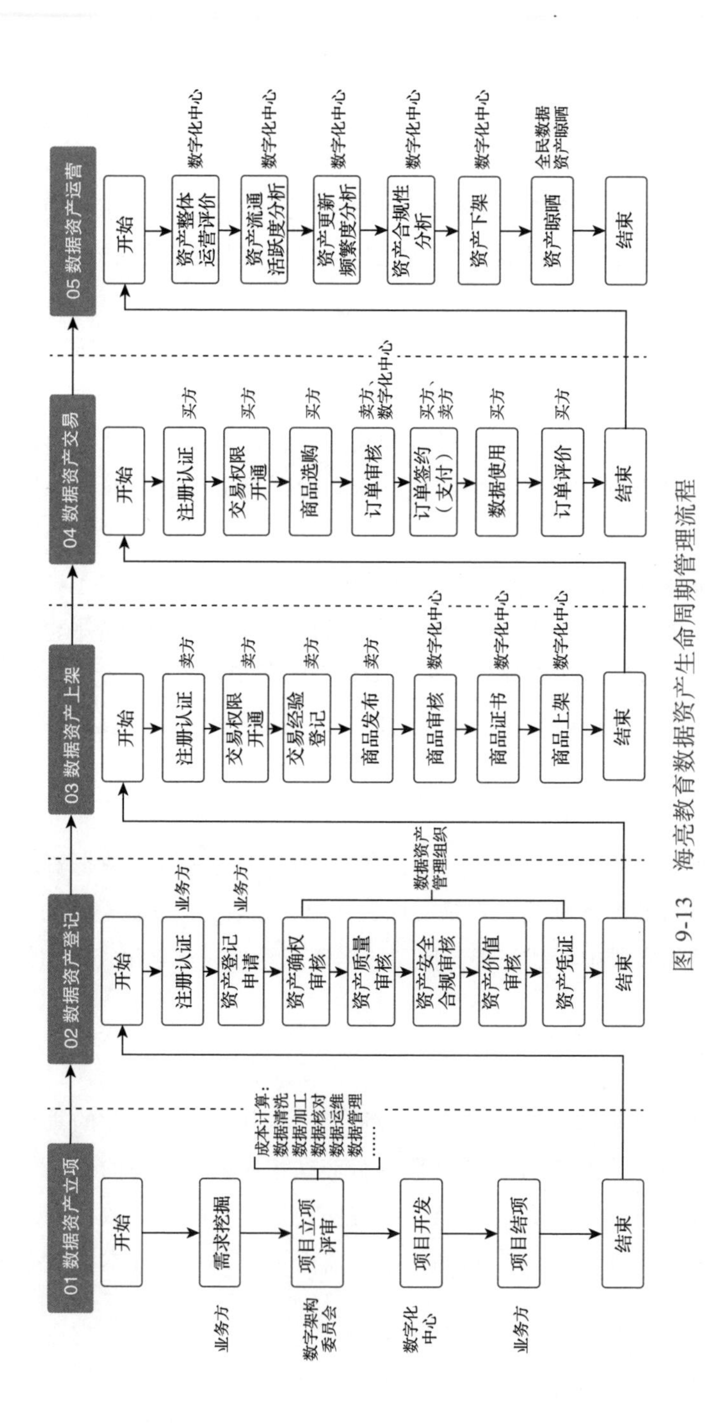


图 9-13 海亮教育数据资产生命周期管理流程

（1）场内交易

场内交易是海亮教育数据资本化建设的重点，海亮教育计划通过浙江大数据交易中心实现数据产品场内交易，目前已选择“海亮教育智慧后勤数据宝”作为标的在浙江大数据交易中心上架。“海亮教育智慧后勤数据宝”是公司基于自有学校相关数据，针对基础教育阶段学生饮食营养情况、校园安全隐患情况、后勤健康情况进行系统性分析，为中小学、后勤运营企业提供数据分析支撑的工具。其应用场景包括学生饮食营养分析、校园安全隐患分析、后勤健康诊断等，是获得家长与学校广泛好评的数据产品，也是公司的核心数据产品。通过在浙江大数据交易中心上架，“海亮教育智慧后勤数据宝”获得了“数据产品登记证书”和“数据产品存证证书”，同时在浙江省数据知识产权中心进行登记，获得“数据知识产权登记证书”，如图 9-14 所示，这为后续海亮教育探索数据资产质押融资提供了必要条件。

图 9-14　海亮教育“数据产品登记证书”“数据产品存证证书”和“数据知识产权登记证书”

（2）数据资产质押融资

海亮教育在数据资产管理方面的实践，不仅提升了教育质量和管理效率，还通过创新的数据产品实现了数据资产的商业价值。上述的“海亮教育智慧后勤数据宝”这一数据产品，通过资产质押在商业银行端实现了融资。

在数据资产评估过程中，海亮教育与专业的评估机构合作，对“海亮教育智慧后勤数据宝”进行了全面的价值评估。评估结果显示，这一数据资产的估值超过了 5000 万元。这个评估结果结合成本法和收益法做了综合估值，这不仅反映了数据产品在提升管理效率、降低运营成本和优化资源配置等方面的内部价值，同时也体现了数据在外部营收上的未来潜力。

在数据资产评估完成后，海亮教育将“海亮教育智慧后勤数据宝”作为单一质押物，向银行申请融资。经过严格的审核和风险评估后，海亮教育成功获得了 500 万元人民币的授信额度。这标志着海亮教育经过了数据资源化、数据产品化、数据资产化过程，在内部释放业务价值的同时，也具备了数据资本化的融资能力，实现了“治理、合规、确权、定价、产品化、金融化”的全流程闭环能力，实现了“数据要素 × 教育行业”的资本化落地突破，打通了数据由资源到资产到资本的可行路径。

此次数据资产质押融资不仅为海亮教育数据要素资本化打造了可快速借鉴、可批量复制、可重复落地的业务模式，更为具备优质数据资产的数据要素型企业，持续释放数据要素提供经济价值的激励源动力。

### 9.3.3 案例复盘

#### 1. 数据资产管理价值

通过系统性的数据资产管理实践，海亮教育的数据资产在多个方面实现了显著的价值：

（1）教学质量提升

通过数据分析，海亮教育能够精准识别学生的学习难点，有针对性地改进教学方法。据统计，实施数据驱动教学后，学生的平均成绩提高了 15%，优秀率提升了 20%。

一位高中数学老师分享道：“以前我们可能只能根据考试成绩来判断学生学习的薄弱环节，现在通过数据分析，我们能看到每个学生对每个知识点的掌握程度，这让我们的辅导更有针对性。”

（2）管理效率提高

数据驱动的决策机制使管理更加科学高效，学校运营成本降低 15%。例如，通过分析各学校的资源利用情况，海亮教育优化了教师调配和设备采购策略，提高了资源利用率，避免了资源浪费。

一位校长表示："以前我们可能会根据经验来决定是否增加某个学科的教师数量，现在我们可以根据数据分析结果，精准地预测未来的教师需求，这大大提高了我们的人力资源管理效率。"

采购负责人补充道："数据分析帮助我们发现了很多以前忽视的成本优化机会。比如，我们发现某些设备的使用率很低，就及时调整了采购计划，避免了不必要的支出。"

（3）个性化教育实现

基于数据的个性化学习系统使得因材施教成为可能，学生满意度提升了15%。学生们普遍反馈，现在的学习更有针对性，也更有趣味性。

一位高中生小李说："现在系统会根据我擅长的和薄弱的知识点调整学习内容。比如数学上，我会多练习解答题，而英语上则更多地练习听力。这样安排让我感觉学习更有针对性，每天都在提升我最需要的能力。"

（4）教师发展加速

数据分析助力教师专业成长，教师队伍整体素质显著提升。通过数据反馈，教师们能够及时了解自己的教学效果，不断改进教学方法。

一位年轻教师小张说："通过数据分析系统，我可以清楚地看到哪些教学方法效果好，哪些还需要改进。这让我在教学上更有信心，也更有动力去创新。"

### 2. 挑战与规划

海亮教育的实践表明，通过系统性的数据资产管理，教育机构可以充分挖掘数据价值，实现教育质量和管理效率的双重提升。然而，这条数据资产管理之路并非一帆风顺。在实施过程中，海亮教育也面临了诸多挑战，如数据安全和隐私保护、教师对新技术的适应、数据分析结果的解释和应用等。

面对这些挑战，海亮教育采取了一系列措施。在数据安全和隐私保护方面，他们建立了严格的数据访问控制机制，对敏感数据进行加密处理。为了帮助教师适应新技术，海亮教育开展了系列培训课程，并设立了技术支持团队。在数据分析结果的解释和应用方面，他们强调数据只是辅助工具，最终决策还需要结合教育专家的经验和判断。

除此之外，海亮教育在数据资产管理方面还在不断探索和创新。海亮教育正在利用数据训练形成教育大模型和生涯规划大模型，以更好地服务乡村教育振兴战略。这是海亮教育将数据资产管理与社会责任相结合的创新尝试。

海亮教育坚持“乡村教育一日不振兴，海亮教育一日不收兵”。在数据资产实践中，建立以价值为导向的数据治理管理体系，驱动各业务板块不断形成数据驱动的数字化文化，这不仅能提升海亮教育自身的竞争力，更能为中国的教育事业，特别是乡村教育事业的发展贡献力量。

海亮教育的实践表明，数据资产管理不仅是一种技术手段，更是一种战略工具和一份社会责任。通过创新性地运用数据，教育机构可以在提升自身竞争力的同时，为解决社会问题、推动教育公平做出贡献。这种将商业价值和社会价值相结合的方式，为教育行业的数据资产管理提供了一个新的思路和方向。

## 9.4 案例：高颂数科“平台＋生态”数据资产运营模式

### 9.4.1 数据要素典型企业高颂数科

高颂数科（厦门）智能技术有限公司（简称“高颂数科”）作为面向数据要素、数据资产运营的科技企业，是国内第一批将数据作为其业务活动内容的创新型市场主体，在推进数据要素市场化配置的过程中发挥着关键作用。为挖掘数据要素市场的中坚力量，推动数据要素市场快速发展，赛迪工业和信息化研究院（集团）四川有限公司（简称赛迪四川）发起了“2024 数据要素典型企业名录”征集评选活动，评选国内优秀的技术型数商、应用型数商和第三方服务机构，评估其数据管理、数据应用、数据变现等能力，第一期最终评选出 6 家优秀的数据要素型企业，高颂数科名列其中。如表 9-1 所示。

表 9-1　2024 数据要素典型企业名录（第一期）

| 序号 | 企业名称 | 企业类型 |
| --- | --- | --- |
| 1 | 南威软件股份有限公司 | 技术型、应用型 |
| 2 | 拓尔思信息技术股份有限公司 | 技术型 |
| 3 | 远光软件股份有限公司 | 技术型 |

（续）

| 序号 | 企业名称 | 企业类型 |
| --- | --- | --- |
| 4 | 德阳产投数字信息服务有限公司 | 应用型 |
| 5 | 德阳城市智慧之心信息技术有限公司 | 技术型 |
| 6 | 高颂数科（厦门）智能技术有限公司 | 第三方服务机构 |

数据来源：赛迪四川征集和评选，2024.07。

赛迪四川发布的结果中提到，“在业务运营方面，全国数据要素型企业已形成相对完善的服务体系，服务范围涵盖数据集成、数据产品开发、数据应用、数据资产入表、数据质量评价等多个方面。数据管理方面，市场上企业能提供的服务愈加完善。例如，高颂数科的数据资源存证托管中心，不仅能实现数据的有效管理，还能提供数据流通交易服务。”

在数据要素产业创新领域，高颂数科一直在发挥引领作用，致力于成为数据资产运营、数据要素产业的成长型新链主企业。在科研方面，高颂数科先后牵头编写、参编多项行业标准、团体标准和行业报告、白皮书，包括《数据资源产品化实践蓝皮书（2024 版）》《智能化软件工程技术和应用要求第一部分：代码大模型》(标准编号 AIIA/PG 0110-2023)、《数据经纪从业人员评价规范》《数字员工基于大模型的数字员工》(标准编号 AIIA/PG 0130-2024)、《面向云计算的零信任体系第 1 部分：总体架构》《勒索软件防护发展报告》《Web 应用程序和 API 保护（WAAP）安全能力要求》，以及国家信息中心与中国软件评测中心联合策划的《全国公共数据运营年度发展报告（2023）》等，并与中国工程科技发展战略福建研究院、毕马威中国、福建大数据交易所、贵阳大数据交易所等多家合作伙伴达成以数据资产化为核心议题的战略合作，就数据资产体系建设、数据要素生态运营等方面开展业务交流，共同推进数据资产化的发展进程。

目前，高颂数科已获得福建大数据交易所、贵阳大数据交易所、深圳数据交易所、浙江大数据交易中心、广州数据交易所、华东江苏大数据交易中心、江苏无锡大数据交易公司等多家数据交易所 / 数据交易中心的数商认证，并在多个平台上架数十个数据产品。

在生态运营方面，高颂数科是全球数据资产大会的联合主办单位、全球数据资产理事会和开放数据空间联盟的主要发起单位，还是厦门数据要素产业联盟理事长单位，首创并持续推广“数据资产 3C 生态模式”（见图 9-15），长期致力于培育数据资产新生态、新模式、新动能。公司还获得了“数据要素市场化配置改革先进示范模式”和“数据资产十大先锋机构”奖项，展示了其在数据市场化配置中的创新实践。

生态驱动的数据资产价值链

全球数据资产大会 Conference

1 + N + X：1 场大型活动，N 场论坛，X 场特色沙龙

全球数据资产综合服务平台 Center

集资讯、服务、生态为一体的数据资产卓越中心

新动能

数据资源规划 数据质量评价 数据合规

数据资产入表 数据资产底座

数据资产登记 数据存证托管

数据资产评估 计价

数据资产管理 数据资本化 数据金融

全矩阵数据资源化、资产化、资本化路径

新生态

新模式

全球数据资产理事会 Council

图 9-15 “数据资产 3C 生态模式”

## 9.4.2 高颂数科数据资产运营核心技术底座

高颂数科一直以数据为核心，聚焦挖掘“ Truth in Data”，从数据感知、数据算法融合到数据资源引擎、数据产业大模型，再到“数据 ×AI 应用”，提供全方位的数字化转型智能服务，形成一套完整的数据智能应用架构（图 9-16），并支撑各类业务开展和平台建设。

在数据要素领域，高颂数科首先以人才培训、生态运营为切入点，深化数据资源规划、推广数据资产运营、探索数据资本创新，为行业注入一股新生力量。

### 1. 数字化转型综合解决方案

高颂数科提供包括数字化转型诊断、数字化战略咨询和数字化人才培育在内的一系列服务。这些服务涵盖了组织的文化和变革管理能力评估、现有业务流程评估、数据管理和分析能力评估，以及数字化技能水平评估等。高颂数科还专注于为中小企业提供数字化转型服务，包括数字化转型实施方案和数据智能应用集成平台，以及为中小企业数字化转型提供“小快轻准”AI 套件。这些套件旨在满足企业在数字化转型过程中对功能、应用和软硬件的个性化需求。高颂数科作为“全国中小企业数字化转型公共服务平台”的建设单位，提供了企业展示、活动资讯、政策落地、方案实施和投融资对接等全生命周期服务。平台通过汇聚不同服务主体，包括科研院所、头部厂商和专家学者等，提供实用功能和工具，以支持企业的数字化需求。

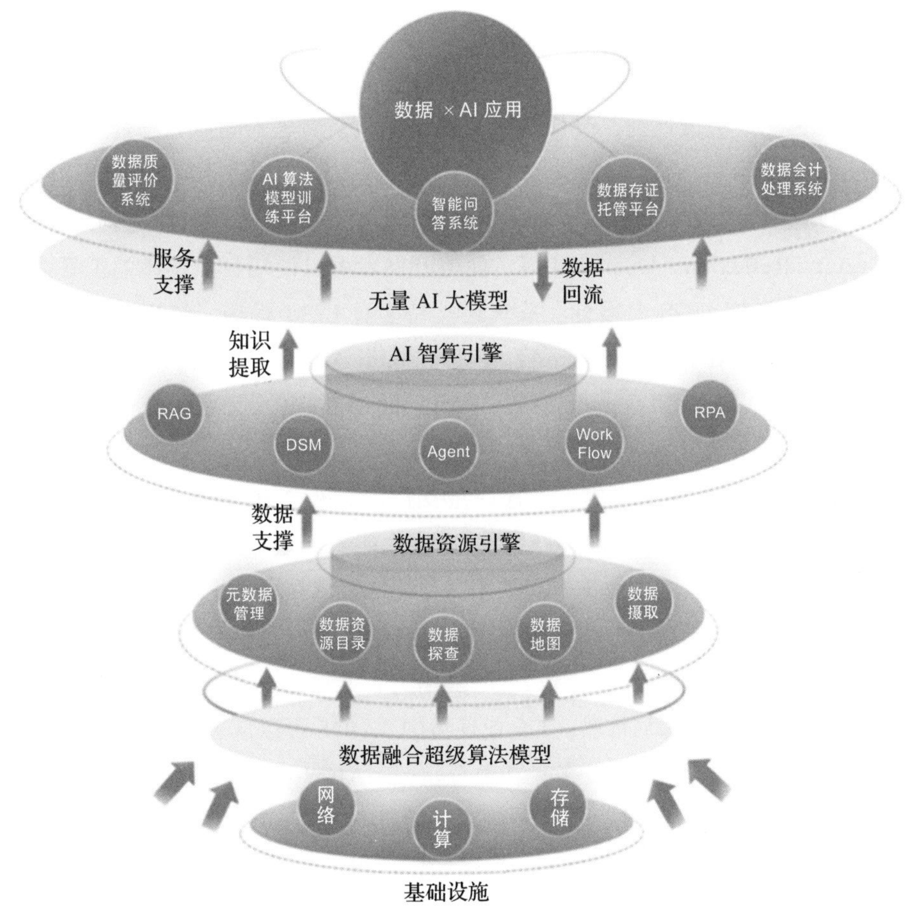


图 9-16　高颂数科数据智能应用架构

围绕数字化转型升级，高颂数科通过不断的技术创新和服务质量提升，积累了大量数字化需求用户，沉淀了专业的数字化转型全流程服务能力，具备对数据治理、数据智能需求场景的深入理解。目前，高颂数科正在加大数据中心、云算力等数字基础设施的布局，以构建行业细分领域的数据闭环，为客户提供更加丰富的数据服务。高颂数科的愿景是继续扩大业务范围和提升服务质量，帮助企业提高数智化能力，为企业的快速、稳定发展提供强有力支持。

### 2. AIOS 数据智能操作系统研发

高颂数科的 AIOS 系统是一个创新的数据智能操作系统，它以垂直领域的大模型为底座，提供了一套完整的智能化数据处理解决方案。AIOS 系统内置了数据资源计量计价评估系统、数据采集、数据处理、数据融合和数据存证等功能，旨在为用户提供便捷、灵活的即插即用体验，满足不同业务场景下的数据需求。

AIOS 系统的核心优势在于其多工具支持，能够支持多种智能体创建框架，如 ReAct、Reflexion、OpenAGI 等，使得开发者可以使用自己熟悉的工具来创建智能体，并在 AIOS 上运行。系统还支持多种 LLM 后端，包括星火大模型 API、文心一言 API，以及 OpenAI API、Gemini API 等，提供了灵活的函数调用支持和工具集成，如 Google 搜索、Wolfram Alpha 等，增强了智能体的能力和灵活性。

此外，AIOS 系统还集成了本地模型支持，如来自 Hugging Face 的扩散模型，为智能体提供了更丰富的多层级模型接入能力。系统的架构设计包括统一性、灵活性和可扩展性，使得不同类型的智能体可以在同一个系统内无缝运行，开发者可以专注于智能体的功能实现，而不必过多考虑底层系统细节。

AIOS 系统的应用前景广阔，它可以作为智能家居的中枢，协调各种智能设备，提供个性化的家居体验；在企业环境中，AIOS 可以部署多个专业智能体，处理数据分析、客户服务等任务；在教育领域，AIOS 可以为每个学生创建个性化的学习助手；在科研领域，AIOS 可以帮助研究人员管理文献、分析数据；对于创意产业，AIOS 可以提供灵感、协助创作过程。

高颂数科通过 AIOS 系统，不仅推动了数据资产的价值化和市场化，也为数字经济的高质量发展贡献了力量。AIOS 系统的开发与搭建，是高颂数科面向数字化产业的重要里程碑，它体现了公司在数据智能领域的深厚积累与创新能力。

依托 AIOS 数据智能操作系统，高颂数科封装了 AIOS 数据智能一体机，面向中小企业提供数据智能应用服务。AIOS 数据智能一体机在 2023 世界计算大会专题展上荣获优秀成果奖，显示了其在行业内受到的认可及其影响力。随着技术的发展与创新，该一体机已升级为数算一体机，并联合数据交易所研发的数据交易与数据治理一体化服务，以私有化部署形式支撑城市级数据资产运营一体化平台建设。目前，AIOS 一体机正向数据空间运营一体机方向演进。

### 3. 数据资源存证托管中心

高颂数科牵头建设了全国首个社会公众数据资源存证托管中心，该中心整合了数据加工、存证、托管、数据经纪等服务，旨在帮助企业或个人更好地管理和保护自己的数据资源。它与各大数据交易平台进行互联互通，加快数据要素流通市场的构建，为数据资产的存证、鉴权、管理和变现提供支持。中心功能如图 9-17 所示。

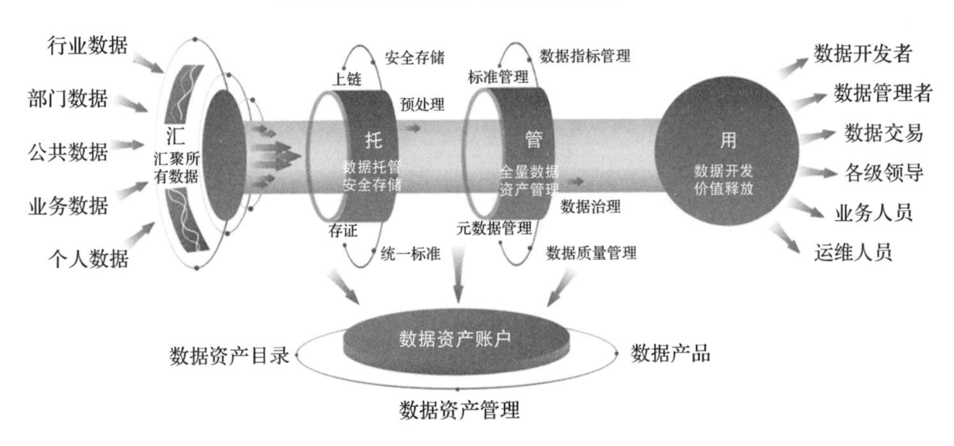


图 9-17　高颂数科数据资源存证托管中心功能

这个中心的建立是为了响应数据资产化的趋势，帮助用户更好地管理和利用他们的数据资产。以下是数据资源存证托管中心的关键功能和服务：

1）数据存证服务：利用区块链等技术，为数据资源提供不可篡改的存证，确保数据的真实性和完整性，辅助数据鉴权。

2）数据托管服务：为用户提供数据存储和管理的服务，包括数据备份、数据安全管理和数据维护等，并为数据交易、数据融资提供第三方托管。

3）数据资产登记：帮助用户对其数据资产进行登记，以便更好地管理和追踪数据资产的使用权和受益权，并通过登记认证，为用户提供数据资产的认证和证书服务，增加数据资产的可信度和价值。

4）数据交易支持：提供数据资产交易的平台，促进数据资产的流通和价值实现。

5）数据资产管理及质量评价：为用户提供数据资产的管理和运营服务，包括数据质量评价、分析和优化等。

高颂数科通过该中心，不仅推动了数据资产的价值化和市场化，还为用户提供了一个安全可靠的平台，以便于他们能够充分利用自己的数据资源，从而在数字经济中获得竞争优势。该中心已获得中国软件行业协会颁发的“软件产品证书”(图 9-18)。

CSEE

软件产品证书

经评估，全国数据资源存证托管平台V1.0 符合《软件产品评估标准》（T/SIA003-2019），评估为软件产品，特发此证。

申请企业：高颂数科（厦门）智能技术有限公司
软件类别：计算机软件产品
证书编号：厦[illegible]
发证日期：2024-04-16
有 效 期：五年
评估机构：厦门市软件行业协会

发证机构：中国软件行业协会

图 9-18　全国数据资源存证托管中心“软件产品证书”

## 4. 基于数据空间 Xsensus 技术的数算一体化数据要素流通平台

高颂数科数据空间 Xsensus 技术是针对数据分布式管理现状，采用虚拟化集成手段，搭建基于数据要素摘要的通用互操作层，利用传统数据技术构建的一款通用型平台。这个平台旨在提供一个全面的解决方案，用于数据资源的登记、管理、交易和分析，同时确保数据的安全性和合规性。通过整合数据资源和算力资源，平台支持数据的流通和价值的实现，为数据驱动的决策和创新提供支持。

该数据要素流通平台分为技术层、数智能力层、要素服务层、要素流通管理层、展示层等，从数据资源汇聚、数据资产登记、数据产品开发、数据要素服务到数据交易，全方位赋能全产业数据要素流通，可应用于城市级、产业级平台开发，也可面向企业进行模块化部署。其中，多源异构数据摄取器、数据交易存证系统、数据交易督察系统，以及整合 AI 算力服务的数算一体化模式是该平台较为突出的特色。平台架构详见图 9-19。目前，该平台已在多个省市落地部署并持续赋能当地数据资产化。

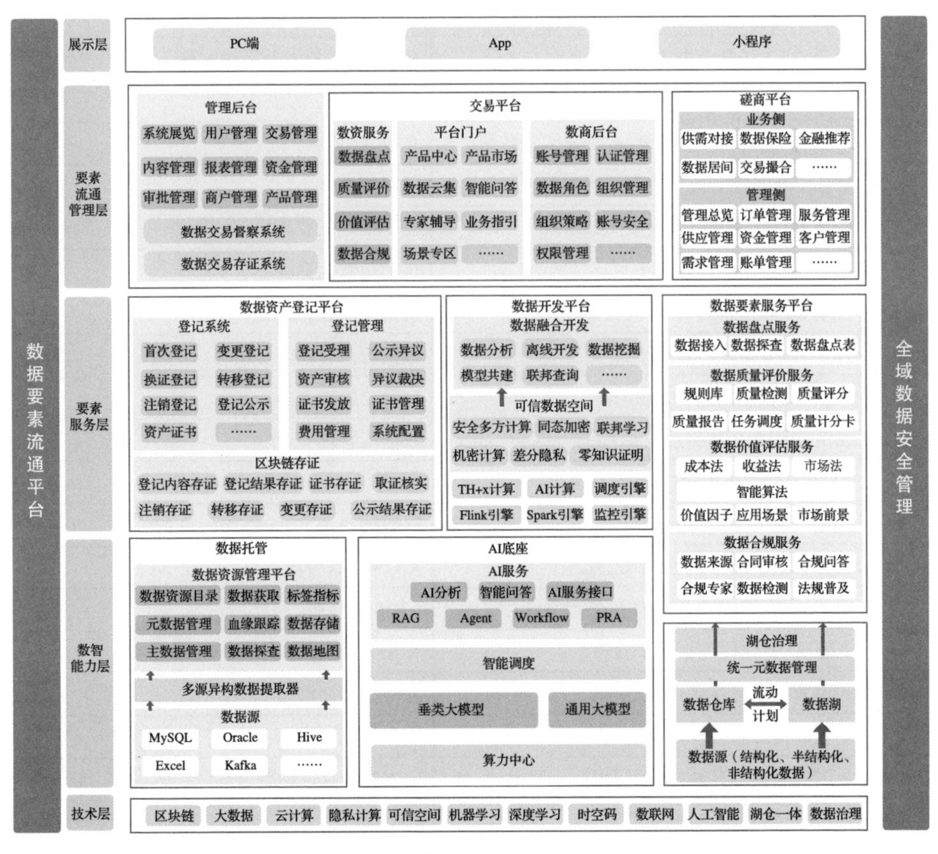


图 9-19　高颂数科数算一体化数据要素流通平台架构

在上述数算一体化运营模式下，高颂数科升级了AIOS数据智能操作系统，并封装"AIOS数算一体机""数据空间运营一体机"。它们不但应用于数据资产运营产业链辅助，还可用于企业数据资产运营中心建设，帮助构建城市、产业、企业数据空间。

### 5.面向数据资产化的矩阵式数据系统及平台

在技术领域，除了上述系统和平台以外，高颂数科聚力面向数据资产化，模块式、组件式开发和封装各项系统及平台，清单见表9-2，并具备支撑各类型数据空间建设的敏捷开发能力。

表9-2 高颂数科数据系统及平台清单

| 序号 | 系统及平台 | 主要功能点 |
|---|---|---|
| 1 | 高颂AI人工智能开发平台 | 轻量化AI开发及算法共享 |
| 2 | 高颂AI社区微脑数智化管理系统 | 数智化社区治理 |
| 3 | 高颂AI数智化企业大脑&决策引擎系统 | 企业AI大脑 |
| 4 | 数伴iMate数字员工管理系统 | 数字员工 |
| 5 | 数伴iMate数字员工决策支持系统 | 员工级数据智能决策辅助 |
| 6 | 元策AI数据标注管理平台 | 自动化数据标注 |
| 7 | 元策AI数据管理RPA机器人系统 | 机器人流程自动化 |
| 8 | 元策AI数据资产管理平台 | 数据资产管理 |
| 9 | 元策AI自动化数据采集系统 | 自动化数据采集 |
| 10 | 元策idataflux数据流管理系统 | 数据流管理 |
| 11 | AI数智套件集成应用系统 | AI套件 |
| 12 | 八爪鱼数据感知系统 | 数据感知 |
| 13 | 高颂AIOS数据智能操作系统 | AIOS数据智能操作系统 |
| 14 | 高颂AIOS数据智能一体机管理系统 | AIOS一体机 |
| 15 | 高颂AI算法模型训练平台 | 算法模型训练 |
| 16 | 关键数据加密存储系统 | 关键数据加密 |
| 17 | 企业数据资源会计处理系统 | 数据入表系统 |
| 18 | 全国数据资源存证托管平台 | 数据资源存证托管 |
| 19 | 数据融合超级算法模型系统 | 算法融合 |

（续）

| 序号 | 系统及平台 | 主要功能点 |
| --- | --- | --- |
| 20 | 数据入表稽核系统 | 数据稽核 |
| 21 | 数据要素摘要自动化提取与处理软件 | 数据要素摘要 |
| 22 | 数据资产评估计价系统 | 数据评价 |
| 23 | 无量可信 AI 大模型分发系统 | 无量 AI 大模型 |

上述各项系统技术应用于企业数字化转型、数据资源治理、数据资产入表，以及数据资产运营的各环节。高颂数科凭借各项技术先后成为华为云创新中心潜力伙伴、中国信通院数据库应用创新实验室成员及应用现代化推进中心创始成员，并入选 2023 数字政府产业图谱、2024 数据资产运营生态图谱等。其中，自动化流程助手获评 RPA 产业方阵 2023“智匠”优秀案例，见图 9-20。

图 9-20　2023“智匠”优秀案例荣誉证书

### 9.4.3 “平台 + 生态”数据资产运营模式

高颂数科的“平台 + 生态”数据资产运营模式是一种创新的全域数字化转型服务模式，它以数据为核心，通过构建数据资产的管理和运营平台，促进数据的协同、复用与融合，充分挖掘优质数据资源的潜力，释放数据资产的价值。

这一模式在多个方面展现出其独特的优势和特点：

（1）平台建设

高颂数科通过建立数据资产运营中心，集成了资讯查阅、数据资产服务、数商入驻、产品上架、交易协商、融资匹配等功能，为用户提供一个高效、便捷的平台，帮助用户管理和交易数据资产，促进数据资产的流通与增值。

（2）生态构建

高颂数科推动建设并负责 DAC 全球数据资产理事会、datapark 数据公园等的生态运营，与多家合作伙伴签署战略合作协议，共同推动数据资产价值化、市场化进程。这些合作伙伴包括数据交易机构、技术服务商、会计师事务所、律师事务所、资产评估机构等，它们共同形成了一个全面、健康、充满活力的数据要素产业生态系统。

（3）知识共享

高颂数科联合全球数据资产理事会组委会及其生态单位推出了《数据资产政策宝典》《数据资产生态运营图谱》《数据资产运营年度报告》《数据投行手册》等多项重磅知识成果，为数据资产领域提供了理论支持和实践指导。同时，高颂数科持续牵头主办、承办、协办各类型论坛、研讨会、交流会，通过“大话数资”“大观数产”等直播节目，推动数资数产融合创新，传播数据资产运营知识。

（4）数据资产入表

高颂数科积极参与数据资产入表项目，与合作伙伴共同推动数据资产的高效管理和创新应用，通过数据资产入表服务联合体，推动数据资源的整合与高效配置。

（5）人才培养

高颂数科注重数据资产领域的人才培养，通过数据资产领军人才高级研修班等项目，培养具有前瞻性思维和实践能力的数据资产专业人才。

（6）数据资产交易会

高颂数科参与主办的数据资产交易会，为数据资产的展示、交流和交易提供了平台，促进了行业内的深入交流与合作。

（7）数据资产政策与合规

高颂数科关注数据资产的政策与合规问题，参与全球数据合规 50 人论坛，探讨数据合规的现状与未来，为数据资产的合规使用与价值变现提供支持。

通过这些措施，高颂数科的“平台 + 生态”数据资产运营模式不仅推动了数据资产的价值化和市场化，也为数字经济的高质量发展贡献了力量。

### 1. DAC 城市级数据资产运营平台

高颂数科充分利用数据空间技术，在既有的技术底座基础上，构建“平台 + 生态”数据资产运营模式，面向城市级应用，旨在让数据资产成为城市治理的“神经中枢”和“活力源泉”，推动城市数据资产从无形到有价的转变。该平台融合了数据产品开发与数据资产运营的多项功能，从数据资源规划与治理出发，进行数据产品封装与场景匹配，并搭建数据资产运营中心，打通数据产品、应用场景与城市全域数字化转型框架、数据基础设置的路径，通过数据资产运营实现城市数据集团、城投公司、数据一级开发公司等的数据增信与数据变现，见图 9-21。

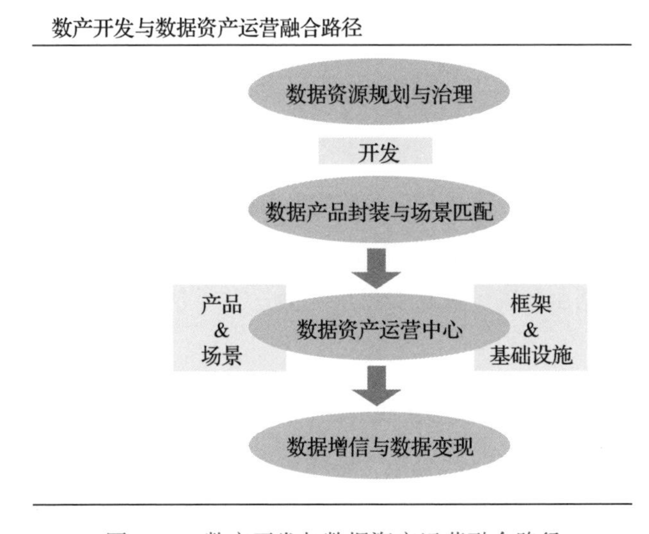


图 9-21　数产开发与数据资产运营融合路径

当前，各地大都已经完成了数据中心的建设，并持续推进公共数据汇聚和治理，政务数据、公共数据、企业数据、互联网平台数据共同组成数据空间，在各委办局的监管下，通过数据质量评价、数据资产评估、数据产品加工，与金融机构整合成城市数据资产运营平台，并充分利用大数据中心平台算力，采用登记、交易、流通等形式，把公共数据资源转化为数据资产，并由一级开发、二级开发走向数据资本化，最终实现产业数字化赋能，构建数据产业新形态。具体流程架构见图 9-22。

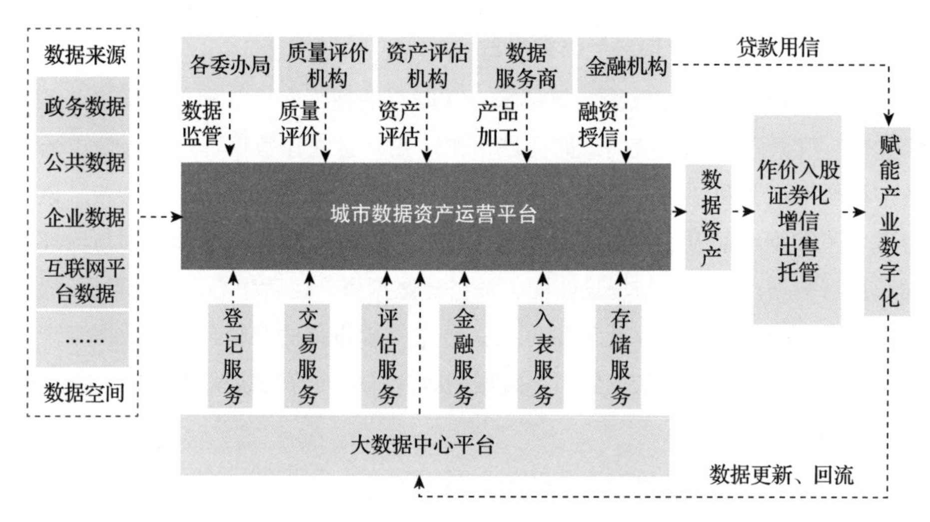


图 9-22　城市数据资产运营平台业务流程架构

在持续开展数字化转型、数据资产运营服务过程中，高颂数科搭建了融合 IT、财务、法律、管理等领域专业人员的生态社群，发起并负责运营 DAC 全球数据资产理事会，已完成数据资产运营全生态体系建设，能够在上述平台落地的同时，整合数据服务商、数据交易所和第三方专业机构生态，为城市提供全域数据资产运营。

### 2. datapark 产业级数据资产运营生态

传统产业，产业链条长且分散，整体数字化、信息化水平不高。面对这种现状，高颂数科一方面聚焦产业数据汇聚与梳理，另一方面利用生态传播，推动产业数字化转型升级，并封装“数产数资融合应用基地 + 数据公园 datapark”生态运营模式，面向产业园提供驻点式、伴随式、成长式数据资产运营服务。

数据公园 datapark 生态业务架构（见图 9-23）整合了数据工程、数据科学、大数据技术应用等数字化产业能力底座，与数据要素市场建设联动，聚焦于数据资产运营，从数据资源会计处理、数据合规建设、数据资产评估、数据资源规划与治理、数据产品开发与应用场景设计、数据增信等服务出发，带动产业端各行业企业形成开放共享的生态，并助力产业转型升级，推动数据产业高质量发展。

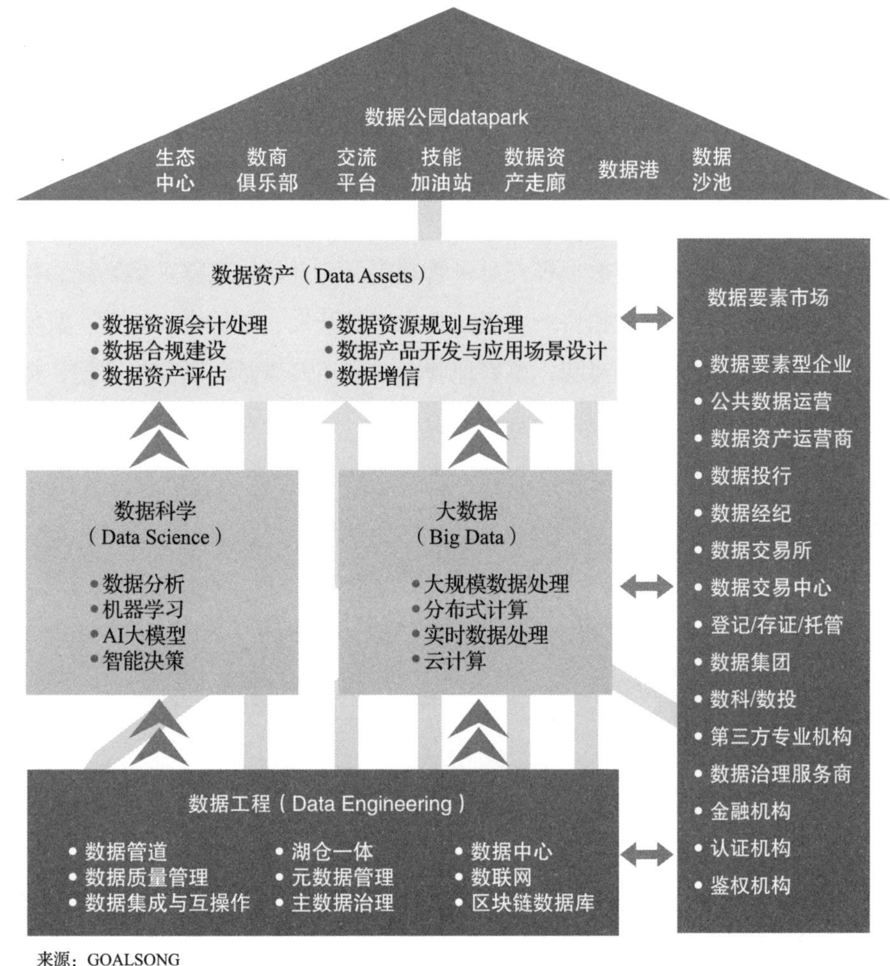

来源：GOALSONG

图 9-23　数据公园 datapark 生态业务架构

### 3. MetaOps 企业级数据资产运营中心

数据资产运营中心同样可以为中大型企业、数据集团、产投集团等进行部署，通过构建企业数据空间，开发元数据存储库，建立统一数据模型。并利用数据感知系统、自动化数据采集系统、数据要素摘要管理系统，在不改变数据资源物理分布存储、不增加平台开发建设成本的情况下，通过数据接入技术，在数据产品开发和数据利用场景下，因需而动，形成数据资源一张图、数据资产一盘棋。高颂数科自主研发了以数据要素摘要信息汇集与读取技术、元数据管理技术、数据模型部署技术、数据接入技术为主要核心的“软件包”，并封装成“元策 MetaOps”套件，搭建企业级数据开发利用的“通用互操作层”，敏捷驱动中小企业数字化转型，并让用户能够进行快速的数据产品开发和数据变现。

基于 MetaOps 开发的企业级数据资产运营中心并不依赖传统的数据仓库、数据湖仓技术，而是采用数据资产目录管理工具、自动化数据采集系统、数据分布式管理系统，通过数据资产入表、数据产品开发、数据合规治理、数据资产评估、应用场景设计等流程，更好地管理和利用高质量、高价值数据，持续开展数据资产运营，并实现数据资产价值变现，构建企业数据资产运营“小风车”模型，如图 9-24 所示。

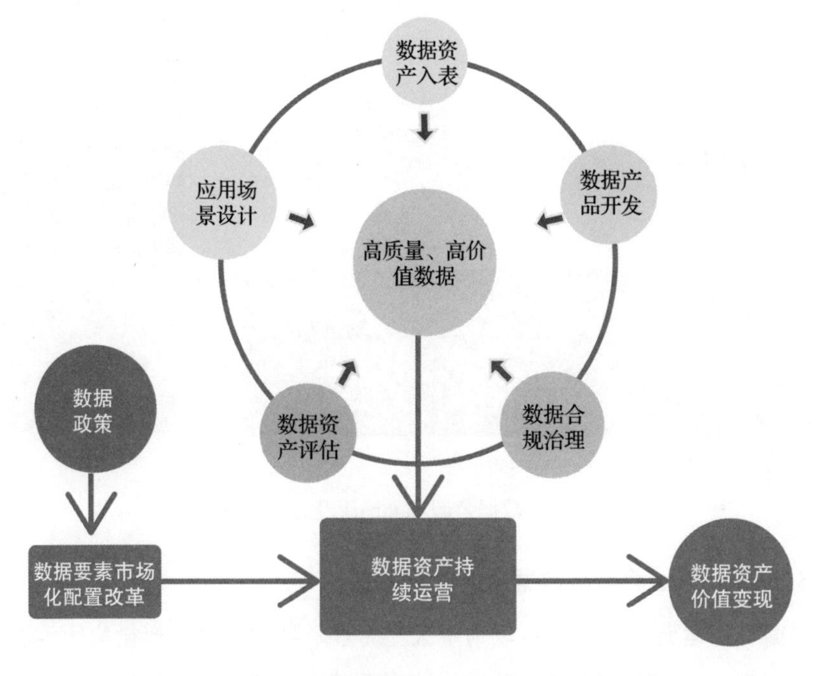


图 9-24　MetaOps 企业数据资产运营“小风车”模型

MetaOps 企业级数据资产运营中心可支撑构建企业 AI 大脑、数字员工系统、专家知识系统，形成持续、深度的数据资产积累，为企业创造一条可持续的数据变现之路。

### 9.4.4　高颂数科的数据产品开发与经营实践

#### 1. 数据资产入表 2.0

《企业数据资源相关会计处理暂行规定》颁布后，高颂数科数据资产运营团队立即展开深入研究，并开发“企业数据资源会计处理系统”“数据入表稽核系统”“数据资产评估计价系统”，结合数据资源治理技术，推出实质性数据资产入表服务。

高颂数科提供的数据资产入表服务，更侧重数据资源盘点、数据资产识别、数据产品开发、数据资产底座构建、数据合规体系梳理，以确保客户真正掌握数据资产化技能，而不仅仅停留在“会计调账”层面。

高颂数科先后在公共数据运营、大模型语料、公共交通、民生消费、大型制造业等领域，为数十家国企、央企、上市公司、民营科技企业、平台公司提供数据资产入表服务，成为典型的数据资产运营商。同时，高颂数科还与多家数据交易所、众多数据服务商形成生态联动，共同探索数据资产运营新模式，共同为客户创造数据资产价值。

随着数据资产入表服务的深化，高颂数科首创“数据资产入表 2.0”，秉承数据资产持续运营的理念，辅助“AIOS 数据智能一体机”和数据质量评价系统，为客户提供“入表 +”服务，包括入表 + 数据产品开发、入表 + 数据治理、入表 +DCMM 贯标、入表 + 合规体系建设、入表 + 数据资产证券化，以及入表 + 数据资产融资等组合服务，如图 9-25 所示。

同时，基于 MetaOps 开发路线，高颂数科还为城市数据运营商提供“Xsensus 数据空间”技术服务，在数据资产入表服务之余，推动客户数字化转型升级，使自主运营数据资产卓越中心落地。

#### 2. 数据产品开发与经营实践

数据资产价值挖掘与变现，离不开数据产品的设计、开发与经营，而数据产品的开发更依赖于高质量、高价值数据的识别。高颂数科独创了基于业务逻辑和价值基因的数据产品开发路线，采用业务逻辑分析法、数据价值定性分析法、价值指标分析法、应用场景分析法等开发方法，围绕数据现状分析、主题域识别、产品化质量指标体系构建、价值评估指标测算、产品模型分析、数据交易市场比对分析等开发内容，通过盘点与调研、业务梳理、数据评价、场景适配、结论与建议等工作模块，实现对数据产品的完整设计和开发，具体路线图详见图 9-26。

图 9-25　数据资产入表 2.0 框架

在数据产品经营实践方面，高颂数科推出“数据资产卡”和“数据质量计分卡”工具，前者用于记录和展示数据资产的详细信息，后者用于动态监测和持续改进数据质量，两者均依托数据要素流通平台、数据资产运营中心和相应系统，共同为企业做好数据产品的经营和迭代。示例见图 9-27。

数据资产卡包含数据资产的名称、来源、应用场景、类型、结构、规模等关键信息。数据资产卡的建立是数据资产管理的重要环节，它有助于企业更好地管理和利用数据资产，提高数据资产的透明度和可追溯性。它可以帮助企业实现数据资产的全生命周期管理，包括数据资产的规划、实施、监控和优化。

通过相关平台，企业可以更有效地管理和利用其数据资产，从而在数字化转型中获得竞争优势。

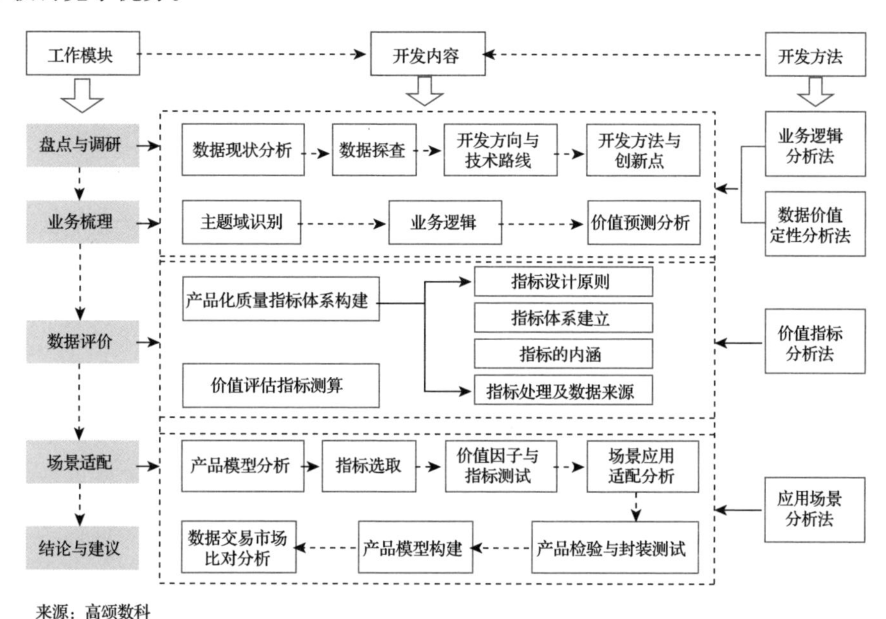


来源：高颂数科

图 9-26　高颂数科数据产品开发路线图

**数据资产卡**

编号：

**数据资产摘要信息栏**

| | | | | |
|---|---|---|---|---|
| I | 1.主体类型 | | | |
| | 2.主体名称 | | | |
| | 3.国民经济行业分类 | | | |
| | 4.统一信用代码 | | | |
| | 5.所属区域 | | 6.登记日期 | |
| | 7.数据资产类别 | | 8.数据资产登记编号 | |

**数据资产基本信息栏**

| | | | | |
|---|---|---|---|---|
| II | 1.登记数据名称 | | 2.数据来源 | |
| | 3.应用场景 | | 4.数据产品类型 | |
| | 5.数据结构 | | 6.数据规模 | |
| | 7.数据期间 | | 8.更新周期 | |
| | 9.数据合规 | | 10.数据资产入表 | |
| | 11.数据质量评价 | | 12.数据资产评估 | |
| | 13.说明<br>（1）扫描登记卡右下方二维码可查看该证登记内容详情。<br>（2）登记卡中的时间与对应电子数据文件具有唯一映射关系，认证后的电子数据文件不可有任何改动，否则将无法通过验证。 | | 14.扫码查询 | |

**数据质量计分卡**

编号：

数据名称：NewEnergy_Enterprises_Information
主体名称：XXXX有限公司
数据来源：原始获取
应用场景：为中国新能源企业监测提供数据支持
所属领域：信息传输、软件和信息技术服务业
数据类型：数据集
数据规模：1个数据表，33个字段，1701492条
存储位置：/opt/module/hive/2023/NewEnergy/
存储空间：2.15GB
数据期间：1950-01-01 至 2023-12-31
更新周期/产生频率：每月
数据质量信息：

| | | |
|---|---|---|
| 准确性 | 数据内容正确性 | 7 |
| | 数据格式合规性 | 6 |
| | 脏数据出现率 | 7 |
| 完整性 | 数据记录完整性 | 7 |
| | 编码表是否缺失 | 5 |
| | 字段完整性 | 5 |
| 一致性 | 相同数据一致性 | 6 |
| | 关联数据一致性 | 5 |
| | 逻辑一致性约束 | 4 |
| 唯一性 | 数据是否重复 | 4 |
| | 字段重复率 | 2 |
| | 主键是否唯一 | 2 |
| 规范性 | 代码值域约束 | 4 |
| | 长度约束 | 2 |
| | 内容规范约束 | 2 |
| | 取值范围约束 | 3 |
| | 标志位取值约束 | 2 |
| 时效性 | 时段数据准确性 | 3 |
| | 时点数据及时性 | 2 |
| | 数据时序正确性 | 2 |
| | 合计： | 80 |

图 9-27　高颂数科数据资产卡、数据质量计分卡

高颂数科在数据质量方面有着深入的研究和实践，并开发数据质量计分卡，作为衡量和监控数据质量的工具，通过对数据准确性、完整性、一致性、唯一性、规范性、时效性这 6 个关键维度进行数据标准化、分析、清理和验证，并根据结果进行评分，随时掌控和测量数据质量状态，对其进行及时改进，从而提高数据的整体质量。

高颂数科在数据资产的管理和运营方面的实践，为构建有效的数据质量计分卡提供了维度参考和实践基础。数据质量计分卡的具体内容可能会根据客户的业务需求和数据管理策略进行定制。

### 3. 高颂数科典型数据产品

作为新型数据要素企业，高颂数科兼具第三方服务机构与综合型（技术型、应用型、服务型）数商职能，深耕产业数据和行业数据，特别是在闽台企数据集、新能源领域的各类数据集等细分领域的数据资源整理，封装了上百个数据产品。其中在闽台企数据集应用于政府统计辅助、产业调研支持及企业发展画像，而新能源数据集则充分应用于产业分布、创新指数、数字化绿色化协同研究等，应用领域更加广泛。相关数据产品均已完成封装、数据产品登记及数据资产登记，并处于上架流通交易状态。部分登记证书如图 9-28 所示。

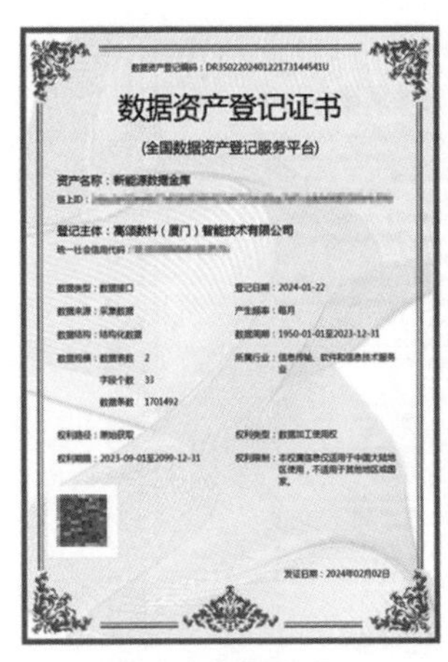


闽台企脉登记证书

新能源数据金库登记证书

国内新能源发电产品登记证书

图 9-28　高颂数科数据资产、数据产品登记证书示例

|第 10 章| CHAPTER

# 数商型企业数据产品实践

在数据要素生态体系中，主要可以分为数据要素型企业和数据服务商。这两类企业各自扮演着不同的角色，并且都在推动数据要素市场的发展中发挥着重要作用。数据服务商主要负责技术方案提供、数据交易撮合及数据价值链建设等工作，这类企业进一步细分可以分为基础设施企业、数据产品开发商、数据资源服务企业、数据资产运营商、第三方专业机构等，它们共同为数据要素生态体系提供技术支持和服务。本章将深入探讨数商型企业在数据产品开发中的成功经验和实践案例。通过这些案例，读者可以了解如何有效地开发利用数据资产、如何通过数据驱动实现企业的战略目标，以及如何在数字经济大潮中保持竞争优势。

## 10.1 数据服务商的定位和分类

数据服务商作为连接数据资源本身与其应用的桥梁，在推动数据要素市场的发展中扮演着至关重要的角色。这些专业机构为各行各业提供数据相关的产品和服务，成为数据要素市场的重要参与者和推动者。本节将深入探讨数据服务商的定位和分类，揭示它们如何通过创新的产品和服务，助力企业释放数据价值。

数据服务商的业务范围广泛，涵盖了从数据基础设施到数据资产运营的全链条服务。有的专注于提供数据交易平台、算力服务平台等基础设施；有的致力于数据产品开发和应用场景设计；还有的专门从事数据治理、数据质量提升等基础性工作。此外，随着数据要素市场的发展，还涌现出了一批专业的数据资产运营商和第三方服务机构。

### 10.1.1 数据服务商的定位

数据服务商的核心定位是围绕数据这一关键要素，为客户提供全方位的解决方案，包括在数据的采集、存储、处理、分析和应用等各个环节的服务。随着数据在企业决策和业务运营中的重要性日益凸显，数据服务商的角色也在不断演变和升级。

- 从业务范围来看，数据服务商的服务可以覆盖数据生命周期的各个阶段。在数据采集阶段，数据服务商可以提供数据爬取、物联网数据采集等服务；在数据存储和管理阶段，它们可以提供云存储、数据仓库等解决方案；在数据处理和分析阶段，它们可以提供大数据分析平台、人工智能算法等技术支持；在数据应用阶段，它们则可以根据不同行业和场景开发定制化的数据产品和服务。
- 从技术能力来看，数据服务商需要具备强大的技术实力和创新能力。这包括大数据处理、人工智能算法、云计算架构等核心技术，以及数据可视化、数据安全保障等应用技术。随着技术的快速迭代，数据服务商需要持续投入研发，保持技术领先优势。
- 从行业洞察来看，优秀的数据服务商不仅要精通数据技术，还需要深入理解各个行业的业务特点和痛点。只有将数据技术与行业知识进行有机结合，才能开发出真正满足客户需求的产品和服务。因此，许多数据服务商会选择特定的行业垂直领域进行深耕，如金融、零售、医疗等。
- 从价值主张来看，数据服务商的定位是帮助客户实现数据的价值最大化。这意味着不仅要提供技术工具，还要帮助客户形成数据驱动的思维和文化，提升数据应用能力。一些领先的数据服务商会为客户提供培训、咨询等增值服务，帮助客户实现数字化转型。

- 从商业模式来看，数据服务商的定位决定了其收入来源和盈利模式。常见的商业模式包括软件许可、订阅服务、咨询服务、数据交易等。随着市场的发展，一些创新型的商业模式也在涌现，如数据价值分成、数据资产证券化等。
- 从生态角色来看，数据服务商在整个数据要素生态体系中扮演着关键的枢纽作用。它们既是技术创新的推动者，也是行业标准的制定者，还是数据价值链上下游的连接者。许多数据服务商通过构建开放平台或合作伙伴网络，打造了围绕自身的生态体系。
- 从社会责任来看，数据服务商的定位还包括推动数据的规范化和合规化使用。在数据安全、隐私保护、伦理合规等方面，数据服务商需要承担更多的责任，为整个行业树立标杆。

数据服务商的定位并非一成不变，而是随着市场需求和技术发展不断调整。近年来，随着数据要素市场的快速发展，数据服务商的定位呈现出以下几个趋势：

- 从单一技术服务向综合解决方案提供商转变。越来越多的数据服务商不再局限于提供单一的技术服务，而是致力于为客户提供从数据采集到价值实现的全链条解决方案。
- 从通用服务向行业专精领域发展。随着各行业数据应用的深入，对数据服务的专业性要求越来越高。许多数据服务商开始聚焦特定行业，深耕垂直领域，提供更加专业化和定制化的服务。
- 从技术驱动向价值驱动转变。数据服务商不再仅仅关注技术本身，而是更加注重如何帮助客户实现业务价值。这要求数据服务商具备更强的业务理解能力和价值创造能力。
- 从封闭系统向开放生态演进。越来越多的数据服务商认识到，单打独斗难以满足客户的多样化需求。通过构建开放的生态系统，整合各方资源，才能为客户提供更全面的服务。

- 从被动服务向主动赋能转变。领先的数据服务商不再满足于被动地响应客户需求，而是主动帮助客户发现数据价值，培养数据能力，推动数据驱动的组织变革。

在这些趋势的推动下，数据服务商的定位正在变得更加多元化和专业化。未来，随着数据要素市场的进一步发展和成熟，数据服务商的角色和定位还将继续演进，为数字经济的发展注入新的动力。

### 10.1.2 数据服务商的分类

不同类型的数据服务商，因其业务模式和服务内容的不同，在数据要素市场中扮演着不同的角色。数据服务商可以根据其核心业务和服务对象的不同，划分为数据要素基础设施企业、数据产品开发商、数据资源服务企业、数据资产运营商和第三方专业运营机构等几大类。

#### 1. 数据要素基础设施企业

这类企业主要提供数据交易平台建设、算力服务、数据安全服务和数据中心建设等基础设施服务。通过建立和运营这些基础设施，数据要素基础设施企业为数据的存储、处理和流通提供了坚实的保障。

例如，数据交易平台为企业间的数据交易提供了便捷、安全的渠道，促进了数据的共享和流通；算力服务则通过提供强大的计算资源，支持企业进行大规模数据处理和复杂数据分析；数据安全服务确保数据在采集、存储、传输和使用过程中的安全性，防止数据泄露和滥用；数据中心提供高效的存储和计算服务，支持企业进行数据管理和应用。

#### 2. 数据产品开发商

数据产品开发商主要负责数据产品的设计和开发，通过将数据转化为具体的应用场景下的工具，帮助企业满足各种业务需求。数据产品开发商的核心竞争力在于其对数据的深度理解和对业务场景的精准把握，能够将数据转化为具有实用价值的产品和服务。

例如，开发基于大数据分析的客户画像系统，帮助企业进行精准营销；开发基于人工智能的预测模型，支持企业在市场预测、风险管理等方面做出更准确的决策。

### 3. 数据资源服务企业

这类企业主要提供数据标注、治理和质量管理等服务，确保数据的准确性、完整性和一致性。数据资源服务企业通过专业化的处理和管理，提高数据质量，为企业的数据分析和应用提供可靠的基础。

例如，数据标注企业通过人工或自动化手段，对原始数据进行分类、标记和注释，提升数据的可用性；数据治理企业通过制定、实施数据管理政策和流程，确保数据的一致性和合规性；数据质量管理企业通过监控和评估数据的准确性、完整性和及时性，确保数据的可靠性。

### 4. 数据资产运营商

数据资产运营商专注于数据的商业化运营，通过授权、交易、投资等方式提升数据的经济价值。这类企业的核心竞争力在于对数据价值进行深度挖掘和商业化运作的能力，它们能够将数据转化为具有市场价值的资产。

例如，公共数据授权企业通过将公共机构的数据资源授权给企业使用，促进数据的开放和共享；数据投行通过对数据资产的投资和并购，推动数据资产的资本化运作；技术型数商和服务型数商通过提供专业的技术和服务支持，帮助企业实现数据的商业化应用；应用型数商通过开发和运营数据驱动的应用和服务，直接面向市场提供数据产品。

### 5. 第三方专业运营机构

这类机构提供评估、认证、咨询等专业服务，帮助企业在数据管理和应用过程中确保数据的合规性和质量。

例如，评估机构通过对数据服务商、企业的数据管理能力和数据质量进行评估，提供权威的评估报告；律师事务所通过提供数据确权和合规咨询，帮助企业在数据使用和交易过程中规避法律风险；质量评价机构和认证机构通过对数据产品、服务进行质量评价和认证，提升数据产品的市场认可度；第三方咨询机构通过提供专业的咨询服务，帮助企业在数据管理和应用中优化流程、提升效益。

通过不同类别的数据服务商，企业可以从多个维度获得数据服务，确保在数据采集、存储、处理、分析和应用的各个环节都能得到专业支持。数据服务商的定位不仅仅是提供某一特定的服务，更在于通过综合性的服务体系，帮助企业全面提升数据管理和应用能力，推动企业的数字化转型。

在总结数据服务商的定位时，可以看到，它们不仅是数据经济的参与者，更是推动者和引领者。通过提供多样化的服务和解决方案，数据服务商帮助企业在复杂多变的市场环境中保持竞争力，实现可持续发展。随着数据技术的不断进步和市场需求的不断变化，数据服务商的定位也将不断演变，以更好地适应和引领数据经济的发展潮流。

## 10.2 案例：惟客数据产品开发实践

### 10.2.1 惟客数据简介

深圳市惟客数据科技有限公司（简称“惟客数据”或“ WakeData”）是一家以大数据和人工智能为核心的数字化产品提供商。公司提出并践行数字连接、数据智能、数字营销的数字化升级实践路径，旨在为企业提供一站式的数字化升级产品与服务。通过这些产品和服务，惟客数据帮助企业实现数据驱动，赋能客户经营与资源管理，致力于“唤醒数据，让客户经营更简单”。

公司的规模正在快速稳健地扩张，采用深圳、长沙双总部模式，并在北京、上海、广州、珠海、重庆、成都等地设立了研发中心。惟客数据已经获得了包括 IDG 资本、红杉中国、红点中国、腾讯等头部资本领投的多轮融资，这显示了资本市场对公司技术和市场前景的认可。

在客户服务方面，惟客数据已经为多家知名企业提供了数字化解决方案，包括但不限于华润置地、保利发展、越秀地产、万达、富力等头部地产客户，屈臣氏、格力集团等泛消费行业客户，以及国家铁路集团、香港医管局等政企客户。

惟客数据的发展历程显示了其在行业内的快速成长和创新能力。公司不仅在数据产品上不断推陈出新，还在资本运作和市场拓展上取得了显著成就。通过持续的技术创新和战略合作，惟客数据正逐步构建起一个强大的数字化生态系统，以支持更多企业的数字化转型之旅。

### 10.2.2　数据产品发展战略

惟客数据以“唤醒数据”为使命，其数据产品发展战略既体现了市场需求和技术趋势，也体现了公司的战略路径。惟客数据的数据产品布局可以分为三个阶段：第一个阶段是以工具型数据产品为核心，第二阶段以服务型数据产品为核心，第三阶段的愿景是成为数据券商。

#### 1. 工具型数据产品提供商

惟客数据早期作为一家工具型数据产品提供商，其核心产品是企业级数据平台，提供实现数据存储、处理、分析等服务的基础工具，以及客户数据平台、营销自动化、大会员机制等客户经营工具和解决方案。工具型数据产品门槛相对较低，比较适合作为创业初期的切入点。工具型数据产品的主要价值在于帮助用户更好地处理、分析和应用数据，以实现特定的业务目标。惟客数据的工具型数据产品“惟数云”已迭代到 5.0 版本，其特点体现为以下几个方面：

1）功能丰富：具有丰富的数据开发功能，包括数据清洗、数据可视化、数据建模、数据挖掘等。这些功能可以满足用户对数据处理和分析的多样化需求，提供全方位的数据解决方案。

2）用户友好：惟客数据特别注重用户体验和工具易用性，通过直观的界面设计和简单的操作流程，帮助用户快速上手并有效利用产品功能。这种用户友好的特点可以提高用户满意度和产品使用率。

3）定制化服务：惟客数据的产品通过支持定制化服务，根据用户需求、业务场景进行定制化配置和功能扩展。这种个性化定制服务可以更好地满足用户的特定需求，提高产品的适配性和用户满意度。

4）数据安全保障：惟客数据的产品注重数据安全和隐私保护，通过数据加密、权限管理、安全审计等措施，确保用户数据的机密性和完整性。这种数据安全保障可以增强用户信任度，提升产品的市场竞争力。

5）持续创新：惟客数据的产品不断引入新的数据技术和功能，跟进市场需求和技术趋势，例如对存算分离、湖仓一体、DataOps 等新一代数据技术的应用和创新。这种持续创新让惟客数据的产品保持竞争优势，提升了产品的市场地位和用户认可度。

### 2. 服务型数据产品提供商

惟客数据的服务型数据产品分为两类，一类是 MaaS、DaaS 等数据产品服务，另一类是数据战略咨询、数据资产入表、数据产品开发、数据资产运营等数据专业服务，此类服务本节不再赘述。

惟客数据的服务型数据产品以 Wake Mind 数据和模型服务平台为核心，提供具备私有化部署能力的领域大模型服务。Wake Mind 的产品特点包括以下几个方面：

1）共享性：Wake Mind 产品平台的底层逻辑是共享性，可以让不同用户共享数据和模型服务。

2）灵活性：Wake Mind 产品平台具有弹性和灵活性，用户可以根据需要灵活选择、定制数据和模型服务，实现按需获取和使用，节约成本，提高效率。

3）可靠性：Wake Mind 产品平台提供高效、可靠的数据和模型服务，通过数据处理和模型分析，帮助用户省去复杂烦琐的数据开发过程，快速获取准确的信息和结果，以支持决策和创新。

4）安全性：Wake Mind 产品平台注重数据安全和隐私保护，通过数据加密、权限管理等措施，确保数据和模型的安全性，保护用户隐私和信息安全。

5）智能性：Wake Mind 产品平台借助人工智能和机器学习等技术，实现数据自动化处理和模型智能分析，提高数据处理效率和模型精度，为用户提供更加智能化的服务。

6）迭代性：Wake Mind 产品平台具有持续迭代优化的特点，不断更新、优化数据和模型服务，跟进市场需求和技术发展，提供更加先进、优质的数据产品和服务。

7）开放性：Wake Mind 产品平台具有开放性的特点，可以与其他数据产品和服务进行互联互通，共同构建数据生态体系，促进数据安全、合法合规地交换和创新合作。

### 3. 数据券商

数据券商是一个较新的概念，最早是由惟客数据创始人兼 CEO 李柯辰提出来的。数据券商的定位是在数据流通交易和数据资本化过程中扮演中介机构的角色，通过提供数据质量评估、数据产品化、数据交易撮合、数据合规性检查、风险管理等专业服务，为数据要素型企业和数据服务商赋能。

在数据消费侧，数据券商通过市场调研的手段，充分挖掘数据产品的用户需求，广泛探索数据的价值化应用场景。

在数据供应侧，数据券商可以帮助数据提供方将其数据资源开发成合法合规、可交易的数据产品。

在供需对接侧，数据券商协助数据产品提供方在数据交易平台上发布数据产品，或通过自建平台、其他第三方平台承销数据产品，并完成端到端的交易结算服务。同时，数据券商也会积极探索数据资产化的创新业务，如数据资产有效性审计、数据资本创新等。

## 10.2.3　数据产品矩阵

惟客数据的产品矩阵和业务逻辑如图 10-1 所示，是数据产品服务商的典型架构，由 3 个产品系列、1 个技术底座、N 个解决方案组成。

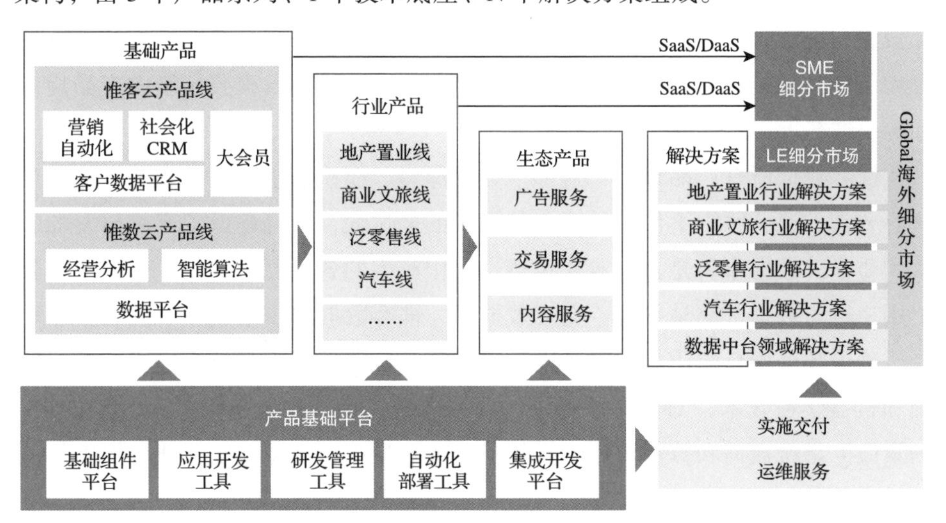


图 10-1　惟客数据产品矩阵和业务逻辑

3 个产品系列当中，首先是基础产品，其定位是公司的标准产品，也是公司的核心“护城河”，惟数云产品线以数据平台为核心，包含经营分析、智能算法等；惟客云产品线是以数据驱动的客户经营为核心，包括客户数据平台、营销自动化、社会化CRM、大会员等产品。其次是行业产品，其定位是满足行业化的应用场景和深度需求，行业产品当中有些是以产品形态存在，有些是以基础产品的行业特性包的形态存在。生态产品是为补充解决方案中端到端的场景需求，与第三方生态产品能力的融合。

产品基础平台是一个云原生的技术底座，它包括一系列工具、组件和流程，旨在简化开发过程和满足低成本定制需求，提高效率，确保产品质量，促进创新。

解决方案会在解决方案货架上上架发布，解决方案是完全以客户价值、场景需求为中心的，其原材料是在产品货架上架的基础产品、行业产品、生态产品，以及产品基础平台的定制化能力。

### 10.2.4 数据产品体系

惟客数据的产品体系由基础产品、行业产品、生态产品、技术底座四大部分组成。其中基础产品和技术底座由产品研发中心负责，行业产品由行业事业部负责，生态产品由生态事业部负责，但所有产品的立项、验收、定价、上架等均由产品和技术委员会统筹管理。产品和技术委员会负责公司级的产品货架和解决方案货架的管理。

惟客数据所有产品设计都遵循“数据原料、模型算法、场景服务”这3个核心要素，这一原则不仅指导了产品设计的全过程，而且确保了产品研发的效率和质量。数据原料是指企业在运营过程中产生的各种原始数据，包括但不限于用户行为数据、交易数据、交互数据等，惟客数据注重数据原料的收集和整合，确保数据原料的质量和完整性。模型算法是数据处理的核心，通过数据挖掘和机器学习技术，对数据原料进行深入分析，提炼出有价值的信息和知识。场景服务是将数据和算法应用到具体的业务场景中，为企业实际业务提供价值和解决方案。

#### 1. 基础产品

基础产品由惟数云和惟客云两个产品线组成。

（1）惟数云

惟数云是惟客数据的数据平台核心产品，属于工具型数据产品，目前已发布到 5.0 版本，基于湖仓一体化架构，全面融合 DataOps 理念。产品从多源数据采集，到离线和实时数据开发、数据管理、数据服务、算法服务和经营分析，覆盖企业数据经营的全生命周期。惟数云支持多云部署、每天百亿级的数据处理量，还可以做到秒级实时更新。

惟数云的产品设计理念，重点突出了三个方面：

第一，以数据管理促进应用。惟数云重点提出主动元数据驱动的数据管理平台，通过落地数据治理的制度、规范、流程、标准，把控数据质量和安全。

第二，以数据流速驱动效率。惟数云基于 DataOps 核心思想，打造数据的敏捷交付流程，构建高效的数据流动管道。

第三，以数据智能提升价值。惟数云升级 AI 算法平台为 WakeMind 以赋能业务，实现智能化和自动化。

另外，在大数据平台建设的基础上，惟数云还推出“敏捷数据平台”的版本，在满足数据管理、数据权限管理和安全管理的基础上，以更低的集群成本、运维成本、人力成本、时间成本，来满足业务方多变的数据需求。

在数据采集方面，惟数云提供了强大的数据采集工具，以低代码方式支持多种异构数据源在异构网络之间的离线和实时同步，通过可视化界面可以自动创建同步任务，自动完成字段映射。实时支持同步多表整库、单数据库实例增量接入；离线支持批量、全量、增量同步；在提升资源使用效率的同时，支持高并发、高性能的数据处理。

在 DataOps 实践方面，惟数云构建了全链路数据开发流水线，实现数据的自动化采集、转换、加载，并对数据研发中的任务代码、程序进行版本管理和运行监控，通过数据测试的任务可以跨环境一键发布数据。

在数据开发方面，惟数云提供 WebIDE 集成开发环境，通过可视化开发，简化数据开发人员的编码和配置工作；自主研发的调度引擎，可以支持大任务量的复杂调度；支持 SQL、Python、Go、Shell、Scala、Perl 等的多种任务类型。能够适配 HDP、CDH 等第三方开源分布式计算引擎。实时开发集成了 Flink、Kafka 等流式计算框架，并且做到了离线和实时使用统一的开发语言。

在数据资产管理方面，惟数云实现了一体化敏捷协同，以提升数据访问和获取的效率，持续地改进数据质量，降低数据管理的成本，加速数据价值的释放。首先，数据资产管理基于全链路元数据采集，实现数据资产的全生命周期管理，包括数据资产的目录、总览、智能搜索服务。其次，基于数据质量标准，包括记录数、格式、空值、波动、唯一性、准确性、一致性、逻辑性等的内置和自定义的规则（表级规则 / 字段级规则），来监控数据生产过程中的质量问题，并且能够定位和挖掘脏数据，以指导数据治理。最后，基于对数据标准、模型标准、指标标准的管理和监控，来提升数据的使用价值。

在数据安全方面，惟数云制定了数据的安全分级分类机制、安全管理机制、安全审计机制、安全监控机制。通过租户隔离、细颗粒度数据权限管理、数据加解密等的安全技术，以及在数据使用过程中的全方位的安全策略保障，可以保证事前可管、事中可控、事后可查（可审计 / 可回溯），以满足国内、国际的数据合法合规要求。

在经营分析方面，惟数云深度融入业务场景，用低成本的方式助力业务经营的透明化，促进高效决策。通过简单配置，即可完成经营分析模型的建设，大幅提高了模型开发和应用的效率，前端也支持大屏、会议、仪表板、移动端等多种可视化展现形式。

在数据服务方面，惟数云以数据资产管理为载体，以自助式数据服务为手段，面向数据消费方实现从被动响应到主动赋能。能够支持配置数据源、配置库表、入参、出参等信息可视化，缩短了数据 API 的开发周期，以及提供 API 调用情况统计分析、监控警告、安全控制等。

在人工智能算法服务方面，将“文本、语音、视觉、推荐、决策”等人工智能算法的智能化、自动化能力，深度融合到行业业务场景当中。大家可以看到，在地产、零售、汽车，以及通用行业，惟数云已经在多个场景开展了 AI 算法赋能，并给予其通用大模型和开源大模型能力，发布 WakeMind 母舰服务平台，用于对内降本增效和对外产品服务。例如在 CDP/MA/SCRM 等产品上，惟数云通过大量的数据和算法驱动的规则模型、决策模型、行为分析模型、推荐模型、用户旅程编排、触发器，以及全域用户触点，实现了原来需要大量手工作业的客户运营任务的自动化触发和完成。同时，惟数云结合大模型服务，在地产行业销售和客户会话的业务场景中，发布了会话智能服务，能够帮助地产商自动监测和分析销售执行过程，让销售人员对客户的关键信息传达率提升到 94%。

（2）惟客云

惟客云是惟客数据以客户经营为核心的产品线，依托行业化重新定义了数字化客户经营。惟客云产品聚焦地产、汽车、零售等行业，覆盖了从公域获客到私域运营、客户交易、客户忠诚的数据服务，形成了端到端数据驱动的客户经营体系。惟客云聚焦低频高客单价特征的行业，提供了融合最佳实践的产品设计，并形成有效的客户运营转化方法论体系。

对企业和管理人员来说，惟客云能够沉淀客户数据资产，细分人群、建立ID Mapping和客户画像，洞察客户需求偏好，提升客户经营的精准性。它也可以统一营销策略，保证客户在不同接触点体验的一致性。

对于客户运营人员来说，惟客云可以提升广告投放的精准度，通过自动化运营提升运营效率和销售转化率。通过数据分析组件，实现全程客户经营的数据驱动，通过多种分析模型实时解析用户行为并触发自动化营销。

惟客云的产品设计，充分挖掘了行业痛点，例如地产行业的痛点是：客源被平台和中介机构垄断，非常缺乏自有客户资源的积累，只有电销和案场等一些单一的转化策略；商业中心的痛点是：多品牌多项目统一客户经营的难度非常大，客户数据不互通；汽车行业的痛点是：客源被平台垄断，线索质量不好判定，线上线下的服务品质很难统一，市场竞争激烈。

在穷尽这些行业的痛点以后，将其共性的需求纳入标准产品设计中，通过基础产品特性升级来满足痛点，例如：沉淀客户数据资产、洞察客户需求偏好、促进客户经营转化、提高客户经营效率、运营策略千人千面、便捷制作运营创意、自动高效内容分发、数据驱动管理透明。各个行业的个性需求，通过行业产品和生态产品来满足。

以CDP客户数据平台为例，惟客云的产品设计特性如下：

第一，惟客云CDP实现了零代码标签加工。惟客云提供了可视化的标签加工工具，可以通过规则、模型、自定义条件配置等方式灵活打标，并且实现了基于数据驱动的标签管理，例如标签任务自动调度、标签回溯计算、标签历史记录回看、标签异常波动监控等。

第二，惟客云CDP实现了客户数据实时计算。基于全域热数据实时接入，对客户身份实时识别，通过行为事件实时判断，实时捕捉线索机会，实时触发自动化运营转化。

第三，惟客云 CDP 实现了场景化客户洞察。针对不同业务场景，提供不同的客户数据分析模型，例如事件分析、分布分析、留存分析、转化分析、路径分析、属性分析、RFM 分析等，对目标人群的留存情况、参与度、健康度、价值度进行深刻洞察，及时给出客户运营策略，提升运营效果。

第四，惟客云 CDP 实现了客户运营旅程可视化、自动化编排，并且支持全链路分析。

第五，惟客云 CDP 支持异构事件源的实时接入，以及对事件上下文变量的灵活配置，可以即配即用。

第六，惟客云 CDP 不仅提供了可视化的内容设计工具，还有海量的第三方内容素材可供接入。

### 2. 行业产品

惟客数据行业产品线主要是基于具有行业特征的需求和解决方案而逐渐积累形成的，与基础产品线互补，它基于产品基础平台技术底座，提供一定程度的定制化服务，与基础产品线共同形成强大的解决方案能力。互补性在产品管理理论中指的是不同产品或服务之间的协同作用，能够共同提升客户体验和市场竞争力。惟客数据行业产品线与基础产品线的互补性，正是基于这一理念形成的。行业产品线的开发始于对行业特有需求的深入分析，这些需求往往与基础产品线的标准功能存在差异，需要定制化的服务来满足。惟客数据行业产品线采用高度模块化和可定制的技术平台。它采用微服务架构，确保了各个服务之间的独立性和灵活性，便于针对不同行业进行快速迭代和优化。它使用的云原生技术能够提供弹性、可扩展的解决方案，满足不同规模企业的需求，同时降低了企业的运维成本。

#### （1）地产行业

针对地产行业，行业产品的服务主要体现在数字化营销和客户经营上，通过流量阵地化、内容中台化、公域私域化，助力地产企业解决去化难题，实现营销效率和效果的双重提升。通过整合线上线下数据，惟客云能够为地产企业提供全方位的客户洞察和行为分析。例如，通过流量阵地化，某地产企业实现了客户流量的精准捕捉和转化，通过线上售楼处和企业微信等渠道，构建了

“空地一体化”的流量阵地，有效提升了获客效率和客户转化率。通过内容中台化，帮助地产企业实现了标准化内容的生产和传播，利用自动化工具和代运营服务，提升了内容营销的效率和质量。通过公域私域化，帮助地产企业构建了自己的客户资产，通过存量客户资产化，实现了客户资产的激活与复用，提升了客户的生命周期价值。惟客云目前已经服务了包括华润置地、保利发展、越秀地产等在内的100多家头部客户。

（2）泛零售行业

针对零售行业，惟客云通过数字化广告、销售、交易和会员管理等应用，帮助企业实现了客户全生命周期的运营增长。目前已经服务了屈臣氏、百安居等在内的50多家头部客户。

（3）汽车行业

在汽车行业，惟客云推出了以客户为中心的数字化售后服务平台，通过整合客户数据和优化服务流程，帮助汽车企业实现了以客户为中心的运营模式，提升了客户满意度和忠诚度。

### 3. 生态产品

生态产品是惟客数据产品货架上最重要的组成部分之一。在大生态方面，惟客数据的产品服务上架到腾讯云、华为云、顺丰科技等生态体系内，同时接入主流互联网平台的广告服务、交易服务、内容服务等的服务；在小生态方面，各种第三方的产品和应用服务都可以作为惟客生态产品上架。生态产品上架的前提是通过产品基础平台能够完成与基础产品或行业产品的集成。

### 4. 技术底座

技术底座即产品基础平台，为惟客数据所有数据产品线提供了3种支撑能力。

第一，基础云能力。将基础设施全面云化，兼容阿里云、腾讯云、华为云，适配国产芯片和系统，通过自动化部署可以减少90%的运维成本。

第二，集成云能力。是新一代的轻量级集成平台，其定位是发挥惟客数据特有的中台能力，作为SaaS化的外部连接器。其产品的核心是一个标准化的企业API能力中心，形成企业的API能力图谱，赋能产品快速聚合组装，通过可视化编排，实现业务流和数据流的快速打通。集成云通过整合企业内外部和云上云下的业务系统，解决业务系统间的数据孤岛问题。

第三，开发云能力。是新一代原生低代码开发平台。开发云基于 DDD 领域模型驱动，对业务需求进行高度的抽象，内置了基础产品中的最佳实践案例和框架，沉淀了客户经营平台的知识体系，集成了前后端的基础技术组件、低代码领域建模套件。运用各种模型驱动引擎来配置系统，快速生成代码，通过可视化和积木式的技术快速扩展和构建业务应用，大幅提升软件开发和交付的效率。

### 10.2.5 数据产品和方案货架

为确保产品质量和成本效率，惟客数据建立了系统性的产品管理框架。首先，自研基础产品和行业产品经过 IPD（Integrated Product Development，集成产品开发）立项和内部发布流程以后，完成上市过程即可进入产品货架进行销售，生态产品有单独的上架流程。其次，基础产品、行业产品、生态产品能够组合成一系列的以行业或者以领域为中心的解决方案，这些解决方案在跑通单方案盈利模型以后即可进入方案货架，作为标准解决方案进行销售。这里的核心在于产品立项、产品研发、产品发布、产品上市 4 个方面的管理。

#### 1. 产品立项管理

产品立项是确保产品成功上市的第一步，也是 IPD 的一个重要环节，它涉及对市场趋势的分析、用户需求的调研，以及与公司战略的对齐。

惟客数据在产品立项评审过程中，要做充分的调研和分析，包括定量分析、定性研究、竞争分析（如同类产品的市场占有率、客户评价、功能特点等），并找出差异化的切入点。同时也要结合 SWOT 分析，明确产品的定位，即目标客户、使用场景、需求痛点、核心价值主张等。

产品立项过程中要明确一级需求清单，初步评估所需资源和里程碑计划，以方便产品委员会给出决策建议。在立项通过以后，需要进行详细的需求定义，形成产品需求文档（PRD，包括功能列表、用户故事和使用场景），还要进行详细的资源评估，并确保资源的可获得性和合理配置。

### 2. 产品研发管理

产品研发流程的管理，第一是关注进度，第二就是关注产品质量。而产品测试又是确保产品质量能够满足客户需求和公司标准的重要环节。因此我们采取测试前移的策略，即在产品原型开发阶段，就开始组织初步测试和用户反馈收集。在产品发布之前，要进行多轮内部测试，包括功能测试、性能测试和安全测试，确保产品的基本功能和性能符合设计要求。并根据测试结果和用户反馈，进行产品迭代和质量控制，直至产品达到发布标准。

作为 To B 型产品，在发布和上市之前，还要进行合规性检查，以确保产品符合行业标准和法规要求，有时也会进行必要的认证和合规性测试。

### 3. 产品发布管理

产品发布策略是确保产品成功上市并实现销售的关键步骤。惟客数据在产品正式发布前，一般要进行多轮内部测试，收集员工和体验客户的反馈，对产品进行必要的调整。这些调整也需要考虑，基于市场调研结果和竞品分析，如何找到具有竞争优势的市场空间，以及更加明确的产品卖点和差异化特征。

产品发布在研发管理角度要做好测试和验收工作，包括产品相关的文档编写、版本管理，以及构建环境、部署脚本等发布准备工作；在市场角度，一般要通过发布会进行正式发布，再利用媒体和网络进行宣传。

### 4. 产品上市管理

产品上市管理主要是明确产品是否具备上市条件，例如产品包是否完整、是否完成了合理定价、是否有明确销售推广计划等。

To B 产品通常不只是产品本身，而是一个产品包。惟客数据的上市产品包一般包括产品的安装程序和部署工具，产品安装手册、使用手册、测试报告等产品文档，产品的技术支持协议和服务协议，产品对其他软件或中间件的依赖，产品的许可证和版本信息，产品的安全性和合规性文档，产品的案例研究、白皮书等销售支持材料，产品的试用或演示地址等。

产品的定价策略非常重要，外部要考虑到市场定位、目标客户的支付能力、营销策略；内部要考虑成本结构、内部结算机制等。

### 10.2.6 数据产品服务模式

数据产品的服务模式可以简单划分为 To B 和 To C 两种，惟客数据作为数据服务商的典型代表，其服务模式是典型的 To B 类型。基于我们对整个 To B 企业服务领域的长期研究发现，To B 领域的产品服务主要有以下几种基本产出方式，包括技术开发、产品开发、项目开发、系统集成、专业服务，不同的服务商是其中一种或是几种产出方式的组合。如图 10-2 所示。

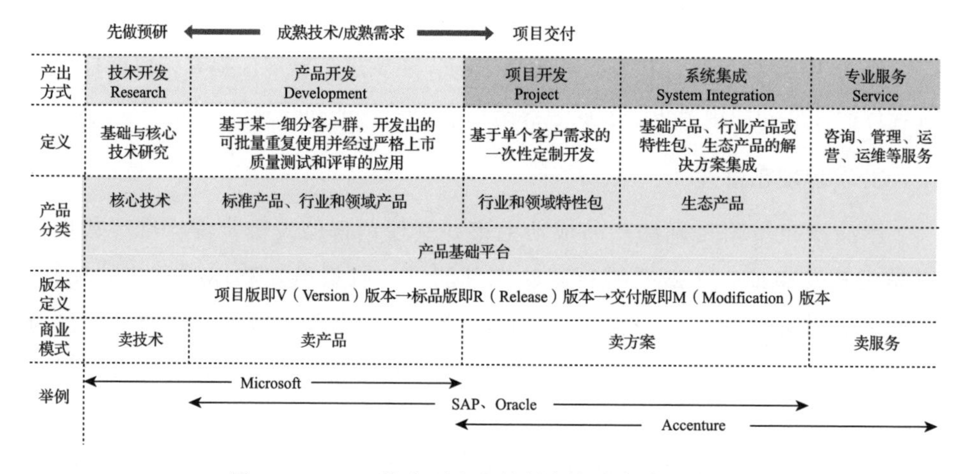


图 10-2 To B 技术型企业的研发产出方式和定义

例如：微软的服务模式是以技术开发和产品开发为主；思爱普的服务模式是以产品开发、项目开发、系统集成为主；埃森哲的服务模式则是以项目开发、系统集成、专业服务为主。惟客数据的定位与思爱普类似，属于标准产品和解决方案型数据服务提供商。

#### 1. 标准产品和解决方案模式

在 To B 企业服务领域中，标准产品模式和解决方案模式是两种常见的服务模式。标准产品模式是指服务场所开发出一套通用的软件产品，这些产品适用于广泛的客户群体和多种业务场景中，其特点是通用性强、可重复使用、易于维护、成效好。解决方案模式是指根据特定客户的独特需求，开发定制软件解决方案，其特点是定制化，通常为一次性开发且与现有系统具有高度集成性，通常以专业服务的形式提供。

惟客数据因为聚焦大型企业客户，所以服务模式将两者有机结合起来，既通过开发标准的基础产品降低成本、提升通用性能力，又通过行业产品来解决定制化的客户需求问题。

## 2. 订阅服务和许可服务模式

在 To B 企业服务领域中，订阅服务模式是一种客户需要按周期支付费用，以获得使用权和服务的模式，是 SaaS 领域普遍使用的一种模式。其特点是服务商可以从订阅费中持续获得稳定的、可预测的收入，但同时也要求服务商要以客户为中心，以客户成功为导向。许可服务模式通常指的是客户一次性购买产品的使用权，可能包括产品的安装、配置和一定期限的技术支持等。

基于惟客数据的目标客户定位，以及数据产品服务的特殊性，惟客数据的收费模式以许可服务模式为主，订阅服务模式为辅。

## 3. 联合运营模式

作为数据服务商，惟客数据探索出了一条联合创新和联合运营的路径。数据产品开发具有一定的特殊性，它是一种结合业务知识和数据挖掘的创新过程，它要求开发者既要懂数据也要懂业务，还要懂技术，数据产品的价值创造是一个典型的跨学科、跨领域的融合过程。另外，从数据安全和合法合规角度考虑，如果数据服务商不能深入了解数据和业务场景，也就无法开发出真正有价值的数据产品。

联合创新模式是指惟客数据跟数据要素型企业共同开发数据产品、服务、解决方案的过程，在这个过程中双方在可信数据空间内共享数据资源，确保数据安全合规的同时，最大化挖掘数据价值。数据要素型企业发挥业务专业优势，惟客数据发挥技术专业优势，双方以价值为牵引，以业务场景为驱动，联合开发、风险共担。例如，惟客数据与某连锁零售巨头企业基于零售数据共同开发个性化推荐系统。

联合运营模式指惟客数据与数据要素型企业在数据产品开发完成以后，开展进一步的深度合作，共同经营管理和持续优化数据产品的过程。

## 10.3 案例：德生科技数据产品开发实践

### 10.3.1 德生科技简介

广东德生科技股份有限公司（简称德生科技）成立于1999年，是国内领先的数字化民生综合服务商，A股首家专注社保民生行业的上市企业。公司主营业务为面向民生领域，建设以城市为单位的居民服务一卡通、数字化公共就业服务、民生数据产品服务体系，以互联网、大数据、AI等技术协助政府提高数字化治理水平。目前公司业务已覆盖全国28个省级行政区、150多个地市，服务群体数亿。

德生科技率先探索和搭建了居民服务一卡通服务体系，成功在芜湖实施全国首个“一卡通”标杆项目，形成“数据底座＋中台＋场景”的方案，并相继在安徽、广东、湖北、江苏等10个省份超50个城市成功复制，打造了居民服务一卡通在就业、社保、医疗、交通、文旅等领域的场景应用生态，助力多地政府开启数字化民生场景建设。

德生科技还通过“互联网＋运营”的方式，开展“可持续、有组织、有温度、有实效”的城市就业运营服务，在湖北、贵州、河南、四川等省份均有案例落地。2023年，德生科技成功中标克拉玛依“1＋3＋N”公共就业服务能力提升示范项目，该项目成为公司在公共就业服务领域至今业务量最大、销售额最大的战略性项目，在全国打造出标杆示范作用。

深耕数字化服务，德生科技自研的多款数据产品聚焦“公共数据＋社会数据”的融合开发应用，涵盖地区就业分析、政务业务核验、个人职业背景调查（简称背调）等丰富应用场景，已成功上架深圳、福建、贵阳等全国十余家大数据交易所。结合就业服务、身份核验等多项民生数据服务，德生科技形成了“数据沉淀—数据开发—数据运营”的完整闭环，以数据产品和运营服务赋能民生保障事业。

### 10.3.2 数据产品案例：德生职业背调

#### 1. 案例背景

近年来，政府推出了一系列的人才计划、人才政策，致力于刺激各行各业的人才市场。在人才引进的过程中，候选人在过往职业生涯中的记录对雇主来说尤为重要，尤其是要看候选人是否有过违法犯罪、金融从业污点等不良记录。为此，社会各界人才需求部门需要一套数据产品，合规地对候选人进行品格核验。“德生职业背调”就是这样一款基于数据要素开发的场景化产品。

本产品基于德生科技 20 多年社保卡信息化综合服务行业的经验积累和行业优势，以数据经纪人身份，联合中国电子数据产业集团、深圳数据交易所等机构，融合了政府数据与社会服务数据，设计研发了“德生职业背调”数据要素产品服务平台。通过对大数据的合法合规应用，结合科学算法模型，在获得个人明确授权的前提下，从身份信息、教育信息、社会不良行为信息、涉案涉诉信息、金融风险信息、工商注册信息、资格证书信息等多个维度，对候选人进行身份核验、执业资格查询、就业风险评估等风险筛查。帮助企业降低招聘风险、提高招聘质量和效率，搭建可持续发展的绿色人力资源就业环境。

#### 2. 产品目标

- **提高招聘效率和准确性**：通过该产品，企业能够更快速、更准确地评估候选人的背景信息，帮助招聘团队筛选出与岗位要求最匹配的候选人，从而提高招聘效率和准确性。
- **降低雇佣风险和保护企业利益**：该产品有助于企业发现候选人的不良记录或其他潜在风险因素，从而帮助企业降低雇佣风险，保护企业的声誉和利益。
- **提升就业市场的整体质量**：鼓励求职者保持良好的职业记录，提升个人职业发展的质量。帮助招聘单位识别具有潜力的候选人，促进人才的合理流动和优化配置。

#### 3. 数据来源

- **数据规模**：该产品的数据来源于各地合法合规的数据交易所，涵盖多个数据源，如学历信息、婚姻状况、犯罪记录等，数据规模覆盖全国。
- **数据采集方式**：该产品通过与深圳数据交易所建立合作关系，获取候选人授权的数据访问权限，并通过 API 或数据交换协议进行数据的实时或定期采集。

- **数据合规措施**：该产品严格遵守相关法律法规，确保数据的合法获取和处理。合规措施包括与数据交易所签订合规协议、数据匿名化和采取隐私保护措施等，以保护个人数据的隐私和安全。
- **应用方式**：该产品将从数据交易所获取的个人职业背景数据进行整合和分析，提供给企业、机构或个人用户使用。用户可以通过该产品的界面来查询、验证和评估个人的职业背景信息。

### 4. 解决方案

德生职业背调的解决方案框架如图 10-3 所示。

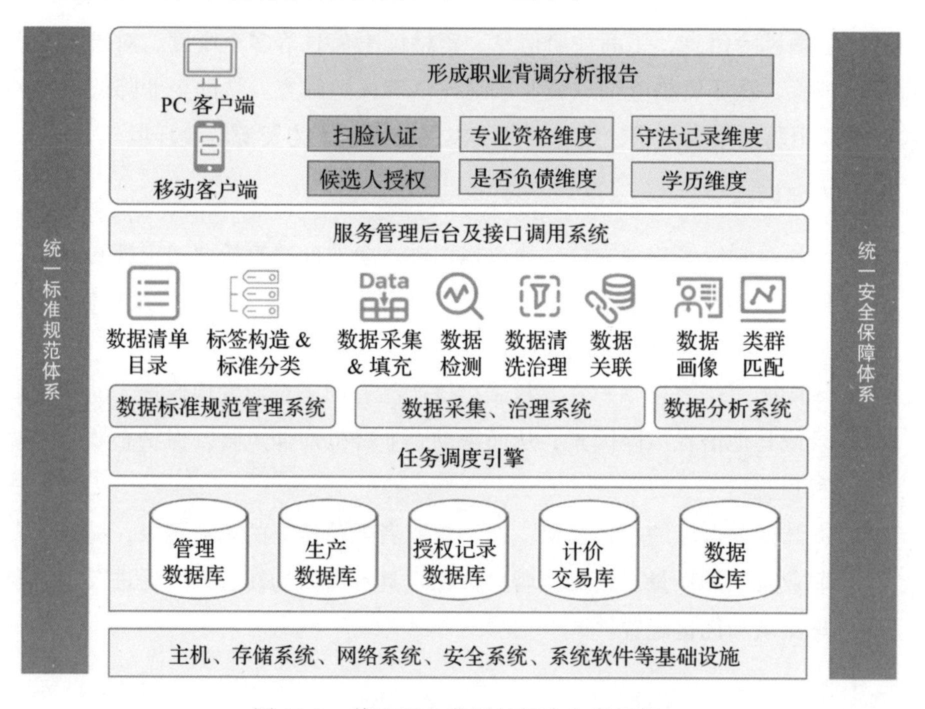


图 10-3　德生职业背调的解决方案框架

- **维度规划**：背调数据因其权威性的要求，大多需要将政府可信数据进行授权和脱敏后，形成背调标签数据。故首先需整理分析政府的数据清单，按照政府部门职能、业务职能等进行背调数据维度规划。
- **按维度进行标签数据填充**：维度确认后，每个维度下是具体的标签数据集，需将数据清单中的具体脱敏标签填充到各维度域中。

- **数据质量验证与清洗**：构造好职业维度域标签后，需进行数据质量测试，保证数据反映客观的准确性、实时性和一致性。除此之外，还需对具有同一标签含义的信息进行权威性排名，以确保数据的完整性和权威性。对于具有同一标签含义却存在格式不统一的信息来源，需进行数据标准化，从而形成稳定和标准统一的背调标签库。
- **数据关联和分析**：数据关联是为了解决数据完整性的问题。背调标签数据的来源为各种台账数据，单一台账和单一业务形成的数据往往有其信息的不足。故需通过 ID Mapping 技术和对来源数据业务的深入理解，通过建立个人 / 企业的唯一主键，关联各种台账和数据源，形成完整而稳定的各维度域的标签数据。
- **构造适用于不同场景的背调产品**：根据不同的维度域组合方式，构造适用于不同场景的背调产品，并制定套餐价格。本案例的职业背调场景产品需使用到学历维度、工作维度、违法记录维度等招聘方重点关注的维度，结合对这些维度的群体分析形成最终的背调报告。通过以上场景构造，形成场景背调报告生成接口，供前端用户使用。
- **建立候选人 / 企业授权机制**：所有背调行为均需获得候选人或企业的授权，在他们知情的情况下进行合法授权验证后，才能发起背调。背调结果返回给需要查看报告的背调发起方查看。
- **背调付费方式**：该背调产品采用预充值、后扣费的付费方式。支持微信、支付宝等常用支付渠道。同时，支持客户根据自身需求添加职业背调维度的定制化标签，使得客户可以以最大的灵活度构造自身所需的职业背调维度。
- **安全和隐私保护**：采取安全措施和隐私保护措施，确保个人数据的安全性和保密性。

### 5. 创新亮点

- **数据整合创新**：整合多个数据源的个人职业背景信息，提供全面、准确的背调结果。
- **数据关联技术**：通过数据关联和分析技术，将来自不同数据源的信息进行关联，揭示更深层次的背景信息。

- **合规与隐私保护**：严格遵守法律法规，采取隐私保护措施，保护个人数据的安全和隐私。
- **行业痛点解决**：针对传统背调过程中的低效和不透明问题，提供了快速、全面、透明的解决方案。

6. 产生价值

- **经济效益**："德生职业背调"数据产品可以帮助企业降低招聘成本和风险，提高招聘效率，从而带来经济效益。
- **社会效益**：准确评估个人职业背景有助于提高工作环境的安全性和稳定性，增强社会的信任和公共安全。

7. 案例复盘

- **数据合规是关键**：在个人职业背调数据产品的开发和应用过程中，严格遵守数据保护法规，确保数据的合法获取和处理，保护个人隐私。
- **创新技术的应用**：利用数据关联和分析技术，挖掘数据背后的价值，为用户提供更深入的洞察和决策支持。
- **用户体验的重视**：通过可视化呈现和易用的界面设计，提升用户体验，使用户能够方便、快速地获取所需的个人职业背景信息。

综上所述，"德生职业背调"数据产品通过整合多个数据源，采用创新的数据关联和分析技术，提供全面、准确的个人背景信息。它具有数据合规、应用创新技术和重视用户体验的优势。通过该数据产品，用户可以提高招聘效率和准确性，降低雇佣风险，促进公共安全和法律合规。经济效益和社会效益的提升为该数据产品带来了广阔的市场前景。

### 10.3.3 数据产品案例：信用就医

1. 案例背景

自 2014 年首次将大数据纳入政府工作报告以来，中国各级政府高度重视数据要素的发展，并通过一系列政策文件和行动计划（如《促进大数据发展的行动纲要》、"十三五"规划、《关于构建更加完善的要素市场化配置体制机制的意见》等)，不断提升数据的战略地位和市场化配置。2022 年的“数据二十条”和 2023 年国家数据局的成立进一步推动了数据要素的培育和发展。这些政策旨在促进数据与经济社会的深度融合，释放数据作为生产要素的潜力，以实现数据资源的高效利用和经济社会的高质量发展。

在这些利好政策的推动下，各企业纷纷结合自有数据及逐渐规范的数据交易，拓展传统的商业模式及版图。尤其在信用就医这一成功落地并得到政府广泛赞扬的数据要素应用场景中，展示了数据要素如何在民生医疗领域释放生产力。具体而言，信用就医服务的实施结合了多类数据的深度融合与应用：首先，医保数据作为政府数据的重要组成部分，提供了患者的医保信息，以使患者可实现无感支付，即自动扣除医保支付部分；其次，银行数据与银联支付功能结合，确保患者在就医时能够自动扣除自费部分；此外，患者的个人数据在经过授权后也被纳入信用评估体系，从而为患者提供先医后付的信用额度。这一信用评估体系的实施，不仅提升了医疗支付的便捷性，也简化了就医流程，同时有效优化了医疗资源配置。

信用就医的成功实践不仅体现了数据要素在现实需求下的广泛应用，还展示了政府数据、银行数据与个人授权数据的融合如何在民生医疗领域产生实际效益。这一案例为数据要素能够释放生产力提供了有力的例证，也为未来数据与经济社会深度融合的探索奠定了坚实基础。

### 2. 产品痛点

在以前的就医过程中，因医保信息、金融交易能力、金融风控模型等信息之间的通道还没打通，公众往往会面临排队缴费时间长、医疗费用相对较高等“看病难”“看病贵”的现象。随着数字技术的进步和公众对医疗服务需求的提升，传统医疗支付方式已无法满足患者需求，就医信用无感支付应运而生。

就医信用无感支付是政府管理部门为进一步推动“互联网 + 医疗”服务模式而推出的创新惠民服务。该服务以数据要素驱动，把医保参保信息、金融交易能力、金融风控模型相结合，通过平台调度各方数据服务和交易服务能力，打造基于医保参保人的信用无感支付服务体系。

该服务能够覆盖门诊、住院等缴费结算场景，通过集成银行卡支付、信用支付、医保个账支付、亲情付、异地就医结算等无感支付工具，打造更加便捷的就医体验。对患者而言，就医信用无感支付能够免除就诊过程中所有的排队缴费环节，提供“免排队，零操作”的“ETC式”就医新体验。同时，该服务通过了解患者的参保状态及银行风险评价，授予患者就医专项信用额度，实现先看病后付费。患者同时还可享受医保个账还款、免息期及账单分期等福利政策，极大减轻就医费用负担。

综上所述，就医信用无感支付能够显著优化医疗机构就诊环境，提升患者就医体验，还能进一步增强政府部门的管理效能，该服务已连续两年入选“广州市民生十件实事”。

3. 产品解决方案

如图10-4所示，系统的总结架构图包括基础设施层、数据库层、应用支持层、业务应用层、渠道层。

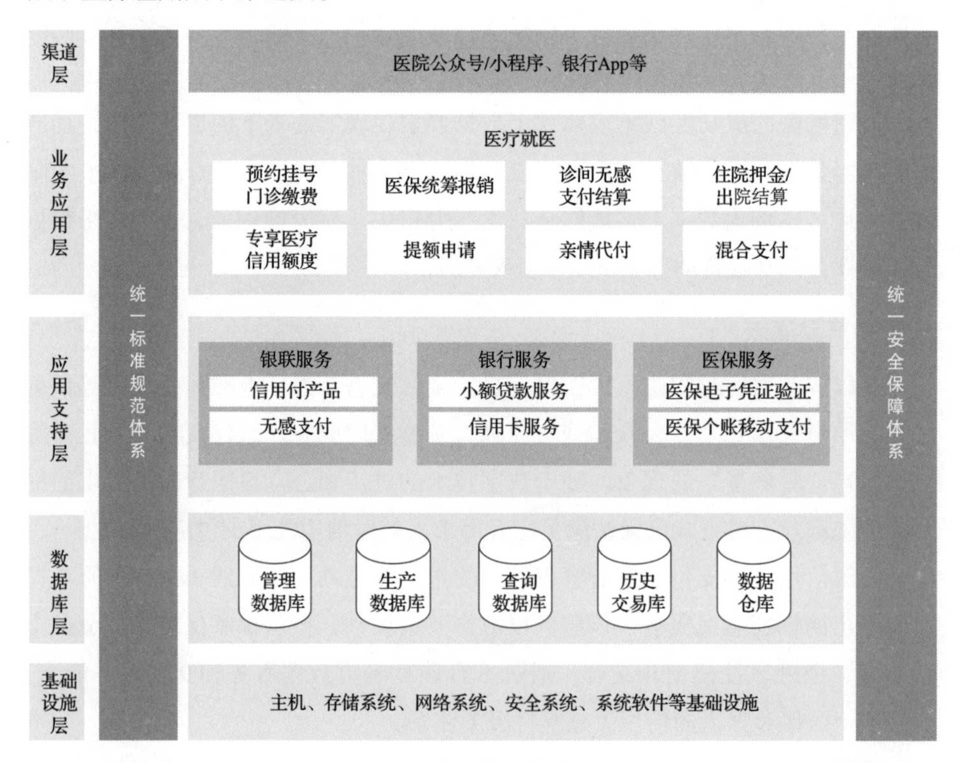


图10-4　系统总体架构图

- 应用平台为政府认可的互联网渠道提供签约入口，同时提供统一渠道接入标准，包括政府、医院、银行，以及银联云闪付等 App、公众号、小程序等。
- 应用平台为医疗机构提供统一交易对接标准，统一输出 API，为各医疗机构分配对应的接入参数，如医院 ID、密钥等。
- 以医保提供的身份验证结果为基础，结合银联及银行金融产品功能，为用户提供门诊缴费、住院押金及出院结算等就医无感支付场景服务。
- 建立、完善数据切分机制，根据不同的应用场景执行分库处理，支持服务的横向扩展，提高系统高并发处理能力及读写访问效率。

#### 4. 产品具体功能

##### （1）用户签约

用户使用就医信用无感支付服务，首先需要完成签约流程，绑定银行账户，通过政府、医院、银行，以及银联云闪付等 App、公众号、小程序等互联网渠道完成签约。签约过程需要客户授权，以签订相关电子协议。通过医保参保验证及银联的金融要素验证后，绑定借记卡、信用卡或小额信贷等银行金融产品。

##### （2）签约管理

用户完成签约后，可进入个人管理页设置自己的授权开通渠道、支付的优先级顺序（可选择医保个账支付优先或信用就医无感支付优先），以及免密支付限额等功能。如果用户关闭全部签约渠道，则视为解约。

##### （3）无感支付

医生为患者问诊开单后，由医院 HIS 系统调用无感支付接口，提交缴费信息并发起扣费申请。平台通过身份验证后，由医院发起一站式结算，包括医保统筹、医保个账与自费支付，其中自费支付部分由银联平台关联用户绑定的银行账户发起扣费。无感支付提供住院押金结算、床边结算等服务，患者通过信用额度无须缴纳现金即可办理住院，减轻患者就医负担。

##### （4）床边结算

平台提供实现床边结算，为不方便行动的患者提供便利，患者不再为因材料准备不全、交互窗口距离远而感到烦恼。

（5）亲情付

已签约的用户可添加直系亲属，使用已绑定的银行卡或医保个账余额，为家人就医进行自费部分的代付。该模式能使老人和小孩在就医看病时，减少排队缴费和陪诊的时间，提升“一老一小”人群就医体验。

（6）异地就医结算

异地参保的用户，同样可以在广州便捷签约就医信用无感支付服务，就医时可享受异地医保统筹报销结算和自费部分的即时结算，省去了烦琐的线下报销流程，极大地提升了就医支付的便捷性。

（7）额度管理

用户签约信用卡后，通过银联平台向发卡行申请医保专项额度，发卡行负责为用户配置和管理医保专项额度，解决用户的资金需求。用户可通过额度管理申请信用提额，该功能可为用户至少提升 5000 元的信用卡医疗专项额度。

### 5. 产品技术架构

如图 10-5 所示，关键技术有以下特点：

- 应用层采用 Spring Boot + MyBatis + MySQL 的技术架构，视图层用 Vue 进行渲染，并结合 JDK、Tomcat 等运行环境，在采用微服务架构的基础上可添加 Kubernetes 容器管理，实现程序自动容灾、负载均衡功能。
- 客户端可使用公众号、小程序、H5 等多种移动端前端访问应用层。同时采用国密套件及 HTTPS 加密通道方式，在保证数据安全的情况下，用户在所有常见终端上均可获得良好的体验感。
- 应用层中的基础服务层提供 Redis、MQ 组件等的缓存服务及消息队列服务，以减缓用户特定时间段的浪涌请求及对静态数据的重复访问，并配合客户端的异步请求技术对请求进行削峰。该服务提高了应用层设备的使用效率和稳定性。
- 数据层采用分布式数据库集群，保证数据自动容灾，同时实现读写分离，提高效率。该服务能协助做好资源规划，使 OLTP 与 OLAP 任务互不干扰。

- 业务层实现“一业务一微服务”策略，保证业务在性能分配与运行安全上相互独立，不会发生雪崩式应用故障。

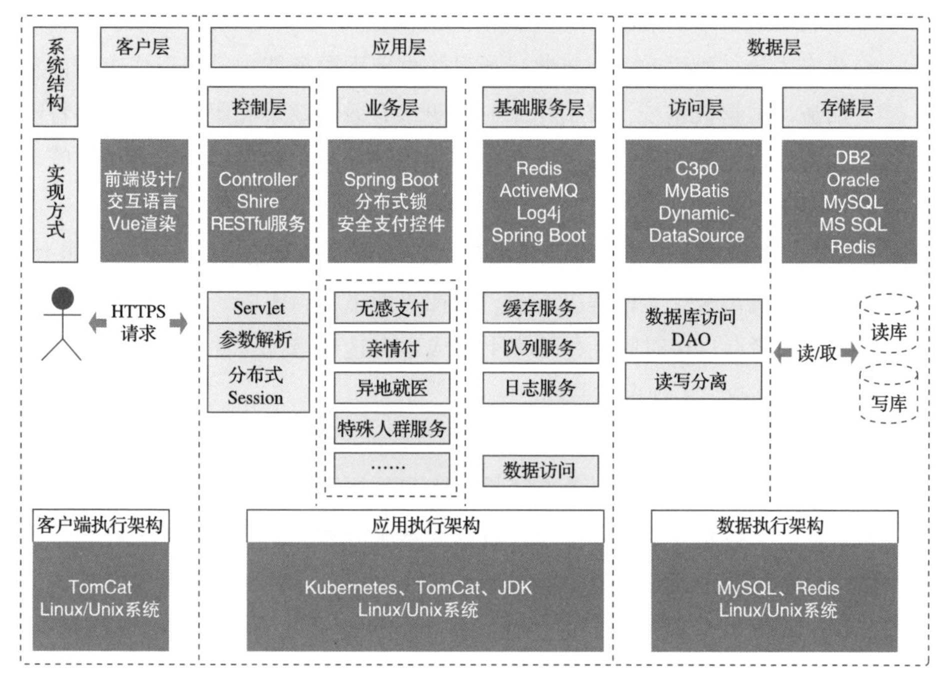


图 10-5　技术框架结构图

### 6. 产品商业运作

#### (1) 市场定位

就医信用无感支付产品主要针对医疗费用结算场景，使患者实现先看病后付费，免除排队及手机操作等缴费环节，实现“免排队，零操作”的“ETC 式”就医新体验，就医信用无感支付在改善医院就医环境、降低服务成本、提升医院服务质量的同时，也提高了政府部门的管理效率。

- 数据赋能，老百姓得便利。通过数据赋能无感支付，实现医保统筹、个账和自费一站式结算，通过亲情付、异地就医结算、床边结算等工具实现“免排队、零操作”的秒付效果，解决看病难的问题。同时实现先看病后付费，为患者有效缓解缺少医疗费用的燃眉之急。
- 银医合作，降本增收，有效提升医疗资源利用率。银行为医院垫付医疗费用，T+1 到账，有效缓解欠款、坏账风险，增加现金流。简化就医流程，降低院内滞留人群，缩减服务窗口，提高病床利用率，提高医疗资源利用率，降本增收。

- 政府主导，民生政绩双丰收。通过数据要素服务能力升级形成市场信息回流，根据数据统计分析结果制定更多有效的政策和服务措施。为特殊人群提供更好的医保、医疗服务，保证政府惠民政策持续有效，监管力度逐步加强。

总之，就医信用无感支付的定位是集成各方数据要素服务和交易服务能力，为患者提供一站式医疗支付解决方案，旨在协助患者、医院、银行解决医疗场景中的痛点和堵点，在时间上、效率上及成本上达到最优，并以此为基础产生多方的效益和收益，实现多方共赢。

（2）多方获利 + 可良性循环的商业模式

就医信用无感支付是牵引各方交易链路和数据链路的核心节点，是一个调度者和引擎，能够充分调动各参与方数据要素服务和交易服务能力，在符合相关数据、交易和操作安全规范的前提下，共同完成一站式医疗费用结算模式升级。在解决医疗场景堵点的同时，通过多方合作运营（例如：通过银行收单、获客和活客，以及医疗机构增收节支等服务产生运营收入），不断形成投入产出的良性循环，实现多方持续共赢。

（3）推广模式

产品分阶段实现，逐步解决业务难点和堵点，以点带面，建立行业标准，通过各方参与单位联合行动的方式进行推广。

首先，通过小范围医院试点磨合支付结算方式，建立标准流程，降低改造难度，形成基础框架。

其次，总结前期经验，优化用户体验，重点提高时效性，降低操作复杂度，同时扩大业务覆盖面。

再次，通过政府督导，在各官方渠道同步开展宣传和推广活动，引导患者了解业务并进行签约和使用。

最后，不断优化迭代服务能力，逐步扩大受众范围。例如：增加亲情付、异地就医结算、逐步扩大受理的参保人种类、增加非医保统筹订单受理能力等。

（4）盈利模式

由医院及对应的收单银行通过银医合作的模式，提供相关基础建设的服务费用。

后续产品运营过程中，由相应的获益机构，根据为其专门提供的增值运营服务内容提供相应的服务费用。例如：为医疗机构提供定制服务、为银行提供金融产品宣传推广服务等。

（5）社会效益

目前国内存在政府信用模式、保险信用模式、银行信用模式等多种类型的信用就医模式，该产品是在结合各种模式特点的基础上，取长补短，通过政府数据要素赋能银行信用，既具有政府信用模式的公信力，又可以结合银行风控体系解决信用兜底的问题，同时通过银联与各银行间开放互联的金融平台，解决了保险信用模式和银行信用模式的排他性问题。该项目能够让老百姓自由选择自己喜欢的金融产品和支付方式，体验更快捷便利的就医服务；能够让医院专注于治病救人，降本增效；能够让银行扩大金融服务范围和收益，也愿意提供资源投入。同时，该产品能够充分利用现有的医疗及金融系统资源，对接成本低，政府和金融机构分工明确，通过中间平台调度安全可控。产品上线至今，日签约量和交易量稳步上升，得到了广大市民的喜爱和好评，同时也得到了上级管理部门的表扬，连续两年入选“广州市民生十件实事”，具有显著的社会效益。

7. 产品业务亮点

该产品的成功实施，得益于其独特的业务亮点与先进性：

亮点一：就医信用无感支付能够免除就医流程中所有的排队缴费环节，为患者提供“免排队，零操作”的“ETC 式”就医新体验。解决了传统就医流程“三长一短”痛点中的“缴费难”问题，平均缩短患者 60% 的在院时长，有效发挥了数据要素在促进医疗服务高效便民等方面的支撑作用。

亮点二：就医信用无感支付实现了医保个账还款模式，该模式为国内首创，通过严格的交易数据核对机制确保医保资金的合规使用，不仅切实有效地降低了银行的风险，还显著提升了医保资金的有效利用率，实现了双赢的局面。

亮点三：就医信用无感支付创新推出亲情付功能，能够实现用户本人与其直系亲属间的便捷代扣代付，此项功能对在常规医疗服务流程中面临就医难题的“一老一小”群体尤为友好，有效地解决了上述人群看病难、陪护难的问题。用户通过亲情要素验证后，可便捷地使用亲人账户进行代付，高效解决缴费问题。

亮点四：异地参保用户同样能够在广州便捷签约就医信用无感支付服务，用户在使用就医信用无感支付时，医保统筹报销结算和自费部分的即时结算均可一触即达，摒弃了烦琐的线下报销环节，极大地提高了就医支付的便捷程度。

亮点五：就医信用无感支付通过银行垫付模式，能够保障医疗资金 T+1 高效到账，有效规避了因患者逃欠费造成的医疗机构坏账风险，增加了医院的现金流，从而为医疗机构的稳定运营提供了坚实后盾，赢得了合作医疗机构的广泛赞誉与认可。

亮点六：就医信用无感支付的应用能够显著提升医疗机构资源的利用率和周转率（例如：减少缴费窗口、实施出院床边结算等），使院方得以将更多资源聚焦于医疗服务本身。此外，就医信用无感支付能够有效缩短患者的排队时间，从而间接提高医疗机构的运营效率，在疫情防控和避免医疗资源挤兑方面能够发挥积极作用。

亮点七：就医信用无感支付提供住院押金结算、床边结算等服务。患者使用信用额度，可实现无须缴纳现金即可办理住院，能够进一步减轻患者就医负担。同时，出院结算也无须排队缴费，可直接在床边完成住院费用结算，让“数据多跑路，患者少操心”，进一步提升医疗机构病床的周转率和服务效率。

亮点八：就医信用无感支付服务作为牵引各方交易链接的节点，能够调度、融合产品各方的服务能力和数据处理能力，在充分利用各方成熟的资源和系统环境的同时，通过数据要素服务规避业务上的风险，例如资金风险、信用风险、交易风险、操作风险等。同时通过数据回流实现业务闭环，形成一个可持续升级、可不断迭代优化的模型，构成了参与方在其中均可持续获益的生态环境，可不断吸引资源方投入民生服务建设。实现了成本低、见效快、风险可控的多方共赢模式。

#### 8. 产品应用效果

广州市是信用就医的先行城市，该产品在广州市实现了对医保参保人类型、待遇类型、全市各区定点医疗机构类型的全面覆盖。该产品目前累计上线医院数量已达 66 家，签约用户突破 50 万人，受理银行达 14 家，授信额度超 1000 万，日均增长超 3000 人次，赢得了社会各界的普遍赞誉。

在广东省，就医信用无感支付服务模式已扩展至东莞、中山、清远等城市，省内签约人数超过 65 万，交易笔数超过 45 万笔。

### 9. 案例复盘

#### （1）市场潜力巨大

就医信用无感支付针对的是医疗场景中的基础支付需求，具有巨大的社会需求和市场容量。

- 社会需求：随着人口老龄化和医疗需求的增加，就医过程中的便利性成为社会关注的焦点。该产品通过提供无感支付解决方案，直接回应了民众对于高效医疗服务的迫切需求。
- 市场容量：中国庞大的人口基数和不断增长的医疗健康消费需求，为该产品提供了广阔的市场空间。目前，广州市社会医疗保险参保人数 1414.2 万人，按我省基本医疗保险参保人数 1.086 亿人估算，广东省整体市场潜力可达广州市近 10 倍，市场空间非常广阔。

#### （2）具有良好的行业示范性

就医信用无感支付具有可复制、可推广的解决方案和应用模式。广州市的信用就医项目已经证明了其在实际应用中的有效性，为其他城市和地区提供了可行的参考模式。

- 解决方案：平台结合医保、银联、银行等多方资源，通过数据要素的整合，提供了一站式的就医支付解决方案。
- 应用模式：平台的“先看病后付费”模式，优化了就医流程，减少了患者等待时间，提高了医疗服务效率。平台充分利用现有的医院统筹接口、医保查询及交易环境、银行交易环境，以银联无感支付接口为基础打造标准交易平台，对接容易，复制快，成本低。
- 复制推广：广州市的成功经验已经在广东省内的东莞、中山、清远等城市得到复制和推广，显示出良好的行业示范性。

（3）具有良好的可持续性

就医无感支付平台具备长期可持续发展的能力。

- 技术支撑：平台基于先进的数字技术，包括云计算、大数据分析和医疗无感支付等，确保了技术的前瞻性和适应性。
- 功能服务升级：根据市场及用户反馈，对功能服务进行升级迭代及完善，如：增加亲情付、异地就医结算等，保障用户体验。同时围绕医疗场景，结合 AI 行业应用，接入 AI 智能导诊、陪诊等服务，提升用户黏性及产品生命力。
- 政策支持：国家政策对“互联网 + 医疗健康”的持续推动，为平台的长期发展提供了政策保障。广州就医信用无感支付被列入 2023 年广州市政府深化医改重点任务、2023 年“广州十件民生实事”，在全市范围内推广试点，通过全市一盘棋、整体谋划推进，极大增强了该产品的公信力和影响力，为产品的持续发展奠定基础。
- 市场驱动：产品实现了患者、医院、银行和政府等多方共赢的局面，能够为各参与方带来实际的经济效益，形成良性的商业循环，因此产品具有内在的驱动力和外部的合作动力。

平台的可持续发展能力得到了技术、政策和市场等多方的共同支持，具备了大规模推广的条件。除了在广州市取得的显著成效以外，该产品还在广东省内的东莞、中山、清远等城市得到推广，显示出强大的生命力和可持续性。

（4）确立公司在数据资产国际标准化的能力地位

信用就医项目在确立数据产品和数据资产标准化方面取得了重要成就，获得了 SGS 和 ISO 55013 的权威认证。2024 年 7 月发布的 ISO 55013:2024《资产管理 数据资产管理指南》是全球首个针对数据资产管理的国际标准，涵盖了数据定义、收集、存储、分析、使用和保护等方面，为企业提供了系统全面的实施指南和方法工具。德生科技凭借其在数据采集、服务和运营领域的丰富实践和成熟的管理能力，成功通过了 ISO 55013 认证，获得全球首张认证证书，标志着信用就医项目在全球数据资产管理领域的突出地位。此次认证不仅是企业在国际标准化道路上的里程碑，也为我国数据资产管理的标准化和数据经济的高质量发展提供了强有力的支持和示范。

# | 第四篇 |

# 数据产品经营

从数据资源到数据资本，数据之旅来到了变现之路。本篇始终强调数据已成为企业最宝贵的资产，其价值不亚于传统的货币资本。而且随着大数据、云计算、人工智能等技术的飞速发展，数据的商业潜力被不断挖掘和放大。

本篇将深入探讨数据产品交易、数据资产运营和数据资本创新三大领域，为读者铺设数据产品的终极变现之路——流通交易一价值倍增一资本积累，从而揭示数据如何从潜在资源转化为企业的核心动力和市场竞争力。

本篇不仅是对数据价值转化路径的系统梳理，也是对数据经济时代企业战略的深刻洞察。我们希望通过这些章节，帮助你把握数据经济的脉搏，引领你的企业在数据驱动的商业革命中抢占先机。

第 11 章 CHAPTER

# 数据产品交易

数据产品作为商品，在数字经济时代已经深入人心。数据不仅是信息的载体，更是价值的源泉，它在商品市场和经济发展中扮演着越来越重要的角色。在市场视角下，作为商品的数据产品的流通正在形成数据交易主体、数据交易手段、数据交易中介、数据交易监管“四位一体”的发展格局。而在经济学视角下，作为商品的数据产品的流通和使用涉及数据确权、数据定价等关键问题。数据确权需要在个人、企业、社会三大数据权益主体之间建立合理的权益分配机制，而数据定价则需要考虑数据的独特属性（如非消耗性、非排他性、时效性等），以及数据在不同应用场景下的价值。此外，作为商品的数据产品也带来了一系列伦理和法律问题。例如，数据的过度采集、非法滥用、丢失泄露等安全事件频繁发生，这些问题不仅威胁到个人隐私和国家安全，也对社会秩序和市场公平构成挑战。因此，数据治理体系的构建变得尤为重要，它需要在促进数据流通和保障数据安全之间取得平衡。随着技术的进步和市场的成熟，数据的商品化将进一步深化，其在经济活动中的作用将更加显著。

本章将深入探索这一新兴领域，从数据产品作为商品的本质，到数据产品交易市场的构建，再到交易模式的创新和技术的应用，旨在提供一个全面的视角，以帮助读者理解数据产品交易的复杂性和动态性。

## 11.1　数据交易市场

### 11.1.1　数据产品作为商品

数据产品作为商品，其法律地位和市场交易属性已经得到了学术界和企业界的广泛认可。从经济学的角度来看，数据产品具有商品的基本属性，包括价值和使用价值，能够满足市场的需求并参与到市场经济的交换中去。

首先，数据产品是通过结构化数据与用户进行价值交换的产品。它通常是通过数据来解决问题的工具，如数据看板、大数据分析、数据中台等。数据产品的核心在于系统化、结构化的数据思维，即度量。数据产品的使用价值在于它能够提供决策支持、优化业务流程、提高效率等。

其次，数据产品在市场上的交易已经成为现实。数据交易是以数据产品作为商品进行分类定价、流通和买卖的行为，是数据要素流通的基本方式之一。中国数据交易市场中数据产品的 3 种类型为数据集、数据服务、数据应用，场外数据交易还包括数据算力服务等。数据交易产业链包括数据供给端、数据交易服务运营端和数据需求方，这表明数据产品已经具备了完整的市场流通路径。

再次，对数据产品的法律保护也在不断完善。数据产品已具备财产权的相应权能，应赋予其产权属性。对数据产品进行法律保护时，可从《数据安全法》、《反不正当竞争法》《民法典》第七编“侵权责任”层面进行法律救济。而确认数据产品的财产权益属性后，可拓展法律救济的范围，并最大限度地保护数据产品权利人的合法权益，促进数据产业的健康发展。

最后，数据产品的经济学特征复杂，但其确实具有经济价值。数据价值在微观层面体现为对使用者效用的提高，在宏观层面体现为对全要素生产率的提高。数据价值缺乏客观计量标准，但可以通过成本法、收益法、市场法等进行估计。

综上所述，数据产品作为商品，不仅在实践中已经形成了成熟的市场交易模式，而且在法律层面和经济学理论上也得到了相应的保护和认可。随着数字经济的发展，数据产品的市场地位和价值将进一步得到提升和确认。

### 11.1.2 数据产品交易市场

据统计，我国数据要素市场总规模已超过千亿，数据已超过技术，成为仅次于资本的第二大生产要素。数据交易市场作为一片无比广阔的蓝海，其潜在规模巨大。

#### 1. 以数据产品为交易标的的新市场

在开发利用和流通应用过程中，数据要素的形态经历了“信息信号→原始数据→数据资源→数据产品→数据资本”的动态变化，这一过程体现了数据在现代社会中价值的逐步提升和应用的深化。

1）信息信号：在早期，数据主要以信息、信号的形式存在，这是数据最原始的表现形式，如结绳记事、传感器收集的信号、通信中的电信号等，体现了数据的记录价值。

2）原始数据：随着数字技术的发展，大量的信息信号被转化为数字格式的原始数据，这些数据未经处理，保留了最初的状态，形成了大数据。

3）数据资源：当原始数据被系统化收集和存储后，成为可供进一步分析和利用的数据资源。数据资源的积累是发掘数据价值的基础，并为数据交易市场提供了坚实的资源底座。

4）数据产品：数据资源经过加工、分析和包装后，形成了可以直接提供给用户的数据产品。这些产品可以是数据报告、数据分析服务、数据 API 等，它们为用户提供了直接的价值。这些产品具有清晰的使用性能、直观的价值模型，成为数据交易新市场的流通标的和可信资产类型。

5）数据资本：在数据产品的进一步发展中，数据不仅仅是一种资源或产品，它还成为一种资本，可以在市场中进行流通交易和投资。数据资本化意味着数据可以作为一种新型资产进行管理和增值。

这一动态变化反映了数据从最初的信息信号状态，通过不断地加工和创新，最终成为能够带来经济价值和社会影响的重要资产。在政策的支持和市场的推动下，数据交易市场的崛起和发展为数据要素的流通和交易提供了平台，进一步促进了数据要素形态的演变和价值的实现。

从新市场主体的角度看，围绕数据产品展开的一系列价值流转格局，将催生一个完整的数据交易市场，如表 11-1 所示。

表 11-1　数据产品流通交易市场的角色矩阵

| 比较项 | 角色 | | | |
|---|---|---|---|---|
| | 供方 | 需方 | 交易所 | 第三方服务机构 |
| 定义 | 提供数据产品的实体 | 需要并购买数据产品的实体 | 提供数据产品交易的平台 | 提供专业服务 |
| 功能 | 数据采集、生成、加工 | 数据需求分析、选择、购买 | 交易撮合、市场监管、提供交易规则 | 法律咨询、数据评估、合规评估、安全审计、争议解决 |
| 作用 | 创造数据产品价值 | 实现数据产品应用价值 | 促进数据产品流通和交易 | 支持交易过程，降低交易成本和风险 |
| 关注点 | 数据质量、数据安全、合规性 | 数据适用性、价格、交付时间 | 交易效率、市场透明度、用户满意度 | 服务质量、专业性、信誉 |
| 收益来源 | 数据产品销售 | 数据产品应用产生的效益 | 交易手续费、平台使用费、数据产品差价 | 提供服务的费用、咨询费 |
| 风险 | 数据侵权、技术故障、市场变化 | 数据不适用、交付延迟、成本超支 | 交易失败、平台安全、信誉风险 | 服务不达标、法律风险 |
| 合规要求 | 确保数据来源合法、遵守数据保护法规 | 确保数据使用合法、遵守数据保护法规 | 遵守市场规则、保护用户隐私 | 遵守专业标准、保护客户数据 |
| 市场行为 | 数据产品开发、上架、推广 | 市场调研、产品选择、交易执行 | 用户管理、交易监控、信息发布 | 服务提供、专业咨询、技术支持 |

2. 数据交易市场体系

数据要素的市场化配置涉及 3 个主要阶段，即资源化、资产化和资本化，分别对应着零级市场、一级市场和二级市场，如图 11-1 所示。

（1）零级市场（非流通交易市场）

这一市场层级主要涉及非交易性质的数据共享交换，包括企业内部或具有业务和股权关联的企业间的数据共享交换，以及数据信托等新型数据权益流转。零级市场的数据资产及其衍生市场的潜在规模可能远超一、二级市场，是数据资本化阶段的重要组成部分。

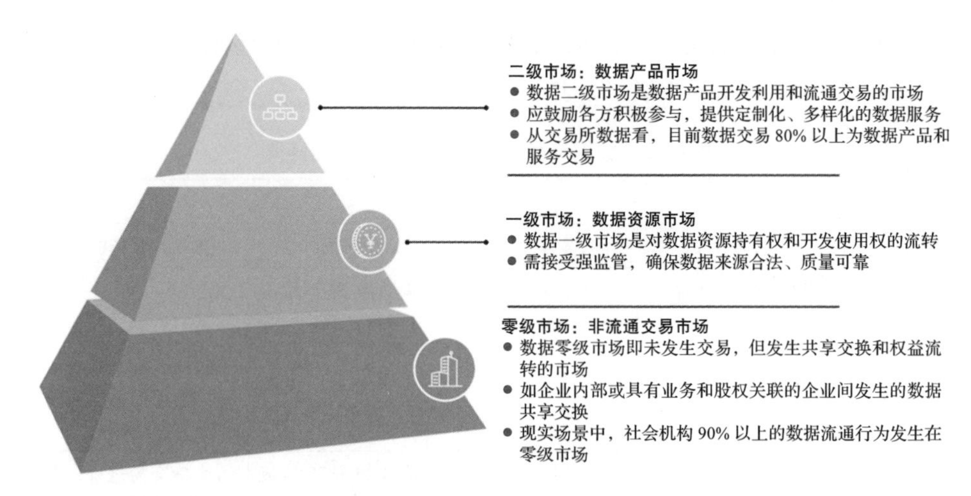


图 11-1 数据交易市场体系

（2）一级市场（数据资源市场）

一级市场是数据资源的持有权和使用权进行转让或授权许可的市场，类似于土地市场中的“生地”变“熟地”，是数据资源化的过程。这一市场层级主要承载以数据集或数据接口为主要方式流通的数据资源，随着隐私计算、多方安全计算等新技术的应用，数据一级市场越来越多地以数据资源授权许可使用为主要交易形态。

（3）二级市场（数据产品市场）

二级市场是数据加工方对数据资源进行加工处理和算法模型化后，以产品和服务的形式销售给购买者的市场，类似于土地市场中的房地产流通交易，是数据资产化的过程。目前，二级市场是数据流通交易的主流市场，场内数据挂牌交易的标的物中，80% 以上为数据产品和服务。

这 3 个市场层级共同构成了数据要素市场化配置的完整体系，每个层级都有其独特的功能和作用，相互之间存在着联动关系。随着数据要素市场化配置改革的深入，这些市场层级将更加成熟和完善，从而推动数据要素价值的最大化和数字经济的发展。

### 11.1.3 数据交易市场机制

数据交易市场的形成，首先要有一套完整的数据产品流通机制，即数据产品在产生、交易、传播和使用过程中的一系列规则、流程和保障措施，以确保数据产品能够高效、安全、合法地在市场中流通。

以下是数据产品流通机制的主要组成部分：

- 数据确权：明确数据产品的所有权、使用权、处理权等权利归属，为数据产品的流通提供法律基础，并解决数据产权模糊的问题，避免因权利不清导致的纠纷。
- 数据质量评估：建立数据质量评估标准和方法，对数据产品的准确性、完整性、一致性、时效性等进行评估，确保进入流通环节的数据产品具有可靠的质量，满足用户的需求。
- 定价机制：制定合理的数据产品定价策略，考虑数据的价值、成本、市场需求、竞争情况等因素，形成公平、透明、灵活的价格体系，促进数据产品的交易。
- 交易平台：搭建数据交易平台，提供数据产品的展示、搜索、交易撮合、支付结算等功能，保障交易的安全、便捷和高效，降低交易成本。
- 安全与隐私保护：采用加密、匿名化、访问控制等技术手段，保护数据产品在流通中的安全和隐私，确保数据主体的权益不受侵犯，符合相关法律法规的要求。

除了上述组成部分以外，数据交易市场还需建立监管机制，对数据产品的流通进行监督和管理，防止非法交易和数据滥用；制定统一的数据标准和规范，包括数据格式、接口、元数据等，增强数据产品的互操作性和兼容性，提高流通效率；对数据产品的流通过程进行审计和记录，实现数据的可追溯性，便于发现问题、解决纠纷和进行责任追究；开展数据交易相关的培训和教育活动，提高市场参与者的数据素养和交易能力，培育健康的数据交易市场文化，增强市场活力。

其中，基于“三权分置”的市场主体权利逻辑是构成数据产品流通机制的重要基础。数据提供者、数据处理者和相关数据服务商通过“数据资源持有权”“数据加工使用权”“数据产品经营权”的分置、派生、共享、授权，使得数据产品衍生的各项权能和收益在多层次、多元化市场主体之间形成共生格局。数据产品在流转、交易、经营过程中，通过收益分配实现数据价值的倍增，并形成新型数据交易市场，详见图 11-2。

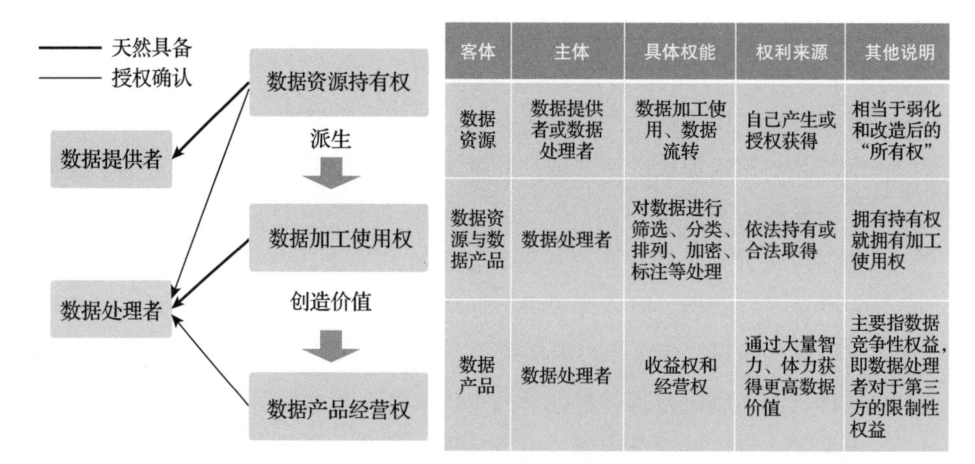


| 客体 | 主体 | 具体权能 | 权利来源 | 其他说明 |
| --- | --- | --- | --- | --- |
| 数据资源 | 数据提供者或数据处理者 | 数据加工使用、数据流转 | 自己产生或授权获得 | 相当于弱化和改造后的“所有权” |
| 数据资源与数据产品 | 数据处理者 | 对数据进行筛选、分类、排列、加密、标注等处理 | 依法持有或合法取得 | 拥有持有权就拥有加工使用权 |
| 数据产品 | 数据处理者 | 收益权和经营权 | 通过大量智力、体力获得更高数据价值 | 主要指数据竞争性权益，即数据处理者对于第三方的限制性权益 |

图 11-2　数据产品交易的合规确权逻辑

我们在倡导数据产品交易与流通的同时，如何在确保安全的前提下进行交易是一个不可忽视的问题。据数据显示，“2020 年场内数据交易仅占总市场规模的 4%”“2021 年我国数据黑市交易规模已突破 1500 亿元”，而场外交易规模接近整体数据交易规模的 95%。这表明国内合规的数据交易方式还不完善，合规渠道尚未普及，导致场外交易过热而场内交易不活跃。场外交易的迅速发展为非法数据交易提供了“温床”，数据来源通常涉及信息泄露和网络攻击。前者主要是由于单位内部缺乏数据保护管理，使员工有机会出售所接触的数据造成的；后者则通过爬虫技术或对计算机系统的攻击来获取数据。因此，推动场内交易的发展显得尤为必要。

各大数据交易所正在探索多种途径来解决数据确权问题，为合规数据交易提供保障，如数据登记和技术手段赋能数据权益。场内交易逐步发掘新的数据应用场景，涉及的行业已扩展到金融、医疗、交通和工业等。随着国家对数据安全监管的不断深入，以及隐私计算等技术的成熟，场内交易的市场份额有望进一步提升，这将有助于实现数据要素的安全流通。此外，国家各类政策也在推动统一的数据交易市场的建立，构建包括国家级数据交易所、区域性数据交易中心、行业数据交易平台及中介组织在内的多层级数据交易生态体系，如图 11-3 所示。

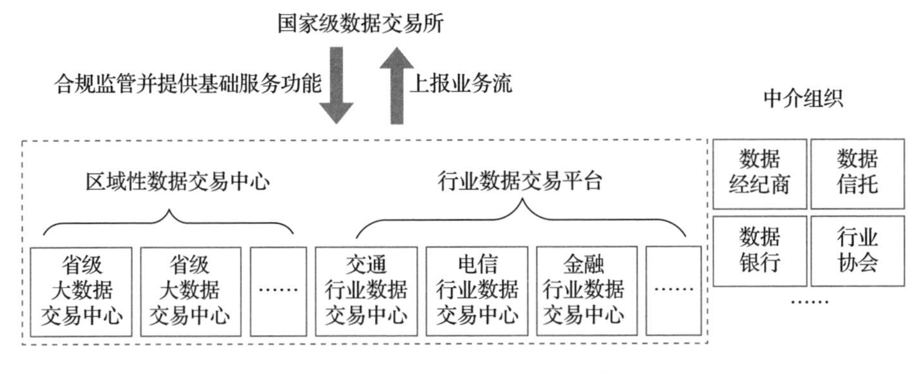


图 11-3　多层级数据交易生态体系

产业侧，数据产品围绕交易产业链形成了联动格局。上游为数据供给端，提供包括数据采集、数据加工处理、数据资源集成和数据分析等产品；中游为数据交易服务运营端，包括数据交易所、企业主导型数据服务平台和开放平台；下游为金融业、通信业、制造业、医疗健康业等数据需求方。同时，公共数据的授权运营将进入一个大规模的实验阶段，这意味着相关的制度、平台和标准将不断完善，特别是高价值公共数据的供给服务。此外，大型企业将通过整合自身的数据资源和能力，形成一个有机的数据要素生态体系，推动市场的有序运转，从而产生“飞轮效应”。

## 11.2　数据产品交易模式

### 11.2.1　场内交易与场外交易

数据产品流通交易的“场内交易”是指在依法设立的、具有规范交易规则和监管机制的数据交易场所内进行的数据产品交易活动。

场内交易具有以下特点和优势：

- 规范性：交易场所通常有明确的交易规则、流程和标准，包括数据产品的登记、评估、定价、交易结算等环节，确保交易的公平、公正、透明。
- 安全性：具备严格的安全保障措施，保障交易数据的隐私、安全和合规性。例如，采用先进的加密技术、安全审计机制等。

- 监管性：处于政府相关部门的监管之下，交易活动合法合规，降低风险和纠纷的发生概率。
- 生态资源整合：聚集了众多的数据供应方和需求方，促进数据资源的集中整合和高效匹配。
- 信用保障：交易场所的背书和信誉体系，为交易双方提供了一定的信用保障，增加了交易的可信度和稳定性。

例如，上海数据交易所、贵阳大数据交易所等就是典型的数据产品场内交易场所。企业或机构可以在这些交易所内按照规定的程序和要求，进行数据产品的买卖、租赁、共享等交易活动。

场内交易能够为数据产品的流通交易提供更规范、安全和高效的环境，有助于推动数据要素市场的健康发展。

相比之下，“场外交易”则是指不在这些特定的交易场所内进行，而是由交易双方自行协商和完成的数据产品交易活动。

近年来，数据交易市场的场外交易存在一些重大风险事件。例如，在A公司员工贩卖公民信息案中，一名员工向其上级汇报并征得同意后，与B科技公司（买方）签订数据买卖合同，后者前后共支付合同款70万元。截至案发时，A公司共向买方交付包含未脱敏的公民个人信息数据60余万条，买方通过QQ邮箱共计向客户发送公民个人信息168万余条。据新华社报道，A公司在8个月的时间内，日均传输公民个人信息1.3亿余条，累计传输公民个人信息达数百亿条，累计传输数据压缩后约为4TB，数据量巨大。此外，据《证券日报》报道，数据流量的不断增长，也加速了数据黑产的规模扩张，估计2021年数据黑色交易的市场规模已超过1500亿元。同时，大量数据通过非正式渠道流通交易，场外数据交易频发，合规交易方式未普及。“侵犯公民个人信息案”数量近年来呈明显增长态势。这些事件反映了数据交易市场场外交易存在的严重风险和监管不足的问题。

数据产品交易的场内与场外模式的区别详见表11-2。

表 11-2　数据产品交易的场内与场外模式的区别

| 特征 | 场内交易 | 场外交易 |
| --- | --- | --- |
| 定义 | 在依法设立的、具有规范交易规则和监管机制的数据交易所内进行的数据产品交易活动 | 不在特定的交易场所内进行，而是由交易双方自行协商和完成的数据产品交易活动 |
| 监管 | 受到严格的监管和法律框架约束 | 监管较为宽松或不存在 |
| 标准化 | 交易流程和合同通常是标准化的 | 交易流程和合同可能因交易双方变化而异 |
| 透明度 | 高度透明，交易信息公开可查 | 透明度较低，可能存在信息不对称 |
| 参与者 | 参与者多样，包括机构和个人投资者，以及交易所运营商 | 主要为私下协商的买卖双方 |
| 产品范围 | 产品类型多样，可能包括数据集、API、数据报告等 | 通常为更专业或定制化的数据产品 |
| 单笔交易量 | 单笔交易量可能较大，参与者众多 | 单笔交易量可能较小，针对特定需求 |
| 定价机制 | 通常有明确的定价机制和价格发现过程 | 定价多为私下协商决定 |
| 安全性 | 安全性较高，有交易所或平台保障 | 安全性依赖于双方对彼此的信任和合同执行 |
| 流动性 | 流动性较好，产品容易买卖 | 流动性可能较低，受限于找到合适的买家或卖家 |
| 技术要求 | 技术平台成熟，支持大规模交易 | 技术要求可能较低 |
| 法律保护 | 法律保护较为完善 | 法律保护可能不明确，存在风险 |
| 交易成本 | 可能包括交易所费用等额外成本 | 成本可能较低，但风险管理成本可能较高 |

## 11.2.2　数据交易所模式

作为国家重点发展方向，数据要素如何发挥其价值是目前研究的重点。核心的观点是流动的数据才能产生价值，如果数据并没有开放、共享，那么价值一定是有限的。目前，数据流通类型主要包括数据开放、数据共享和数据交易 3 种。数据开放和数据共享主要由各地方政府牵头实现，而数据交易则主要由数据交易所及数据交易中心通过场内交易来完成。

数据交易所是数据要素流通的重要场所，为数据供需双方提供撮合、结算、监管等服务。在数据交易所中，数据供方可以发布数据产品，明确数据的描述、价格、使用限制等信息；数据需方则可以浏览并选择所需的数据产品，通过数据交易所进行交易撮合和结算。在某些特定情况下，数据产品可能会通过公开竞争确定使用权和价格，采用拍卖或竞价的方式进行交易，这种方式通常适用于稀有或高价值的数据资源。国家政策鼓励构建规范高效的数据交易场所，统筹实施“所商分离”等重大改革举措，确立了数据交易市场建设的基本方向。尽管场内交易具有多重优势，但目前数据交易所的运营发展面临着一些挑战，如交易意愿较低、有效需求和有效供给不足，以及大部分交易所都处于亏损状态。随着数据交易市场的不断发展和成熟，场内交易的比例将会增加。相关政策和市场机制的完善将进一步推动数据交易的规模化和规范化。

从国内现有数据交易机构发生的场内交易来看，目前在市场中流通的具有商品属性的数据交易标的以API等形式调用的数据集和工具化后的数据衍生品为主（参见表11-3），它们是数据产品，具有交换价值。此外，数据资产质押融资、担保、证券化等形成的数据资本本身就是一种特殊的金融产品，具有流通属性，也具有交换价值。

表 11-3　国内代表性数据交易机构的数据交易标的

| 代表性数据交易机构 | 数据交易标的 |
| --- | --- |
| 贵阳大数据交易所 | 数据产品及服务，如数据集、数据API等；算法工具，如解决方案；算力资源，如云服务 |
| 福建大数据交易所 | 数据API、数据集、数据报告 |
| 上海数据交易所 | 数据集（数据集合）、数据服务（数据处理结果）、数据应用（解决方案） |
| 北京国际大数据交易所 | 数据资源（数据集/包）、数据产品（数据API）、数据服务（解决方案） |
| 深圳数据交易所 | 数据产品，主要指数据衍生品，如数据集、数据分析报告、数据可视化产品、数据指数、API数据、加密数据等；数据服务，即数据处理能力，如数据采集和预处理服务、数据建模、分析处理服务、数据可视化服务等；数据工具，包括软硬件工具，如数据存储和管理工具、数据采集工具、数据清洗工具、数据分析工具、数据可视化工具等 |
| 广州数据交易所 | 数据产品，包括数据应用、数据分析报告、数据API、数据集、数据指数等；数据能力，包括数据采集工具、数据存储平台、数据管理系统、数据分析工具等；数据服务，包括数据咨询服务、数据培训服务、数据评估服务、数据处理服务等；数据资产，如数据藏品、数字艺术品、数字形象等 |

我国正围绕数据交易所的建设，推进建立数据一级市场“收储”和二级市场“做市商”的机制。在一级市场中，探索建立数据“收储”机制，鼓励各类数据商通过数据交易所平台以协议、拍卖等方式“收储”数据，以获得政府、企业等持有的公共数据和企业数据的使用权、经营权等权益。通过数据“收储”机制，提升数据要素市场供给能力，有效调节供求，为稳定数据要素市场价格提供有效抓手。在二级市场中，鼓励有条件的地方政府或行业探索以数据交易所生态体系为核心建立数据“做市商”机制，引导各类数据商融合不同渠道、来源的各类数据，开发、形成高价值数据产品，允许数据“做市商”对一级市场的数据持有者和二级市场的数据产品购买方进行“双边报价”，形成对数据要素市场交易性和流动性的有效支撑。

数据交易所是数字经济中的关键组成部分，它提供了一个平台，使得数据产品作为一种商品可以在市场主体之间流通和交易。数据交易所的业务和盈利模式主要包括以下几种：

- 交易撮合：数据交易所通过提供平台，让数据的卖方和买方能够找到彼此并进行交易。这种模式类似于传统的证券交易所，交易所通过对每笔交易收取一定比例的佣金来获得收入。
- 会员服务：数据交易所提供会员服务，收取年费或会员费。成为会员后，用户可以享受数据交易的各种便利和优惠服务，如数据产品的优先访问、定制化的数据解决方案等。
- 增值服务：除了基础的交易服务外，数据交易所还提供数据清洗、数据标识、数据挖掘和数据融合等增值服务。这些服务通常需要额外收费，是数据交易所收入的重要组成部分。
- 数据产品开发：数据交易所参与数据产品的设计和开发，将原始数据加工成可供交易的数据产品，如数据 API、数据集、数据报告等，并通过销售这些数据产品获得收益。
- 数据资产评估和管理：数据交易所提供数据资产评估、数据资产入表、数据资产融资等服务，帮助企业将数据资产化，并在资本市场上进行交易和融资。
- 数据安全和合规服务：随着数据安全和隐私保护的重要性日益增加，数据交易所提供数据安全合规咨询、数据合规体系建设等服务，确保数据交易的合法性和安全性。

- 跨境数据交易：一些数据交易所探索建立跨境数据流通交易机制，帮助企业确保跨境数据传输的安全性和合规性，这可能涉及外汇结算、数据出境安全评估等服务。
- 数据中台和数据治理服务：数据交易所提供数据中台建设和数据治理服务，帮助企业实现数据的集中管理和高效利用。

数据交易所的盈利模式正逐渐向更多元化和专业化的方向发展，以适应日益成熟和竞争激烈的市场环境。随着数字经济的不断发展和数据价值的日益凸显，预计数据交易所的市场规模和交易量将持续增长。据《2023年中国数据要素市场研究报告》所述，数据交易所的盈利模式多样，但不一定意味着其盈利能力强。当前主要的盈利模式包括佣金模式、会员制模式和增值式交易服务模式，每种模式都有其独特的优势和挑战。

（1）佣金模式

这是最传统的盈利模式之一，数据交易所通过对每笔交易收取一定比例的佣金来实现盈利。例如，贵阳大数据交易所在成立初期对每一笔交易收取10%的佣金。然而，这种模式也可能阻碍交易达成，因为高额的佣金可能导致用户绕开平台进行场外交易。此外，佣金模式的可持续性和盈利空间有限，随着市场竞争的加剧，佣金率不断降低，目前大多数数据交易所的佣金率在1%～5%。

（2）会员制模式

在会员制模式下，数据交易所通过向其会员收取年费或其他形式的会员费来获得收入。这种模式有助于促进企业间的长期合作，提高交易的安全性和质量。以华东江苏大数据交易中心为例，其主要收入来源是向6000多家会员收取年费，从而实现平台的盈利。会员制模式为数据交易所提供了稳定的收入来源，但也需要提供更多的增值服务来吸引和保留会员。

（3）增值式交易服务模式

在这种模式下，数据交易所不再仅仅是一个“中间人”，而是承担了数据清洗、数据标识、数据挖掘和数据融合等数据服务商的职能，这种模式允许数据交易所通过提供专业化的数据服务来创造更多的价值。当前，大多数数据交易所都提供相应的数据增值服务，并且这一块业务在平台营收中占比不低。

### 11.2.3 “所商分离”机制

数据产品交易的“所商分离”机制是一种将数据交易所的角色与数据商（数据产品的提供者）的角色区分开来的模式。这种机制的目的是提高数据交易的效率和透明度，同时促进数据要素市场的健康发展。

数据商是指那些拥有数据资源、能够对数据进行加工处理并提供数据产品的市场主体。数据商可以是数据的原始拥有者，也可以是专门从事数据加工的专业公司。数据商在交易所的授权和监管下，开展数据产品的开发、发布和销售活动。

在“所商分离”机制下，数据交易所主要扮演平台的角色，提供交易的场所和基础设施，而数据商则负责数据的收集、加工、包装和销售。这种分离有助于明确各方的职责和功能，使得数据交易更加规范化和专业化。

在“所商分离”机制下，风险管理是确保数据交易顺利进行的关键。交易所需要建立严格的数据产品上架标准和交易规则，对数据商进行资质审核，确保数据来源的合法性和数据产品的合规性。同时，交易所还需要建立健全的数据安全和隐私保护机制，防止数据泄露和滥用。

“所商分离”机制有助于构建一个更加健康和活跃的数据交易市场，通过专业化的服务和规范化的管理，促进数据资源的有效流通和价值最大化。同时，这种机制也有助于提高数据交易的安全性和合规性，保护数据所有者的权益，促进数据要素市场的长期稳定发展。

理解“所商分离”制度，可以从以下几个方面入手：

**（1）职能划分**

“所”主要指数据交易所本身，承担着制定交易规则、提供交易平台、维护交易秩序、保障交易安全、进行合规监管等公共服务职能。

“商”则侧重于商业运营部分，包括数据产品的开发、营销、客户服务等市场化运作环节。

**（2）目的和意义**

- 确保交易的公平公正：通过将交易所的公共服务职能与商业运营职能分

开，避免商业利益对交易规则和监管服务的干扰，保障交易环境的公平性和透明度。

- 提高运营效率：专业的人做专业的事，让交易所专注于平台的建设和管理，商业运营方专注于市场拓展和服务优化，从而提高整体运营效率。
- 降低风险：防止商业运营风险影响到交易所的公信力和稳定性。

（3）优势

- 增强公信力：由于交易所专注于规则制定和监管，减少了利益冲突，使得市场参与者对交易所有更高的信任度。
- 促进市场竞争：商业运营部分可以引入多个竞争主体，激发创新和服务质量的提升。

（4）挑战

- 协调难度：需要在“所”和“商”之间建立有效的协调机制，确保双方的工作能够顺畅衔接。
- 监管难度：对于商业运营部分的监管需要更加精细和严格，以防止违规操作。例如，在某个数据交易所中，“所”制定了严格的数据交易规则和安全标准，“商”则根据市场需求开发了一系列数据产品，并通过精准的营销手段吸引客户，但始终在“所”制定的框架内进行操作。

总的来说，“所商分离”制度有助于构建一个健康、有序、高效的数据交易市场环境。“所商分离”制度作为一种创新的管理模式，正逐渐在数据交易所中得到应用和推广。尽管在实施过程中可能面临一些挑战，但通过合理的设计和有效的管理，能够充分发挥其优势，为数字经济的繁荣做出积极贡献。

## 11.3 数据产品交易技术

### 11.3.1 数据产品交易技术版图

围绕数据要素流通、数据产品交易的各项新兴技术，正处于一个加速融合与创新的阶段。这一领域强调通过大数据处理，促进数据产品在流通交易过程中产生经济价值的重要性。其中，“可控、可计量、可流通”成为对数据产品交易技术提出的新要求，新兴技术（如云原生、软硬协同、湖仓一体化等）不断涌现，为数据要素价值的释放提供了保障。从数据产品化到流通交易，都离不开各项技术的支撑和运用，数据采集、存储、计算、流通、应用的过程中，大量的技术交叉融合，共同实现数据产品交易，驱动数据价值释放与倍增，从而形成完整的数据产品价值路线图，如图 11-4 所示。

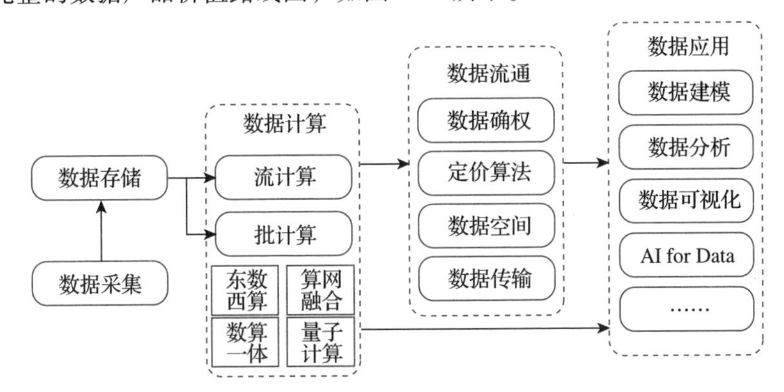


图 11-4　技术驱动的数据产品价值路线图

数据产品开发与交易技术有助于提升数据处理能力，使数据交易场所能够整合和管理来自不同来源、不同格式的大规模数据，为交易提供更丰富的数据资源；新兴的加密技术（如同态加密、多方安全计算等）在数据交易过程中可以实现数据的“可用不可见”，保障数据在交易和使用过程中的安全性和隐私性，增强交易双方的信任；机器学习和人工智能算法可以对数据的价值进行更准确的评估和定价，考虑数据的质量、稀缺性、应用场景等多种因素，提高数据交易的合理性和公平性；智能合约技术可以实现数据交易的自动化执行，减少人工干预，提高交易效率，降低交易成本；数据可视化技术能够将复杂的数据以直观易懂的方式呈现给交易双方，帮助交易双方更好地理解数据特征和交易详情；云计算技术使得数据交易场所能够实现云服务，方便不同地区、不同行业的用户访问和使用，促进数据的跨平台和跨领域流通与交易；API 技术能够实现不同数据交易场所之间的数据共享和整合，形成更广泛的数据交易生态系统。综上所述，数据产品新兴技术给数据交易市场的发展带来了多方面的推动作用，有助于提升数据交易的效率、安全性、公平性和创新性，促进数据交易市场的繁荣发展。

### 11.3.2 主流数据技术

如上文所说，云原生、软硬协同、湖仓一体化等新兴技术为数据产品化、数据要素流通提供了技术保障。云原生技术通过其存储计算分离架构，实现了资源池化和极致弹性，带来了高扩展性、高可用性和低成本等优势，有效地支持了用户的降本增效需求。软硬协同技术，如 GPU 数据库和数据库一体机，满足了业务规模不断扩张的需求。硬件技术的发展不仅增强了数据处理性能，还推动了数据处理技术与其他新兴技术的融合，提升了技术体系的安全性和智能性。湖仓一体化技术，集数据湖的灵活性与数据仓库的数据结构、管理功能于一体，有效降低了数据冗余，减少了存储成本，提升了数据处理的时效性。

随着人工智能、隐私计算、区块链等新兴技术的持续发展，数据交易及数据产品的安全流通得到了有效保障。AI 技术的应用，特别是 AIGC 技术的突破，不仅使大语言模型进入公众视野，更扩展了数据基础设施与 AI 融合的发展空间。生成式 AI 在数据库设计和数据分析挖掘中能够简化操作，提高效率。全密态数据库结合隐私计算，能够解决数据全生命周期的隐私保护问题，确保数据在各个环节始终保持加密状态。防篡改数据库与区块链的结合，提供了可信的数据安全解决方案，保障了数据的整体完整性和安全可信流通。

在低空经济等新领域，向量数据库、图分析技术、时空大数据平台及时空数据库等技术，也在支持新兴业务场景下的数据要素价值释放。向量数据库支持 AI 技术赋能数据要素价值释放，尤其是处理非结构化数据的向量表示问题。图分析技术能够有效分析数据之间的关联性，处理数据之间的复杂关系。时空大数据平台和时空数据库的发展，响应了北斗时空大数据服务、数字孪生、智慧城市等新兴数据应用业务场景对于时空数据处理的需求。

这些新兴技术日渐成熟并被广泛应用，大幅提升了数据产品设计、开发、经营的效率和效果，更通过流通、交易保障，强化了数据产品价值释放的可能性。我国数据技术正朝着更高效、更安全的方向发展，以满足不同应用场景下的技术需求。这些技术的融合与创新，不仅促进了数据的有效管理和利用，还给企业和社会带来了新的价值。未来，这些技术将继续在我国的数字化进程中扮演关键角色，推动我国从“数据大国”向“数据强国”转变。

### 11.3.3 数据计算

近年来，在国家相关部门和各枢纽节点的共同努力下，“东数西算”工程取得积极进展。截至 2024 年 3 月底，10 个国家数据中心集群算力总规模超过 146 万标准机架，整体上架率为 62.72%，较 2022 年提升 4%；东西部枢纽节点间网络时延已基本满足 20ms 要求。“东数西算”工程的实施带动了 IT 设备制造、信息通信、基础软件、绿色能源等产业链发展，提升了国家整体算力水平。随着算力需求的持续增长，预计到 2025 年底，国家枢纽节点地区各类新增算力将占全国新增算力的 60% 以上，这将进一步加速数据流通交易市场的形成，更有利于数据产品开发与经营的价值实现。

在数据产品开发和流通交易的场景内，数据计算的类型和创新发展主要体现在以下几个方面：

- 批处理计算：批处理计算引擎如 Hadoop MapReduce 和 Spark，主要用于处理大规模的非实时数据。它们能够处理大量数据集，通常用于数据仓库的构建、大规模数据处理和分析等场景。这些引擎通过优化数据处理流程，提高了数据处理的效率和可靠性。
- 流处理计算：流处理计算引擎如 Apache Flink、Apache Storm 和 Apache Kafka Streams，专注于实时数据处理。它们能够快速响应数据流中的变化，适用于需要实时分析的场景，如监控系统、实时推荐系统等。
- 即席查询计算：即席查询计算引擎如 Elasticsearch 和 Apache Druid，提供了快速的数据检索和分析能力，适用于用户交互式的数据分析需求，能够支持快速的数据查询和报告生成。
- 图查询计算：图查询计算引擎如 Apache Giraph 和 Nebula Graph，专注于图结构数据的查询和分析。这些引擎能够处理复杂的图算法，如社交网络分析、推荐系统等。
- 智能计算：随着人工智能技术的发展，智能计算成为数据计算的新趋势。它结合了机器学习和深度学习技术，通过训练模型来提升数据计算的智能化水平。智能计算在自然语言处理、图像识别、预测分析等领域有广泛应用。

- 内存计算：内存计算技术通过将数据存储和管理在内存中，而不是传统的磁盘中，极大地提高了数据处理速度。这种技术适用于需要快速响应的实时分析和交易系统。
- 云原生计算：云原生计算技术，如容器化和微服务架构，使得数据计算服务更加灵活和可扩展。它们支持在云环境中快速部署、管理和扩展数据计算任务。
- 软硬件协同优化：为了进一步提升计算效率，软硬件协同优化成为发展趋势。这包括专门为数据计算设计硬件加速器，如 GPU、TPU，以及与之相匹配的软件优化。
- 跨平台和跨领域计算：随着数据交易市场的兴起，跨平台和跨领域计算成为新的需求。这要求数据计算技术能够支持不同平台和领域间的数据交换和协同计算。

这些创新发展不仅提升了数据计算的性能和效率，也为数据产品的开发和流通交易提供了更强大的技术支持。随着技术的不断进步，未来数据计算领域还将出现更多创新和突破。

### 11.3.4 数据空间

如何打破数据孤岛，促进数据安全流通，已成为各国共同面临的挑战。作为这一难题的解决方案，数据空间正逐步成为数字时代的核心。早在 2016 年，国务院《“十三五”国家科技创新规划》就首次提出“数据空间”概念：“开展工业信息物理融合理论与系统、工业大数据等前沿技术研究，突破智慧数据空间、智能工厂异构集成等关键技术，发展‘互联网＋’制造业的新型研发设计、智能工程、云服务、个性化定制等新型模式。”至今，数据空间仍是一个相对较新的概念，它代表着网络空间从“以计算为中心”向“以数据为中心”的转型。

数据空间可以被视为一个由数据构成的虚拟环境，其中数据不仅是信息的载体，也是价值创造和交换的媒介。在数据产品开发和流通交易的场景中，数据空间允许不同来源和格式的数据在保持原有位置的同时进行集成和共享，无须物理集中存储。这种分布式的数据管理方式提高了数据的可访问性和利用效率，促进了数据的流通和交易。数据空间通过采用先进的加密技术和访问控制机制，确保数据在流通过程中的安全性和隐私性。例如，通过区块链技术，可以确保数据交换的透明性和不可篡改性，同时保护数据所有者的权利。在数据空间中，数据治理成为确保数据质量和合规性的关键。通过制定统一的数据标准和协议，数据空间促进了数据的互操作性和标准化，为数据产品的开发和流通交易提供了基础。同时，数据空间结合人工智能和机器学习技术，可以对海量数据进行智能分析和处理，提取有价值的信息和知识，支持复杂决策的制定。再者，数据空间强调数据主权的概念，即数据所有者对其数据拥有完全的控制权。通过数据空间技术，数据所有者可以决定数据的访问权限、使用条件和流通范围，从而实现数据价值的最大化。

数据空间为新型数据产品和服务的开发提供了平台，如数据 API、DaaS 等。这些服务通过提供定制化的数据解决方案，满足特定行业和用户的需求。数据空间支持基于数据的新型商业模式，如数据交易平台、数据共享经济等。这些模式通过促进数据的流通和交换，创造了新的商业价值和增长点。数据空间还可促进不同行业和领域间的数据交流与合作，推动跨领域的数据应用和创新，如智能制造、智慧城市、智慧医疗等。

根据国家信息中心公共技术服务部联合浪潮云信息技术股份公司研究编制的《数据空间关键技术研究报告》，数据空间旨在为数据创建一个互联的生态系统，使数据在不同组织和行业之间安全、透明地流动，同时尊重数据隐私和治理的要求，具有“基础设施、数据主权、治理机制、商业模式、价值遵从、开放参与”6 个关键特征，已成为促进数据流通的重要基础设施。从业务上看，数据空间中包括数据供给方、数据使用方、数据空间运营方和第三方服务商。从功能框架上看，数据空间可以分为运营管理、数据连接器、第三方服务三大类功能。从技术框架上看，数据空间的关键技术包括信任体系、数据互操作、访问和使用控制、分布式架构 4 个方面，其核心是依托连接器，实现数据面和控制面分离。

在实践应用层面，数据空间可简单归纳为以下 3 层：

1）企业层数据空间：以企业内部的数据为核心，定义产品生命周期中的关键要素，实现连续的数据流动，支持企业数字化转型及未来的数字孪生应用。

2）产业链层数据空间：通过定义不同阶段的产品数据和企业画像，提升产业链的透明度，推动数据驱动的生态链构建。

3）跨产业链层数据空间：智慧城市、智慧农业等场景需要跨行业的数据互联，基础设施的支持和数据的可信、安全是实现这一目标的关键。

这三个层次互为依托，没有完善的企业层数据空间，就难以实现产业链及跨产业链的数据互联互通。因此，企业、产业链、跨产业链层的数据空间是相互促进、协同发展的。

从数据产品交易的角度看，数据空间多场景落地应用正加速释放数据价值。对此，国家数据局提出了推动数据空间建设的三大方向：

1）分类推动数据空间建设：围绕企业、行业、城市、个人和跨境五大领域，培育数据空间建设的最佳实践，促进数据的合规、高效流通。

2）夯实基础设施：制定共性标准，攻关核心技术，建设数据基础设施，确保数据空间的可信、互通和低门槛使用。

3）加强国际合作：建立常态化国际合作机制，推动数据空间技术标准、运营规则和制度体系的全球协作，促进数据空间的互联互通。

### 11.3.5 数据快递

数据快递技术是一种面向海量数据在线高效传输的网络服务，它依托强大的算力网络基础设施或物理设备，将大规模的数据从一个地点传输到另一个地点，并提供差异化的数据传输服务，以满足不同用户的需求。“数据快递”是一种新兴数据传输技术，它在数据产品开发和流通交易中，特别是在“东数西算”和数据公共管道建设的背景下，发挥着重要作用。这项技术的核心在于高效、安全、快速地传输和处理大量数据，以支持数据的流通和交易。它通常集成了加密、安全认证、数据压缩等技术手段，确保数据在传输过程中的完整性和安全性。

在“东数西算”工程中，数据快递技术通过构建高速泛在、安全可靠的算力传输网络，实现了数据的快速传输。这涉及确定性、高通量的网络建设，以及新兴网络技术的应用，如SRv6、智能无损网络、400G/800G、全闪存储、全光网络等，这些技术有助于打通国家枢纽节点与非国家枢纽节点间的网络主干道，确保数据传输的低时延、高带宽和低抖动。

数据快递技术还包括数据管道架构的创新，它涉及数据的收集、摄取、准备、计算和展示等一系列步骤。一个好的数据管道架构可以帮助企业整合不同来源的数据，减少摩擦，实现数据分区和统一性，从而提高决策效率，加快数据产品的开发与应用。数据快递技术的另一个重要方面是数据治理和标准化。通过建立统一的数据标准和协议，数据快递技术有助于确保数据的互操作性和标准化，为数据产品的开发和交易奠定基础。

总体而言，数据快递技术通过提高数据传输效率、优化数据管道架构、推动数据空间应用和加强数据治理，为数据产品的开发和流通交易提供了强有力的支持，是推动数字经济发展的关键技术之一。

近年来，我国算力基础设施规模随政策的推进高速增长，目前已居世界第二，算力产业蓬勃发展。但算力资源分散导致资源调用存在壁垒，难以发挥大规模算力市场对社会发展的促进作用。同时，伴随着人工智能大模型的不断发展，大容量数据广域网的传输需求不断增加，跨域算力数据备份、数据异地统一纳管等场景对在线数据迁移的有效吞吐提出了更高要求。而传统广域网数据传输面临数据量庞大、响应时间长、实际传输速度慢、性价比低等难题，这些严重影响了传输效率。实现海量数据在广域网高吞吐传输成为迫切需求。

以“数据快递站”和“数据直通”等业务模式为创新典型的数据快递服务，满足了不同用户对数据传输时效和成本的需求，专线传输、聚合传输和错峰传输方式，高吞吐、高弹性、高安全和低时延技术体系，短距、中距、长距多种传输链路，以及通算、智算、超算等不同计算场景，也有助于优化和推广数据快递技术在实际中的应用。通过这些技术和服务的实施，数据快递技术在“东数西算”工程中发挥着至关重要的作用，它不仅提高了数据传输的效率，还降低了成本，更为批量化的数据产品加工，尤其是需要大量算力和海量数据的“超级数据产品”的开发和流通交易提供了便利和可能性，更大程度上释放了海量数据的无限价值。

### 11.3.6　数算一体化

数算一体化是一种创新的模式，它将数据、算法、算力与应用场景深度融合，以提升数据处理和分析的效率，丰富数据产品开发策略，加快数据产品设计与开发速度，丰富数据产品应用价值内容。数算一体化运营的核心逻辑是数据（Data）、算法（Algorithm）、算力（Computing power）、场景（Application scenario）的协同创新与融合发展，即DACA数算一体模型，如图11-5所示。

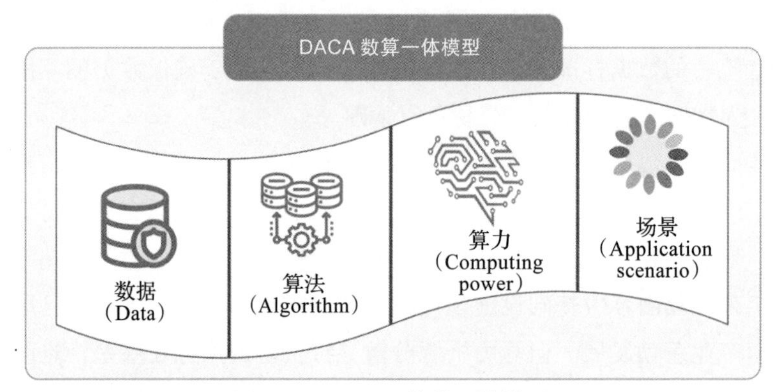


图11-5　DACA数算一体模型

来源：GOALSONG。

DACA数算一体模型在多个行业和领域展现出其独特的价值和潜力：

1）多元算力一体化布局：通过构建算力基础设施，实现多元算力资源的高效整合和调度，如超算互联平台和智算算力网AI开发平台，这些平台能够促进数据互联互通，提升枢纽节点的集约化成效。

2）东中西部算力一体化协同：通过建立跨区域算力资源调度机制，实现东中西部算力资源的优化配置，如“三重网络三重算”构建园区新质生产力，长三角枢纽芜湖集群算力公共服务平台提供一站式算力服务。

3）算力与数据、算法一体化应用：推动算力、数据、算法的融合发展，如“东数西算”实现“算力数据算法”融合，构建智驾行业数字化竞争力，以及基于算力、数据与算法的跨主体数据多方安全计算实践。

4）算力与绿色电力一体化融合：探索“绿电聚合供应”模式，实现京津冀枢纽张家口集群算力与电力高效协同，以及建设“零碳数据中心”助力算力与绿色电力一体化融合。

5）算力发展与安全保障一体化推进：在提升算力服务的同时，确保算力基础设施的安全可靠，如粤港澳枢纽韶关集群打造一体化安全体系，保障数据中心集群可控。

6）行业应用案例：在实际应用中，如联想集团提出的 AI 全场景算力产品方案，遵循了算力发展的新趋势，具备高效稳定、绿色节能和多元生态的特点，关注云计算与边缘计算的混合应用，以及公域、私域与个人场景的灵活部署。

7）政策支持：国家发展改革委等部门发布的《关于深入实施“东数西算”工程加快构建全国一体化算力网的实施意见》中，提出了算力与数据、算法的一体化应用，推动算力、数据、算法融合发展，建立健全算法开发利用机制，提升数据分析能力。

8）生态推动：例如，由数据服务商、数据交易所、大模型厂商、算力中心、科研院所、数据要素型企业等联合发起的开放数算联盟（Open Data Computing Alliance，ODCA），围绕国家“数据二十条”“数据资产入表”“东数西算”“算网融合”“算力一体化”“数字化绿色化协同转型发展”等政策，聚焦数据要素、计算资源、算网融合、数算一体化运营的开放数算生态，大力推动贯通数据要素产业、人工智能产业、算力产业的数算一体化的落地和实践，构建数算一体化生态格局，如图 11-6 所示。

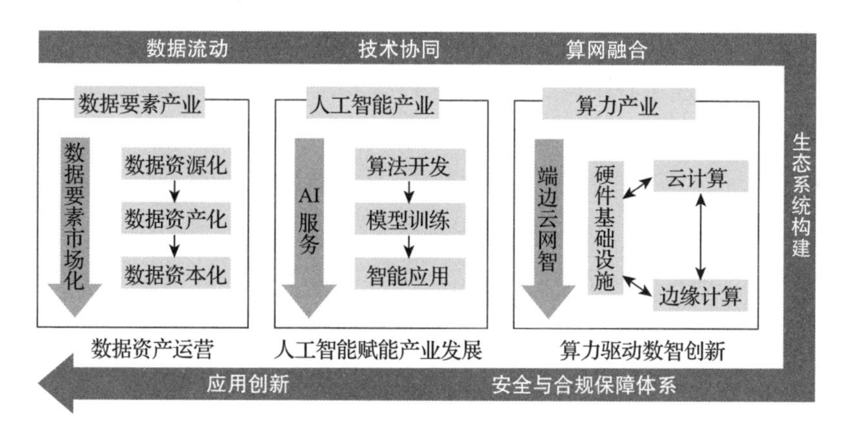


图 11-6　数算一体化生态格局

整体而言，数算一体，就是要统筹算力与数据、算法的一体化应用，推动算力、数据、算法融合发展，为数字经济的高质量发展提供支撑；构建联网调度、普惠易用、绿色安全的全国一体化算力网，助力网络强国、数字中国建设，打造中国式现代化的数字基座；探索异属异构异地算力资源并网调度技术方案和商业模式，加大低成本、高品质、易使用的算力供给，切实提升计算资源的整体使用率。目前，数算一体已在智能交通系统、自动驾驶汽车、人工智能语音识别、网络安全防御、金融风险评估、医疗影像分析、工业自动化与智能制造、农业精准种植等场景得到了广泛应用。这些实践展示了数算一体化运营模式在提升数据处理能力、优化资源配置、推动技术创新和支持行业数字化转型方面的潜力，为数据产品开发和交易提供了强大的创新基础。

## 11.4 数据产品交易平台

数据产品交易平台不仅是数据产品交易行为的核心支撑，也是数据资源的载体之一，更是一个“超级数据产品”。数据产品交易平台通过汇聚各类数据资源，打破数据孤岛，实现数据资源的整合和优化配置。同时，通过提供一个集中的、专业化的市场环境，极大地促进数据产品的整合、交易与流通。

### 11.4.1 数据产品交易平台的核心制度

数据产品交易平台的核心制度是平台有效、安全、合规运营的基础，其内容主要涉及以下几个方面：

- 交易主体调查：进行数据需求方与数据提供方之间的尽职调查和评估，包括信用情况、资质情况和主体类型等。
- 数据产品合法性评估：确保数据产品本身合法合规，从数据来源的合法性、数据内容的合法性等方面进行全面评估。
- 数据交易环境评估：评估交易双方的数据安全保障能力，确保数据全链路安全，降低数据流通的风险。
- 数据交易协议制定：避免交易法律法规禁止的数据及产品，确保交易过程符合《数据安全法》和《个人信息保护法》等法律法规的规定。
- 数据资产开发利用规则完善：形成权责清晰、过程透明、风险可控的机制。
- 数据资产销毁处置规范制定：对失去价值的数据资产进行安全和脱敏处理后销毁，并严格记录销毁过程。
- 数据资产安全管理：落实数据资产安全管理责任，把安全管理贯彻到数据资产开发、流通、使用的全过程。

- 数据资产应急管理：建立数据资产预警、应急和处置机制，制定应急处置预案。
- 数据资产信息披露和报告：鼓励数据资产相关主体及时披露、公开数据资产信息，促进交易市场公开透明。
- 数据资产价值应用风险防控：建立数据资产协同管理的应用价值风险防控机制，有效识别和管控潜在风险。

建设各项制度的目的主要在于确保数据供方、需方、数据商、第三方专业服务机构、数据交易场所等交易参与方知晓应遵守的法律法规、商业道德和职业道德，以及数据处理者的安全保护义务；明确禁止交易的数据类型（如涉及国家秘密、危害国家安全、侵犯个人隐私和知识产权等的数据），以及数据质量合规要求和交易数据分类分级保护措施；规范数据产品交易全过程，包括主体入驻、登记挂牌、交易磋商、下单签约、产品交付、交易结算、交易结束、纠纷处理等各个环节；同时确保数据交易活动的合法性和合规性，涉及数据交易监管机构的职责、监管机制、监管流程和监管技术等方面。

总体而言，数据产品交易平台首先应遵循合法合规原则、过程可控原则、分类分级原则、确保安全原则和权责一致原则，为数据产品交易与流通提供基本的安全指导。这些原则构成了数据产品交易平台的规范化运营框架，有助于促进数据交易市场的健康发展。随着技术的发展和市场的变化，数据产品交易平台的核心制度也在不断地更新和完善。

### 11.4.2　数据产品交易平台的核心系统

数据产品交易平台的核心系统通常包括以下几个关键组成部分：

#### 1. 数据产品登记上架系统

数据产品登记上架系统是确保数据产品能够合法合规地进行交易的重要环节。数据供方首先需要在平台上进行账号注册，然后登录数据交易平台进行数据产品的登记。登记时需要提供供方主体的基本信息、数据产品的基本信息（包括产品名称、描述、数据组成成分、来源、更新频率、底层数据维度与数据规模等)，以及交易平台要求的其他信息。

交易平台对提交的登记申请信息进行形式审核，主要审核材料的齐全性和内容的完整性。数据产品登记申请信息经审核通过后，供方可以申请数据产品登记凭证。一般而言，凭证设有有效期限，期满前供方可以申请续证。若已登记的数据产品信息有误或事实发生变化，供方应及时提交变更登记。在特定情况下，如数据产品灭失或权利人放弃权益等，供方可以申请办理注销登记。若数据产品在登记过程中存在违规情形，利害关系人可以申请办理撤销登记。交易平台发现违规情形时，也可以撤销登记并进行公告。交易平台应保存数据产品登记信息、相关文件、登记凭证等，以确保交易的透明性和可追溯性。对于登记后的数据产品，符合条件的供方可以根据交易平台的交易要求补充挂牌信息，并提交合规评估和质量评估报告，获得挂牌证书后，数据产品即可进入交易市场。图 11-7 是一个数据产品登记系统的功能模块示例。

图 11-7　数据产品登记系统的功能模块示例

### 2. 数据资产管理系统

数据资产管理系统提供数据汇集接入方式，支持数据资产自动识别发现、敏感数据智能分类分级、数据质量可控、数据脱敏等功能，实现数据资产的高质量供给。部分数据交易平台还具备数据资源、数据资产的存证托管功能，能够为数据经纪人、数据投行顾问提供数据产品开发和数据资产运营的一站式服务。

### 3. 可信数据开发空间系统

可信数据开发空间系统保障计算过程的数据安全、语料安全、模型安全等，确保数据能够进行安全的加工，支持基于数据敏感等级配置不同的安全加工组件。围绕数据产品开发、授权运营、流通交易的全流程，构建数据流通安全监管平台，在数据供给、数据开发、数据产品消费等过程中，进行统一分析与安全监管。

#### 4. 数据交易服务系统

数据交易服务系统建立数据产品交易规则和业务规范，建立数据确权工作机制，形成价值评估定价模型，健全报价、询价、竞价、定价机制，构建高效的交易服务流程。该系统还可构建数据中介服务机构运营管理制度、严格的数据中介服务机构准入标准，以培育专业的数据中介服务商和代理人。

#### 5. 数据资产金融服务系统

数据资产金融服务系统开展数据资产质押融资、数据资产保险、数据资产担保、数据资产证券化等金融创新服务，实现交易平台线上交易、智能评估、智能撮合等功能。数据交易平台可深入挖掘多方安全计算在数据安全、数据应用等方面的作用，探索数据持有权、使用权和经营权的合理剥离，实现“数据可用不可见”，促进数据资产化、产品化，并围绕以收益分配为核心的金融科技手段，做好结算与金融咨询服务。

#### 6. 技术支撑系统

技术支撑系统利用隐私计算、区块链及智能合约技术、数据确权标识技术、测试沙盒技术等构建数据交易系统，为数据供需双方提供可信的数据融合计算环境。通过智能匹配和交易撮合系统，促进数据供需双方的有效对接，提高交易效率。提供技术支撑服务，包括数据清洗、法律咨询、价值评估、分析评议、尽职调查等。构建以数据产品开发、交易为核心驱动的算力跨域、跨云调度体系，为数据交易市场提供高效、集约、绿色、安全的算力支撑。

这些核心系统共同构成了数据产品交易平台的基础设施，确保了数据的安全、合规流通和高效交易。随着技术的发展和市场需求的增长，这些系统也在不断地更新和完善，以支撑数据产品开发与价值路径的实现。

### 11.4.3　数据产品交易平台的开发与运维

数据产品交易平台的开发与运维是一个复杂的过程，涉及多个关键环节，以确保平台的稳定性、安全性和高效性。以下是数据产品交易平台开发与运维的核心内容：

（1）需求分析与规划

明确平台的目标用户、服务范围和业务需求，制定技术路线图和开发计划。国内各大交易所各有特色，大部分数据交易所、数据产品交易平台尚未部署开发平台。在启动平台开发前，要避免重复建设、确保区域特色、体现平台优势，详尽的需求分析与规划尤为重要。

（2）系统架构设计

设计可扩展、高性能、安全的系统架构，包括前端用户界面、后端服务、数据库、API 等。尤其是应该考虑充分利用新型数据产品交易和流通技术，包括算力接入、数据空间建设、数据传输、交易收益分配结算体系等功能架构，这些技术的应用往往决定了数据产品交易平台后续运行过程中的效能发挥。

（3）技术选型与功能开发

选择合适的技术栈和开发工具，如编程语言、框架、数据库、中间件等，根据规划和设计，进行平台的功能开发，包括用户管理、数据产品管理、交易撮合、支付结算、数据分析等模块。

（4）数据安全与合规体系

实施数据加密、访问控制、数据脱敏、审计日志等安全措施，确保数据的安全性和隐私性，并确保平台的运营符合相关的法律法规和行业标准。

（5）用户支持、持续迭代与优化

进行平台部署、用户培训，并根据用户反馈和市场变化，不断迭代和优化平台功能，提升用户体验。

在运维方面，数据产品交易的运维管理方案需要包括基础环境、网络、服务器存储和基础软件的维护，以及应用系统的配合和支持。目前，数据交易规模不断扩大，数据交易方式多样化，数据交易平台逐渐成熟，数据安全问题备受关注，数据交易行业监管加强。从这些现状可以看出，我国数据产品交易市场正在快速发展，政策支持力度加大，交易场所和企业数量不断增加，但同时面临着数据安全和监管等方面的挑战。在数据产品交易市场发展初期，充分“借势”利用监管和政策制定者（它们不直接参与数据交易，但制定数据交易的规则和标准，对数据交易市场进行监管和指导），在接受它们监督和指导的前提下，通过平台创新，推动数据交易制度落地，也是平台运维的重要方面。

同时，数据产品交易平台的运营，还可充分利用数据交易市场的“第四方”力量，“第四方”包括行业协会和标准化组织，这些组织通过制定行业标准和最佳实践，促进数据交易的健康发展。“第四方”还包括那些致力于构建和维护数据交易生态系统的组织，即提供技术平台、促进数据共享和交易的非营利组织或联盟，以及一系列数据交易相关服务的综合提供者，这些服务可能包括数据质量评估、数据安全审计、数据资产评估等。这些“第四方”可能不直接参与数据的买卖过程，但能够在数据产品封装、价值量化、市场创新等方面发挥巨大作用，是数据交易生态系统中起支撑、辅助或监管作用的实体，是构成数据产品交易平台运维的重要生态力量。

数十家数据交易所，以及陆续成立的各大区域数据交易平台，构成了庞大的数据交易场所矩阵，推动着数据产品交易平台不断提高规范化与标准化程度。多元化的数据产品和服务、跨领域应用场景的融合、国际合作的加强、生态系统的完善，使数据产品交易朝着更加规范、创新、融合和安全的方向发展，成为数字经济发展的重要驱动力。

|第 12 章| C H A P T E R

# 数据资产运营

数据资产运营是一个全面而复杂的过程，它要求我们不仅要理解数据的价值，还要掌握如何通过战略规划和创新方法来实现这一价值。在数据资产运营框架背景下，本章将为你提供清晰的路径和实用的指导，帮助你构建起一个高效、可持续的数据资产运营体系。

本章重点关注数据资产运营的全面视角，从理论到实践，从企业到城市，揭示数据资产在不同层面的运营策略和实践路径，希望你在阅读本章后，能够理解数据资产在现代企业运营中的重要性，获得对数据资产运营的深刻洞察，并能够在实际工作中有效地运用这些知识，积极拥抱数据资产，推动企业和城市的数字化转型。

## 12.1 重构企业数据资产

### 12.1.1 全面认识数据资产

#### 1. 什么是数据资产

数据资产作为经济社会数字化转型进程中的新兴资产类型，在经济运行中日益活跃，其定义可以从多个角度来理解。

从企业管理的角度来看，数据资产指企业拥有或控制的、未来能够为企业带来经济利益的数据资源。这些数据资源经过有效的收集、整理、存储和分析，能够支持企业的决策制定、业务优化、创新发展等活动，为企业创造价值。

从财务会计的角度出发，数据资产是指可以用货币计量，并且预期能为企业带来经济利益的数据集合或数据衍生品。

在数字技术领域，数据资产被认为是具有一定规模、能够产生价值、可以被重复利用，并且以数字化形式存在和存储的数据集合。

总的来说，数据资产是具有可计量价值、可被拥有或控制、能够为拥有者带来经济利益或其他收益，并以数字化形式存在的资源。但对于数据资产的具体定义，会因不同的行业、企业和应用场景而有所差异。

在《信息技术服务 治理 第5部分：数据治理规范》(GB/T 34960.5—2018）中，数据资产被定义为“组织拥有和控制的、能够产生效益的数据资源”，强调了数据治理对于数据作为资产的有效管理和利用的重要性。

国际数据管理协会（DAMA）在其《DAMA数据管理知识体系指南》中，将数据资产定义为：“以数据为形式拥有或控制的、能够为组织带来价值的资源。”

中国信通院发布的《数据资产管理实践白皮书》提出：“数据资产是指由组织（政府机构、企事业单位等）合法拥有或控制的数据，以电子或其他方式记录，例如文本、图像、语音、视频、网页、数据库、传感信号等结构化或非结构化数据，可进行计量或交易，能直接或间接带来经济效益和社会效益。”

需要注意的是，不同的组织和文件对于“数据资产”的定义可能会存在一定的差异，但其核心都强调了数据作为一种资产所具备的价值创造能力和企业对其的控制或拥有关系。

如今，数据要素逐渐成为推动经济高质量发展的新资源，对作为资产的数据进行有效管理和利用的重要性日益凸显。数据资产被认为是在信息技术服务治理的框架下，企业拥有或控制的、具有潜在价值的数据资源。这些数据资源需要通过合理的规划、组织、管理和控制，以实现其价值的最大化，并满足企业的战略目标和业务需求。

而在数字经济新一轮高速发展的背景下，数据资产不仅仅是单纯的数据集合，还包括与之相关的管理流程、技术手段、人员职责等方面。对数据资产的治理需要确保数据的质量、安全性、可用性、完整性和合规性等，从而使其能够为企业创造经济价值、提升竞争力、支持决策制定、优化业务流程等。更重要的是，对数据资产的确认，应当根据数据资源的持有目的、形成方式、业务模式，判断其能否进行货币计量、能否带来直接或者间接经济利益，进而通过对数据资源相关交易和事项进行会计确认、计量和报告，对其价值进行评定和估算，最后释放数据资产的内在价值和流通交易价值。

### 2. 数据资产的特征

数据资产具有以下几个主要特点：

1）无形性：数据资产不像传统的有形资产那样具有物理形态，它是以数字形式存在和存储的。

2）可重复叠加利用性：可以被多次使用、聚合、整合、叠加处理，而不会像有形资产那样在使用过程中发生损耗或折旧。

3）增值性：经过合理的分析、整合和应用，能够为企业带来更多的价值，其价值可能随着时间和应用场景的变化而不断增加。

4）多样性：包括结构化数据（如数据库中的表格数据）、半结构化数据（如XML、JSON格式的数据）和非结构化数据（如文本、图像、音频、视频等），来源广泛且形式多样。

5）依赖技术：其存储、处理和传输都高度依赖数字技术和基础设施，技术的发展会影响数据资产的价值和利用方式。

6）时效性：部分数据具有较强的时效性，在特定时间内具有价值，随着时间的推移，其价值可能会降低或消失。

7）高风险性：可能面临数据泄露、数据丢失、数据质量差、合规风险等多种风险。

8）规模效应：即数据资产的价值倍增效应。通常情况下，数据资产的规模越大，潜在的价值挖掘空间越大，通过大规模数据的整合和分析能够发现更多有价值的信息和洞察。

9）协同性：不同来源和类型的数据资产相互结合、协同作用，往往能够产生更大的价值。

10）权属复杂性：数据资产的所有权、使用权、处理权、经营权等权利的界定相对复杂，可能涉及多个主体和法律问题。

简而言之，数据资产通常包括个人或企业拥有或控制的，未来能够带来经济利益的数字化信息资源，其特征可归纳为：可控制、可量化、可变现。

### 3. 什么是数据资产化

数据资产化是指将数据资源转化为具有经济价值的资产的过程。这一过程可采用技术手段，包括收集、整理、分析、加工等，同时也离不开商业运作手段，将数据资源转化为可量化、可交易的资产，涉及数据要素的识别、整合、运营和交易等多个环节。

以下是一些用于实现数据资产化的关键手段和策略：

1）数据要素梳理与整合：企业首先需要对自身的数据进行全面梳理，包括内部产生的数据（如业务数据、财务数据等）和外部获取的数据（如市场数据、行业数据等）。然后，通过数据清洗、转换和整合技术，将不同来源、不同类型的数据整合到一个统一的数据平台或数据仓库中，便于后续的数据分析和应用。

2）数据运营实施：数据运营是数据资产化的关键环节，涉及数据的采集、存储、处理、分析和应用等方面。企业需要建立完整的数据管理体系，包括数据治理、数据安全保障、数据质量管理等，同时运用数据分析技术和工具，对数据进行深入挖掘和分析，发现数据中的规律和价值。

3）数据产品形成与交易：基于数据分析结果，企业可以开发数据产品或解决方案，以满足决策和业务运营的需求。数据产品需要经过严格的测试，确保质量和稳定性后，在大数据交易市场上进行交易，实现数据资产的流通和价值最大化。

4）数据资产价值评估：推进数据资产评估标准和制度建设，规范数据资产价值评估。利用数字技术对数据资产价值进行预测和分析，构建评估标准库、规则库等，支撑标准化、规范化业务开展。

5）数据资产收益分配机制：完善数据资产收益分配与再分配机制，按照

“谁投入、谁贡献、谁受益”原则，依法依规维护各相关主体的数据资产权益。目前，国家在推动探索建立公共数据资产治理投入和收益分配的机制，推动公共数据资产的开发利用和价值实现。

6）建立数据权属制度：包括明晰产权结构，框定集团内部、关联公司、供应链上下游数据权属配置，通过构建符合各类生产要素特性的产权制度，实现数据未来归属、使用、收益等重要权益的确权。数据权属制度包括数据资源持有权、数据加工使用权、数据产品经营权等分置的产权运行机制。

7）技术系统支撑：数据资产化还需要特定的技术系统支撑，包括数据资产识别技术、统一的标识管理、权属管理、认证机制、授权管理、算法管理和分类分级等。

8）推进数据产品交易：推动数据资产化，在确权、定价、交易等关键环节，更好地挖掘数据价值，实现数据资产的增值和流通，从而在数字化浪潮中提升自身的核心竞争力。

数据资产化不仅可以提升数据的经济价值，还可以促进数据的创新应用，推动数字经济的发展。《关于加强数据资产管理的指导意见》提出了加强数据资产管理的总体要求、主要任务和实施保障，强调了数据资产的安全与合规利用、权利分置与赋能增值、分类分级与平等保护等。“数据二十条”提出了建立保障权益、合规使用的数据产权制度，推动数据产权结构性分置和有序流通。这些政策和指导意见，可以更好地规范和促进数据资产化的过程，确保数据资产的安全、合规和高效利用，同时也促进数据资产化过程中的收益机制创新配置。

### 4. 数据资产与数据资源、数据产品的关系

#### （1）数据资产与数据资源的关系

数据资产和数据资源是数据管理和数据价值链中两个密切相关但有所区别的概念。理解它们之间的关系对于有效管理和利用数据至关重要。

如前文所述，数据资源是在原始数据的基础上，经过系统化处理和组织的数据集合。企业在业务活动中产生的数据集合，包括内部数据（如交易记录、客户信息、员工数据）和外部数据（如市场数据、公共数据、社交媒体数据）。其形态包括结构化的（如数据库中的表格数据）或非结构化的（如文本文件、图

片、视频)，往往来源多样（包括企业运营系统、客户互动、传感器、第三方数据提供者等)。数据资源本身可能不直接产生经济价值，但它们是数据资产的基础材料，通过进一步的处理和分析可以转化为有价值的信息和知识。

数据资产是指经过处理、分析和整合的数据资源，能够为企业带来直接或间接的经济利益。数据资产通常是数据资源经过提炼和加工后的结果，其形态通常是结构化的（如数据报告、分析模型、预测结果等)，易于分析和应用。数据资产具有明确的经济价值，可以直接用于决策支持、产品开发、市场营销等，或通过数据交易和共享产生收益。

数据资源与数据资产之间存在一种辩证关系，这种关系体现了数据从潜在价值到实际价值的转化过程，以及它们在企业战略和运营中的作用。以下是数据资源与数据资产辩证关系的几个关键方面：

- 基础与增值的关系：数据资源是数据资产形成的基础；数据资产则是经过处理、分析和整合的数据资源，具有直接的商业价值。
- 潜在价值与实现价值的关系：数据资源本身可能不直接产生经济利益，但它们具有潜在价值，可以通过转化为数据资产来实现这一价值。
- 输入与输出的关系：在数据的生命周期中，数据资源可以被视为输入，而数据资产则是输出。企业通过对数据资源的管理和加工，将其转化为有价值的数据资产。
- 静态与动态的关系：数据资源往往是静态的，它们需要通过动态的管理和应用来转化为数据资产，这一过程包括数据的持续更新、维护和创新应用。
- 成本与收益的关系：数据资源的收集和存储可能涉及成本，而数据资产则应带来收益。企业需要评估数据资源转化为数据资产的成本效益。
- 风险与机遇的关系：数据资源的管理和使用可能涉及隐私和安全风险，而数据资产的合理利用则提供了商业机遇。
- 技术依赖与技术驱动的关系：对数据资源进行有效管理和将其转化为数据资产，依赖于先进的技术，如数据仓库、云计算和大数据分析工具，同时也推动了这些技术的发展。
- 企业文化与战略导向的关系：对数据资源的重视和将其转化为数据资产，

分别反映了企业的文化和战略导向，分别体现了企业对数据价值的认识和利用数据推动业务发展的决心。

- 内部管理与市场导向的关系：数据资源的管理更多关注内部流程和治理，而数据资产的运营则需要关注市场需求和客户价值。
- 短期利益与长期发展的关系：数据资源的有效利用可能带来短期利益，而数据资产的长期管理和优化则有助于实现企业的可持续发展。
- 单一价值与综合价值的关系：单个数据资源可能只具有单一的价值，而多个数据资产的综合应用可以创造更广泛的综合价值。

理解数据资源与数据资产之间的关系有助于企业更好地规划数据战略，实现数据资源的有效管理和数据资产的最大化利用。数据资源与数据资产之间同时还存在一种共生共荣的关系，它们相互依存、相互促进，并在整个数据价值链中实现价值转化。数据资源是数据资产的源头，没有高质量的数据资源，就无法创造出有价值的数据资产。同时，数据资产的管理和应用又为数据资源的进一步收集、整理和优化提供了方向和动力。数据资源的深入分析和创新应用可以产生新的数据资产，这些数据资产又可以作为新的数据资源，推动持续的创新循环。

**（2）数据资产与数据产品的关系**

虽然数据资产和数据产品这两个概念常常是相互交织并相互依赖的，但它们在数据管理和数据价值实现方面扮演着不同的角色。数据产品通常是为了满足特定的应用需求而设计的，具有明确的功能和用途；数据资产则更侧重于其经济价值和权属，是企业战略资源的一部分。数据产品可以由不同的主体开发和控制，不一定具有明确的权属；数据资产则需要明确的权属和控制权，通常由企业或个人拥有或控制。数据产品可以作为商品或服务在市场上进行交易，具有较高的流通性；数据资产则更多涉及企业的内部管理和战略规划，交易和流通可能受到更多的限制。数据产品的价值主要体现在其解决特定问题的能力上；数据资产的价值则体现在其对企业长期发展和经济利益的贡献上。

尽管如此，数据产品和数据资产又具有密不可分的联系。数据产品和数据资产都源于对数据资源的加工和利用。数据产品可以是数据资产的一部分，或者可以通过进一步的加工和确权成为数据资产。在某些情况下，数据产品和数据资产的界限可能不是特别明确，特别是当数据产品具有较高的经济价值和权属时。

例如，一家零售公司拥有的顾客购买记录数据库，往往被确认为数据资产。而基于这些购买记录开发的顾客行为分析工具，可以向商家提供销售趋势预测和库存管理建议，这又是数据产品的典型形式。

在实践中，数据资产是数据产品开发的基础。企业首先需要识别和管理好自己的数据资产，然后通过创新和开发，将这些数据资产转化为对用户有价值的数据产品，进而实现数据的商业价值。同时，数据产品又是数据资源成为数据资产的有力支撑。特定的数据资源集合被开发成产品，往往具备了形成可预见收益的价值基础，从而使得数据资源顺利转化为数据资产，数据资产再继续优化，转化为数据产品。

在数据资产转化为数据产品的过程中，需要经过一系列关键步骤，并注意一些重要的事项：

- 市场调研：了解目标市场和用户需求，确定数据产品的方向和功能。
- 数据质量评价和资产价值评估：评估现有数据资产的质量和价值，确定哪些数据资产可以用于产品开发。
- 数据清洗与加工：对数据进行清洗、整合和转换，以满足产品需求。
- 数据安全与合规性审查：确保数据处理过程遵守数据保护法规和隐私政策。
- 产品规划与设计：设计数据产品的架构、功能、用户界面和用户体验。
- 技术选型与开发：选择合适的技术栈进行产品开发，并构建原型，让潜在用户进行原型测试，收集反馈并优化产品设计。
- 数据产品开发、测试与发布：根据反馈迭代开发，完善数据产品的功能和性能，并进行全面的测试，包括功能测试、性能测试、安全测试等，再制定发布计划，将数据产品推向市场。
- 用户支持与服务、产品监控与优化：提供用户培训、技术支持和用户服务，监控产品性能和用户反馈，持续优化产品。
- 收益评估分析与产品迭代：评估产品的市场表现和收益情况，为未来的产品迭代和开发提供依据。根据市场变化和用户需求，不断迭代更新数据产品。

在企业内部，数据产品可以被视为一种特殊形式的关键数据资产。数据产品和数据资产都能为企业创造价值。数据资产通过支持决策制定和提升运营效率来创造间接价值，而数据产品通常通过直接销售来创造经济收益。数据产品是数据资产商业化的一种形式，它们可以作为商品或服务出售，为企业带来直接的收益。因而，数据产品需要持续的投资，包括产品开发、市场推广和用户支持等，这与数据资产需要持续管理和优化相似。

5. 数据资产收益分配机制

数据资产的收益分配机制是一个多方面、多层次的系统，涉及初次分配、再分配、第三次分配等多个环节。

1）初次分配：初次分配主要强调市场在资源配置中的决定性作用，通过市场来评价贡献，并按照贡献来决定报酬。这一过程遵循“谁投入、谁贡献、谁受益”的原则，保障各类主体在数据收集、加工、存储、管理等环节中的合法权益，确保其投入能够得到相应的回报。

2）再分配：再分配过程中，政府通过税收等手段进行引导和调节，以弥补初次分配的不足，关注公共利益和弱势群体，防止资本在数据领域的无序扩张，促进社会公平。

3）第三次分配：第三次分配通常是指基于自愿原则的社会捐赠等行为，政府可以通过财政补贴、税收优惠等措施激励社会主体参与社会捐赠，以实现更广泛的社会资源配置和公平。

4）公共数据资产的收益分配：对于公共数据资产，可以探索建立授权运营和收益分配制度，允许被授权主体将部分运营所得收益返还给数据持有单位，同时为市场主体提供更安全、针对性更强的服务。

5）数据资产的资本化运营：在数据资产市场发展变革期，通过创新数据资产投资运营模式，推动数据资产的资本化，构建数据证券化、数据质押融资和数据信托等制度。

6）数据要素市场建设：持续推进数据要素市场建设，通过培育市场参与主体、建立健全市场体制机制、促进数据要素自主有序流动，形成市场定价机制。

7）数据资产的合规准入：鼓励市场主体积极参与数据要素流通，建立数据要素合规准入公共平台，明确数据使用、收益和参与流通的权利。

8）数据资产价值评估：建立和完善数据资产价值评估体系，提高数据资产评估的总体业务水平，为收益分配提供准确的价值判断依据。

9）数据资产的税收政策：在数据相关的税收项目制度设计中，考虑增设面向数据交易、使用数据提供数字服务的收入性税收项目，有助于最大程度发挥税收调节作用。

这些机制共同构成了数据资产收益分配的框架，旨在实现数据资产的经济价值和社会价值的最大化，同时保证分配的公平性和效率。

### 12.1.2　数据资产管理框架

#### 1. 什么是数据资产管理

数据资产管理是指对企业内的数据资产进行全面的管理和优化的过程。这包括规划、控制和提供数据及信息的实践，以确保数据资产能够支持业务运营、助力决策制定、保障持续改进和保持竞争优势，进而通过数据资产的价值管理和释放，实现数据资产化和数据资本化的进阶。

数据资产管理的关键方面包括：

1）数据战略和规划的制定，数据治理的持续推进：制定数据战略，将数据资产与企业的目标和需求相结合，制定和执行数据相关的政策、标准和流程，确保数据的质量和可用性。

2）数据质量评价与管理：提升数据质量水平，确保数据准确、一致、及时和可信，以支撑业务决策和数据价值。

3）数据分类和元数据管理：对数据进行分类，创建和维护元数据，以便于数据的发现、理解和使用，识别数据资产。

4）数据安全、隐私、访问和共享：保护数据不受未授权访问和滥用，同时遵守数据保护法规。

5）数据集成、存储和备份：汇聚数据，并确保数据的持久存储，以及在灾难发生时可以恢复数据。

6）数据生命周期管理：对数据从创建到退役的整个生命周期进行管理，包括数据的创建、使用、归档和删除。

7）数据价值评估：评估数据对企业的经济价值，以及数据资产化和货币化的潜力。

8）数据合规性：确保数据的收集、处理和使用符合相关法律法规及行业标准。

### 2. 数据资产管理框架

数据资产管理是一个持续的过程，涉及数据资源化、数据产品化和数据资产化的各个环节。数据资产管理需要考虑的方面包括：从企业资产中识别和构建具有价值底座的数据资源，克服风险与挑战，通过战略管理和规划、业务塑造和技术支撑，确保数据资产得到妥善保管和利用。显然，这个过程将涵盖若干个功能、组件和领域，且不同企业可能采取不同的策略组合。为此，通过一个框架来全面了解数据资产管理，并将其作为一个基础参考依据推进数据资产管理工作的有序开展，很有必要。数据资产管理框架可作为部署企业数据战略、制定数据资产化路线图、建设数据管理团队、协调各部门职能、推动数字化转型升级的重要参考。

数据资产管理框架强调技术、规范和制度三者在数据资产管理中的相互支持和协调，以确保数据资产的有效管理和价值最大化。通过这种结构化的方法，企业可以更好地控制和利用其数据资产，以支持业务战略和运营目标。这一框架可归纳为“1+1+3”数据资产管理模型，包括 1 个技术支撑、1 个数据资产规范，3 个制度体系，其中，3 个制度体系又包括组织与职责制度、运营制度、内控合规制度，如图 12-1 所示。

#### （1）1 个技术支撑

技术支撑是数据资产管理的基础设施，为数据资产的收集、存储、处理、分析和保护提供必要的工具和平台。

- 数据平台：包括数据仓库、数据湖、大数据平台等，用于存储和处理大规模数据集。
- 分析工具：数据挖掘、机器学习、统计分析等工具，用于从数据中提取洞察和价值。
- 数据集成：ETL（提取、转换、加载）工具、湖仓一体化技术，用于整合不同来源和格式的数据。

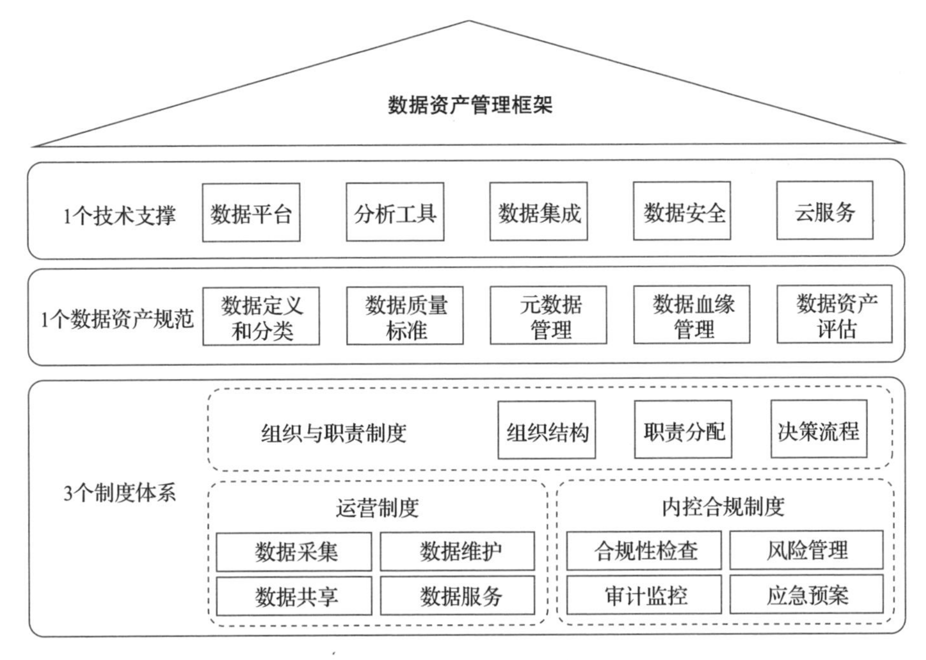


图 12-1　数据资产管理框架

- 数据安全：加密、访问控制、网络安全等技术，确保数据的安全性和隐私性。
- 云服务：利用云计算资源，提供可扩展、灵活的数据存储和计算服务。

（2）1 个数据资产规范

数据资产规范是一套标准和指南，确保数据资产的质量和一致性，以及数据管理活动的标准化。

- 数据定义和分类：明确数据资产的定义，包括数据类型、结构和分类。
- 数据质量标准：制定数据质量标准，包括准确性、完整性、一致性和时效性等。
- 元数据管理：建立元数据管理策略，记录数据的来源、用途、结构和关系。
- 数据血缘管理：定义数据从创建到归档或销毁的整个生命周期的管理流程。
- 数据资产评估：制定数据资产价值评估方法，量化数据对业务的贡献。

（3）3个制度体系

- 组织与职责制度：

组织结构：明确数据资产管理的组织结构，包括数据管理团队、业务部门和技术支持团队的角色。

职责分配：定义各角色和团队在数据资产管理中的职责和权限，厘清数据管理责任。

决策流程：建立数据管理相关的决策流程，包括数据治理委员会、数据资产运营指导委员会的构成和运作。

- 运营制度：

数据采集：制定数据采集的标准操作程序，确保数据的合法性和准确性。

数据维护：建立数据更新、清洗和维护的流程，保持数据的新鲜度和质量。

数据共享：制定数据共享政策，包括数据访问权限和数据交换协议。

数据服务：开发基于数据资产的服务和产品，提供给内部或外部用户。

- 内控合规制度：

合规性检查：定期进行合规性检查，确保数据资产管理遵循法律法规和行业标准。

风险管理：识别数据管理过程中的风险，并制定相应的风险缓解措施。

审计监控：建立数据管理活动的审计和监控机制，确保透明度和责任性。

应急预案：制定数据安全事件的应急预案，包括数据泄露、系统故障等情况的响应措施。

通过这个“1+1+3”数据资产管理模型，企业可以确保数据资产管理的全面性和系统性，实现数据资产的价值最大化，同时降低风险和提高运营效率。

在数据资产管理框架中，平衡技术支撑和制度体系之间的关系是至关重要的，因为这两者相辅相成，共同支撑着数据资产的有效管理和利用。开展数据资产运营工作，需要密切关注技术与制度整合，确保技术系统与数据管理制度一致，以便技术能够支持制度的要求。同时，还需持续采用新兴技术驱动制度创新，利用技术进步来推动业务流程改造与核心资产重构，例如通过自动化工具简化合规流程，使用先进的数据分析技术来提高决策质量，采用数据拼接技术拓宽数据产品的应用场景。最后，应建立双向反馈机制，搭建技术团队和制度制定者之间的沟通渠道，确保技术发展能够及时反映在制度更新中，同时制度的要求也能指导技术的发展。

数据资产管理框架可以根据具体的数据管理成熟度和企业内部情况进行细化。但即使只是参照图 12-1 所示的框架，也可以帮助企业在确保数据资产管理框架的技术先进性和制度合规性的同时，提高数据资产的价值和企业的整体竞争力。

### 12.1.3　企业数据资产重构与数字化转型升级

#### 1. 重新定义数字化转型

数字经济的重要特征是将数据作为生产要素，我国海量的数据资源也是基于数字化转型而形成的。当前，新一轮的数字经济高质量发展正在推动千行百业持续进行数字化、网络化、智能化升级。然而，很多行业都还没有完成真正的数字化，数据驱动智能主要还集中在 ICT 行业领域。数字化奠定基础、网络化构建平台、智能化呈现能力，将促使企业更加重视数字化转型。

数字化转型不仅仅是单纯的数字化，而是对原有业务、流程的重构和根本变革，如果只是对原有的业务和流程进行提质增效，那只是数字化，谈不上转型。数字化转型升级，应该对企业现有的业务流程、产品体系、管理架构、经营方式等多方面进行变革性重构，将数字技术集成到所有业务的所有领域，从根本上改变整个企业的制度、运营、流程、文化等，通过创新现有的产品和流程来释放新价值，或使用新技术创造全新价值理念，也就是再造数据资产。

#### 2. 再造企业数据资产

企业数据资产再造与数字化转型升级是当前企业发展的关键议题，它涉及企业如何利用数字技术优化业务流程、提升管理效率、增强竞争力，并最终实现业务模式的创新和转型。企业数据资源资产化正是实现数据价值的一次重要飞跃，其本质在于利用数据要素赋能生产、技术、市场、管理、创新等价值链的各环节，进而优化业务流程、提升企业绩效、催生新知识和新业态，并持续推动企业数字化转型。与此同时，企业也可将数据资产独立封装，以数据产品或数据服务的形式在市场上进行交易，进而获得收入。

数据资产再造的目标是最大化数据资产的价值，同时降低风险和成本。这要求企业对数据资产进行全面的了解，制定有效的管理策略，并利用技术工具来支持数据管理的各个方面。

从资产确认的角度来看，数据资产再造是指一系列活动和过程，旨在识别、评估、增强和保护数据资产，以实现企业的战略目标、提高经济效益。数据资产再造，一般包括以下几项措施：

1）数据资产识别：通过数据资源规划与管理，摸清数据家底，盘点数据资产，发现高质量数据，并分析和评价数据的潜在用途和市场需求，规划数据资产的应用场景和商业画布。

2）数据资产评估：使用定量和定性的方法来评估数据资产的价值，包括评估其对业务运营、决策支持和收入生成的贡献。

3）数据资产目录：建立数据资产目录，记录数据资产的元数据、价值和潜在用途，以便于管理和利用。

4）数据资产优化：通过数据清洗、整合和丰富等手段，提高数据资产的质量，从而增加其价值，并在此基础上开发数据产品和服务，实现数据资产的价值变现。

5）数据资产货币化：探索和实施数据资产的货币化策略，如数据销售、数据授权、DaaS 等。

6）数据资产投资：将数据资产视为一种投资，评估其潜在回报，并在数据获取、处理和分析方面进行相应的资源配置。

7）数据资产风险管理：识别和管理与数据资产相关的风险，包括数据安全、隐私泄露和数据质量风险，确保数据资产的管理和使用符合法律法规和行业标准，避免法律风险和声誉损失。

数据资产再造视角强调了数据资产作为企业宝贵资源的角色，以及通过有效的管理和利用来实现数据资产价值最大化的重要性。通过这种方式，企业可以更好地利用其数据资产来驱动创新、提高运营效率和增强竞争力。

## 12.2 数据资产价值管理

数据资产价值管理旨在最大化数据资产的业务价值、经济价值和社会价值。

企业需要从治理、评估、标准化、市场化、金融创新、技术应用、风险管理和收益分配等多个角度出发，采取综合性的策略和措施，以实现数据资产价值的最大化。企业如何管理和运用这些数据资产，直接关系到其市场竞争力和长期发展。因此，制定清晰的数据资产运营目标对于企业的成功至关重要。

### 12.2.1　数据资产价值倍增路径

1）第一次价值增值：指原始数据的归集过程中，数据的要素形态从杂乱无序的信息信号，经过结构化、标准化处理，转化为初步具备使用能力和使用价值的原始数据，实现第一次增值。

2）第二次价值增值：指在原始数据到数据资源的数据资源化过程中，在满足合规的前提和基础上，数据经过进一步的清洗、处理、加工，数据的要素形态从具备一定使用价值的原始数据转化为可满足数据需求者使用的数据资源，实现第二次增值。

3）第三次价值增值：指在数据资源到数据产品的数据资产化过程中，充分结合市场的需求，结合具体场景赋能，经过数据处理者的进一步加工处理，数据的要素形态从数据资源转化为贴合市场和客户需求的数据集、API 接口、数据服务、模型算法等多样化的数据产品，从而实现第三次增值。

4）第四次价值增值：指在数据产品到数据资本的数据资本化过程中，数据产品进一步通过与资本市场及其他要素市场充分结合，经过质押融资、授信、信托等资本化运作方式，将数据要素与资本要素协同融合，数据要素的形态从数据产品转化为数据资本，进而反向刺激数据资源一级市场，完成数据的资本化，实现第四次增值。

5）第五次价值增值：指数据作为生产要素完成形态内的变化后，基于数据资产全生命周期的综合考量，从交易市场、投融资市场、资本市场获得的数据资产市值估值，通过“数据要素 ×”“全要素融合”，并通过对竞争力、创新力、价值倍增势能等的评估，完成数据的市值释放，从而实现第五次增值。

事实上，第一次价值增值和第二次价值增值均是反映数据自身价值化的过程，数据质量的提升程度决定了这两个阶段数据价值的增值程度，数据的质量越高、潜力越大，数据的价值增值程度越大。在数据资源一级市场中，影响价值增值的因素以内部因素为主。数据资产的第三次价值增值和第四次价值增值这两个阶段主要反映的是数据价值化扩展的过程。数据价值增值的主要组成部分除数据本身的增值外，还包括经济增值和社会增值。经济增值通过充分对接市场需求，以多行业场景赋能、叠加金融市场协同发展的方式，充分发挥数据二级市场的流通交易产生的溢价优势，提升数据产品和资本衍生品的价值；社会增值通过数据产品化、资本化带来社会价值，包括企业社会绩效提升、就业增长、税收创造等一系列有助于社会发展的价值化过程。而第五次价值增值则主要基于经济体的数据资产成熟度，在市场环境、社会环境、经济环境的共同影响下，只有在数据作为核心资产形成了统一大市场主要流通物，且数据成为重要的竞争力载体的情况下，数据资产的市值释放路径才有可能实现。

数据资产的价值并非一成不变，它受到多种因素的影响，如市场竞争、技术进步、数据资源的时效性、法规变化等，数据资产的价值呈现出动态的波动性。因此，确保数据资产的保值增值，对于企业的持续发展和市场竞争力提升至关重要。保值增值是资产管理和运营的核心理念，它强调在资产持有和运营过程中，不仅要维持资产的原始价值，还要通过有效的管理和运营手段来提升资产价值。

### 12.2.2 数据资产估值模型

中国信通院提出的四因素数据价值评估模型为数据定价提供了一个全面且结构化的框架，如图 12-2 所示。

基础价格是数据价值的起点，涉及企业为获取数据而投入的资金成本，包括人力、IT 设施等。这一阶段的成本不仅包括初始采集和存储数据的成本，还包括数据维护和管理的长期成本。对于 IT 服务商来说，提供有效的数据存储、管理和确保安全解决方案是提升基础价格的关键。

增值价值指的是数据未来预期为企业带来的收益。这一部分的评估需要深入分析数据在商业决策、市场洞察、产品创新等方面的潜在应用价值。IT 服务商在此领域的角色转型意味着，他们不仅是数据处理的执行者，更是数据价值挖掘的咨询者和合作伙伴。

风险溢价作为一种纯金融性价值，反映了持有数据资产所需面临的风险。

这包括但不限于数据安全风险、合规风险及数据质量风险。IT 服务商在这一方面的角色是提供风险评估、管理和缓解策略，以确保数据资产的安全性和合规性。

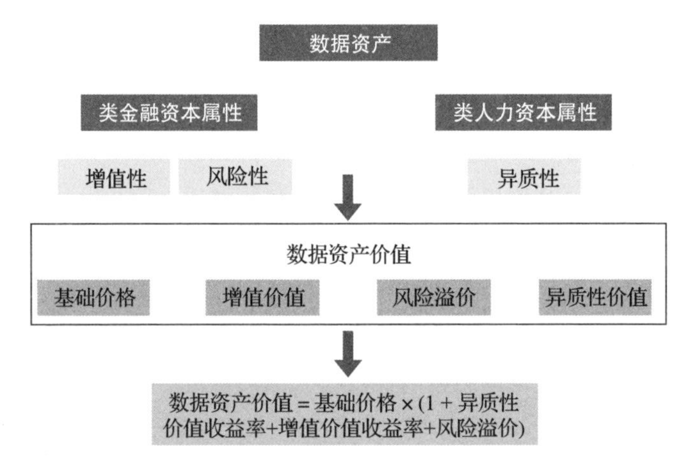


图 12-2 成熟数据要素市场的“四因素数据价值评估模型”

异质性价值指因个体或群体差异而产生的特有数据价值。这一价值的挖掘依赖于对数据的深入理解和分析，如市场细分、个性化推荐等。异质性价值的挖掘要求 IT 服务商具备高级的数据分析能力，能够从海量数据中提炼出有意义的信息。

随着四因素数据价值评估模型的广泛应用，IT 服务商的商业模式预计将从传统的项目制向数据资产服务模式转型。这种转型意味着，IT 服务商不仅提供数据存储和管理的基础性服务，还提供数据分析、价值评估、风险管理、数据产品开发甚至数据交易咨询等更高级的服务。在这一过程中，IT 服务商将成为数据价值链中不可或缺的一部分，帮助企业理解和利用数据资产的真正价值。

## 12.2.3 数据资产价值应用

价值应用是数据资产运营的关键目标，它指的是通过有效地管理和运用数据资产，实现数据资产价值的最大化。这不仅包括提升企业内部运营效率，降低成本，还包括通过数据资产的外部交易或提供服务，创造直接的经济效益。

概念上，价值应用是挖掘和实现数据要素的深层价值，以推动数字经济的发展和社会进步。在这一过程中，数据不仅是一种资源，更是一种能够激发乘数效应、带动经济增长的重要动力。

在实际操作中，价值应用包含了一系列策略，包括但不限于：

### 1. 数据资产的内部应用

通过深入分析企业内部数据，优化业务流程，提升决策质量，增强产品和服务的市场竞争力。以下是一些数据资产内部应用的例子：

- 供应链优化：利用历史销售数据、库存数据和市场趋势分析，优化库存管理，减少库存积压，提高供应链的响应速度和成本效率。
- 产品开发：通过分析客户反馈、产品使用数据和市场研究报告，指导新产品的设计和开发，确保产品满足市场需求和客户期望。
- 风险管理：企业可以利用内部数据来识别潜在的业务风险，如进行欺诈检测、信用风险评估和市场变化预测，从而采取预防措施。
- 运营效率分析：通过收集和分析生产过程中的数据，发现瓶颈和效率问题，优化生产流程，减少浪费，提高生产效率。
- 销售预测：通过历史销售数据、季节性因素分析和市场趋势分析，预测未来的销售情况，指导生产计划和营销活动。
- 客户细分和个性化营销：根据客户的购买行为、偏好和人口统计信息进行客户细分，实施更加个性化的营销策略。

### 2. 数据资产的外部应用

将数据资产转化为可交易的商品或服务，如数据报告、分析服务、数据 API 等，为企业开拓新的收入来源。以下是一些数据资产外部应用的例子：

- 数据产品销售：企业将其收集的数据集（如市场研究数据、消费者行为数据等）直接或者间接销售给需要这些数据的其他公司或研究机构。
- DaaS ：通过提供数据访问接口或平台（如天气数据服务、金融数据服务等），企业允许客户按需查询和使用数据。
- 定制报告和分析：根据客户需求，提供定制的市场研究报告、行业分析报告或竞争对手分析报告，帮助客户做出基于数据的决策。
- 数据驱动的 API ：企业开放数据接口（如地图服务 API、社交媒体数据

API 等），允许第三方开发者或合作伙伴利用这些数据开发新的应用。

- 数据咨询和解决方案：提供专业的数据咨询服务（如通过数据分析优化物流路线、改善客户服务等），帮助客户解决特定的业务问题。
- 数据集成平台：构建集成多个数据源的平台，为客户提供一站式的数据服务，帮助他们更容易地获取和整合所需数据。
- 人工智能和机器学习模型：利用企业的数据资产训练人工智能和机器学习模型（如图像识别、语音识别等），并将这些模型作为服务提供给客户。

### 3. 数据资产的共享与合作

与合作伙伴共享数据资产，通过数据合作开发新的商业模式，共同创造更大的市场价值。以下是一些数据资产的共享与合作的例子：

- 多行业融合：推动数据在不同行业间的融合应用，跨越金融、医疗、教育、交通等领域，以实现跨界的数据驱动解决方案。例如，金融科技公司利用医疗数据开发个性化健康保险产品，或者交通部门与城市规划者合作，利用交通数据优化城市交通流量和基础设施建设。
- 供应链协同：企业通过共享供应链数据，实现库存管理、物流优化和需求预测的协同工作。例如，零售商和供应商之间共享销售数据和库存信息，以减少库存积压，提高响应市场变化的能力。
- 智慧城市建设：不同政府部门和私营企业共享城市运营数据，共同构建智慧城市。例如，交通管理部门与科技公司合作，利用交通流量数据优化交通信号灯控制，减少拥堵。
- 科研合作：学术机构与企业之间共享科研数据，促进科学发现和技术创新。例如，基因组学研究机构与制药公司共享基因数据，共同开发新药。
- 环境监测与保护：环保组织与政府机构共享环境监测数据，共同应对气候变化，保护生态环境。例如，气象数据与地理信息系统（GIS）数据相结合，用于预测自然灾害和制定应急响应计划。

### 4. 数据资产的创新应用

探索数据资产在新兴技术领域（如人工智能、物联网等）的应用，以数据驱动创新，开拓新的业务领域。以下是一些数据资产的创新应用的例子：

- 技术创新：积极采用人工智能、机器学习、大数据分析和云计算等前沿技术，提升数据处理的能力和效率。通过技术创新，企业能够更快速地从数据中提取洞察，推动业务发展。
- 特定场景解决方案：针对智慧城市、智能家居、精准农业等特定场景，开发定制化的数据解决方案。这些解决方案能够展示数据在实际应用中的巨大潜力，提升用户体验和业务效率。
- 新产品开发：通过深入分析市场数据和消费者行为，企业能够发现新的产品机会。利用数据驱动的洞察，加速新产品的研发和市场推广，提高市场响应速度和竞争力。
- 智能决策：利用数据集成和分析技术，构建决策支持系统。这些系统能够辅助管理层从多源数据中提取有价值的信息，做出更加科学和精准的决策，提升决策效率和质量。

## 12.3 数据资产深度运营

### 12.3.1 数据产品系统运营

构建基于数据资产价值的数据产品系统是一个复杂的过程，涉及数据资源的识别、数据产品的开发及数据资产的管理和评估。

1）数据资源规划：这是构建数据产品系统的基础，数据资源包括企业在运营过程中积累的各种数据记录，如客户记录、销售记录、财务数据等。数据资源可以是广义的，包括数据本身及数据管理工具和专业人员。数据资源化是企业将不同来源的数据进行加工、整合和处理，形成可重用、可应用的数据集合的过程。这是数据资产持续运营的起点，更需要企业采用全局视角，从数据思维和认知提升的角度，提前植入数据的资产基因。

2）数据产品策略：数据产品是数据资源经过特定处理后的结果，它通常包含数据资源、数据算法模型和服务终端。数据产品具有明确的内容、交付方式、需求、供给和使用场景。数据产品的形态可以根据需求和服务特征进行分类，如数据集、数据信息服务和数据应用。数据资产深度运营的起点是数据产品，而数据资产价值的核心也是数据产品，传统的企业经营战略将逐渐转变为数据产品经营之道。

3）数据产品系统：一个完整的数据产品系统应该包括对数据资源的采集、存储、处理、分析和应用等环节的服务。系统需要支持数据产品的开发和管理，同时也需要对数据资产进行评估和价值实现。数据产品系统的设计和实施需要考虑数据的安全性、合规性，以及对业务决策的支持。换句话说，数据产品系统是区别于以往信息化系统、数字化系统，而高度围绕数据产品形成、数据资产价值量化和数据资产底座搭建的全新的数据系统，是数据资产深度运营的重中之重。

4）数据资产评估：对数据资产的评估是一个关键环节，它可以帮助企业了解数据资产的价值，并为数据资产的管理和交易提供依据。评估方法包括成本法、收益法和市场法等，每种方法都有其适用场景和限制。这是确保数据资产运营始终保持在正确方向上的一把度量尺。

5）数据产品画布：为了构建高价值的数据产品，可以使用数据产品画布这一工具。它是一个基于 Canvas 模型的框架，帮助团队在一个文档中整合对项目真实目的的完整看法，并生成数据产品路线图。

在实施数据产品系统时，企业需要考虑数据资源的整合、数据产品的创新开发，以及数据资产的有效管理和评估。这不仅需要技术的支持，还需要对市场和业务需求有深入的理解。通过这样的系统，企业可以更好地利用数据资产，把握超越传统主营业务的新引擎。

以数据资产封装和数据产品开发为目标的数据系统建设，需要企业在数据战略的指导下，构建数据能力体系和数据治理体系，以形成与数据驱动型业务模式相适配的人才、技术、组织安排和系统等架构。通过可配置的资产目录完整描述数据资源的业务、技术和管理类元信息。数据资产目录与元数据无缝对接，支持通过元数据批量盘点数据资产，并自动活化数据资产目录信息，及时响应数据资源的变更情况。同时确保数据的准确性、完整性、一致性和可用性，这是数据资产价值实现的基础。在数据资产化的过程中，必须确保数据的安全性和合规性，这包括数据访问控制、数据加密、数据脱敏，以及遵守相关的数据保护法规。在此基础上，将数据资源封装成数据产品（如 API、数据集、分析模型、报告等），以满足内外部用户的需求、提供数据服务，如数据查询、下载、共享交换和敏捷分析等。再反复迭代数据资产目录、数据服务开发、数据服务门户，将数据高效、恰当地提供给不同角色、不同技术水准的数据需求方，使数据快速适配前台业务需求。

数据产品系统的运营与自动化，是一个动态的过程，需要持续监控数据资产的使用情况、性能和价值，不断优化数据资产管理流程和策略。以终为始，目标是将数据资产作为商品进行交易，实现数据的货币化。通过上述步骤，企业可以构建一个以数据资产封装和数据产品开发为目标的数据系统，从而实现数据资产的最大化利用和价值创造。

### 12.3.2 数据资产入表

数据资产入表是指将数据资产按照会计准则确认为企业资产负债表中的“资产”一项，这一做法在财务报表中体现了数据资产的真实价值与业务贡献。

数据资产入表的必要性和意义主要体现在以下几个方面：

- 显化数据资源的价值，真实反映经济运行状态，为宏观调控和市场决策提供有用信息。
- 促进数据的流通和使用，实现按市场贡献分配，优化资源配置，激发数据创新活力。
- 培育数据产业生态，探索发展数据财政，形成新的税基和财政收入来源。
- 提升数据安全管理，实现安全可控发展，防止数据资产流失和风险扩散。

数据资产入表的过程涉及数据资源的识别、数据产品设计、系统性合规评估、资产类别确认、成本归集与分摊、列报与披露等规范流程。在会计处理方面，数据资源入表适用的准则包括《企业会计准则第 6 号——无形资产》和《企业会计准则第 1 号——存货》。企业使用的数据资源，符合无形资产准则规定的定义和确认条件的，应当确认为无形资产。而企业日常活动中持有最终目的用于出售的数据资源，符合存货准则规定的定义和确认条件的，应当确认为存货。

随着数据资产入表的实践不断深入，相关政策指引和监管也在逐步加强，以确保数据资产会计处理的规范性和透明度。例如，财政部发布的《企业数据资源相关会计处理暂行规定》为数据资产入表提供了具体的操作指引。同时，数据资产评估、数据资产管理等相关政策也配套落地，关于数据资产入表的多层次、多类型培训也普遍开展，更有专业机构提供数据资产入表会计考试，以培养更多专业人才。

数据资产入表对企业财报的影响主要体现在资产负债表中增加了数据资产这一新的资产类别，这有助于更准确地反映企业的真实资产状况和经营成果。同时，数据资产入表也为企业提供了新的融资途径，如通过数据资产质押获得贷款等。

最直观的，数据资产入表可能会改变企业的市场估值，因为数据资产通常被视为高增长潜力的资产。同时也可以提高数据资产的透明度和可信度，有助于增强投资者对企业的信任，降低投资风险。资本市场对数据资产入表的反应可能会有所不同，一些企业可能会因为数据资产入表而获得市场的青睐，而另一些企业则可能面临市场的观望态度。企业需要积极适应这些变化，确保数据资产的有效管理和利用，打通数据资产深度运营与实现价值倍增之间的新通道。

总体来看，数据资产入表是数据要素市场化配置改革和企业数据资产运营的重要一环，对于推动数字经济的发展具有重要意义。随着相关政策和规范的不断完善，数据资产入表的实践将更加规范化、标准化。数据资产入表有助于企业更清晰地识别和评估其数据资产的价值，从而优化资源配置，推动业务创新和增长。企业可以更准确地衡量数据资产对业务的贡献，提高战略决策的质量和效率。而数据资产的透明化有助于投资者更全面地了解企业的资产状况和盈利潜力，从而做出更明智的投资决策。

### 12.3.3 数据资产运营创新模式

数据资产运营的商业模式创新，如数据驱动的个性化推荐系统、基于大数据分析的风险评估服务，以及通过数据交易市场实现数据价值的直接变现等，都是推动产业升级和转型的关键。数据资产运营的核心在于数据的收集、存储、处理、分析和利用，这些环节构成了数据价值链，而有效的数据资产运营则是确保数据资产能够有效变现的基础。

### 1. 一企一品

“为数据而生”，将可能成为众多企业和市场主体产生和发展的逻辑。“为数据而生”的企业逻辑，意味着数据资产化和数据驱动的运营模式将成为企业发展的核心。企业围绕获得和拥有数据资产这一既定目标，通过资源化、产品化、资产化和资本化四个阶段来实现数据的价值封装和变现。设立公司、获取项目，不一定是为了拓展某类业务从而获得营收，而是为了获取业务所产生的数据，他们还预设了数据的价值场景，采用持续演进的数据产品策略、设计思路和加工技术，实现数据产品在特定领域的绝对优势。一家企业拥有一个独特的数据产品类别，可简称为“一企一品”。

### 2. 一园一态

国家数据局表示，将从优化产业布局、培育多元经营主体、强化政策保障这三方面系统布局，培育壮大数据产业，顺应数据产业发展方向和趋势，加强产业规划布局，优化产业结构，构建大中小企业融通发展、产业链上下游协同创新的生态体系，打造一批协同互补、特色发展、具有国际竞争力的数据产业集聚区。

近年来，全国多地设立了各类型数据要素产业园，建设数据要素先行区，打造数据要素产业集群。这类数据要素产业园通过集聚相关企业，推动数据要素的规模化经营，促进科技成果转化和数据价值流通，园区内的企业通过数据资源的资产化，将数据转化为可量化、可控制、可变现的资产，从而实现数据的商业价值。有些数据要素产业园探索建立数据产权登记、流通交易、安全治理等基础制度，促进数据资产的流通和交易。数据要素产业园注重数据资产的全过程管理，从数据的收集、存储、处理到分析和应用，确保数据资产的价值最大化。园区推动数据资产的创新应用，如数据产品的开发、数据服务的提供等，形成新的商业模式和服务业态，正所谓“一园一态”。

一些依托本就具有地方产业特色的工业园而建设的数据要素产业园，它们关注数据商新业态的培育，构建开放高效且具有“数据—资金—数据”闭环格局的数据要素市场生态体系。国家发展和改革委员会提出的数据商业务模式，将可能加速数据要素产业园逐渐形成以数据资产为核心的新业态，创新数据资产深度运营模式，推动数字经济的发展和产业升级。

### 3. 一产一景

数据要素与产业的结合，即“数据要素 ×”，正在推动各行业领域实现数字化转型和创新升级。数据资产运营和数据应用场景设计，是这一过程中的关键环节。

数据应用场景设计是指将数据资产应用于特定的业务或服务中，以解决实际问题或提升服务效率。

数据要素与产业的深度融合，可以推动产业创新和转型升级。例如，在工业制造领域，数据要素可以驱动产品设计、生产流程优化、供应链管理和产品服务创新，实现智能制造和柔性生产。

国家数据局等部门发布的《“数据要素 ×”三年行动计划（2024—2026年）》提出了到 2026 年底，数据要素应用场景广度和深度大幅拓展的目标，并计划打造 300 个以上典型应用场景，推动数据产业年均增速超过 20%。这一行动计划涵盖了智能制造、智慧农业、商贸流通、交通运输、金融服务等多个领域，旨在通过数据要素的乘数效应，促进经济社会的高质量发展。不同地区根据自身产业的特点和需求，开展数据要素应用的实践和创新。例如，天津市提出到 2027 年，要引育 1000 家高水平数据商和数据要素型企业，打造 500 个数据赋能创新应用，培育形成具有影响力的数字产业集群。

以智慧交通为例，这是一个典型的数据密集型行业，数据资产的运营创新格局可以从以下几个方面展开：

1）数据资源化：在智慧交通领域，通过收集和整合车辆运行数据、路况信息、天气条件等多源数据，形成高质量的数据集。这些数据集经过清洗、加工和整理，变成可供分析和应用的数据资源，为后续的数据产品化打下基础。

2）数据产品化：利用数据资源，开发出各种智慧交通数据产品，如实时交通流量监控、车辆导航优化、智能交通信号控制等。这些产品通过 API 接口、数据包等形式提供给用户，实现数据的价值转化。

3）数据资产化：将数据产品进一步资产化，进行价值评估和确权，并经会计处理使其成为企业资产负债表上的一部分。数据资产化不仅提升了数据的经济价值，还有助于企业通过数据资产质押等方式获得融资。

4）数据资本化：在数据资产化的基础上，产业链链主可以归集数据现金流，通过数据资产的证券化、数据信托等金融手段，实现数据资产的价值最大化，并实现数据资本化收益的产业链合理分配。

5）数据基建全流程保障：为了支持数据资产的市场化流通，具有产业优势的链主企业需要牵头建设包括网络设施、存储设施、算力设施、流通设施和安全设施在内的数据基础设施。这些设施确保了数据的高速传输、安全存储、高效处理和便捷交易。

6）政策和法规支持：政府在产业数据资产运营中扮演着重要角色，通过制定与数据产权、交易评估、市场规则和监管体系等相关的政策和法规，为数据资产运营提供制度保障。同时，帮助产业链有效避免数据产权纠纷，辅助明确数据的产权、使用权和收益权，促进数据资产的价值转化和分配。

综上所述，智慧交通领域的产业化数据资产运营创新格局是一个全方位、多层次的过程，涉及数据的收集、整合、产品化、资产化、资本化，以及基础设施建设和政策支持等多个方面。这种创新格局不仅能够推动智慧交通产业的发展，也为其他行业的数字化转型提供了借鉴。而基于产业数据资产运营的模式，往往能够催生具有高辨识度的应用场景，可称为“一产一景”。

很明显，一企一品、一园一态、一产一景是相互关联、相互促进的。在数据要素产业园内，由于服务和创新体系的建设，适合其中的数据要素型企业成长。数据要素产业园也更容易孵化特定的数据产业，形成高度丰富的数据应用场景。详见图 12-3。

图 12-3　数据资产运营新模式

## 12.4　城市全域数据资产运营

城市数据资产运营是指通过有效地管理和运用城市数据资源，以实现数据资产化、资本化和市场化的过程。在这一过程中，城市数据资产被视为一种重要的战略资源，其有效管理和创新应用对于促进数字经济增长、提高公共服务效率、增强城市竞争力具有重要意义。城市数据资产的开发利用不仅能够提升城市服务的智能化水平，还能够促进新业态、新模式的形成，为城市经济发展注入新动力。

城市数据资产的开发利用是城市数字化转型的重要方向，通过整合数据资源、创新数据应用、加强数据治理和优化数据运营，可以有效提升城市治理水平和居民生活质量，为城市的可持续发展提供强有力的支撑。城市全域数字化转型是利用数字技术对城市的各个方面进行系统性的升级和改造，以提高城市的运行效率、创新能力和居民生活质量。这一转型过程涉及城市规划、建设、管理、服务和运行等多个维度，旨在通过数据资源的整合和智能技术的应用，推动城市治理的现代化和经济的高质量发展。

在国家数据局的推动下，城市全域数字化转型正成为推动城市治理体系和治理能力的现代化关键举措。《关于深化智慧城市发展 推进城市全域数字化转型的指导意见》提出了到 2027 年，全国城市全域数字化转型取得明显成效，到 2030 年，要实现全面突破的目标。

此外，国家数据局还发布了 50 个城市数字化转型典型案例，涵盖数据流通交易、居民碳普惠等新场景，展示了数据要素赋能、数据融通的共性。这些案例不仅为其他城市提供了可借鉴的经验，也为企业在数字经济时代的成长提供了重要契机。

### 12.4.1　公共数据授权运营与开发利用

#### 1. 作为城市数据资产的公共数据

各级党政机关、企事业单位依法履职或提供公共服务过程中产生的数据资源，统称为公共数据。在资产化过程中，公共数据授权运营是指政府将公共数据资源授权给特定的机构或企业进行开发利用，以实现数据价值最大化的数据流通与管理模式。这种模式旨在打破数据壁垒，促进数据的共享与开放，推动数据要素的市场化运营。

当前，公共数据授权运营的痛点包括供给质量不高、市场化程度不高、具有数据安全和隐私保护等挑战。为了解决这些问题，需要在确保数据安全和隐私的前提下，推动公共数据的开放和共享，同时探索合理的收益分配机制，以激励各方参与数据的开发和利用。

公共数据授权运营与开发利用是数据要素市场建设的关键环节，可以通过实施包括数据供给与质量管理、授权机制与运营模式建设、数据产品与服务开发、数据安全与合规性检查、收益分配与激励机制制定、市场监管与服务购买、生态体系建设等措施实现对城市数据资源的价值挖掘，以推进产业联动和财政收入补充。

### 2. 公共数据资源产品化

公共数据资源的产品化是数据产业发展的关键环节，它涉及将公共数据资源转化为可供市场交易的数据产品。《关于加强数字政府建设的指导意见》《关于构建数据基础制度更好发挥数据要素作用的意见》等政策的出台，为公共数据资源的产品化提供了政策支持和制度保障。

各地在公共数据资源产品化方面都进行了积极的探索和实践。例如，成都市提出了“管住一级、放活二级”的数据资源开发利用新模式，通过统一授权集约化运营模式，让数据“管得实”“供得出”，并在可信域开发二级应用产品，拓宽二级数据产品场外流通渠道，以“蓉数公园”为载体培育产业生态，开展应用场景概念验证测试。海南省探索建立了全省统一的数据产品超市，数据产品超市作为一个开放性的生产与交易服务平台，主要面向一级市场进行供需对接，交易的不是原始数据，而是对数据加工处理后的结果。海南省通过数据产品超市平台激发数据市场活力，丰富数据产品和服务，并促进信息化采购方式的转变。

“数据二十条”明确，“鼓励公共数据在保护个人隐私和确保公共安全的前提下，按照‘原始数据不出域、数据可用不可见’的要求，以模型、核验等产品和服务等形式向社会提供，对不承载个人信息和不影响公共安全的公共数据，推动按用途加大供给使用范围。推动用于公共治理、公益事业的公共数据有条件无偿使用，探索用于产业发展、行业发展的公共数据有条件有偿使用。依法依规予以保密的公共数据不予开放，严格管控未依法依规公开的原始公共数据直接进入市场，保障公共数据供给使用的公共利益。”

公共数据资源的产品化是将公共数据通过加工处理，转化为可供市场交易的数据产品的过程。在这个过程中，“模型”和“核验”是两种常见的数据服务形式。

在公共数据产品化过程中，模型通常指的是数据模型，它是一种基于数据的算法或数学表示，用于模拟现实世界中的过程或系统。数据模型可以用于完成预测、分类、聚类等任务。例如，通过分析交通流量数据构建的模型可以预测交通拥堵情况，通过分析公共卫生数据构建的模型可以预测疾病的传播趋势。模型可以将原始的公共数据转化为有价值的信息和洞察，为政府决策、企业运营和个人生活提供支持。

核验则是指对数据或模型的准确性、有效性和一致性进行检查和确认的过程。在公共数据产品化过程中，核验可以确保数据产品的质量，增强用户对数据产品的信任。核验过程可能包括数据质量检查、模型性能评估、结果的交叉验证等。例如，可以使用数据集的一部分来训练模型，使用另一部分来测试模型的预测能力，通过交叉验证的方法评估模型的泛化能力。

在公共数据资源的产品化过程中，模型和核验是确保数据产品能够满足用户需求、提供高质量服务的关键环节。通过模型，可以将公共数据转化为具有实际应用价值的数据产品；而通过核验，则可以确保这些数据产品的可靠性和有效性。这两种方法共同促进了公共数据资源的有效利用和数据产业的发展。

### 12.4.2　行政事业单位数据资产管理

行政事业单位数据资产管理是指对行政事业单位在依法履职或提供公共服务过程中产生的数据资源进行系统化、规范化管理的过程。这一过程包括数据资产的确权、配置、使用、处置、收益管理、安全保障和保密等多个方面，旨在充分发挥数据资产的价值，同时确保数据的安全和合规使用。

行政事业单位需明确数据资产管理的责任主体，建立健全数据资产管理制度及机制，确保数据资产管理规范、流程清晰、责任可查。如《关于加强行政事业单位数据资产管理的通知》中提到，“地方财政部门应结合本地实际，逐步建立健全数据资产管理制度及机制，并负责组织实施和监督检查。各部门要切实加强本部门数据资产管理工作，指导、监督所属单位数据资产管理工作。”

行政事业单位应从严配置并规范使用数据资产，推动数据资产开放共享，审慎处置，严格管理收益。例如，通过自主采集、生产加工、购置等方式配置数据资产，并在依法履职和事业发展需要的基础上，按照预算管理规定进行科学配置。建立合理的数据资产收益分配机制，依法依规维护数据资产权益。例如，行政单位按照政府非税收入和国库集中收缴制度的有关规定管理使用数据资产形成的收入。建立数据资产预警、应急和处置机制，及时启动应急处置措施，最大程度避免或减少资产损失。同时，鼓励数据资产各相关主体按有关要求及时披露、公开数据资产信息。

在行政事业单位开展数据资产管理工作的过程中，数据资产卡、数据资源备查簿是重要的工具，有利于数据资源的产品化，它们在数据资产的识别、记录、管理和价值实现中扮演着关键角色。

数据资产信息卡是一种记录数据资产详细信息的工具，它通常包括数据资产的名称、类型、来源、创建日期、负责人、使用状态、价值评估、安全级别等信息。数据资产信息卡的建立有助于明确数据资产的权责关系，促进数据资产的流通和应用安全可追溯。在对外授予数据资产加工使用权、数据产品经营权时，相关信息也会在数据资产信息卡中进行登记标识。在数据产品开发过程中，数据资产信息卡可以为开发者提供清晰的数据资产视图，帮助他们理解数据的来源、质量和潜在用途，从而更好地设计和开发数据产品。

数据资源备查簿则是一种辅助性记录工具，用于记录那些暂不具备确认登记条件的数据资产。这些数据资产可能因为各种原因（如数据不完整、所有权不明确等），暂时无法进行正式的资产登记，但仍然需要被记录和管理，以便在未来条件成熟时进行正式的确权和登记。在数据产品开发过程中，数据资源备查簿为开发者提供了一个数据资源的储备库，帮助他们发现和评估潜在的数据源，为未来的数据产品开发提供原材料。

《关于加强数据资产管理的指导意见》提出了加强数据资产管理的总体要

求、主要任务和实施保障，明确了数据资产的重要性，并强调了数据资产安全和合规性的重要性。这些指导意见为行政事业单位提供了数据资产管理的框架和方向，推动数据资产的合规高效流通使用，构建共治共享的数据资产管理格局。

行政事业单位在城市全域数据资产运营中扮演着关键角色，它们需要建立健全的数据资产管理制度和机制，确保数据资产的安全和合规使用，同时也要积极探索数据资产的有效利用，以支持单位的履职和事业发展。通过这些措施，可以充分发挥数据资产的价值，推动城市全域数字化转型。

### 12.4.3 城市数据资产运营平台

城市数据资产运营平台是一个综合性的基础设施，旨在促进数据资源的有效管理和价值最大化，并持续支撑城市全域数据资产运营。

城市数据资产运营平台首先需要具备数据资源汇聚的能力，这包括收集来自政府、企业和个人的数据资源。平台需要有能力处理多种格式和来源的数据，确保数据的完整性和多样性。整合这些数据资源是平台数据资产化过程的关键步骤，通过数据清洗、融合和标准化，将分散的数据资源转化为可用于分析和应用的格式。

其次，平台的核心功能应重点围绕数据产品的开发与创新，利用平台的数据处理和分析工具，开发出各种数据产品，如智能分析报告、预测模型、决策支持系统等。这些产品能够为不同领域的用户提供定制化的解决方案。平台还需要提供 API、SDK 和其他工具，鼓励第三方开发者和合作伙伴基于城市数据资产开发新的应用和服务。

再者，数据资产运营管理是平台的主要模块，包括数据资产的登记、评估、定价和交易。平台需要建立一套完善的数据资产管理体系，确保数据资产的价值得到合理评估和利用。平台还需要提供对数据资产的合规性检查、风险管理和安全保障，确保数据资产的流通和交易符合相关法律法规和政策要求。

最后，城市数据资产运营平台作为区域数据交易场所或行业性数据交易机构，应与其他数据交易机构形成互联互通，共同实现数据资产的市场化与流通。平台需要构建数据资产的市场环境，包括数据交易市场、数据共享机制和数据合作网络。通过市场环境，数据资产可以在不同的组织和个人之间流通，实现价值的最大化。平台还需要提供数据资产的市场化服务，如数据资产的推广、营销和客户服务，以促进数据资产的市场交易和应用。

城市全域数据资产运营平台需要建立在强大的技术架构之上（包括云计算、大数据、人工智能、区块链等先进技术），以支持数据的高效处理和分析。平台还需要提供稳定的服务保障，包括数据存储、计算资源、网络安全和用户支持等，确保平台的可靠性和可用性。

图 12-4 描述了一个城市数据资产运营的业务格局，展示了数据资产运营的多个参与方及他们之间的相互关系。其中，数据资产运营中心位于整个生态系统的中心，负责数据资源的盘点、质量评价、入表、评估、合规等核心活动，并提供数据产品开发、应用场景设计、数据赋能和融资咨询等服务。在二级市场，公共数据授权运营单位负责将公共数据资源进行授权运营，包括数据的采集、加工、传输和管理，它们通过提供工具、技术支持和服务，将原始数据转

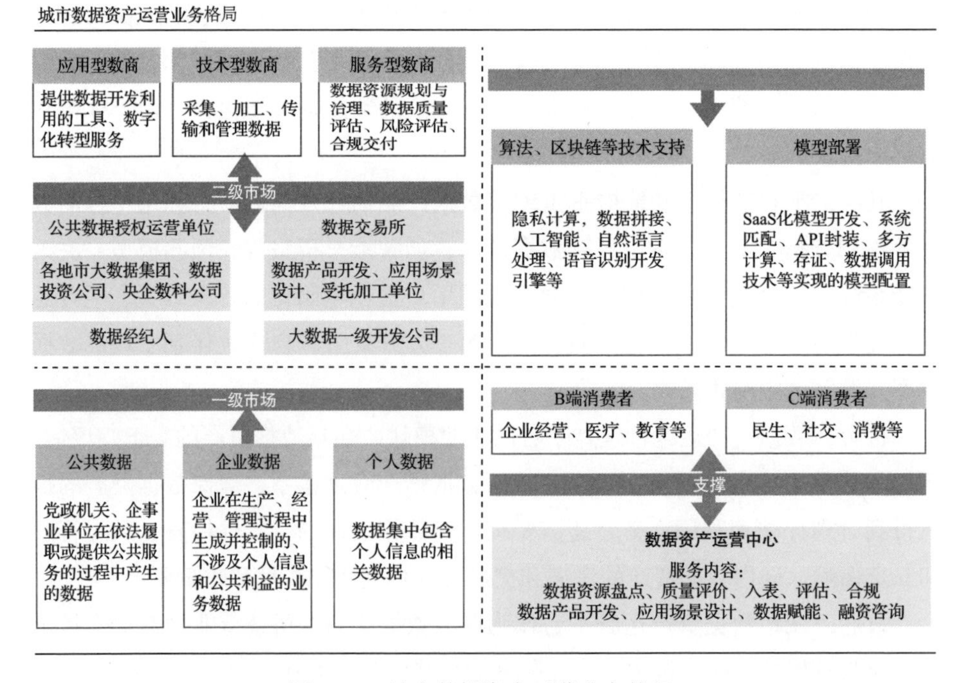


图 12-4　城市数据资产运营业务格局

化为可供市场使用的数据产品；数据交易所则提供了一个平台，让数据资产的所有者和需求方能够进行数据的买卖和交换；应用型数商（提供数据开发利用的工具和数字化转型服务，如 SaaS 化模型开发、系统匹配、API 封装等）、技术型数商（提供技术支持，如隐私计算、数据拼接、人工智能、自然语言处理、语音识别开发引擎等）和服务型数商（提供数据资源规划与治理、数据质量评估、风险评估、合规交付等服务）在二级市场里连通 B 端消费者（企业经营、医疗、教育等行业）和 C 端消费者（民生、社交、消费等领域），通过各类数据产品和服务来满足业务和生活需求。整个生态系统强调了数据资产运营的多元化和专业化，以及数据从采集、加工到最终产品化和市场化的全过程。通过这样的运营模式，城市能够更有效地利用数据资源。

作为城市全域数字化转型的核心枢纽，数据资产运营中心平台利用数据空间、数据聚合、数据交易支持等技术，统筹、整合和管理城市的数据资源，构建数据资产底座，支持数据资产的全面市值管理，通过数据资源规划和数据质量评价，确保数据资产的价值得到最大化。

平台不仅立足于城市治理，还面向企业端。针对不同企业的特定需求，数据资产运营中心提供定制化的数据资产服务，帮助企业重构和优化其数据资产，赋能企业数字化转型。通过数据资产化，释放企业的竞争力，支持企业在千行百业中的持续运营和发展。平台提供数据产品开发服务，帮助企业将数据资产转化为实际的产品和服务，推动数字产业化。同时，数据资产可以作为融资的依据，支持企业通过数据资产获得资金支持，促进企业的扩大再生产。此外，通过数据资产的应用场景设计和数据资源回流，企业能够更好地利用数据资产，实现业务增长和创新。

数据资产运营中心还服务于产业端，推动产业数字化，支持产业升级和结构优化。尤其是对于中小企业，平台提供特别支持，帮助他们利用数据资产提升竞争力，实现可持续发展。

整体上，数据资产运营中心在城市全域数据资产运营中具有核心作用，数据资产对于推动城市产业发展、促进企业数字化转型具有强大的动力。如图 12-5 所示。

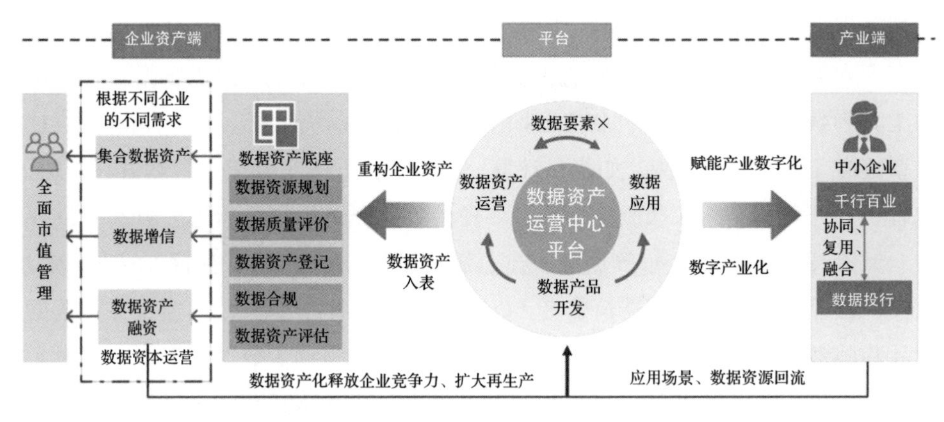


图 12-5 数据资产运营中心业务流程

### 12.4.4 数据资产驱动的数据产业

2014 年起，“大数据”首次被写进我国《政府工作报告》，大数据产业上升至国家战略层面。自 2015 年国家提出构建大数据产业生态后，在国家层面上先后出现过大数据产业、数字产业化和产业数据化、数字经济产业、数字经济核心产业等概念，各地分别提出过数据要素产业、数字产业、数据服务产业、特色数据产业等不同提法。2023 年底，国家数据局正式提出“数据产业”。

数据产业是一个更广泛的概念，它涵盖了所有与数据相关的经济活动，包括数据的生成、收集、处理、分析、存储、传输、交易和应用等。数据产业不仅包括大数据产业，还涵盖了其他与数据相关的产品和服务。有专家认为，数据产业由数据资源、数据技术、数据产品、数据企业、数据生态五大要素构成。还有专家指出，数据产业可视为与第一产业、第二产业、第三产业共生的第四产业，是数字经济的重要组成部分。

根据国家统计局发布的《数字经济及其核心产业统计分类（2021）》，数字经济产业范围被确定为五个大类，包括数字产品制造业、数字产品服务业、数字技术应用业、数字要素驱动业、数字化效率提升业。这些分类涵盖了数据产业的各个方面，从数据的基础设施建设到数据的应用和服务均有涉及。在数字经济时代，数据产业通过数字化手段对第一产业（农业）、第二产业（工业和建筑业）、第三产业（除第一、第二产业以外的所有产业）进行升级和转型，提高生产效率和创新能力。数据产业的发展推动了数字技术与实体经济的深度融合，促进了新业态和新模式的形成，催生了以数据资源为关键生产要素、以现代信息网络为载体、以数字技术的有效使用为推动力的全新产业形态。全球范围内，数据产业正逐渐成为推动经济发展的新引擎，许多国家都将数据产业作为战略性新兴产业来发展，这也证明了数据产业作为第四产业的国际认可度。

具体而言，数据产业是指以数据资源的开发利用为核心，通过数据的采集、存储、处理、分析和应用等环节，形成一系列技术和服务，进而推动经济高质量发展的产业集合。国家数据局正在研究制定产业发展政策，将从优化产业布局、培育多元经营主体、强化政策保障等方面系统布局、培育壮大数据产业。这包括推动数据开发开放，构建大中小企业融通发展、产业链上下游协同创新的生态体系，以及打造具有国际竞争力的数据产业集聚区。据《数据产业图谱（2024）》显示，2023 年我国数据产业规模达到 2 万亿元，预计 2024 年至 2030 年年均增长率将保持在 20% 以上，到 2030 年数据产业规模将达到 7.5 万亿元。国家数据局将加强引导，支持不同类型的数据企业公平竞争、加快发展，并瞄准科技发展方向和国家重大战略需求，推动数据领域技术攻关，用好政策、投资等手段支持数据产业发展。

以数据资产运营为核心，培育数据产业，是推进数据要素市场化配置改革的重要基础，也是发展新质生产力的需要。商业智能（BI）、人工智能（AI）加速迭代，数据技术创新方兴未艾，数据驱动的应用创新、产业创新不断深化，新的产业形态不断发展演进，世界主要国家和领先企业在数据领域纷纷加大布局和投入，积极抢占产业发展制高点。大力发展数据产业，是增强国家竞争力的战略选择，是发展新质生产力的必然要求，是推进数字中国建设的重要举措。

# 第13章 CHAPTER 13

# 数据资本创新

数据不仅仅是信息的载体，它已经蜕变为一种资本，一种能够为企业带来战略优势和经济利益的关键资源。在本章中，我们将探索数据如何成为企业资本的一部分，以及如何通过金融创新手段，实现数据资产的资本化。从数据资本的概念、运营挑战到数据资产的金融创新，我们将全面剖析数据资本化的过程。你将了解到数据资本估值、数据资产并购、市值管理、数据投行等前沿话题，以及如何通过数据资产通证化和证券化等创新方式，开拓数据资本的新天地。

## 13.1 数据资本

### 13.1.1 什么是数据资本

数据资本是企业从一系列以数据为基础的经济活动中获得的可量化价值和可货币化收益。从内容上看，数据资本是企业所拥有和管理的数据经过处理、分析和整合后，能够为其创造价值、带来经济利益和竞争优势的一种资产形式。从这个定义来看，数据资本并不是数据资产不可逾越的升级版本，且不以数据产品化为前提。数据作为生产要素，只要能够为企业创造价值、带来经济利益和竞争优势，即可成为数据资本创新的重要元素。而数据资产则构成数据资本的重要价值底座，是企业开展数据资本运营的前提。数据资本的核心在于通过有效利用数据资产，将其转化为具有实际经济价值的资本，并实现保值、增值、流通的过程。

数据资本和数据资产存在以下区别：

1）价值实现方式：数据资产更侧重于主体对数据本身的拥有和存储，其价值通常体现在数据对现有业务的支持和优化，以及数据的产品化。数据资本则强调通过对数据的运营和投资，实现价值的增值，创造新的商业机会。例如，将数据用于开发新的商业模式或进入全新的市场领域。

2）战略地位：数据资产在企业战略中往往处于基础地位，用于提高运营效率、提升决策的科学性、构建价值倍增路径。数据资本则可能成为企业长远战略、核心战略的一部分，直接驱动企业的发展和转型。比如，某些互联网企业完全基于数据资本构建其核心竞争力。

3）流动性：数据资产的流动性相对较低，通常在企业内部使用、在外部流通交易。数据资本具有更高的流动性，可以在市场上进行运营、市值管理、合作和整合，甚至成为并购数据资产的重要载体和金融资本市场的金融工具。

4）风险特征：数据资产面临的风险主要集中在数据质量、安全防护等方面。数据资本由于涉及更多的价值创造和市场运作，还面临着市场风险、投资回报风险、金融系统风险等。

5）管理重点：对于数据资产，管理重点在于数据的收集、整理、存储、合规使用和产品封装。数据资本的管理则更注重价值评估、投资策略和组合式资本运作。

数据资本在现代经济中扮演着越来越重要的角色，它通过提供广泛的洞察和优化决策推动经济增长。企业通过积累和分析数据，可以更好地了解市场和消费者，从而获得竞争优势。在此背景下，数据资本是企业创新的关键驱动力。通过数据驱动的创新，企业可以开发新的商业模式、产品和服务，推动技术进步和产业升级。同时，数据资本有助于更有效地配置资源。通过对市场数据的分析，企业和政府可以优化资源分配，提高经济运行的效率。而数据驱动的金融产品和服务（如算法交易、信用评分和风险评估），正在改变金融市场的运作方式。此外，数据资本正逐渐成为国家间竞争的新领域。掌握和利用数据资本的能力，影响着国家在全球经济中的地位和影响力。

从产业端看，数据资本也具有举足轻重的“隐形魔力”。例如，金融行业会产生大量的交易数据，医疗行业则有众多的患者健康记录数据，这些数据的类型和特性决定了它们作为资本的应用方式和价值。尤其是数据的外部商业化，将数据变为可对外服务的数据产品（如芝麻信用和品牌数据银行等）。数据正在逐步通过数据资产证券化、质押融资等方式实现价值变现，数据信托、数据征信、数据银行等模式也加入了实现数据资产价值释放的创新路线中。

### 13.1.2 什么是数据资本化

数据资本化是一个涉及多个步骤的过程，旨在将数据资源转化为具有金融属性的资本，以便进行投资、融资和并购等活动。数据资本化是数据价值增值的关键抓手，它不仅需要企业对原始数据价值的确认，还需要金融机构对数据资产的资本属性的认可。以下是数据资本化的基本步骤：

1）数据资源化：这是数据资本化的基础，涉及业务数据化、数据资源化、数据产品化三个阶段。企业需要收集和汇聚业务数据，建立数据战略与规划，明确数据管理职责，并构建数据资产管理体系。

2）数据权属确认：确认数据资产的权利归属是数据资本化的关键前提。这涉及建立数据资源持有权、数据加工使用权和数据产品经营权的“三权分置”的数据产权制度框架。

3）数据资产入表：将数据资产确认为企业资产负债表中的“资产”项，这通常涉及将企业自用类的数据资源纳入无形资产，将对外交易的数据资源纳入存货。《企业数据资源相关会计处理暂行规定》为此提供了规范和指导。

4）数据资产评估：对数据资产进行估值，以确定其货币价值。这需要专业的数据资产评估方法，包括成本法、市场法和收益法等。

5）数据资产交易：在数据资产评估的基础上，企业可以通过数据交易市场对数据资产进行买卖，实现数据资产的流通和价值转换，从而构建数据资本的估值模型基础。

6）数据资产证券化：以数据资产未来会产生的现金流为支持，通过结构化等方式进行信用增级，并发行数据资产支持证券的业务活动。这可以盘活存量数据资产、拓宽融资渠道。

7）数据安全和合规：在整个数据资本化过程中，企业需要建立数据合规与安全管理组织，明确权责划分与奖励机制，并通过适当的技术手段对数据进行分级分类管理，确保数据的安全和合规。

8）风险管理：考虑到数据资产的特殊性，企业需要对数据资产进行风险评估和管理，包括数据泄露、滥用等风险，并制定相应的风险控制措施。

通过这些步骤，数据可以从原始的业务信息转化为能够带来经济效益的资本，从而为企业创造新的价值和增长点。数据资本化不仅仅是技术层面的工作，更是一种战略思维，要求企业从高层到基层都认识到数据的价值，并将其作为企业核心资产进行管理和运用。通过数据资本化，企业可以更好地利用数据资源，提高竞争力，实现可持续发展。

在数据资本化的过程中，数据投行创新模式逐渐落地。数据投行提供从数据资产化治理、数据质量评价、数据价值评估到数据入表的全流程咨询服务，帮助企业挖掘数据价值，实现数据资产入表，从而提升企业价值和资本增益。企业进而可以尝试探索数据资产证券化，将数据资产转化为可在金融市场上交易的证券产品，为企业提供新的融资渠道。数据投行还可以提供数据信托服务，保障个人合法信息权益，并为数据要素参与价值创造的利益分配提供解决方案，可以设计基于数据资产的结构化债权产品，将数据资产的未来收益打包成投资产品，为投资者提供新的投资机会。

总之，通过数据资本化，企业可以展示其数据资产的商业潜力，提升企业估值，从而在股权融资时获得更优惠的条件和条款。产业驱动的数据资本化，更能够充分发挥数据资产的金融属性，推动数据要素市场化，为数字经济的发展提供新的动力和支持。

### 13.1.3　数据资本与数据资产、数据产品的关系

数据资本运营通常涉及数据产品开发、数据资产管理等一系列组合流程，是指将数据资源转化为具有经济价值并附带金融属性的资本，在资本市场中对

其进行有效管理和运用的过程。这一过程涉及多个环节，包括数据资产的识别、估值、流通、货币化和风险管理等。可见，数据资本与数据资产、数据产品具有很强的关联性。

数据资产可以被转化为数据产品，进而可能成为数据资本的一部分。数据资产是基础，数据产品是转化结果，数据资本是进一步的商业化和货币化；数据资产是创新的基础，数据产品是创新的实现，数据资本是创新的扩展，通过投资推动新技术和新服务的开发。

为了实现数据资本化，需要构建完整的数据产业链，包括数据资源平台、数据产品平台、数据资产平台、数据应用平台等，以促进数据从资源到产品，从产品到资产，从资产再到资本的转化和创新性应用。

在上述演进迭代甚至交织共存的关系中，数据产品与数据资本之间的协同发展关系尤为明显。数据产品通过提供有价值的信息、洞察和解决方案，直接为用户和市场创造价值。数据资本则通过投资和融资活动，为数据产品的开发和创新提供资金支持。数据资本的运作有助于优化资源配置，将资金和投资引导到有潜力的数据产品和项目中，促进数据资源的有效利用和价值最大化。数据资本的介入可以帮助分散数据产品开发和市场推广过程中的风险，同时通过投资回报激励创新和提升数据产品的质量与服务。数据产品的发展可以扩大数据资本的市场影响力，吸引更多的投资者和合作伙伴，形成良性循环。数据产品的发展推动了新的商业模式的出现，如 DaaS、数据驱动的订阅服务等，这些模式又为数据资本提供了新的投资机会。数据产品和数据资本的协同发展有助于构建一个健康的生态系统，其中包括数据提供者、技术开发者、服务提供者、投资者和用户等多方参与者。

关于数据资本与数据资源、数据产品、数据资产之间多维度的联系与区别，上文已充分阐述，详细归纳对比见表 13-1。

表 13-1　数据资本与数据资源、数据产品、数据资产之间的关系

| 对比项 | 数据资源 | 数据产品 | 数据资产 | 数据资本 |
| --- | --- | --- | --- | --- |
| 定义 | 经过系统化处理和组织的数据集合 | 通过加工、整合和分析得到的具有特定功能的数据 | 被拥有或控制，预期带来经济利益的数据 | 数据在资本市场中的价值体现 |

（续）

| 对比项 | 数据资源 | 数据产品 | 数据资产 | 数据资本 |
| --- | --- | --- | --- | --- |
| 形态 | 未加工的数据 | 加工后的数据形态 | 具有明确权属的数据 | 宏观经济活动中的数据价值 |
| 价值 | 潜在价值，需加工 | 直接应用价值 | 可量化的经济价值 | 战略和经济潜力 |
| 用途 | 作为加工原料 | 解决特定问题或需求 | 交易、投资、企业资产 | 投资依据、企业估值 |
| 权属 | 可能不明确 | 由企业或个人创造和控制 | 明确所有权和使用权 | 涉及更广泛的经济权属 |
| 控制 | 无特定控制 | 控制权归创造者或加工者 | 控制权明确，可交易 | 控制权涉及资本市场 |
| 商业化 | 非商业化 | 可商业化 | 已商业化 | 宏观经济中的商业化 |
| 例子 | 社交媒体上的文本、图片 | 数据分析报告、推荐系统 | 客户数据库、市场研究数据 | 数据驱动的商业模式、企业估值 |

通过这个矩阵图，我们可以清晰地看到每个概念的特点、它们之间的关系，以及它们在数字经济生态系统中的位置。这种可视化的方法有助于更好地理解和区分这些概念，以及它们在数据管理和战略规划中的作用。

## 13.2　企业数据资本运营

### 13.2.1　数据资本创新的挑战

在马克思看来，资本具有内在的革命性，这是因为资本是技术创新和持续增长条件下运动中的价值。数据既是信息载体又是生产要素，且具有非竞争性、可复制性、非排他性，以及与数字技术不可分离等特性。数据一旦与资本结合，将呈现出资本属性根深蒂固的扩张性，加上数据本身的特性，更使得数据资本相比其他资本更具有流动性和侵略性。因而，数据资本创新成为行业一大难题，且面临巨大挑战。虽然数据资本创新在当今的数字化时代中扮演着越来越重要的角色，但仍高度限制在“将数据资源转化为能够为企业带来经济效益的资产，并通过金融创新手段实现数据资产的货币化和资本化”这一过程。

即便如此，数据资本创新依然面临众多挑战：

- 数据作为生产要素本身的问题：数据梳理不规范、数据质量不高、应用场景不足；数据确权难、流通难、分配难。这些问题仍制约着我国数据生产力的有效释放。
- 数据权属问题：数据资产的权属问题一直是数据资本创新中的难点。数据产权、使用权和控制权往往难以界定，特别是在数据涉及多方主体时。这需要法律和政策的进一步明确，以及企业内部对于数据权属的清晰界定和管理。
- 数据资产估值问题：数据资产的价值评估是数据资本创新的关键环节。目前，数据资产价值的评估方法和标准尚不成熟，缺乏统一的评估体系和专业的评估机构。这导致数据资产的价值难以准确衡量，影响了数据资产的交易和流通。
- 数据安全和隐私保护方面的问题：随着数据资产价值的提升，数据安全和隐私保护问题也日益突出。企业需要确保数据资产在收集、存储、处理和传输过程中的安全性，防止数据泄露和滥用。这不仅涉及技术层面的防护，也需要法律和伦理层面的规范。
- 市场和政策环境的不确定性：数据资产的市场和政策环境仍在不断变化和完善中。政策的不确定性、市场的不成熟和监管的不完善都可能影响数据资本创新的效果和企业的决策。
- 数据资产的变现能力问题：数据资产的流动性和变现能力是衡量其资本化程度的重要指标。目前，数据资产的交易市场尚不成熟，缺乏有效的交易平台和流通机制，限制了数据资产的流动性和变现能力。

尽管存在上述挑战与问题，在数据资产运营过程中，各类市场主体包括金融机构，已开启了数据资本创新潮流。从而也有了另一种声音，即数据资本创新过程中可能出现数据泡沫，数据资产的市场估值远高于其实际价值。

数据泡沫是指在数据资产的评估和交易中出现的价值虚高现象，这通常是由对数据资产的过度炒作、不切实际的预期或者缺乏有效的价值评估机制所导致的。数据泡沫的存在可能会对企业和投资者造成误导，导致资源的错配和投资决策的风险。

现实中，确认数据为资产的过程中，采用成本法评估其价值，短期不会给资产负债表带来巨大泡沫。即使在市场相对成熟阶段，数据资产的价值评估也可以通过成本法、收益法和市场法等传统方法进行，考虑到数据的价值属性更多的是信息价值，其具有天然的边际效益递减效应，也不会形成真正的泡沫。

然而，数据资产化、数据资本化应严格遵循价值逻辑，充分考虑数据资产的内在价值和外在价值。内在价值包括数据的准确性、完整性和时效性，而外在价值则涉及数据的应用场景、市场需求和对企业决策的支持程度，这些因素共同影响数据资产的真实价值。围绕数据资产真实价值开展的数据资本创新，就不会形成泡沫或系统风险。

### 13.2.2　数据资产金融创新

数据可以作为资本的证据之一，往往是金融机构对数据资产价值的确认。随着数据资产入表的普及，金融机构正在逐步建立和完善对数据资产价值的评估、确认和应用机制，数据作为资本正在被越来越多的金融机构所认可和利用。在数据融资领域，金融机构无法识别优质企业时，通过数据资产锚定企业竞争力和成长性，以数据资产为核心的新型贷款标准会形成对传统借贷标准的彻底改变。在数字经济时代，金融机构明显更愿意向那些拥有显性数据资产的企业提供贷款，降低借贷标准，从而降低了优质企业的融资成本。

#### 1. 数据增信

数据增信是指企业将其拥有的数据资产作为信用增强手段，帮助企业在融资过程中获得更有利的条件、更灵活的资金来源。这种模式下，企业的数据资产经过评估后，可以作为增信工具，提高企业在金融机构的信用等级，从而获得贷款或信用额度。例如，上海杨浦区在金融创新中发布了数据资产增信因素模型，旨在通过金融创新为发展新质生产力提供支持，这表明数据资产可以作为企业信用等级提升的依据，帮助企业获取资金来源。

数据增信的实践通常包括以下几个方面：

1）数据资产的价值评估：企业的数据资产需要经过专业评估确定其价值。这可能涉及数据的规模、质量、独特性，以及潜在的商业应用价值等因素。

2）数据资产的合规性与确权：在数据资产被用作增信工具之前，需要确保数据的合法合规性，包括数据的来源、使用权、所有权等法律问题。

3）金融机构的认可：金融机构需要认可数据资产的价值，并愿意将其作为信贷决策的一部分。这可能涉及金融机构内部的风险评估模型的调整，以及对数据资产作为担保物的接受程度。

4）数据资产的流通与交易：数据资产的流通和交易是其价值实现的重要途径。数据交易所等平台可以为数据资产提供交易场所，促进数据资产的流通和价值发现。

5）政策与法规的支持：数据增信的实践需要政策和法规的支持。例如，国家数据局等部门可能会出台相关政策，推动数据资产的标准化、评估和交易的规范化，以及实现数据资产融资的创新实践。

在实际操作中，数据增信可以帮助企业尤其是科技型中小企业解决融资难题。例如，深圳数据交易所首批数据商通过数据资产化获得了无质押数据资产增信贷款，表明数据资产可以作为融资增信的凭据，这为科技企业融资带来了新思路。

数据增信创新实践有助于促进金融行业的健康发展，并为轻资产企业的成长提供支持，同时也为金融机构提供了新的业务机会和风险管理工具。随着数据要素市场化配置改革的深入，数据增信的实践将不断丰富和完善。

### 2. 数据资产融资

数据资产融资是指企业将数据资源作为资产，通过质押、抵押或其他金融手段进行融资。在这种模式下，数据资产的价值被评估，并在金融机构中作为融资的依据。例如，河南数据集团通过其“企业土地使用权”数据在郑州数据交易中心挂牌上市，并获得了金融机构的800万元授信额度，这是河南省首笔数据资产无抵押融资案例。各地金融机构也在积极探索数据资本化，围绕数据资产“入表+融资”，积极开展数据资产融资授信。据不完全统计，截至2024年6月末，公开报道的银行数据资产融资或授信总额已接近5亿元。

在数字经济快速发展的背景下，数据的价值被越来越多的金融机构和企业所认可。随着数据资产评估、交易和流通机制的不断完善，数据资产融资有望成为企业融资的重要渠道。

数据资产融资的关键步骤包括：

1）数据资产确权登记：企业需要通过数据登记机构，如数据交易所、数据交易中心对所拥有的数据资产进行确权登记，确保其对相应数据资产具有合法的持有权、加工使用权或经营权等权益。

2）数据资产价值评估：由评估机构或金融机构对数据资产进行价值评估，确定其市场价值。

3）质押登记：数据资产质押需办理质押登记，以防止同一质物被多次质押。当前数据资产质押登记制度暂未完善，数据产权是否能够类比动产质押进行登记仍有争议，数据的质押登记如何实现对抗第三人的法律效果存疑，虽然诸多悬而未决的问题仍未得到妥善解决，但随着国家统一登记制度的落地，数据资产质押融资将不仅仅是某些金融机构的创新举措。

4）融资实现及贷后管理：企业利用评估后的数据资产作为质押物，向金融机构申请贷款或信用额度，借贷双方根据相关约定和制度，共同完成贷后管理，包括还本付息、不良资产处置等等。

总体来看，数据资产融资是企业数字化转型和金融创新的重要方向。数据资产融资不仅能够帮助企业解决融资难题，还能促进数据要素市场的建设，推动数据资源的流通和交易，从而加速数字经济的发展。同时，数据资产融资也对金融机构的风控管理提出了新的挑战，需要金融机构对数据资产的价值评估和风险控制有更深入的理解和应对策略。

### 3. 数据资产出资与入股

在国家和地方政府的积极推动下，数据资产的出资与入股得到了强有力的政策支持和明确的方针指导。国家层面上，财政部于 2023 年 12 月 31 日发布了《关于加强数据资产管理的指导意见》，其中强调了探索开展公共数据资产权益在特定领域和经营主体范围内进行入股和质押，以促进公共数据资产的多元化价值流通。紧接着，国资委在 2024 年 1 月 30 日颁布了《关于优化中央企业资产评估管理有关事项的通知》，明确指出中央企业及其子公司在发生知识产权、科技成果、数据资产等资产转让、作价出资、收购等经济行为时，应当依据评估或估值结果作为定价参考依据。

数据资产出资是指企业或个人以数据资产作为出资方式参与公司设立或增

资的过程。这种方式认可了数据资产的价值，并将其转化为企业的股权。在这种出资方式中，数据资产被用作一种非货币财产，其价值可以用货币来衡量，并且可以依法转让。

新修订的《公司法》第四十八条第一款对股东出资的方式进行了拓展，明确指出股东除了可以用货币出资外，还可以使用实物、知识产权、土地使用权、股权、债权等非货币财产进行作价出资，只要这些财产能够用货币估价并且可以依法转让，且不属于法律和行政法规禁止作为出资的财产。

与之前的《公司法》相比，新《公司法》的这一规定增加了“股权”和“债权”作为出资的选项，体现了对新兴资产形式的开放态度。尽管数据资产并未被直接列为可出资的非货币财产，但新法的开放性为数据资产作为出资形式的可能性提供了空间。

数据资产的入股不仅为成熟企业提供了强大的经济激励，促使它们对持有的数据资源进行深度整合和治理，而且也为新设立的企业提供了一条替代传统货币出资的新途径。接收数据资产入股的投资者将能够充分利用数据的价值，无论是直接使用还是开发成新的数据产品进行交易，都能极大地促进数据资源的流通和价值实现。

数据资产入股的实践，是推动企业进行数据治理、深入发掘数据价值、加速数据流通的有效手段。它不仅能够提升数据资源的利用效率，还能够激发数据要素市场的活力，为数字经济的发展注入新的动力。

#### 4. 数据资产保险

数据资产保险是一种新兴的保险产品，旨在为数据产品的流通交易和使用提供风险保障。数据价值日益凸显的同时，也伴随着潜在的安全风险，如数据泄露、遗失、损坏和合规问题。数据资产保险的出现，为数据产品的流通安全提供了新的风险管理工具。

在实践中，数据资产损失保险可以覆盖数据资产损失的费用或重置恢复的费用，包括但不限于物理损坏、逻辑损坏、恶意攻击或自然灾害导致的损失。例如，国任保险与优钱科技完成了全国首单数据资产损失保险的签约，为优钱科技的 ESG 数据提供累计赔偿限额 100 万元人民币的数据资产损失费用保障。

此外，数据资产保险还包括数据信息泄露责任保险、数据侵权费用保险等，旨在为数据产品交易提供有效的风险补偿，推动合规数据产品交易市场的繁荣。中国人保财险也在2023年发布了全国首批数据保险类解决方案，聚焦数据网络安全、数据产品知识产权保护、网络安全软件质量等领域，为企业数据安全风险提供"减震器"。

数据资产保险的发展还面临着一些挑战，包括安全风险的量化、数据资产评估、法律法规的完善等。保险公司需要建立相关安全风险事件数据库、案例库，搭建与完善风险量化模型，以支持保险产品的定价和风险管理。

总体来看，数据资产保险是数字经济时代下保险行业的一个重要创新，它有助于推动数据要素市场化，增强数据资产的金融属性，同时也为数据安全提供了额外的保障。随着市场的进一步发展和成熟，预计数据资产保险将在数据要素市场中发挥越来越重要的作用。

### 13.2.3　数据资本估值

平台企业和平台经济是数字经济时代的重要概念，它们在促进经济发展、创新和就业等方面发挥着重要作用。平台企业是指通过创建和运营一个开放的、多边参与的平台，促进不同用户群体之间的交易或交互，从而创造价值的企业。这些企业通常不直接生产商品或提供服务，而是通过提供技术基础设施和规则体系，促进各方之间的交易和协作。平台企业通常具有强大的网络效应，即平台的价值随着用户数量的增加而增加。它们利用先进的技术，如互联网、移动通信、大数据、人工智能等，服务于买家和卖家、开发者和用户、内容创作者和受众等多类型用户群体，并在这个过程中积累了海量数据，开发了大量的算法模型，形成了众多数据产品和应用场景。

当前以数据为核心的平台企业的市值估算方法基本基于价值与用户数量成正比的原则。在平台企业数据资本运营过程中，区别于传统企业以盈利能力和现金流等为投资指标的模式，平台企业形成了一套全新的围绕用户流量的估值体系。数据经过数字化平台的生产之后，转化成"数据－流量"，被并入价值流通和增值过程，由此形成数据资本。这背后的深层逻辑在于：数据被商品化与要素化之后，平台企业当下占有互联网空间中大量的数据，意味着有朝一日流量能够变现，从而营造占有未来剩余价值的强大预期。这符合资本化的特点，即“它（虚拟资本）不是由现实的收入决定的，而是由预期得到的、预先计算的收入决定的”。这也与数据资产的市值管理、全要素资本价值计量相关联。

数字化平台、算法技术等生产工具依然被平台企业占有，作为劳动对象的原始数据在数据权属尚不明确的当下，大多被默认归属相应的平台企业所有，这使得平台企业依然掌握着数字经济下最核心的生产资料。资本对劳动的组织模式也超越了传统的雇佣劳动关系，伴随着共享经济、平台经济的兴起，外包、众包等不稳定的劳工形式也在逐渐壮大。生产资料与劳动者在表面形式上的改造和变革并没有改变资本无偿占有剩余劳动的事实。此外，资本的逐利性会驱动它始终流向现实或预期利润率最高的行业和地区，在信用制度和互联网的帮助下，数据资本的这一趋势更加明显。

提升数据资本积累效率的例子有许多，如电商平台早期的数据分析仅限于分析有限的物流、退货等信息，而近年来，随着数据处理经验（既往的数据资本生成）和新兴技术的进步，电商平台可从大数据中精准分析消费者的购买习惯等，获得更多有用的信息，以支持精确推送和各类增值服务。相当于针对同样分量的数据，形成了更多的数据资本，平台经济数据资本价值实现了指数级增长。

然而，数据的产生是无偿的（平台没有给用户进行付费，数字化设备厂商也没有给使用它们的人付费），但平台却能从海量的数据中收获不菲的广告收益和中介费用，同时控制和持有这些海量数据，反复使用和增收。然而真正产生价值的数据劳动者却被隐藏在幕后，仿佛源源不断的有价值的数据可以自动在平台后台中沉淀并形成结晶。在这一点上，数据资本和生息资本有很强的相似性。它们都是独立于生产与再生产过程之外的（大部分数据并不参与价值的直接生产，而是参与价值的实现与协调，如广告投递）。

当前大部分的平台企业是轻资产型企业，相比于传统企业，固定资本的占比并不大。然而在全球拥有很强影响力的企业中，平台企业的占比却很高。平台企业往往具有较强的营收能力和利润能力，并能够快速捕捉市场需求和引领创新，其根本原因正在于数据资本的价值支撑。例如，胡润研究院发布《2024全球独角兽榜》，字节跳动以价值 1.56 万亿元，位列排行榜第一。字节跳动的业务范围广泛，包括 TikTok 等热门应用，这些应用在全球范围内吸引了大量用户，形成了庞大的用户基础。此外，字节跳动还在人工智能、大数据分析等领域进行了大量投入，预示着其在未来可能进一步拓展其业务范围，增加收入来源。这些因素都为其未来的增长提供了强大的动力。字节跳动的估值就是典型的平台企业数据资本估值模型。

除了成本法、收益法、市场法等主流的数据资产估值方法以外，更适合数据资本价值判断的方法还包括超额收益法、多期超额收益法、实物期权定价模型、势能模型、四因素定价模型，以及数据资产的维度评估模型等。而且，数据资本估值常常与企业市值估值相关联，在合理、公允和正当范围内，对数据资产进行全面和整体的价值评价。

1）超额收益法：这种方法考虑数据资产带来的超额收益，即数据资产对企业利润的贡献超过一般资产贡献的部分。它适用于对具有竞争优势和独特价值的资产的评估。

2）多期超额收益法：这是第一种收益法的变体，它将归属于目标无形资产的各期预期超额收益进行折现累加，以确定评估对象价值的。

3）实物期权定价模型：这种方法适用于数据资产在企业的使用场景尚存在一定不确定性的情况下，通过期权定价模型对数据资产价值进行估计。

4）势能模型：这是一种多因子修正成本模型，它以数据开发成本为基础，引入多重价值修正因子，如数据的准确性、完整性、时效性、唯一性、可访问性和安全性等。

5）四因素定价模型：这个模型认为数据价值是补偿价值和新增价值的和，其中补偿价值即成本，增值价值指数据带来的市场价值和社会价值。

6）维度评估模型：这种方法通过评估数据集固有的属性（如数据量、种类和质量等），以及数据使用的上下文（例如，数据将如何使用，以及如何与其他数据集成）来评估数据的价值。

在实际操作中，尤其是针对平台企业，可能需要结合多种方法来进行数据资产的估值，以确保评估结果的准确性和全面性。同时，数据资产的估值还应考虑数据的时效性、应用场景和风险等因素。例如，应用超额收益法来评估数据资产的价值，主要是通过估算数据资产为企业带来的超额收益，并将其折现到现值。

超额收益法评估数据资产价值的步骤：首先，需要识别和测量数据资产为企业带来的超额收益。这通常是通过比较企业在拥有数据资产前后的财务表现来实现的。超额收益可以是由于数据资产的使用导致的成本节约、收入增加或效率提升。其次，选择合适的折现率，折现率应反映投资的风险和时间价值。它可以根据企业的加权平均资本成本（WACC）或其他相关资产的风险调整后的资本回报率来确定。同时，应确定数据资产能够产生超额收益的时间范围，这可能取决于数据资产的预期使用寿命、技术变革的速度及数据资产的更新频率。确定完折现率、时间范围后，再将预期的超额收益按照折现率折现到现值，这通常涉及未来现金流的预测和折现计算。再者，应考虑数据资产可能面临的特定风险，如技术过时、数据安全和隐私泄露等，这些风险可能会影响超额收益的稳定性和预测的准确性。调整模型以适应数据资产特性，超额收益法可能需要根据数据资产的特性进行调整。例如，数据资产的可复制性和易于共享性可能会增加其价值，但同时也可能降低其独特性和稀缺性。由于数据资产的价值受多种因素影响，进行敏感性分析可以帮助评估不同假设条件下的价值变化，从而更好地理解评估结果的稳健性。最后，数据资产的价值评估还应考虑相关的法律、法规和市场条件，包括数据所有权、使用权和交易限制等。

在实际操作中，超额收益法可能需要与其他方法结合使用，以确保评估结果的全面性和准确性。例如，可以结合成本法来估算数据资产的最低价值，或者使用市场法来比较类似数据资产的市场价值。执行数据资产评估业务时，应根据评估目的、评估对象、价值类型、资料收集等情况，分析这些基本方法的适用性，选择评估方法。

### 13.2.4 数据资产并购

数据资本积累的现实路径包括构筑独享的数据流和数据池，以及实现以“数据领地”扩张为目标的收购和跨界并购。在众多企业生存和发展过程中，数据收集不是简单地被视为生产和获取商品，并以某种方式转换为货币价值的一种方式，而是由长期数据资本积累和流通逻辑驱动的增长战略。如上文所述的“一企一品”等，就是基于数据资产并购战略驱动的经济价值体系。

数据资产并购是指在并购过程中，将目标公司的数据资产作为重要的考量因素，这些数据资产可能包括客户数据、交易数据、运营数据等，它们对企业的运营和价值具有重要影响。

在数据资产并购的过程中，应重点关注以下几个关键问题：

- 数据资产的识别和评估：在并购过程中，需要对目标公司的数据资产进行详细的识别和评估，这包括数据的规模、质量、来源、处理能力，以及数据资产对业务的贡献等。评估方法可能包括成本法、市场法和收益法等。
- 法律合规性：数据资产并购需要考虑数据资产的合法性，包括数据的来源是否合法、是否符合数据保护法规、是否有侵犯隐私的风险等。同时，需要确保并购过程中的数据传输和处理活动遵守相关法律法规。
- 数据资产的整合：并购后，如何将目标公司的数据资产整合到收购方的系统中是一个挑战。这可能涉及数据迁移、系统兼容性、数据标准化和数据清洗等问题。
- 数据资产的价值实现：数据资产的商业化利用是并购的重要目的之一。通过对数据资产的分析和应用，可以开发新的业务模式、产品和服务，从而提升企业的整体价值。
- 风险管理：数据资产并购需要对相关风险进行评估和管理，包括数据安全风险、合规风险、技术风险等。并购协议中应包含相应的风险控制条款和保障措施。
- 交易结构设计：在设计并购交易结构时，应考虑数据资产的特殊性，可能包括数据资产的独立转让、数据使用权的许可、数据共享协议的拟定等。
- 跨境并购的特别考虑：如果并购涉及跨境交易，还需要考虑数据跨境传输的法律问题、不同国家的数据处理规则和国际数据保护标准等。

在实际操作中，数据资产并购需要多学科团队的协作，包括数据科学家、法律顾问、财务分析师和业务专家等，以确保并购活动的顺利进行和数据资产价值的最大化。同时，随着数据资产重要性的日益提升，相关的法律框架和市场实践也在不断发展和完善。

例如，沃尔玛与甲骨文共同投资 TikTok 的案例是一个具有里程碑意义的并购事件，它不仅涉及数据资产的并购，还关联到全球科技、政治和经济的多个层面。

在 2020 年，TikTok 面临美国政府的压力，被要求出售其美国业务。在这一背景下，沃尔玛向甲骨文提出了一个合作方案，旨在解决美国政府对于数据安全的担忧，同时保持 TikTok 在美国的运营。根据报道，沃尔玛和甲骨文计划共同投资收购新成立的 TikTok 全球业务 20% 的股份，其中沃尔玛同意收购 TikTok 全球业务 7.5% 的股份，并为其提供电子商务、履约、支付和其他的全方位服务。

这次合作对于各方都具有重要意义：

- 对于 TikTok，它能够保持在美国的业务运营，同时通过与甲骨文的合作，确保用户数据的安全和合规性。
- 对于甲骨文，这次合作是其云业务发展的一个重要机遇，可以通过 TikTok 的庞大用户基础来提升其云服务的市场影响力。
- 对于沃尔玛，这次合作不仅能够加强其在电子商务领域的地位，还能够利用 TikTok 这一平台来拓宽其市场和用户群体。

这次合作也显示了数据资产在现代企业并购中的核心地位，以及在全球化背景下，企业如何通过合作和创新来应对复杂的政治和经济挑战。尽管这一合作的细节和最终结果受到多种因素的影响，但它无疑为未来类似的并购案例提供了宝贵的经验。

## 13.3 数据资产市值管理

### 13.3.1 全要素资本化

在 IT 时代，大量未经处理的数据仅仅是无用的副产品，数据能够成为生产要素，变为数据资本的效率，取决于数据储存、处理、分析的技术。随着数据成为第五生产要素，“数据资本”这个词已与数据紧密联系在一起，因为如果利用得当，它可以提供经济优势、刺激创新并为企业创造收入。且无论数据量大小，都是如此。数据资本带来的“创新”具有两种含义：其一为生产技术的进步，其二为数据处理能力的进步。从获得数据到投入生产，需要企业主动的、内生的投入，进行挖掘、清洗、处理、整合和转换等操作，将数据充分要素化。

数据要素化很大程度上基于数据的渗透性、替代性、协同性和创造性等资本属性。数字经济时代，数据与土地、劳动力、资本和技术等传统生产要素相互渗透融合、协同创新。数据资本与其他生产要素相互作用，在不同的维度上促进经济活动。

- 描述性分析：使用数据资本来描述和理解各生产要素的现状和特征。
- 价值创造：通过数据资本的应用，增加各生产要素的经济价值。
- 效率提升：利用数据资本优化生产要素的使用效率。
- 决策优化：应用数据资本来改进基于数据的决策过程。
- 创新驱动：数据资本作为推动各生产要素创新的动力。

各生产要素的协同，一方面是企业经营效率的提升，另一方面是数据资本积累效率的提升，形成了“全要素生产率”效应。一个经济体积累的数据资本越丰富，对应的资本水平越高，生产者就能够通过学习拥有更高水平的一般生产技术和数据处理技术，通过高效率的生产和数据处理能够更快地积累数据资本，更高效地进行生产，进而提高经济增长速度。而且，数据资本的稳态增速高于其他类型资本及总产出的稳态增速，数据资本通过不同的渠道，以不同的方式进入生产过程、全要素生产率增长过程和资本积累过程。

因而，研究数据资本、推动数据资本化、开展数据资产金融创新，以及围绕数据资产进行企业市值管理，应该从“全要素”视角来分析企业的数据资本运营，即全要素资本化。

在数据产品交易价格不清、数据确权登记制度不明、数据资产监控与处置措施失效的情况下，金融机构仍能够基于数据资产提供贷款。一方面是对数据资本化的确认，更重要的是对代表企业主体信用的“全要素能力”的审核与认可。在各项制度完善以后，数据资产也并非作为独立的财产实现金融创新，更多的是与流程（技术）、人员（劳动力）、价值（资本）等进行组合，形成广义的数据资产，即数据竞争力，从而实现全要素资产估值模型、企业市值模型，进而根据数据价值的指数级增长动力，最终达到全要素资本化的目标，最大限度释放数据资本价值。

全要素资本化模式强调数据资本与其他生产要素的协同作用，通过数据资本化来提高全要素生产率，推动经济的高质量发展。在全要素资本化模式下，数据资本运营的核心在于将数据资源转化为能够带来经济利益的资产，进而通过金融市场进行资本化运作，实现价值的增值。这种模式强调数据与其他生产要素（如土地、劳动力、技术和资本）的协同作用，以提高整体的生产效率和经济增长质量。

1）数据资本化促进创新：数据资本化可以激励企业进行技术创新和研发投入，因为数据的分析和应用能够带来新产品、新服务和新的商业模式，从而提高企业的竞争力，扩大市场份额。

2）数据资本化提高资源配置效率：通过数据资本化，企业能够更准确地评估不同生产要素的效益，优化资源配置，减少浪费，提高生产效率。

3）数据资本化推动产业升级：数据资本化有助于传统产业通过数字化转型实现升级，提高产业链的智能化和自动化水平。

4）数据资本化增强市场活力：数据资本化可以吸引更多的投资进入数据产业，促进数据产品和服务的创新，增强市场的活力和竞争力。

5）数据资本化促进国际合作：在全球化背景下，数据资本化有助于推动跨境数据流动和国际合作，促进全球资源的优化配置和国际贸易的发展。

### 13.3.2 数据资产对企业市值的影响

数据资本既具有产业资本、商业资本、生息资本等传统资本形态所具有的资本一般性，也展现出区别于它们的资本特殊性。

首先，数据会生成知识，形成直接用来指导生产行为的信息，从而促进生产率提高，影响生产过程，这是数据本身的内生资本动力属性。

其次，以数据为载体的无形资本与传统资本有一个最重要的区别，就是非竞争性，即数据可以被多方使用，并且数据质量不会因为多方同时使用而受影响。比如，一个记录大众消费行为数据的表格，所有人都可以分析，而表格本身不会受影响，这就是非竞争性。这表明数据相比传统资本形式具有更强的复用性和流动性。

再者，数据产业与传统产业的重要区别是，数据生成的边际成本非常低。

比如，打车软件自动产生数据，数据生成初期可能会投入比较多，但是随后生成一单位新数据的成本会越来越低。数据生产的边际成本低，说明数据的流通和资本化，并不会产生泡沫，更不会造成资本市场的系统性风险。

那数据资本如何影响企业的生产行为呢？数据资产影响生产并促进经济增长的本质是内生增长理论，其核心机制是非竞争性和规模效应。比如，不同的单车企业有自己的用户数据，将这些数据共享可以形成算法精确度的优化，改善服务质量。

规模效应是指利用数据促进企业提高生产率、提高产品质量，以吸引更多用户，产生更多的经济行为。更多的经济行为又会生成更多数据，再次反馈给企业，以此反复扩大，这就是规模效应。

非竞争性加规模效应，理论上可以产生内生的经济增长，也就是经济自己内生的扩张，这是数据资本的力量，也是数据资产对企业市值的正向效应，更是数据推动经济增长的核心机制。

舍恩伯格等人在《数字资本时代》一书中较早地对数据资本的概念进行了详细阐释，他们认为：货币的角色逐渐被数据取代，数据驱动的市场相比较传统以货币为基础的市场有明显优势，经济正在从以金融资本为核心转向以数据资本为核心。随着数据资产入表工作的深入开展，数据资源记入财务报表“资产”栏目，数据资产不断显露，快速参与生产并渗透到生活中。数据资产作为经济社会数字化转型进程中的新兴资产类型，同样具有成为资本的扩张属性。

马克思主义视域下的资本概念，有三个典型的特征：

- 资本是能够带来剩余价值的价值；
- 资本需要在运动中实现增殖，因此资本是处于运动中的价值；
- 资本是一个历史范畴，折射现实的社会关系与生产关系。

企业拥有一定量的资本，就拥有扩张的力量，有意愿加大力度投入生产和再生产，并且总是谋求对资本控制的力量。以往每个时代，都有着资本扩张的历史，企业从拥有资产到操控资本市场，上演着一幕幕价值之战。

与数据资本不同，产业资本始终面临固定性与流动性之间的矛盾，这也是对资本主义社会利润率趋向下降和周期性的经济危机的根本性解释。虽然金融资本在一定程度上克服了产业资本的弊端，拥有高度的易变性和流动性，从而可以灵活地穿梭于各个行业与国家之中，但金融资本需要借助某一实体产业，例如房地产。而数据资本的特殊性在于，它不是一种寄生性质的资本形态，它部分借助虚拟资本进行流动，部分将其价值附着在固定资本上。以数据资产为核心资产类型的企业，一般都为轻资产型企业，数据资本的流动并不需要依赖大量的固定资产，常常是以“数据权利证书”“数据资产凭证”“数据产品登记证”的形式，采用数据传输的方式进入交易市场，因此其流动性更强，从而也更容易成为新一代企业市值的主要来源。

数据对企业，尤其是中小微企业来说，是最基本的资产。更有观点认为，数据本身就是资本，因为数据从一出生就是可编排、可复制和流动的。即使在法律机制不甚完善、数据估值依据仍具模糊性的情况下，将数据列为资本，也符合商业逻辑。广大企业应从市值角度考虑把数据资本管理当作首要经营战略。把数据当作资本，这意味着数据作为一种高价值的资产应被充分保护和利用，以便于那些控制数据访问权的人有获得未来回报的预期。

在经济周期中，从拥有和控制数据资产的角度来说，企业需要调整数字化转型战略，包括确定企业在数字化时代的定位、目标和价值创造系统。数字化转型不仅仅是技术的升级，更是业务模式和商业模式的创新和重塑。企业应该通过数字化战略管理来绘制转型蓝图，指导企业在数字化转型过程中的战略演变、产品和服务创新及运营管理优化。

在数字化转型升级过程中，数据成为企业的核心资产，并一直被当作资本对待，以支撑企业市值管理。市值管理是企业综合运用多种手段，通过优化投资者关系、提升公司透明度和加深市场对企业价值的认识来提高公司市值的过程。数字化转型可以提高企业的运营效率和盈利能力，从而提升投资者对企业的信心和企业的市场估值。

数字化转型还需要企业在组织结构和文化上进行相应的调整，以支持更加灵活和创新的工作方式。这可能包括建立跨部门的协作机制、鼓励员工提升数字技能和创新思维。通过有效的数字化转型，企业可以提升自身的竞争力，实现可持续发展，并在资本市场上获得更好的表现。

传统的数字化转型，更多聚焦点状的信息化、数字化建设，甚至仅停留在系统升级的维度。企业确定数据资产支撑的市值管理目标和策略之后，数字化转型更关注数据资产的财务报告的披露及新商业模式的探索，是企业数字基础设施、数字化设备、数据平台、数字化人才等全方位的转型升级。通过数据资产运营，进而匹配商业化运作、社会化配置和市场化交易，企业数据资产得以真正实现更广泛的资本市场价值。

### 13.3.3　中小企业数据资产市值管理

在形成数据资产化进程不断加速的数据产品交易市场初期，大量中小企业参与数据交易、共享数据资产红利的门槛还是比较高的，导致许多企业仍选择观望或是无从下手。然而，虽然海量数据资源拥有巨大财富价值、公共数据运营具有较为可行的开发利用机制，但散落在生产领域的各个流程、经济交往的各个环节、由广大中小企业细心呵护和保存的数据资源同样具有无限价值可能。中小企业是“一企一品”的主力军，更是形成“一园一态”的生力军，还是“一产一景”的主要来源。

中小企业在新一轮的数字化转型升级过程中，对数据资产的市值管理变得尤为重要。数据资产的真实价值体现在其能够为企业带来经济利益和竞争优势。从全面认识数据资产开始，建立数据资产管理框架、重新定义数字化转型、再造企业数据资产，进而通过数据资产价值管理，持续开展数据资产深度运营，企业将获得数据资产价值倍增的红利。

中小企业进行数据资产市值管理应重点关注以下几个步骤：

**（1）数据资产盘点**

首先，中小企业需要对自身的数据资产进行全面的盘点，包括客户信息、交易记录、市场分析等，明确数据资产的定义和价值。这一步骤是数据治理的基础，有助于企业识别和评估其数据资产的价值。这包括了解数据资产的价值体系，建立数据资产清单，记录数据源、数据类型、数据结构、数据所有者和数据存储位置等信息。通过盘点的过程，企业可以全面掌握自身的数据资产状况，为数据的分类、管理和利用提供依据。

**（2）数据治理策略**

基于数据资产盘点的结果，企业应制定基于数据资产价值封装的数据治理策略，包括提升数据质量、保障数据安全、设计数据产品的应用场景等。这有助于实现数据产品开发、植入数据资产价值因子、确保数据资产的合规使用。

（3）数据资产评估

对数据资产进行定性和定量的价值评估，根据数据资产的相关性、完整性、准确性、时效性等因素进行评估。这有助于企业识别出高价值数据资产，为后续的数据挖掘、分析和开发提供重点关注对象。

（4）数据资产的合规管理

确保数据资产的管理与运营符合相关法律法规的要求，以降低合规风险。这包括确保数据的收集、存储、处理和使用的合规性，以及保障数据安全和实施隐私保护。尤其是围绕数据资源持有权、数据加工使用权、数据产品经营权构建符合政策法律要求的业务流程，把数据确权工作预设到日常业务中，为数据产品交易、数据资产估值提供法律保障。

（5）持续的质量监控与更新

数据资产盘点不是一次性的活动，而是一个持续的过程。企业应建立持续监控与更新机制，定期对数据资产进行重新评估和盘点，以适应业务的发展和数据环境的变化。

（6）培养数据文化与人才

中小企业应培养员工的数据意识，提高全员的数据素养，同时引进和培养具备数据治理专业技能的人才，为数据资产盘点和治理工作提供有力保障。

通过上述策略的实施，中小企业可以更好地管理和利用自身的数据资产，提升企业的整体竞争力和市场价值。同时，这些策略的实施也需要政策的支持和市场的配合，形成良好的数据资产运营生态。

小数据集也能有大作为，数据资产的价值不仅取决于其本身的质量，还取决于其在特定应用场景中的潜力和效益。在数据资产的流通与交易过程中，进行数据产品开发和应用场景设计，是实现企业数据资产市值管理的重要手段。随着数据交易市场的日渐成熟，数据资产估值的收益法、市场法将通行于企业数据资产评估的过程。加上完善的数据管理流程和清晰的业务场景，中小企业的数据价值在人工智能技术的加持下，可能会大放异彩。

总之，建立和完善数据资产的治理与管理体系是市值管理的基础。数据资产作为资本运作的底层资产，通过投融资、并购重组等方式，实现价值放大和市值提升，这一过程高度依赖于数据资产的场景化开发和应用实践。企业应充分关注数据资产的内部使用和外部商业化这两个方面，通过数据驱动的业务创新和商业模式创新，提升企业的核心竞争力和市值。随着大量政策提供支持，以及市场环境对数据资产市值管理产生积极影响，数据资产的流通性、交易活跃度逐步提升，企业数据资产的价值实现路径也越来越宽广。

### 13.3.4　城投公司数据资产运营

数据资产运营对企业内部管理和外部投资都有潜在影响。对内，可以优化资源配置、提高决策效率、变革财务管理、提升风险管理等。对外，可以影响投资决策、估值变化、增强信任等。同时，数据资产运营还需要关注数据资产的价值评估，这包括成本、收益、市场和风险等多个维度。数据资产运营的实践案例表明，企业通过数据资产化可以获得融资增信、改善资产负债表、减少外部投资者和金融机构对企业的风险评价，从而使其更愿意提供融资支持。

在数据资产入表初期，许多城投公司和地方政府平台公司通过数据资产入表来化债。这样做一方面是为了适应数字经济的发展，优化资产负债表，并通过数据资产的运营带来新的收入和利润，另一方面是为了快速获得新类型的资产信用支撑，提升企业估值，从而助力企业转型和化债。

数据资产入表可以增厚城投公司资产并压降城建类资产占比，同时通过数据资产出售或运营带来经营性收入和利润，助力城投公司转型及达到“335”指标[㊀]。此外，城投公司可凭借数据资产获取新的信贷融资，改善财务状况。

而部分地方政府秉承“一切资源可以变资产”的理念，及时借助外脑，转变思路，不仅要巧妙整改、充分利用持有的各类资源，还要积极探索和创设更多新型资源，并将其转变为可用的经营性资产，进而用于向城投公司注资。

数据资产作为创新型经营性资产，正是最适合城投化债的新类型资产。一方面，各地城投公司均较多地参与了智慧城市建设，在数据资源方面积累了突出的优势，正逐步成为推进数据资源获取、筛选和数据资产转化的重要载体；另一方面，2024 年 1 月 1 日，财政部印发的《企业数据资源相关会计处理暂行

㊀ 非经营性资产（城建类资产）占总资产比重不超过 30%；非经营性收入（城建类收入）占总收入比重不超过 30%；财政补贴占净利润比重不得超过 50%。

规定》正式施行，我国数据资产化的进程随之拉开大幕，数据资产价值将摆脱被“视而不见”或“严重低估”的现状，盘活空间巨大。鉴于此，对城投公司而言，当下及未来一段时间应抓住数字经济发展大势，积极推进数据资产入表，充分挖掘数据资产对自身的经济价值。

合法控制并拥有公用事业、交通运输、政务等类型数据的城投公司已纷纷通过成立数科子公司专门从事数据资产运营服务，并重点考虑后续融资和引入投资方。数据资产融资方式以银行贷款为主，辅以数字资产保险、数据信托、证券化产品、作价入股和交易等多元资本化方式。这为城投公司提供了新的融资渠道。国家政策鼓励数据资产的合规、高效流通使用，并构建共治共享的数据资产管理格局，为城投公司数据资产入表提供了政策支持。通过这些措施，城投公司和平台公司可以更好地管理和运用数据资产，提升企业的市场竞争力和投资吸引力，同时为化债提供新的思路和方法。

### 13.3.5 数据集团数据资产管理

数据集团的密集成立，已成为政府驱动下，地方数据要素市场化改革进程的关键一步。一般来说，数据集团应具有以下 4 个主要职能：

- 城市数据基础设施建设与运营；
- 数据要素应用场景开发；
- 数据要素市场投资和孵化；
- 城市数字经济发展研究。

具体实施方式可因各地的数据要素市场发展成熟程度因地制宜。逾百家省市级数据集团，扮演着政务数据平台的运营者、数据资源的汇聚融合者、公共数据的授权运营者、数据流通交易的促进者、数据产业的培育者及数字经济的推动者等各类角色，部分省级数据集团信息如表 13-2 所示。

表 13-2 部分省级数据集团信息

| 名称 | 省份 | 成立时间 | 注册资金 |
|---|---|---|---|
| 内蒙古大数据产业发展有限公司 | 内蒙古 | 2017 年 1 月 | 2 亿元 |
| 陕西省大数据集团有限公司 | 陕西 | 2017 年 4 月 | 8 亿元 |
| 云上贵州大数据（集团）有限公司 | 贵州 | 2018 年 10 月 | 17 亿元 |

（续）

| 名称 | 省份 | 成立时间 | 注册资金 |
|---|---|---|---|
| 安徽大数据产业发展有限公司 | 安徽 | 2020 年 2 月 | 5000 万元 |
| 福建省大数据集团有限公司 | 福建 | 2021 年 8 月 | 100 亿元 |
| 上海数据集团有限公司 | 上海 | 2022 年 9 月 | 50 亿元 |
| 河南数据集团有限公司 | 河南 | 2023 年 1 月 | 10 亿元 |
| 湖北数据集团有限公司 | 湖北 | 2023 年 6 月 | 7 亿元 |
| 云南省大数据有限公司 | 云南 | 2023 年 9 月 | 5 亿元 |
| 江西省数字产业集团有限公司 | 江西 | 2024 年 5 月 | 15 亿元 |
| 湖南数据产业集团有限公司 | 湖南 | 2024 年 6 月 | 5 亿元 |
| 江苏省数据集团有限公司 | 江苏 | 2024 年 9 月 | 30 亿元 |

部分先进地区数据集团的组建和发展积累了一些成功经验，通过数据集团的组建将区域内相对分散的机构和企业按效率和安全的原则重新整合，使从事数据业务的企业在集团控股的框架内充分发挥各自作用，有助于增强区域内数字经济发展的活力，提高区域数字经济发展的市场化水平和辐射吸纳能力。同时可为促进国有资本合理流动、实现保值增值和服务数字中国的国家战略、提升区域数字经济产业竞争力及提高数字经济发展水平提供重要契机和支撑。

以近期成立的江苏省数据集团为例，江苏省数据集团是江苏数据要素整合的重要平台、公共数据授权运营主体、重要行业数据运营可靠第三方以及省级数据交易场所建设和运营主体。按照江苏省委、省政府部署要求，以公共数据资源为基础，归集、治理、应用相关数据，通过市场化方式，在金融、交通、能源、制造、商贸、文化、医疗等领域充分发挥数据要素价值，促进数字技术与实体经济深度融合。积极承担数字政府、智慧城市、数字基础设施建设和运营任务，提供网络信息安全产品与服务。开展基于数据赋能的智库咨询业务和数字产业投资。

数据资产市值管理是推动数据资产价值最大化的关键环节，它涉及数据资产的识别、评估、保护、运营和交易等多个方面。各地纷纷设立数据集团的目的，主要是适应数字经济的发展，通过对数据资产的管理和运营，提升数据资产的价值，进而推动地区经济的高质量发展。

数据集团的成立有助于整合分散在不同部门和企业的数据资源，通过统一的平台和标准，提高数据资源的利用效率和安全性。这种整合可以减少沟通成本、运营成本，提高政府指导、运营维护的效率。数据集团通常承担着城市数据基础设施（包括数据中心、云计算平台、大数据平台等）的建设与运营任务，为数字经济提供必要的技术支撑。数据集团通过推动数据要素的市场化配置，激活数据资源，带动社会数据的汇聚与融合，促进数据交易和流通，加快数据要素市场的发展。数据集团通过开发数字产业化和产业数字化应用场景，推动数据资产在各行各业的创新应用，如智慧城市、智能交通、健康医疗等领域。数据集团可以通过对数据资产的运营和管理，提升企业的市值。这包括通过对数据资产进行价值评估、收益分配、信息披露等，增强投资者对企业数据资产价值的信心。

数据集团在数据资产管理过程中，需要遵循国家相关法律法规，确保数据资产的合法合规运营。同时，数据集团也可以获得政府的政策支持和资金扶持，推动数据资产相关服务和平台的建设。数据集团需要建立数据资产的风险管理体系，包括保障数据安全、隐私保护、降低合规风险等方面，确保数据资产的安全性和合规性。

数据集团的成立是地方政府为了推动数字经济发展、提升数据资产价值、实现数据资产市场化配置的重要举措。通过数据集团的运作，可以有效地管理和运营数据资产，提升数据资产的市值，促进地区经济的高质量发展。

数据资本具有较强的积累性，对数据基础设施和数据产品追加的投资能够不断增强数据资本的价值，甚至使其不成比例地增加价值，这意味着在未来生产剩余价值的过程中，对数据资本的前期投入能期待更多的收益。正因如此，在技术革命和产业变革的背景下，我国不断强调新基建的重要性，新基建包括信息基础设施（如 5G、物联网、人工智能等）、融合基础设施（即传统基建和新技术的融合，如智慧能源、智慧交通系统等）、创新基础设施（科技创新的科学装置、科教基础设施等）。此外，国外大型企业也争相在数字基础设施领域排兵布阵，正是因为它们看中了数据资本更好的价值积累性与更高的预期回报。各地成立的数据集团，正是数据资产市值管理的典型，更是基于数据资本积累的长期驱动，有利于夯实数字经济高质量发展的新资本引擎。

## 13.4　数据投行

### 13.4.1　数据投行创新模式

数据投行模式是一种新兴的数据资产金融业态，它结合了传统投资银行的资本运营功能和数字技术，专注于数据资产的管理和金融化，旨在通过专业化的服务将数据资源转化为具有金融价值的资产。数据投行，也可用来统称那些为企业提供数据资产化全流程服务的专业团队。例如，前文示例中的数据要素型企业高颂数科，采用“平台 + 生态”的数据资产运营模式，通过研发工具和系统，为客户提供数据资产化服务，这就是典型的数据投行。

数据投行的具体业务涵盖了数据资产化治理、数据质量评价和价值评估、数据资产金融化、数据交易中介、智能投行建设、投行业务管理平台等多个方面。

**（1）数据资产化治理**

通过专业的团队对企业或政府机构所拥有的数据资源进行科学治理，使其满足数据资产化的要求，服务包括数据资源规划、数据加工策略指导、数据产品开发设计、数据资产运营战略、数据资产市值管理咨询等，有些具备技术服务能力的数据投行，还提供数据清洗、编目、脱敏等一级开发处理服务。

**（2）数据质量评价和价值评估**

依托专业化的数据质量评价和价值评估，采用自动化工具，根据丰富的经验，提供可靠、可信的数据质量评价、数据资产价值评估意见，使数据成为能够被有效定价的可计量资产。

**（3）数据资产金融化**

通过帮助企业将数据资产证券化、质抵押、债权、信托、保险、金融租赁等，实现数据资产金融化，从而实现企业价值的提升和资本增益。

**（4）数据交易中介**

作为中介机构，促进数据资源的流通和交易，包括数据的买卖、交换等。

**（5）智能投行建设**

利用人工智能、大数据等技术提高投行开展业务的效率和质量，包括智能文档审核、风险管理、关联方智能分析等。

**（6）投行业务管理平台**

构建投行业务管理平台，实现投行业务全生命周期的线上化管理和运营。

### 13.4.2 数据投行的政策法律依据

“数据二十条”对数据相关业务模式做了系统性配置，也适用于数据投行：

**（1）主体确认**

建立公共数据、企业数据、个人数据的分类分级确权授权制度。根据数据来源和数据生成特征，分别界定数据生产、流通、使用过程中各参与方享有的合法权利。

**（2）授权获得多元化权利来源**

建立数据资源持有权、数据加工使用权、数据产品经营权等分置的产权运行机制。

**（3）配置业务的收益保障**

推进非公共数据按市场化方式“共同使用、共享收益”的新模式，为激活数据要素价值创造和价值实现提供基础性制度保障。

**（4）创设新模式**

鼓励探索企业数据授权使用新模式，发挥国有企业带头作用，引导行业龙头企业、互联网平台企业发挥带动作用，促进与中小微企业双向公平授权，共同合理使用数据，赋能中小微企业数字化转型。

**（5）激励业务创新**

通过数据商，为数据交易双方提供数据产品开发、发布、承销和数据资产的合规化、标准化、增值化服务，促进提高数据交易效率。在智能制造、节能降碳、绿色建造、新能源、智慧城市等重点领域，大力培育贴近业务需求的行业性、产业化数据商，鼓励多种所有制数据商共同发展、平等竞争。有序培育数据集成、数据经纪、合规认证、安全审计、数据公证、数据保险、数据托管、资产评估、争议仲裁、风险评估、人才培训等第三方专业服务机构，提升数据流通和交易全流程服务能力。

**（6）保障收益**

按照“谁投入、谁贡献、谁受益”原则，着重保护数据要素各参与方的投入产出收益，依法依规维护数据资源资产权益，探索个人、企业、公共数据分享价值收益的方式，建立健全更加合理的市场评价机制，促进劳动者贡献和劳动报酬相匹配。推动数据要素收益向数据价值和使用价值的创造者合理倾斜，确保在开发挖掘数据价值各环节的投入有相应回报，强化基于数据价值创造和价值实现的激励导向。通过分红、提成等多种收益共享方式，平衡兼顾数据内容采集、加工、流通、应用等不同环节相关主体之间的利益分配。

此外，数据安全法、个人信息保护法、知识产权法、反垄断法、反不正当竞争法、金融监管法及行业其他特定法规，为数据投行服务提供了法律法规保障。

### 13.4.3　数据投行的业务内容

数据资产化需要由专业的数据资产化治理和数据资产管理团队，通过对企业或政府机构所拥有的数据资源进行科学治理和管理，才能使其满足数据资产化的要求。依托专业化的数据质量评价和价值评估，使数据成为能够被有效定价的可计量资产。由权威机构对该资产被评估出的货币价格进行认定，在现行会计准则体系下完成计入企业资产负债表的操作，使数据资产成为企业净资产的重要构成，最终获得审计、税务、银行等方面的共识认定。入表后，再帮助企业将入表后的数据资产通过证券化、质抵押、债权、信托、保险、金融租赁等形式实现资产金融化，从而实现企业价值的提升和资本增益。这个过程所涉及的各项业务，可以统称为“数据投行业务”。

探索建立数据投行，激活数据要素价值，可破除数据壁垒，提升数据的易得性、便捷性和通用性。同时，数据投行承担数据的安全保护责任，通过隐私计算技术对数据进行脱敏使用和管理。另外，数据投行的交易目标可以从数据本身，延展到数据处理中心的通信能力、存储能力和计算能力，甚至是背后的算法、人工智能、系统性的解决方案等。

数据投行业务，简要而言，基本遵循“储备数据资源—开发数据产品—做大数据资产市值—获取循环资金—再储备数据资源”的流程。其间，各类主体对数据资源、数据资产的权益，可能存在持有权、加工使用权、经营权的交叉和共享，在具体业务场景中，存在多种组合模式。图 13-1 展示了典型的数据投行业务模式。

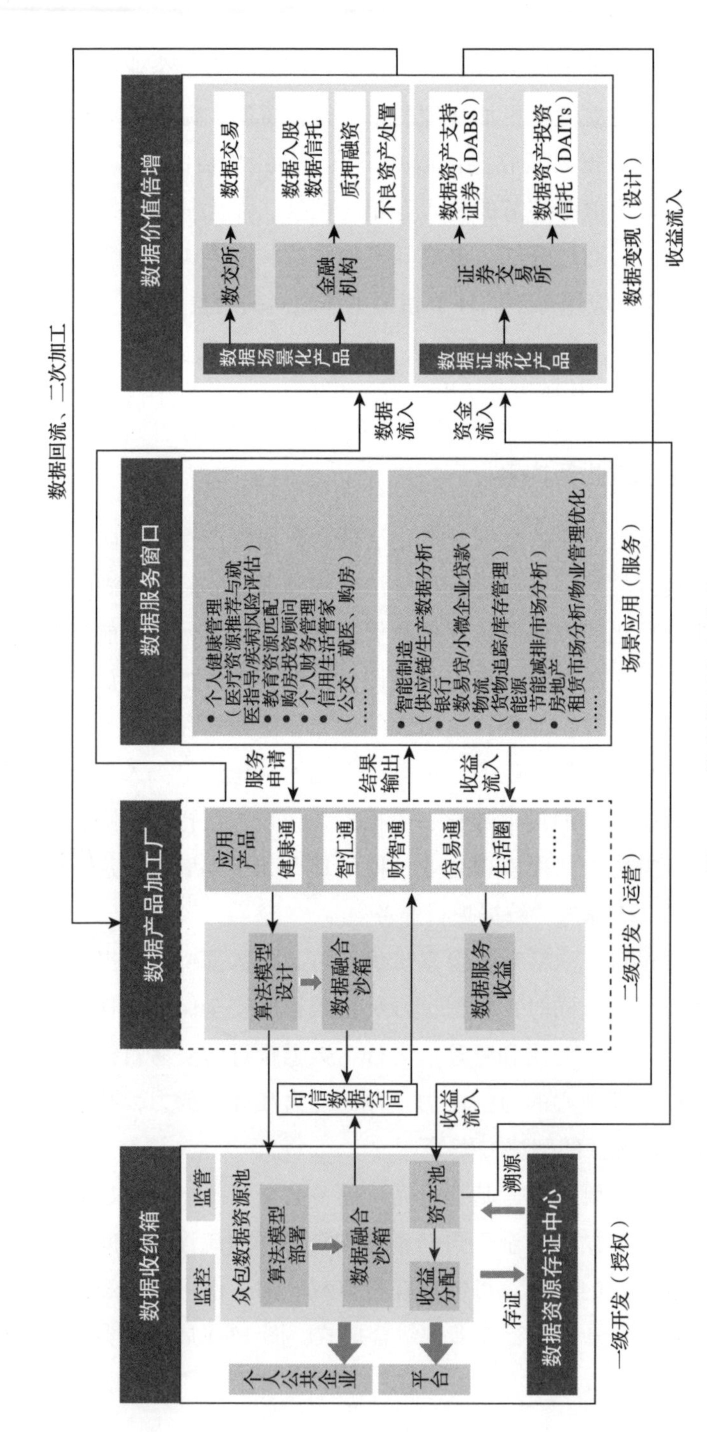


图 13-1　数据投行业务模式

### 13.4.4　数据做市商制度

在没有市场的地方，做市商做（Make）了一个市场出来，这是理解“做市商”（Data Market Maker）概念的一个粗浅逻辑。各类数据产品不断满足生产经营和社会生活的各个场景需求，数据产品交易有市场、有需求，却由于种种原因，发展仍不成熟。

培育数据做市商，将有利于推进数据要素的流动性，买卖双方无须等待交易对象出现，可以随时根据做市商的报价买入、卖出数据产品，缩短了交易等待时间，降低了交易成本，保证了市场的流动性；还可构筑数据要素流通市场的稳定性，在交易技术不够成熟或者市场过度投机时，做市商可以通过提供技术服务、买卖数据，来稳定市场运行，规范市场发展；也有利于价格发现，做市商在结合市场供求关系并充分研究数据资产价值后作出报价，在估值定价方面更专业、更理性，能够为其他市场参与者提供一定的价格信息。

与数据交易所的服务相辅相成，做市服务作为交易服务中的重要一环，用于完善机构数据交易服务链条、实现综合业务间的协同发展。同时也刺激做市商投入研发，利用先进的数据交易技术或交易系统，以高频交易等策略赚取市场波动性带来的买卖价差，使用自身先进的算法技术分析订单信息、寻找可撮合交易，并提供双边报价，实现自身价差收入最大化。

同时，为了避免过度风险、投机和炒作，除了配置必要的准入和监管措施外，做市商还需要具备强大的研判和技术能力，以及面向数据要素市场的研究能力和价值判断能力，以支撑提供准确且具有竞争力报价的功能。

具体而言，数据做市商是金融市场中的一个概念，它被借用到数据资产领域，指的是在数据交易市场中扮演特定角色的实体或个人，他们通过提供数据资产的买卖报价，促进交易的流动性和效率，从而帮助形成数据资产的市场价格。在数据资产领域，数据做市商可能涉及以下活动：

- 提供报价：数据做市商为数据资产提供买卖报价，确保市场参与者能够在任何时候都能进行交易。
- 增强流动性：通过不断买卖数据资产，做市商增加了市场的流动性，使得数据资产交易更加顺畅。

- 风险管理：做市商通过持有数据资产的库存，承担一定的风险，以换取买卖价差作为利润。
- 价格发现：在数据资产市场中，做市商通过交易活动帮助发现数据资产的公允价值。
- 市场推广：做市商通过其活动吸引更多的买家和卖家进入市场，从而扩大市场的规模和影响力。
- 数据资产评估：做市商可能提供数据资产评估服务，帮助确定数据资产的价值和价格。
- 创新数据产品和服务：做市商可能会开发新的数据产品和服务，以满足市场的需求。
- 合规和监管：在提供服务的同时，数据做市商需要遵守相关的数据保护法规和市场监管要求。

在数据资产的交易和管理中，数据做市商的角色可能由金融机构、数据经纪公司、数据交易所或其他专业的数据服务公司来承担。尽管数据做市商和数据投行在职能上有所区别，但它们之间可能存在合作关系。例如，数据投行在为客户提供数据资产融资和证券化服务时，可能需要依赖数据做市商来促进市场流动性和交易执行。同样，数据做市商在进行数据资产的风险管理和定价时，也可能需要参考数据投行的市场分析和评估结果。数据做市商和数据投行都是数据交易市场的重要参与者，通过各自的服务促进市场的活跃度和流动性。两者都在数据资产领域内运作，专注于数据的价值发现、交易和管理，提供增值服务，帮助客户更好地理解和利用数据资产，从而实现数据资产的价值最大化。

## 13.5 数据资产通证化

### 13.5.1 数据资产通证化实践

作为数据资本化的创新实践之一，数据资产通证化是指将数据资产通过区块链等分布式账本技术转化为数字化的代币或通证的过程。这一过程允许数据的产权、使用权及价值在数字化的形式下进行明确，可追踪、可交易。数据资产通证化不仅能够促进数据流通和共享，还能为企业提供更多融资渠道，加速创新和发展。

例如，上海数据交易所已经发布了《数据资产通证化上海路线图》，提出了数据资产的基础设施 DCB（Data-Capital bridge）数据资产“一桥、两所、两轴”架构，旨在建立起生成可信数据资产的基础设施，通过数据资产存证上链等形式持续支持数据资产业务创新。

另外，蚂蚁数科与朗新集团合作，在香港完成了国内首个基于新能源实体资产的 RWA（实物资产通证化）融资项目。这个项目涉及金额约 1 亿元人民币，由瑞银作为承销商，并在一级市场发行。朗新集团旗下的新电途平台将运营的部分充电桩作为 RWA 锚定资产，每个数字资产代表了对应充电桩的部分收益权。蚂蚁数科旗下的蚂蚁链为这个项目提供了技术支持，确保资产链上数据的安全、透明和不可篡改。这个项目是内地企业在港完成的首单跨境 RWA 融资，也是香港金融管理局（HKMA）Ensemble 项目沙盒中的首批用例之一。Ensemble 项目旨在支持香港代币化市场的发展，通过央行数字货币（CBDC）促进代币化资产的交易和银行同业结算。

蚂蚁数科参与了该项目的两个主题：绿色和可持续金融、贸易和供应链融资。这个创新的融资方式不仅为新能源资产的投建运营者提供了新的融资渠道，也为全球投资者提供了投资中国新能源资产的新途径。它有助于盘活存量优质资产，提升重资产流动性，形成投融资良性循环，加速能源结构的绿色转型。此外，蚂蚁数科还在数据资产领域进行探索，考虑将数据资产进行通证化，以进一步释放数据要素的价值。这个项目的成功实施，是实体资产数字化和“产业 Web3”赋能实体企业的一个重要里程碑，为未来的资产通证化和金融市场的发展提供了新的可能性。

### 13.5.2　数据资产通证化的创新影响

数据资产通证化对现有金融市场和经济体系可能产生以下影响：

1）促进数据流通和共享：数据资产通证化可以采用区块链等技术手段实现数据的加密和安全存储，具有可追踪、可溯源等优势，有助于降低数据泄露和滥用的风险，提升数据交易的信任度和安全性，推动企业将数据资产进行交易和流通，促进数据共享。

2）提供新的融资渠道：数据资产通证化可以帮助企业实现资产变现，提供新的收入来源，增加经营效益。通过数据资产通证化项目，吸引投资者参与，满足企业的融资需求。传统的融资方式存在金融机构、中介机构等多个中间环节，而通证化项目通过区块链技术实现点对点交易，省掉了中间环节，直接降低了融资成本。

3）增加投资多样性：对投资者而言，各类资产如收益权、股权、债券等都可以进行通证化，投资者可以根据自身风险偏好和收益预期进行投资组合，投资选择将更加多样化。同时，通证化项目将传统的大宗资产分割为更小的可交易单位，降低了投资门槛。

4）推动金融创新：数据资产通证化为投资行业带来新的机会，实现了金融创新，为实体经济发展注入新的动力。

5）影响会计和财务报告：随着数据资产在会计报表上的显性化，企业需要对数据资产进行确认、计量、报告和披露，这可能会改变企业的收入模式。

6）促进数据资产评估和定价：数据资产通证化需要对数据资产进行价值评估和定价，这可能会催生新的评估模型和定价机制。

7）风险管理：数据资产通证化可能会引入新的风险类型，包括技术风险、市场风险和合规风险，需要建立相应的风险管理和监管机制。

8）推动法律和监管框架的发展：随着数据资产通证化的推进，现有的法律和监管框架可能需要更新，以适应新的市场实践和风险管理需求。

9）影响宏观经济政策：数据资产通证化可能会成为宏观经济政策的新工具，政策制定者需要考虑数据资产对经济活动的影响。

10）促进数字经济的发展：数据资产通证化可能会加速数字经济的发展，推动产业数字化转型，创造新的经济增长点。

这些影响表明，数据资产通证化是一个多维度的过程，它不仅涉及技术层面的创新，还涉及经济、法律和监管等多个方面的变革。随着数据资产通证化的深入发展，其对金融市场和经济体系的影响将更加显著。

# 13.6　数据资产证券化

## 13.6.1　数据资产证券化的创新背景

任何数据资产的证券化，都需要标的资产有稳定且可预测的现金流，这样就可以在资本市场中将其打包做成一个信托产品，开展证券化，实现从资源到资产的转换。以此类推，数据的价值实现路径也需要经过确认，需要尝试着做抵押、投资、债券等金融化创新，使之变成一种可以自由流动、稳定增值的资本。

尽管数据已成为企业的重要战略资产，但其变现之路并非一帆风顺。高昂的成本、漫长的周期和复杂的技术问题都是企业需要克服的难题。为了解决这些问题，企业开始探索“数据 + 资本”的金融创新模式。通过证券化手段，汇聚投资者的力量，企业能够筹集到必要的资本，弥补在数据收集和加工过程中的资金缺口。这种模式有利于形成数据全生命周期的良性循环，为企业的持续发展和创新提供支持。

数据资产证券化形成的证券通常代表对数据资产未来收益的所有权或债权。数据资产证券化允许数据所有者将数据资产的未来价值变现，为投资者提供新的投资机会。

数据资产证券化作为数据资本化的主要途径之一，是将数据资产的未来收益即期变现，设计发行可以在证券市场流通交易的证券权利凭证，以满足数据资产方融资需要的过程。数据资产是企业享有产权、可以进行合法控制的经济资源，源于数据资产产权的许可收入、面向供应链的未来收益等都可作为数据要素证券化产品设计的基础资产，以确保未来收益的稳定，防控系统性风险。

## 13.6.2　数据资产证券化的参与方与业务流程

简言之，数据资产证券化是一种将数据资产或数据产生的收益流转化为可在金融市场上交易的证券的过程。这种结构化金融工具涉及多个步骤和参与方。

### 1. 数据资产证券化的参与方

与传统资产证券化的结构类似，数据资产证券化的参与方主要包括以下几类主体：

1）原始数据所有者：拥有可以产生收益的数据资产的个人或公司。

2）特殊目的实体（SPV）：为隔离风险而设立的独立法人实体，它从原始数据产权人那里购买数据资产或获得授权，并享有收益权。

3）信用增级机构：提供额外的信用支持，以提高证券的信用评级。

4）信用评级机构：对证券化产品进行风险评估并给出信用评级。

5）承销商 / 投资银行：负责证券的设计、定价和销售。

6）投资者：购买证券化产品的金融机构、基金或其他投资者。

7）服务提供者：管理和维护数据资产，确保数据资产产生预期的现金流。

### 2. 数据资产证券化的业务流程

1）资产识别与评估：识别可以证券化的数据资产，并对其进行评估和定价。

2）资产打包：将数据资产打包成一个资产池，以分散风险并提高投资吸引力。

3）信用增级：通过内部或外部手段提高资产池的信用质量，如超额抵押、第三方担保等。

4）信用评级：信用评级机构对资产池和证券化产品进行评级。

5）证券设计：设计证券的结构，包括确定不同的风险和收益层级（如优先级和次级）。

6）法律文件准备：准备所有必要的法律文件，包括服务协议、托管协议、销售协议等。

7）证券发行：通过承销商将证券公开发行给投资者。

8）市场推广：对证券化产品进行市场推广，吸引潜在投资者。

9）证券交易：证券在金融市场上进行交易，提供流动性。

10）资产管理与服务：服务提供者负责数据资产的日常管理和维护，确保产生稳定的现金流。

11）现金流管理：管理来自数据资产的现金流，按照证券化的条款向投资者分配收益。

12）到期处理：在证券到期时，根据协议处理剩余资产和现金流。

数据资产证券化的优点包括：

1）流动性提升：数据所有者可以通过证券化获得即时资金，提高资金的流动性。

2）风险分散：通过打包不同的数据资产，可以分散单一资产的风险。

3）新的融资渠道：为数据所有者提供除了传统融资方式之外的新选择。

4）投资机会：为投资者提供新的投资工具，尤其是那些对数据驱动的业务模式感兴趣的投资者。

然而，数据资产证券化也面临一些挑战，包括数据资产的估值难度、法律和监管框架的不确定性、数据隐私和安全问题等。因此，数据资产证券化需要在法律、技术和市场机制等方面进行综合考虑和规划。

# 推荐阅读

一本书讲透
数据资产入表
战略、方法、工具与实践

DATA ASSET ACCOUNTING
一本书讲透
数据资产会计
数据资产入表的财务路径

O'REILLY
数据质量管理
数据可靠性与数据质量问题解决之道
Data Quality Fundamentals

DATA
QUALITY
数据质量
实践手册
4步构建
高质量数据体系
Data Quality

一本书讲透
数据治理
战略、方法、工具与实践
DATA GOVERNANCE

ENTERPRISE
DATA
AT
HUAWEI
华为数据之道

华为
数字化转型之道
ENTERPRISE
DIGITAL
TRANSFORMATION
AT
HUAWEI

数据指标体系
构建方法与应用实践

数据
中台
让数据用起来
DATA MIDDLE OFFICE

# 推荐阅读

AGENT
智能体设计指南
智能体
设计指南
成为提示词高手
和AI Agent设计师

AI时代，不会用AI等于主动降薪
KIMI高效办公
KIMI
高效办公
AI 10倍提升工作效率的
方法和技巧

豆包高效办公
豆包
高效办公
AI 10倍提升工作效率的
方法与技巧

DeepSeek
使用指南
全职业场景应用实践

高效使用
DeepSeek
实现智能、高效、创新的效率指南

A COMPREHENSIVE GUIDE TO
LARGE LANGUAGE
MODELS
一本书读懂
大模型
技术创新、商业应用
与产业变革

一本书读懂
AI Agent
技术、应用与商业

Prompt魔法
提示词工程
与ChatGPT行业应用

AIGC
智能营销
4A模型驱动的
AI营销方法与实践